Bernd Kretschmer
Friedrich Kronenberg

SCO UNIX
von Anfang an

Bernd Kretschmer
Friedrich Kronenberg

SCO UNIX
von Anfang an

Eine umfassende, leicht verständliche
Einführung für jeden Anwender

ISBN 978-3-322-87227-2   ISBN 978-3-322-87226-5 (eBook)
DOI 10.1007/978-3-322-87226-5

Das in diesem Buch enthaltene Programm-Material ist mit keiner Verpflichtung oder Garantie irgendeiner Art verbunden. Die Autoren und der Verlag übernehmen infolgedessen keine Verantwortung und werden keine daraus folgende oder sonstige Haftung übernehmen, die auf irgendeine Art aus der Benutzung dieses Programm-Materials oder Teilen davon entsteht.

Vorwort

Dieses Buch führt Sie umfassend in die Grundhandhabung des Betriebssystems SCO UNIX ein. Sie lernen schnell, sich auf zeichen- und menüorientierten UNIX-Oberflächen zu bewegen. Mit den Dienstprogrammen vi, write und mail erstellen, versenden und empfangen Sie Nachrichten. In Dateien und Verzeichnissen ordnen und schützen Sie Ihre Daten. Ihre Benutzeroberfläche richten Sie ganz nach Ihren Bedürfnissen ein. In einer kleinen Bürowelt mit Textverarbeitung, Kommunikation, Datenbanken und Tabellenkalkulation nutzen Sie Ihre ersten Erfahrungen.
Umfassende Einführung

Tiefer in UNIX steigen Sie bei Shell Programmierung und Filter-Werkzeugen ein. Sie sichern Daten, verbinden die DOS- und UNIX-Welt und wachsen in Systemverwaltungsarbeiten hinein.
Profiwissen

Die zahlreichen Abbildungen von Bildschirmen vermitteln Ihnen auch schon ohne UNIX jederzeit eine genaue Vorstellung von den Beispielen. Wenn Sie dann noch wichtige Beispiele selbst an einem Endgerät nachvollziehen, werden Sie schnell zum Profi.
Bilderbuch

Dieser Titel ist aus mehrfach erprobten Schulungsunterlagen der GD Gesellschaft für Datenkommunikation entstanden. Diese hat sehr unterschiedliche Lerngruppen ausgebildet.
Praxiserprobt

Wir danken AKA, Autograph, BEST, Borland, Cactus, Ematek, GD Gesellschaft für Datenkommunikation, Gebacom, Lone Star, Lotus, mbp, Microsoft, MMS, SCO, OPAL und US Robotics für die Unterstützung mit Hard- und Software und Herrn Jürgen Gulbins, Frau Laschat und „Snoopy" Schmitz für kritisches Lesen des Manuskripts.
Danke...

Wir wünschen Ihnen viel Freude und Erfolg beim Lesen und Arbeiten mit diesem Buch und SCO UNIX. Über Ihre Anregungen freuen wir uns.
Viel Erfolg!

Bernd Kretschmer   Friedrich Kronenberg

Nienburg, Mai 1993

1 Zu Anfang
2 SCO UNIX Merkmale
3 Erste Schritte
4 SCO UNIX Dienstleistungen
5 Dateien und Verzeichnisse
6 Ordnen und Aufbewahren von Informationen
7 Auf der Benutzeroberfläche
8 Kommunikationsanwendungen
9 Büroanwendungen
10 Einstieg in die Shell-Programmierung
11 SCO UNIX Werkzeuge
12 Daten sichern
13 DOS und UNIX
14 Systemverwaltung
Anhang

Inhaltsverzeichnis

8.   Kommunikationsanwendungen 263

9.   UNIX-Büroanwendungen 277

10.   Einführung in die Shell-Programmierung 287

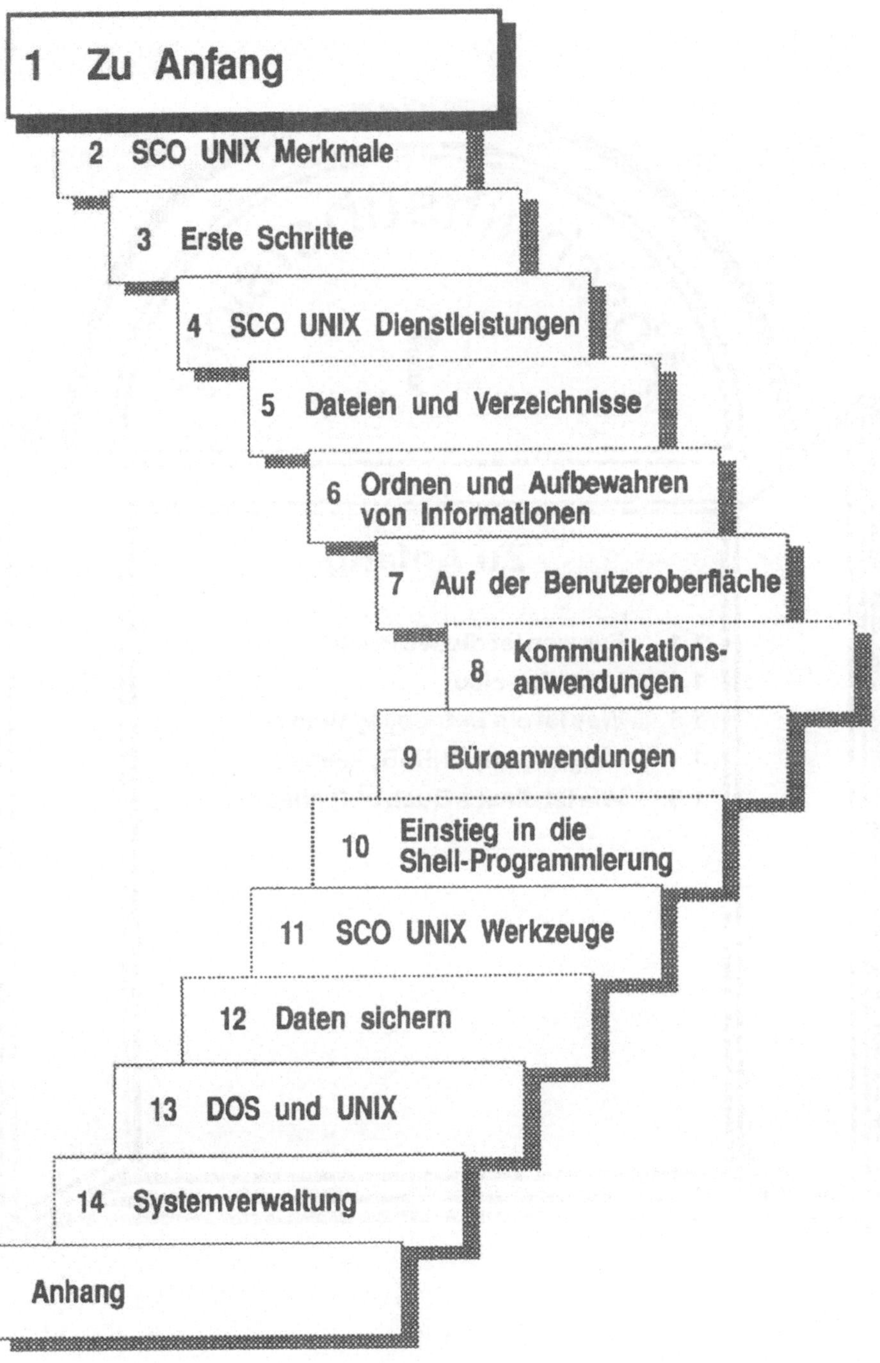

1 Zu Anfang
2 SCO UNIX Merkmale
3 Erste Schritte
4 SCO UNIX Dienstleistungen
5 Dateien und Verzeichnisse
6 Ordnen und Aufbewahren von Informationen
7 Auf der Benutzeroberfläche
8 Kommunikations-anwendungen
9 Büroanwendungen
10 Einstieg in die Shell-Programmierung
11 SCO UNIX Werkzeuge
12 Daten sichern
13 DOS und UNIX
14 Systemverwaltung
Anhang

Zu Anfang

1. Zu Anfang

1.1 Für wen ist dieses Buch?

Dieses Buch richtet sich an UNIX-Einsteiger und an UNIX-Benutzer, die ihre Betriebssystemkenntnisse vertiefen und ihr System besser in den Griff bekommen möchten.

Auf Grundlage des Betriebssystems SCO UNIX bieten wir Ihnen eine systematische Einführung.

In diesem Buch arbeiten wir mit SCO UNIX System V Release 3.2.4 auf der Basis eines 80386/80486 Personal Computers, einigen Erweiterungen aus SCO ODT 2.0 und Anwendungsprogrammen zu Textverarbeitung, Dateiverarbeitung, Tabellenkalkula- tion und Datenkommunikation.

SCO UNIX

1.2 Lesehinweise

Wenn Sie Zugang zu einem UNIX-System haben, sollten Sie wichtige Beispiele selbst eintasten, um Handhabungssicherheit zu erwerben. Vergleichen Sie Ihre Systemantworten mit unseren Bildschirmfotos.

Wir verwenden im gesamten Text einheitlich folgende Layoutmerkmale und Symbole:

Zu jedem umfangreichen Befehl geben wir Ihnen ein Befehlsformat an. Es zeigt Ihnen, wie eine Kommandozeile mit diesem Befehl allgemein aussehen kann. Diese Absätze sind mit der Marginalie „Format" gekennzeichnet und können so aussehen:

cp *quelldatei duplikatdatei*

Format

Auf besonders wichtige Hinweise zeigt ein „Finger".

In dieser Schrift geben wir Ihnen zusätzliche Tips, interessante Anmerkungen oder wichtige Textverweise.

Zu Beginn weisen wir Sie mit diesem Symbol darauf hin, daß Sie die Tastatur benutzen müssen. Die einzelnen Tasten sehen Sie als Tastensymbole, wie zum Beispiel die (Eingabe) -Taste.

Die meisten Beispiele werden wir mit Bildschirmfotos begleiten.
Sie erkennen auf diesen Bildern Ihre Eingaben durch **Fettdruck**.
Die Systemantworten sind *kursiv* gedruckt. Zum Beispiel:

```
% file logprot
logprot: ascii text
%
```

Bild 1.1: Typisches Bildschirmfoto

Im Text gelten folgende Schriftarten:

* *Dateinamen, Pfadbezeichnungen* und *Variablennamen* erscheinen in Kursivschrift,

* **Befehle, Optionen** und **Parameter** sowie wichtige, zum ersten Mal auftretende **Schlüsselwörter** sind fett gedruckt.

1. 3   Was ist ein Betriebssystem?

Ein Betriebssystem organisiert und verwaltet den Betrieb eines
Computersystems. Was genau gibt es nun zu organisieren? Kann
nicht jedes Programm sich selbst verwalten und sich vom System
nehmen, was es braucht?

Verwaltungs-
instrument
des Compu-
ters

Stellen Sie sich das Betriebssystem als die Verwaltung Ihres Computers vor. Bestimmte Abteilungen kontrollieren, welche Benutzer Zugang zum Rechner haben. Andere Abteilungen kümmern
sich darum, daß bestimmte Einrichtungen (sogenannte Betriebsmittel wie Speicher und Geräte) erschlossen und allen Benutzern
geordnet zugänglich gemacht werden. So sollen alle Benutzer
einen Drucker nutzen können, dieser darf aber nie von mehreren
gleichzeitig ansprechbar sein, sonst entsteht ein Zeichenchaos.
Auch der Speicher des Computersystems muß vorbereitet werden, so daß die Benutzer Ihre Dateien dort ablegen können.

Das Betriebssystem regelt auch, daß jeder etwas von der Arbeits-
leistung des Prozessors abbekommt und niemand zu lange auf
seine Ergebnisse und Ausgaben warten muß. Eine wichtige Aufgabe ist die Steuerung aller Datenflüsse zu den Stellen im Rechner, an denen sie benötigt werden und die Kontrolle, daß Daten
verschiedener Benutzer nicht durcheinander geraten.

Das Betriebssystem wacht darüber, daß Benutzer sich nicht an fremdem (Datei-) Besitz vergreifen. Schließlich müssen auch noch Statistiken über zahlreiche Vorgänge geführt werden.

Die Tätigkeiten, die jedes Betriebssystem für Sie durchführt, lassen sich so charakterisieren:

Aufgaben

- Erschließen und Bereitstellen der Betriebsmittel (Drucker, Massenspeicher usw.),
- Steuern und Kontrollieren der Ein- und Ausgabe,
- Verwalten des Arbeitsspeichers,
- Starten, Verwalten und Beenden von Programmen,
- Verwalten und Schützen des Dateisystems und
- Überwachen und Registrieren wichtiger Aktivitäten.

1. 4 Umgang mit UNIX-Systemen

Gehen Sie mit UNIX-Systemen nicht wie mit DOS-PC's um.

Sie sollten, auch wenn Sie das System alleine nutzen, für den täglichen Gebrauch nicht mit der Systemverwalter-Kennung (root) arbeiten. Die Gefahr, daß Sie unbeabsichtigt wichtige Systemdateien entfernen und sich Ihre Installation „zerschiessen", ist viel zu groß. Denn root hat Zugriff auf alle Dateien. Als einfacher Benutzer können Sie schlimmstenfalls Ihre Benutzerdateien löschen.

root-Kennung nur für Verwaltungsaufgaben benutzen

Wirklich nur dann, wenn Sie Verwaltungsaufgaben (siehe Kapitel 14) durchführen, sollten Sie im Einzelbenutzer- oder Wartungsmodus arbeiten. Für „normale" Aufgaben fahren Sie Ihr System immer in den Mehrbenutzer-Modus - auch wenn Sie einziger Systembenutzer sind. Befolgen Sie diesen Ratschlag, können Sie, falls sich Ihre Schnittstelle „aufgehängt" hat, eine weitere Benutzeroberfläche starten und das widerspenstige Programm beenden.

Einzelbenutzermodus nur bei Verwaltungsaufgaben

Wir raten Ihnen, in undurchschaubaren Situationen keinesfalls irgendwelche Tasten zu drücken. Auf keinen Fall dürfen Sie die UNIX-Zentraleinheit einfach abschalten. Dies führt zu Schäden im Dateisystem, die möglicherweise zu einem Datenverlust führen. Wenn Sie ein Programm unbedingt beenden und zu Ihrer

Benutzeroberfläche zurück möchten, probieren Sie die Tastenkombination (STRG) + (c) oder betätigen die (Entfernen) -Taste. Hilft auch das nicht, sollten Sie sich an einem anderen Arbeitsplatz anmelden und von hier aus, wie im 7. Kapitel beschrieben, Ihre Benutzerschnittstelle beenden.

1. 5   Wie ist dieses Buch aufgebaut?

2 Wir beschreiben im zweiten Kapitel die grundlegenden Konzepte von SCO UNIX. Sie erfahren, welche Möglichkeiten SCO UNIX bietet. Wichtige Stichworte sind Multiuser-Multitasking Betrieb, Zugangskontrolle, Schutzmechanismen, Dateisystem und Benutzeroberflächen.

3 Im dritten Kapitel machen Sie erste Schritte als UNIX-Benutzer. Sie lernen, sich im System anzumelden, erste Kommandos einzugeben und sich über Ihre Benutzeridentität zu informieren. Wir zeigen Ihnen nützliche Arbeitshilfen.

4 Das vierte Kapitel führt Sie in wichtige Dienstprogramme ein. Sie erstellen und bearbeiten mit dem **vi** Editor Texte. Mit dem Dialogprogramm **write** kommunizieren Sie direkt mit System-Benutzern. Sie lernen, mittels **mail** Post zu verschicken, zu lesen und zu bearbeiten. Zum Abschluß zeigen wir Ihnen einfache Rechenoperationen mit dem Taschenrechner **bc**.

5 Sie arbeiten im fünften Kapitel mit Dateien und Verzeichnissen. Wir zeigen, wie Sie sich im Dateisystem bewegen, Verzeichnisinhalte und Dateien anzeigen, Ihren eigenen Verzeichnisast erweitern und über die Zugriffs-Berechtigungen auf Dateien gezielt mit anderen Benutzern zusammenarbeiten.

6 Im sechsten Kapitel lernen Sie Befehle kennen, die Ihnen helfen, Informationen zu ordnen und aufzubewahren. Hierbei helfen zahlreiche Dateibefehle, das Umlenken von Ein- und Ausgabe sowie Pipelines und Filterprogramme.

7 Details der zeichenorientierten UNIX-Benutzeroberflächen werden im siebten Kapitel besprochen. Sie erfahren, wie Sie zeichenorientierte Shells individuell an Ihre Bedürfnisse anpassen und effizient nutzen.

Im achten Kapitel zeigen wir Ihnen, wie Sie auf einem SCO UNIX-System mit entfernten Rechnern kommunizieren. Wir nutzen ein Kommunikationsprogramm, um uns mit Benutzern an entfernten Rechnern zu unterhalten, um Dateien auszutauschen und um elektronische Dienste anzuwählen.

8

SCO UNIX Büroanwendungen stehen im Mittelpunkt des neunten Kapitels. Wir setzen Tabellenkalkulations-, Textverarbeitungs- und Dateiverarbeitungsprogramme zusammen ein und werfen einen Blick auf auf die Zugriffs-Berechtigungen bei den von uns erstellten Dateien.

9

Um Kommandofolgen zu automatisieren, können Sie im zehnten Kapitel in die Shell-Programmierung einsteigen. Sie schreiben einfache Shell Scripts und werfen einen Blick auf die Möglichkeiten der Ablaufsteuerung in Shell Scripts.

10

Im elften Kapitel erlernen Sie den Umgang mit nützlichen UNIX-Werkzeugen, die Ihnen viel Arbeit sparen können. Sie vergleichen Dateien, ersetzen Zeichenfolgen in Dateien, entfernen benachbarte gleiche Zeichen aus Dateien und suchen nach Dateien.

11

Daten sichern ist das „lebenswichtige" Thema des zwölften Kapitels. Sie lernen, mit verschiedenen Kommandos Dateien auf Datenträgern zu sichern und Sicherungskonzepte zu entwickeln.

12

Im 13. Kapitel geht es um das Neben- und Miteinander von SCO UNIX und DOS auf einem oder mehreren Rechnern. Vielleicht arbeiten Sie in einer gemischten DOS/UNIX-Umgebung, dann lesen Sie, wie Sie mit dem DOS-Werkzeugkasten auf DOS-Daten zugreifen können, wie Sie einen DOS-PC als Endgerät nutzen, wie DOS-Emulationen unter UNIX arbeiten und wie Sie DOS und UNIX Dateisysteme verbinden.

13

Das 14. Kapitel gibt Ihnen einen Einblick in die Verwaltung eines SCO UNIX-Systems. Wir stellen die **sysadmsh** Schnittstelle vor und zeigen damit Routine-Arbeiten sowie die Dateisystem-, Prozeß-, Benutzer- und Geräteverwaltung. Mit diesen Kenntnissen werden Sie den Systemverwalter zumindest vertreten können.

14

Im Anhang finden Sie Kommandoübersichten, Glossar, die Erklärung der wichtigsten Übertragungsparameter und eine Installations-Prüfliste.

X

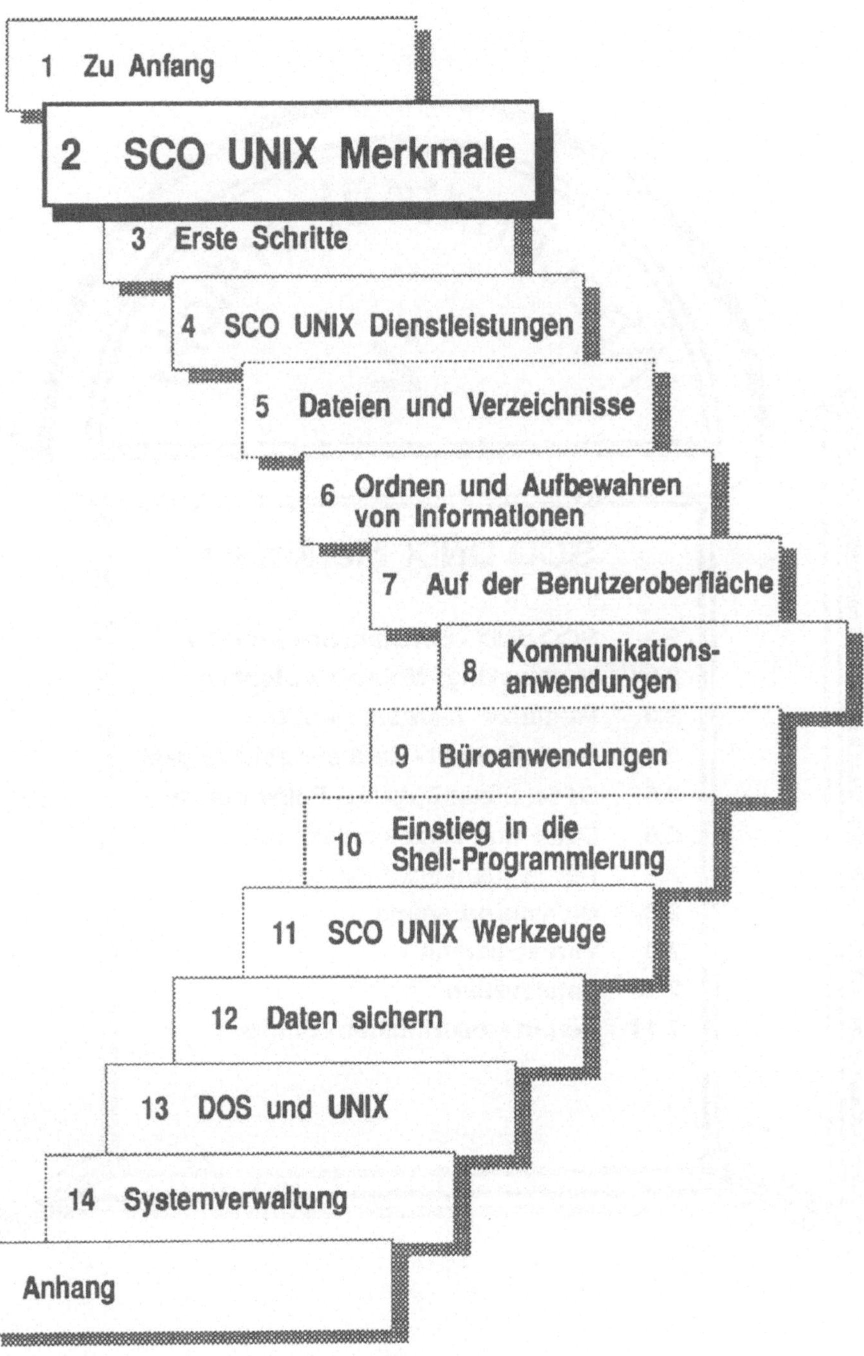

1 Zu Anfang
2 SCO UNIX Merkmale
3 Erste Schritte
4 SCO UNIX Dienstleistungen
5 Dateien und Verzeichnisse
6 Ordnen und Aufbewahren von Informationen
7 Auf der Benutzeroberfläche
8 Kommunikations- anwendungen
9 Büroanwendungen
10 Einstieg in die Shell-Programmierung
11 SCO UNIX Werkzeuge
12 Daten sichern
13 DOS und UNIX
14 Systemverwaltung
Anhang

Abschnittsübersicht

2

SCO UNIX Merkmale

2. SCO UNIX Merkmale

Sie möchten das Betriebssystem SCO UNIX näher kennenlernen. Bevor Sie sich mit Einzelheiten beschäftigen, wollen wir Sie mit den Konzepten vertraut machen, auf denen UNIX aufbaut. In diesem Kapitel beschreiben wir grundlegende Merkmale von SCO UNIX. Sie können als UNIX Benutzer mit Ihrem Betriebssystem arbeiten, ohne zu wissen, was „intern" abläuft. Aber schon bei Störungen oder kleineren Reparaturen kann der Einblick in elementare Zusammenhänge sehr hilfreich sein.

2. 1 SCO UNIX - Ein Standard auf PC's

Auf dem Betriebssystem-Markt treffen Sie auf eine Vielzahl von UNIX Versionen (Fachbegriffe: Derivate). Die vielen „NIXen" (UNIX, XENIX, AIX, SINIX, EURIX, MINIX u.a.) sind Ergebnis der wechselhaften, über zwanzigjährigen UNIX Geschichte. Weil UNIX-Besitzer AT&T den Betriebssystem-Namen UNIX rechtlich schützte, entwickelten viele Unternehmen ihre eigenen Portierungen mit neuen Namen.

UNIX-Versionen

UNIX Version	Hersteller /Vertrieb
AIX	IBM
BSD	Berkley Software Distribution (BSD)
HP-UX	Hewlett Packard (HP)
ESIX	Everex Systems
EURIX	ComFood
MINIX	Prentice Hall
Interactive ix/386	Interactive Systems Corporation (ISC)
XENIX/286 XENIX/386	Microsoft & SCO
SINIX	Siemens - Nixdorf
SCO UNIX	Santa Cruz Operation (SCO)

Tabelle 2.1: UNIX Versionen einiger Anbieter (Teil1)

UNIX Version	Hersteller /Vertrieb
AT&T UNIX	AT&T
Solaris	SunSoft
SunOS	Sun Microsystems
ULTRIX	Digital Equipment Corporation (DEC)
UNIX von Novell	Novell

Tabelle 2.1: UNIX Versionen einiger Anbieter (Teil 2)

Geschichts-
überblick

Im Jahr 1983 brachten die Firmen Microsoft und Santa Cruz Operation (SCO) UNIX in der System V Version auf PC's zum Laufen. Unter der Lizenz von AT&T entstand das UNIX Derivat XENIX auf Intel 8086 und 8088 Prozessoren. Ein Jahr später erschien dann auch von der Interactive Systems Corporation (ISC) ein PC-UNIX. Beide Parteien kauften später die Lizenzen von AT&T, um ihre Versionen offiziell UNIX nennen zu können.

UNIX auf Personalcomputern ist zu einem spannenden Thema geworden. Möglich wurde der Erfolg durch die Leistungsfähigkeit der Intel 80386 / 80486 / Pentium und Motorola 68030 / 68040 Prozessoren, die an das Niveau von Mini- und Supermini-computern heranreichen. Somit werden PC's - bei sinkenden Preisen - als Basis für kleinere Mehrbenutzer Systeme oder leistungsfähige Ein-Platz-Workstations immer attraktiver.

Marktführer
SCO

Der PC-UNIX Markt wird in Deutschland von Santa Cruz Operation beherrscht. SCO hat nach Schätzungen einen Marktanteil bei PC-UNIX von über 80 Prozent. Danach folgen Interactive und Siemens. Auf PC's werden nur noch UNIX Versionen angeboten, die auf System V basieren. UNIX System V ist der de facto Standard auf PC's. SCO vertreibt als aktuelle Version SCO UNIX System V Release 3.2. Version 4.0, während ISC bereits auf die neue Release 4 umgestellt hat. In dieser Version werden die UNIX Derivate XENIX, BSD 4.x und System V zusammengeführt.

Standard
SCO UNIX

Als Benutzer eines SCO UNIX/XENIX Systems arbeiten Sie mit einem der standardisierten Multiuser- und Multitasking Betriebssysteme. Sie haben die Sicherheit, daß Ihr Betriebssystem internationalem Standard entspricht und in Zukunft durch Updates und Upgrades immer aktualisiert werden kann.

Auf SCO UNIX System V Release 3.2 baut auch das Grafik- und Netzwerk-Betriebssystem - SCO Open Desktop (ODT) auf.   **SCO ODT**

Für SCO UNIX sind zahlreiche Anwendungsprogramme verfügbar. In der folgenden Übersicht nennen wir Ihnen einige für Büroanwender interessante SCO UNIX-Anwendungen.   **Anwendungen für SCO UNIX**

Textbe- und verarbeitung:

- SCO Lyrix
- Microsoft Word
- Word Perfect

Tabellenkalkulation:

- Informix WingZ
- SCO Professional
- Lotus 1-2-3
- Access 20/20

Datenbank:

- Informix
- Borland dBASE IV
- SCO Foxbase+
- INGRES
- ORACLE

Bürokommunikation:

- Quadraton Q-Office
- B+S Multisoft Tex-Ass-Window-Plus
- Uniplex Business Software

Grafik:

- SCO Image Builder
- Corel Draw
- Data General Framemaker

Kleine Anwendungsbeispiele mit MS Word, Lotus 1-2-3 und dBASE IV finden Sie im Kapitel 8.

2. 2 Multitasking - Mehrere Aufgaben

„Multitasking" heißt das Bearbeiten und Ausführen mehrerer Aufgaben zum gleichen Zeitpunkt.

Während Berechnungen durchgeführt werden, lassen Sie einen Text sortieren, Faxe versenden und können nebenbei auch mit einer Tabellenkalkulation und einer Textverarbeitung gleichzeitig arbeiten - das ist Multitasking unter SCO UNIX.

Ganz alleine   Bei Single Tasking-Betriebssystemen wie MS DOS müssen Sie diese Aufgaben nacheinander durchführen. Unter SCO UNIX können Sie mehrere Programme gleichzeitig starten und arbeiten lassen. Außerdem können Sie Ihre Benutzeroberfläche für andere Arbeiten frei halten.

Programme im Hintergrund   Sie erreichen gleichzeitiges Bearbeiten mehrerer Aufgaben dadurch, daß Sie Programme im „Hintergrund" (oder in mehreren Fenstern) laufen lassen. Hierdurch haben Sie Tastatur und Bildschirm auch vor Beenden des gestarteten Programms für neue Befehle frei.

Timesharing   Durch Timesharing teilt der SCO UNIX Rechner seine Rechenzeit in viele kleine Zeitscheiben ein. Diese Zeitscheiben werden reihenweise den auszuführenden Programmen zugeteilt (Fachbegriff: **Timesharing**). Der Benutzer kann den Arbeiten unterschiedliche Prioritäten zuordnen und so die Programme unterschiedlich mit Rechenleistung versorgen.

2. 3 Multiuser - Mehrere Benutzer

Im Rudel   SCO UNIX ist nicht nur ein Multitasking-, sondern auch ein Mehrbenutzer- (engl.: **multiuser**) System. Das bedeutet, Sie benutzen den Rechner (möglicherweise) gleichzeitig mit anderen Benutzern. Die anderen Benutzer können dabei an einem Endgerät in Ihrer Nähe sitzen, in einem anderen Gebäude arbeiten oder gar über Satellitenverbindung mit Ihrem System verbunden sein.

Mehrere Benutzer können von Ihrem SCO UNIX-System verwaltet und gleichzeitig mit Rechenleistung versorgt werden. Jeder, der mit dem System arbeitet, hat Zugriff auf das Dateisystem des

Rechners und kann installierte Programme ausführen. Hierzu
arbeitet SCO UNIX alle gestarteten Aufgaben aller Benutzer im
Timesharing-Betrieb scheinbar gleichzeitig ab. So hat jeder Benutzer das Gefühl, der Rechner sei nur für ihn da. Niemand muß
warten, bis ein anderer Benutzer seine Programme beendet hat.
Bei geschickter System-Konfiguration merkt der einzelne Benutzer auf Grund der Rechengeschwindigkeit des Prozessors nicht,
daß „gleichzeitig" viele andere Aufgaben bearbeitet werden.

Ein großer Vorteil des Multiuser-Betriebs ist es, daß alle Benutzer **Gemeinsame**
auf gemeinsame Datenbestände zugreifen können. Außerdem **Daten-**
wird Speicherkapazität und Wartungsaufwand gespart, da alle **bestände**
Informationen und Anwendungen für alle Benutzer nur einmal
gespeichert werden.

2. 4 Portierbarkeit - Geräteunabhängigkeit

Portierbarkeit bedeutet, daß UNIX und UNIX-Anwendungen auf
vielen verschiedenen Rechnertypen installiert werden können.

Die Betriebssystem-Software ist überwiegend in der Program- **Prozessor-**
miersprache C geschrieben und kann so auf alle Computertypen **unabhängig-**
übertragen („portiert") werden, für die es C Compiler gibt. Im **keit**
Gegensatz hierzu sind andere Betriebssysteme an bestimmte Prozessoren (engl. Abkürzung: CPU) gebunden, so ist z.B. DOS auf
die Intel CPU und Kompatible festgelegt. UNIX hingegen läuft
auf Rechnern, die mit Intel (8088, 80x86), Motorola (680x0), RISC
oder anderen Prozessoren ausgestattet sind.

Hierauf beruht ein großer Teil des Erfolgs des UNIX-Betriebs-
systems. In der Vergangenheit bedeuteten neue Rechnergenera-
tionen auch häufig neue, speziell entwickelte Betriebssysteme.
Jeder Hersteller hatte für seine Rechnertypen ein oder mehrere
eigene Betriebssysteme, die genau auf seinen Prozessortyp zuge-
schnitten waren. Das verlangte vom Benutzer stets großen Lernaufwand beim Wechsel des Computers und vom Geräthersteller
zusätzlichen Kostenaufwand. Erst das in C geschriebene UNIX
brachte die Problemlösung: Auf Computern jeder Marke und
jeder Architektur, vom PC für einige Tausend DM bis zum Großrechner, war ein einheitliches Betriebssystem geschaffen.

2. 5 Geschützter Zugang - Paßwortschutz

 Jeder, der mit einem SCO UNIX System arbeiten will, muß dem System bekannt sein. Dies ist wichtig, damit alle Benutzer sicher sein können, daß von ihnen gespeicherte Informationen nicht von Dritten gelöscht oder unzulässig verändert werden.

Um zu überwachen, daß kein Fremder Zugriff auf die Daten anderer Benutzer erhält, besitzt SCO UNIX eine Zugangskontrolle. Diese Kontrolle besteht in der Abfrage des Benutzernamens und des dazugehörenden (geheimen) Paßwortes.

Anmelden erforderlich

Diesen Anmelde-Vorgang bezeichnet man als „**Einloggen**". Er stellt sicher, daß nur Benutzer, die in den Benutzer-Dateien eingetragen sind, Zugang zu den vorhandenen Informationen haben.

Der/Die **Systemverwalter/in** verwaltet die Benutzer-Einträge (wir verwenden im folgenden auf Anregung der Kolleginnen, die Korrektur gelesen haben, zur besseren Lesbarkeit nur die geschlechtsneutrale Form) und nimmt neue Benutzer in das System auf. Er hat darüber zu wachen, daß keine Unbefugten in das System eindringen. Die Benutzer-Anmeldung muß so gestaltet sein, daß bei unerlaubten Zugriffsversuchen der Zugang zum System automatisch gesperrt wird.

Sie als Benutzer sind dafür verantwortlich, daß Ihr Paßwort geschützt bleibt. Die beste Zugangskontrolle kann nicht funktionieren, wenn Sie sorglos mit dem Geheimwort umgehen (siehe dazu Kapitel 3).

2. 6 Datei- und Verzeichnisschutz

Kontrollierter Zugriff

Auch wenn Sie sich erfolgreich angemeldet haben, können Sie noch lange nicht beliebig auf Daten zugreifen. Jeder Benutzer besitzt einen eigenen Bereich („Verzeichnisast"), in dem er seine Dateien sicher speichern kann. Hier kann der Benutzer festlegen, welche anderen System-Benutzer Zutritt erhalten und wer welche Daten sehen oder gar verändern darf.

Alle Daten werden unter SCO UNIX in Dateien gespeichert. Der **Daten und** Zugriff auf Daten ist damit immer der Zugriff auf bestimmte **Dateien** Dateien. Der Besitzer einer Datei hat die Möglichkeit, diese zu schützen und die darin enthaltenen Informationen gegen Veränderung oder ungewolltes Löschen zu sichern. Der Schutz einer Datei geschieht durch die Vergabe von Zugriffs-Berechtigungen auf die Datei. Hierzu legt der Benutzer fest, wer in welcher Form die Datei öffnen kann (siehe Kapitel 5).

2. 7 Der Systemverwalter - root

Zu jedem SCO UNIX gehört ein besonderer Benutzer, der die Aufgabe hat, das System zu verwalten. Er trägt den Benutzernamen **root** und wird Systemverwalter oder Super User genannt. Der Benutzer root hat ganz besondere Rechte im System, um seine Aufgaben durchzuführen. Diese Kennung sollte von dem Systemverwalter deshalb nur bei System-Wartungsarbeiten genutzt werden.

Oberstes Ziel der Systemverwaltung ist es, die Betriebsbereit- **Pflichten und** schaft des Systems herzustellen und aufrechtzuerhalten. Wichtige **Rechte** regelmäßige Aufgaben sind:

- System ordnungsgemäß herunterfahren
- Datensicherung und Backups in angemessenen Zeitabschnitten
- Neuaufnahme und Verwaltung der Systembenutzer
- Betreuung der Benutzer
- Neue Software oder Updates aufspielen und pflegen
- System-Sicherheit nach innen und außen kontrollieren
- Verwaltung der Betriebsmittel (Speicher, Prozesse etc.) und Peripherie (Drucker etc.), Geräteverwaltung
- ggf. Wartung des Netzwerkes

Dem Systemverwalter hilft die **sysadmsh** Oberfläche beim Durchführen seiner Aufgaben.

Ausschnitte aus der Arbeit des Systemverwalters und den Umgang mit der Systemverwalter Shell lernen Sie im Kapitel 14 kennen.

2. 8 Dienstprogramme

200 Befehle

Zum Lieferumfang von SCO UNIX gehören eine Reihe leistungs-
fähiger Dienstprogramme und Werkzeuge (insgesamt über 200
Kommandos) wie

- Editoren (**ed, vi**)
- Kommunikationsprogramme (**mail, write**)
- Dienstprogramme zur Text-Manipulation (**sed**)
- Terminkalender (**calendar**)
- C Compiler (nur im Development System zu SCO UNIX)

2. 9 Vernetzbarkeit

LAN's &
WAN's

Vernetzen heißt, Rechner so miteinander zu verbinden, daß sie
Informationen austauschen können. UNIX-Systeme können mit
anderen UNIX-Systemen oder Rechnern anderer Betriebssysteme
zu einem Netz verknüpft werden. Befinden sich alle Systeme an
einem Standort, ensteht ein LAN (engl.: local area network -
lokales Netzwerk). Werden entfernte Rechner verbunden, spricht
man von einem WAN (engl: wide area network - überregionales
Netzwerk).

Server &
Client

Ein oder mehrere Rechner können in einem Netzwerk **Server**-
Funktion haben, d.h. andere Rechner (**clients**) mit gespeicherten
Daten sowie Programmen zu versorgen und Zugriff auf ihre
Ressourcen zu gestatten.

Kommu-
nikations-
protokolle

Mehrere Rechner können direkt über feste Kabelverbindungen
oder über Wählverbindungen verknüpft werden. Die verschiedenen Rechner „verstehen" sich, weil sie gemeinsame Protokolle
benutzen.

2. 10 Dateisystem

Eine Datei ist eine logische Einheit aus Daten, die auf einem Speichermedium (Festplatte, Diskette, Streamer Tape, Magnetband u.a.) abgelegt ist. Als Benutzer kommen Sie mit

- lesbaren Dateien (aus z.B. ASCII-Code- oder ANSI-Code-Zeichen, z.B. Textdateien) und

- nicht lesbaren Dateien (im Binär-Format, z.B. ausführbaren Programmen)

in Berührung.

Drei Arten von Dateien werden Sie in Kapitel 5 kennenlernen: Dateiarten

- „normale" Dateien (Textdateien, Programmdateien etc.)
- Verzeichnis-Dateien (enthalten Einträge zu anderen Dateien)
- Gerätedateien (Verweise auf physikalisch vorhandene Geräte, z.B. Drucker, Endgeräte)

Die Ansammlung und Anordnung dieser Dateien auf einem Speichermedium bezeichnet man als **Dateisystem**.

Das SCO UNIX Dateisystem besitzt eine hierarchische Struktur. Das Datei-
Das bedeutet, daß die Dateien aller Benutzer in einer Baumstruk- system
tur angeordnet sind. Alle Dateien, die zusammengehören, sind
auf einem gemeinsamen Ast des Verzeichnisbaums gruppiert.
Dadurch können unter UNIX Daten übersichtlich gehalten und
verwaltet werden (mehr in Kapitel 5).

Im Gegensatz zu anderen Betriebssystemen ist unter UNIX die Hardware
durch die Gerätedateien vollständig in den Verzeichnisbaum eingebunden.
Damit entfallen z.B. unter DOS benutzte Laufwerksbezeichnungen (A:, C:). Ein
Programm merkt nicht, ob seine Ausgabe in eine Datei oder ein Gerät geht.

2. 11 Benutzeroberflächen - Shells

SCO UNIX stellt dem Benutzer zahlreiche Benutzeroberflächen Mittler
zur Verfügung. Diese Oberflächen - Shells genannt - vermitteln zwischen
zwischen den Eingaben der Benutzer und dem Betriebssystem- Benutzer und
Kern. Die Befehle, die der Benutzer eintastet, werden mit Hilfe Kern
der Shell in sogenannte **System-Aufrufe (System Calls)** umge-

setzt, die das UNIX-Betriebssystem versteht. Jede Shell besitzt auch eine eigene Steuersprache, mit der Benutzer einfach programmieren können. Die Shell Kommandos werden hierzu in ausführbaren Scripts abgelegt (siehe Kapitel 10). Hierbei sind auch Prozeduren zur Ablaufsteuerung (Schleifen, Verzweigungen, Vergleiche) möglich.

Für jeden die richtige Oberfläche

SCO UNIX bietet verschiedene Benutzeroberflächen. Der Systemverwalter kann die Schnittstellen so verändern, daß auch Anwender (fast) ohne Betriebssystem-Kenntnisse das System relativ leicht handhaben können. Für Systemverwaltungs-Aufgaben aller Art bietet SCO UNIX die Systemverwalter Shell - die **sysadmsh**.

Zum Lieferumfang von SCO UNIX gehören außerdem mehrere zeichenorientierte Benutzeroberflächen:

- **sh** - Bourne Shell: Die älteste zeilenorientierte Benutzeroberfläche. Viele Shell-Scripts laufen auf dieser Oberfläche.

- **csh** - C Shell: Hat den Vorteil der Befehlsgeschichte und der Befehlsnamen-Ersetzung (siehe Kapitel 3) und unterscheidet sich in Sprachelementen von der Bourne Shell.

- **ksh** - Korn Shell: Verbindet Vorteile von Bourne und C Shell.

SCO Shell

Mit SCO UNIX System V Release 3.2 Version 4 bekommen Sie zusätzlich zu den zeichenorientierten Shells auch eine menüorientierte Benutzeroberfläche, die SCO Shell (**scosh**), geliefert. Mit der SCO Shell können Sie menügesteuert Dateien, Programme und System-Dienste anwählen, bearbeiten und ggf. ausführen. Gegebenenfalls hat Ihr Systemverwalter Ihren Benutzer-Eintrag so gestaltet, daß diese Benutzerschnittstelle automatisch nach Ihrem Einloggen startet. Ansonsten können Sie die SCO Shell wie ein Anwendungsprogramm von Ihrer zeichenorientierten Oberfläche starten.

In Kapitel 3 beschreiben wir ausführlich, wie Sie mit zeichenorientierten und menüorientierten Benutzeroberflächen umgehen.

Mit dem grafischen Betriebssystem SCO ODT, das auf SCO UNIX aufbaut, stehen auch grafische Oberflächen zur Verfügung.

1 Zu Anfang
2 SCO UNIX Merkmale
3 Erste Schritte
4 SCO UNIX Dienstleistungen
5 Dateien und Verzeichnisse
6 Ordnen und Aufbewahren von Informationen
7 Auf der Benutzeroberfläche
8 Kommunikations- anwendungen
9 Büroanwendungen
10 Einstieg in die Shell-Programmierung
11 SCO UNIX Werkzeuge
12 Daten sichern
13 DOS und UNIX
14 Systemverwaltung
Anhang

Abschnittsübersicht

3

Erste Schritte

3. Erste Schritte

Dieses Kapitel unterstützt Sie bei Ihren ersten Schritten als SCO
UNIX-Benutzer.

Wenn Sie Zugang zu einem SCO UNIX-System haben, lesen Sie
bitte dieses Kapitel an Ihrem Endgerät und probieren die Beispiele sofort aus.

3. 1 Einloggen - Anmelden am System

Auf Mehrbenutzer-Systemen ist der Schutz der Datenbestände
wichtig. Jeder Benutzer muß sich daher gegenüber dem System
eindeutig durch eine Benutzer-Kennung und ein Paßwort aus-
weisen. Wenn Sie Ihr Paßwort geheimhalten, kann kein Unbefug-
ter unter Ihrer Benutzer-Kennung ins System gelangen.

Bevor Sie sich am SCO UNIX-System anmelden („**einloggen**"),
sollten Sie die Voraussetzungen zur Arbeit mit dem Betriebssystem überprüfen:

- Ihr Systemverwalter hat Sie als Benutzer eingetragen. Ihnen
  sind damit eine **Benutzer-Kennung** (engl.: **login name**) und
  ein erstes **Paßwort** (engl.: password) zugewiesen.

- Sie haben Zugang zu einem Endgerät, das mit der UNIX
  Zentraleinheit verbunden ist. Das Endgerät kann

  > ein Terminal,

  > ein PC mit Terminal-Emulation (ein Programm, das Ter-
    minal-Eigenschaften auf dem PC erzeugt),

  > eine virtuelle Konsole

  > oder die System-Konsole sein.

- SCO UNIX ist auf der Zentraleinheit gestartet.

- Ihr Arbeitsplatz ist mit dem UNIX System richtig verbunden,
  und Ihr Endgerät ist nicht gesperrt.

- Die Übertragungsparameter sind bei Terminal-Betrieb an beiden Enden passend eingestellt.

- Sie haben Ihr Endgerät eingeschaltet, und auf Ihrem Bildschirm sehen Sie eine Eingabe-Aufforderung:

```
login:_
```

Bild 3.1: Login Aufforderung

Einloggen

Der Rechner zeigt damit, daß Sie sich nun am System anmelden („**einloggen**") können. Der Unterstrich »_« stellt Ihre Schreibmarke dar. Diese zeigt Ihnen, daß das SCO UNIX-System eine Eingabe erwartet. Geben Sie nun Ihre Benutzer-Kennung ein und betätigen die ⌊Eingabe⌋-Taste. Diese Kennung weist Sie gegenüber dem System aus. Viele Benutzer wählen ihren Namen oder eine Abkürzung ihres Namens als Benutzer-Kennung.

Anschließend fragt das UNIX System Ihr Paßwort ab:

```
login: fritz
password: _
```

Bild 3.2: Paßwort eingeben

Das Paßwort wird bei der Eingabe nicht auf dem Bildschirm angezeigt. Damit bleibt es für Umstehende geheim. Vermeiden Sie, sich von „Freunden" beim Eintasten des Paßwortes auf die Finger sehen zu lassen. Bestätigen Sie Ihre Eingabe wieder mit der ⌊Eingabe⌋-Taste.

Probleme beim Einloggen

Beim Einloggen können Probleme auftreten. SCO UNIX gibt Ihnen dann englischsprachige Fehlermeldungen aus. In der Tabelle 3.1 haben wir mögliche Schwierigkeiten beim Einloggen für Sie aufgelistet.

Erscheint nach der Eingabe von Benutzer-Kennung und Paßwort die Meldung *Login incorrect*, so haben Sie sich wahrscheinlich vertippt. UNIX vergleicht Ihre Eingaben mit den gespeicherten Einträgen über alle Benutzer. Wenn kein Eintrag mit Ihrer Eingabe (Benutzer-Kennung und Paßwort) identisch ist, meldet SCO UNIX *Login incorrect*. Wiederholen Sie das Login nach der erneuten *Login*-Aufforderung. Achten Sie genau auf Groß- und Kleinschreibung, die SCO UNIX voneinander unterscheidet.

Finden Sie Ihre Problemlösung nicht in der Tabelle, fragen Sie Ihren Systemverwalter.

Probieren Sie nicht zu oft falsche Benutzer-Kennungen und falsche Paßwörter, da SCO UNIX sonst den Zugang zum System über Ihr Endgerät sperren kann.

Meldung/Problem	Ursache: Was tun
Login incorrect	Schreibfehler bei Login oder Paßwort: Einloggen wiederholen. Groß- und Kleinschreibung nicht beachtet: Einloggen wiederholen (evtl. die Umschalt-Taste (Caps Lock) ausschalten) falsche Benutzer-Kennung oder Paßwort: Systemverwalter fragen (evtl. Benutzer-Kennung oder Paßwort erfragen / neu vergeben lassen)
Account locked Terminal locked Account locked	Zugang zum System über Ihr Endgerät ist gesperrt, evtl. hat jemand mehrfach mit falscher Benutzer-Kennung oder Paßwort versucht, sich einzuloggen: Systemverwalter bitten, das Endgerät zu entsperren
(kein Login)	keine Verbindung des Endgeräts zur Zentraleinheit: Steckverbindungen überprüfen falsche Parameter am Terminal (-programm) eingestellt: Parameter (Übertragungsgeschwindigkeit, Parität, Start- und Stoppbits etc) überprüfen und einstellen
(nur Großschrift)	Ihr UNIX System unterscheidet Groß- und Kleinschreibung voneinander. Wenn jede Eingabe in Großschrift erscheint, können Sie sich ggf. nicht einloggen. Überprüfen Sie, ob die Umschalt-Taste (Caps Lock) ausgeschaltet ist und betätigen dann mehrfach die Tastenkombination (STRG) + (d) .

Tabelle 3.1: Probleme beim Anmelden am System

Nachdem Sie sich zum ersten Mal erfolgreich eingeloggt haben, kann das System Sie auffordern, ein neues Paßwort zu wählen. Der Systemverwalter sorgt so dafür, daß Sie ein eigenes, neues Paßwort wählen, damit Sie nicht ohne Paßwort oder mit dem vom ihm/ihr vorgegebenen Paßwort weiterarbeiten. Bitte lesen Sie in diesem Fall den Abschnitt 3.6 - Paßwörter eingeben und ändern.

Was können Sie tun, wenn Sie Ihr Paßwort vergessen haben und nicht mehr ins System können? Kein Grund zur Panik. Ihr Systemverwalter kann Ihr verloren gegangenes Paßwort zwar nicht lesen, er kann Ihnen aber ein neues Paßwort zuweisen (siehe Abschnitt 3.8), mit dem Sie weiterarbeiten können.

System-
Informationen

Nach der Benutzer-Anmeldung erscheinen auf Ihrem Bildschirm zahlreiche Informationen. Je nach SCO UNIX-Version und Installation durch Ihren Systemverwalter begrüßt Sie Ihr System mit einer Folge von Meldungen (wie in Bild 3.3):

- SCO UNIX informiert Sie, wann Sie sich zuletzt erfolgreich und erfolglos am System angemeldet haben. Anhand dieser Angaben können Sie überwachen, ob sich Unbefugte unter Ihrer Benutzer-Kennung im System angemeldet oder dies zumindest versucht haben.

- Anschließend folgen Angaben über die Systemversion und der Name Ihres Systems.

- Zum Abschluß erscheint auf unserem System eine Nutzungs- statitik der Festplatten.

Auch das UNIX-Postsystem **mail** kann sich sofort beim Einloggen melden. Wenn Sie neue Eingangspost erhalten haben, gibt UNIX Ihnen den Hinweis »*You have mail*«. Diese Eingangspost werden Sie im Kapitel 4 - SCO UNIX Dienstleistungen kennenlernen.

Zunächst zeigen wir Ihnen, welche Meldungen beim ersten Einloggen auf unseren Bildschirm (Bild 3.3) erscheinen:

```
login:fritz
password:_

Last   successful login for fritz: NEVER
Last unsuccessful login for fritz: NEVER

UNIX System V/386 Release 3.4
innocons

/       : Disk space:  2.87 MB of  97.65 MB  available ( 2.93%)

/u      : Disk space:  15.01 MB of  21.58 MB  available (69.58%)

/usr/dos : Disk space:  6.18 MB of 7.96 MB available (77.64%)

Total disk space: 24.06 MB of 127.19 MB available (18.92%)

You have mail
```

Bild 3.3: System-Informationen

Nach dem Einloggen fragt SCO UNIX den Typ Ihres Endgeräts **Endgeräte-** ab (Bild 3.4), falls Ihr Systemverwalter für Ihr Endgerät keinen **Typ einstellen** festen Endgeräte-Typ in der Datei */etc/ttytype* voreingestellt und Ihre Login-Startdatei(en) angepaßt hat (siehe Abschnitt 14.8.2). Ihre Schreibmarke bleibt dann hinter der *TERM*-Zeile stehen. Die korrekte Einstellung des Endgeräte-Typs ist wichtig, damit bildschirmorientierte UNIX-Programme fehlerfrei ablaufen können. In Klammern sehen Sie einen voreingestellten Wert, der mit der [Eingabe] -Taste übernommen wird. Stimmt diese Standard-Einstellung nicht mit Ihrem Endgerät überein, tasten Sie den richtigen Wert ein:

```
TERM=(ansi) wy60
Terminal type is wy60
```

Bild 3.4: Endgeräte-Typ einstellen

In diesem Beispiel haben wir den Endgeräte-Typ für ein Wyse 60 Terminal gesetzt. Sind Sie sich nicht sicher, wie Ihr Endgerät bezeichnet wird, hilft der Systemverwalter.

3. 2 Das Eingabezeichen

Nachdem alle System-Informationen über Ihren Bildschirm gerollt sind, sehen Sie

- auf einer zeichenorientierten Shell ein Eingabe-Aufforderungszeichen (Promptzeichen) oder

- auf einer Menüoberfläche ein Menü.

Das Eingabe-Aufforderungszeichen oder das Menü melden Ihnen, daß das Login-Programm eine Benutzeroberfläche (**Shell**) aufgerufen hat. Über die Shell verständigen Sie sich mit dem Betriebssystem-Kern.

Bereit für Befehle

Sobald Sie das Promptzeichen oder das Menü auf Ihrem Bildschirm sehen, ist die Shell bereit, Ihre Kommandos entgegenzunehmen. Je nach zeichenorientierter Benutzeroberfläche sind die Eingabe-Aufforderungszeichen wie in Tabelle 3.2 voreingestellt:

Prompt	bei dieser Benutzeroberfläche
$	Bourne Shell und Korn Shell
%	C Shell
#	als root-Benutzer

Tabelle 3.2: Promptzeichen zeichenorientierter Benutzeroberflächen

Der Systemverwalter kann für Ihr System ein anderes Promptzeichen (oder eine Promptzeichenfolge) festlegen. Im Kapitel 7 - Auf der Benutzeroberfläche - erfahren Sie, wie Sie das Eingabe-Aufforderungszeichen gemäß Ihren Vorstellungen verändern.

Arbeiten Sie auf einer menüorientierten Oberfläche, sehen Sie das Hauptmenü, aus dem Sie Menüpunkte auswählen können.

C Shell und SCO Shell

Wir stellen in dieser Einführung die zeichenorientierte Benutzeroberfläche C Shell (Abschnitt 3.3) und die menüorientierte Benutzeroberfläche SCO Shell (Abschnitt 3.5) dar. Bei Systemverwaltungsarbeiten nutzen wir die Systemverwalter Shell.

Die C Shell bietet nützliche Hilfen wie die Befehlsgeschichte **history** und die Befehlsnamen-Ersetzung **alias**, die Sie am Ende dieses dritten Kapitels und in Kapitel 7 kennenlernen.

Durch die Eingabe von **csh** können Sie von einer anderen Shell csh
auf die C Shell wechseln.

Die letzten Bildschirmzeilen sehen bei uns aus wie im Bild 3.5:

```
You have mail


Term=(ansi) wy60
Terminal type is wy60


%
```

Bild 3.5: Bereitmeldung der Shell

In der letzten Bildschirmzeile sehen Sie bei der C Shell das Eingabe-Aufforderungszeichen »%« wieder. Jetzt können Sie Kommandos eintasten. Denken Sie dabei daran, alle Eingaben mit der
(Eingabe)-Taste (auch mit (Return) oder (Enter) bezeichnet)
abzuschließen.

Alternativ zur C Shell können Sie mit der menüorientierten SCO
Shell arbeiten. Ihr Systemverwalter kann Ihren Benutzer-Eintrag
so verändern, daß die SCO Shell nach dem Einloggen automatisch
startet. Auf einer zeichenorientierten Shell tasten Sie das Kommando **scosh** ein, um die SCO Shell selbst zu starten.

Die SCO Shell ist eine benutzerfreundliche Menüoberfläche, mit Was kann die
der Sie   SCO Shell?

• Anwendungen und Dienstprogramme auswählen und starten,

• Dateien und Verzeichnisse verwalten sowie

• Ihre Arbeitsumgebung gestalten.

Hierzu wählen Sie Befehle aus Menüs aus. Sie müssen sich dabei
keine Befehlswörter und Parameter merken, sondern wählen aus
einer Liste von gruppierten, englischsprachigen Befehlen (»Menüs«). Im Bild 3.6 sehen Sie den Startbildschirm der SCO Shell:

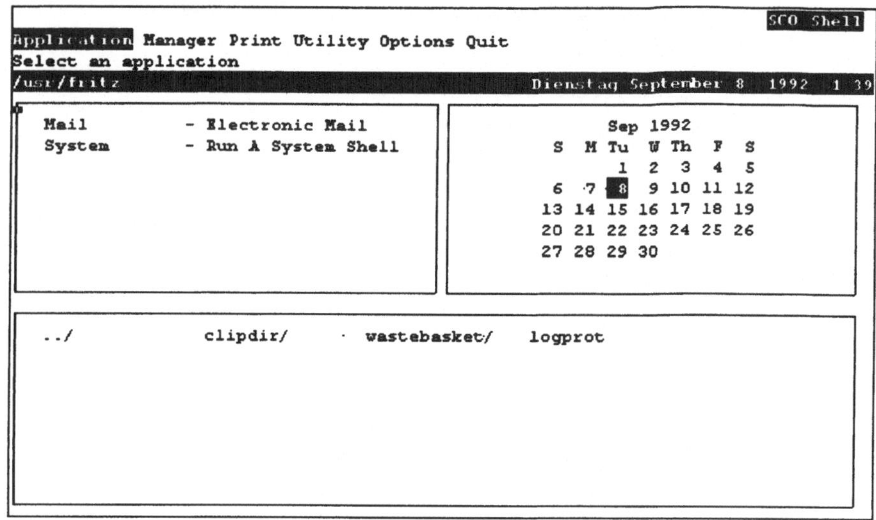

Bild 3.6: Startbildschirm der SCO Shell

In den folgenden Kapiteln beschreiben wir die Eingabemöglichkeiten sowohl über die zeichenorientierte C Shell als auch über die menüorientierte SCO Shell.

3. 3   Erste Schritte auf der C Shell

Nun können Sie loslegen!

Über die Tastatur erwartet die Shell Ihre Befehle. Sobald Sie eine Taste betätigen, wird SCO UNIX ein Zeichen auf dem Bildschirm ausgeben (Zeichenecho). Häufig werden Sie besondere Zeichen benötigen, wie z.B. [,], |, #, ' usw. Suchen Sie diese Zeichen auf Ihrer Tastatur oder schlagen Sie in Anleitungen zu Ihrem Endgerät nach. Sie werden oft mehrere Tasten gleichzeitig drücken (z.B. die (STRG)-Taste in Verbindung mit anderen Buchstaben-Tasten). Damit geben Sie Tastaturcodes ein, die nicht direkt über Tasten dargestellt werden können.

Wenn Sie DOS Betriebssystem-Benutzer sind, dann sind Sie daran gewöhnt, Zeichen mittels (Alt)-Taste und der ASCII-Code-Nummer einzutasten. Unter SCO UNIX ist das nicht möglich.

Sie geben der C Shell einen Befehl, indem Sie den Befehlsnamen und eventuelle Parameter eintasten und dann abschließend die  (Eingabe) -Taste drücken.
Eine Kommandozeile hat im allgemeinen dieses Format:

kommando **[***optionen***] [***parameter***]**   Format

Die Argumente in eckigen Klammern können Sie wahlweise (optional) angeben. **Optionen** verändern den Ablauf des Programms in einer gewünschten Form. Als **Parameter** benötigen einige Programme oftmals Dateinamen oder Zeichenfolgen. Wir werden regelmäßig das passende Kommandoformat vollständig oder ausschnittsweise angeben.

3. 4 Ausloggen - Abmelden vom System

Am Arbeitsende müssen Sie sich abmelden. Versäumen Sie dies, so kann jeder, der nach Ihnen an Ihr Endgerät kommt, unter Ihrem Namen und mit Ihren Daten arbeiten. Vielfach müssen die Benutzer ihre Anschaltzeiten an Systemen bezahlen. Vergessen Sie in diesem Fall das Ausloggen, so entstehen Ihnen zusätzliche Kosten.

Das einfache Abschalten Ihres Endgerätes oder PCs mit Terminal-Emulation meldet Sie nicht vom SCO UNIX-System ab.

Lediglich bei Benutzern, die über Modem und Telefonleitung mit dem Rechner verbunden sind, gilt dies nicht. Trennen sie die Verbindung durch Einhängen, wird nach einigen Augenblicken ein Signal an die Benutzerschnittstelle gesendet, das den Benutzer ausloggt.

Je nach Benutzeroberfläche und deren Einstellung können Sie sich mit

- **logout**

- **exit**

- (STRG) + (d)

- dem Menüpunkt »**Quit**« oder der (F2) -Taste und anschließendem Bestätigen mit der (Eingabe) -Taste

vom System abmelden.

3. 5   Erste Schritte auf der SCO Shell

SCO liefert die SCO Shell seit SCO UNIX Release 3.2.4 aus. Falls
Sie SCO UNIX bisher immer mit einer zeichenorientierten Oberfläche bedient haben, wird Ihnen der Umgang mit der SCO Shell
zunächst ungewohnt sein. In diesem Abschnitt möchten wir mit
Ihnen Schritt für Schritt die Funktionsweise der SCO Shell erkun-
den.

Vorteile der
SCO Shell

Der Vorteil einer menüorientierten Oberfläche wie der SCO Shell
besteht darin, daß Sie nicht mehr wie für die zeichenorientierten
Schnittstellen des Betriebssystems lange und verschlüsselte Be-
fehlsfolgen auswendig lernen müssen. Um Programme auszuführen oder Dateien anzusehen, zu bearbeiten, zu kopieren oder
zu verschieben, wählen Sie einfach die entsprechenden Menüpunkte der SCO Shell aus. Hierzu können Sie sich mit den Richtungs-Tasten oder der (Leer)-Taste, mit der (Eingabe)- und der
(ESC)-Taste durch die Menüs und Fenster bewegen.

Nach dem Aufruf der SCO Shell sehen Sie zunächst den Startbildschirm wie im Bild 3.7:

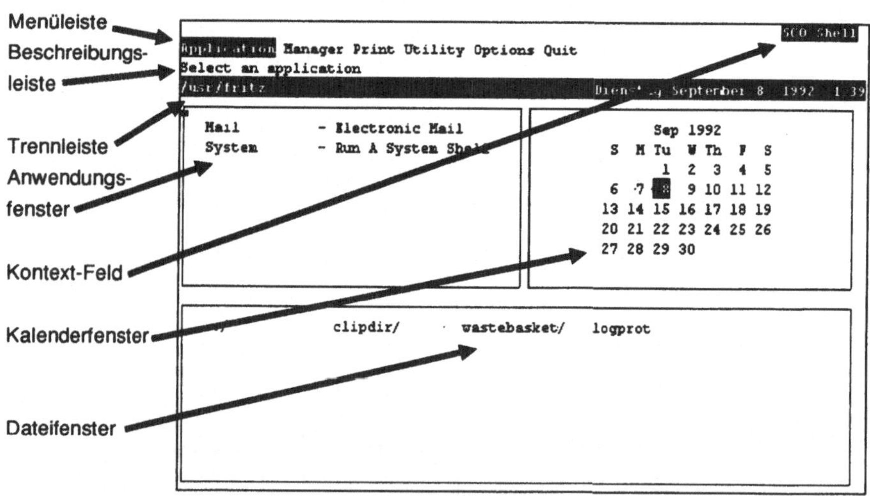

Bild 3.7: SCO Shell Startbildschirm

Ist auf Ihrem Bildschirm anstelle des Startbildschirms nur Zeichenchaos erschienen, so ist Ihr Endgerät falsch eingestellt. Versuchen Sie in diesem Fall durch Betätigen der Tastenfolge (q) (y) oder über die (Entfernen) -Taste zurück auf eine zeichenorientierte Oberfläche zu kommen. Die SCO Shell wird auf dem Bildschirm nur dann richtig dargestellt, wenn Sie beim Einloggen den Endgeräte-Typ richtig gesetzt haben. Lesen Sie bitte im Abschnitt 3.6, wie Sie sich vom System abmelden, und setzen Sie beim erneuten Anmelden Ihren Endgeräte-Typ entsprechend. Wird der Endgeräte-Typ beim Einloggen nicht abgefragt, sagt Ihnen der Abschnitt 7.3 - Oberflächenanpassung durch Shell Variablen - wie Sie den Endgeräte-Typ nachträglich einstellen.

Auf Ihrem Bildschirm sehen Sie in den oberen Zeilen die Menüleiste mit dem Hauptmenü. Der Bildschirm darunter ist in drei Fenster unterteilt. Im linken oberen Fenster sind die installierten Anwendungsprogramme aufgelistet und rechts daneben erscheint das Kalenderfenster. Das untere Fenster enthält eine Liste der Dateien in Ihrem Arbeitsverzeichnis. Wir beschreiben Ihnen das voreingestellte Erscheinungsbild der SCO Shell.

Im einzelnen gliedert sich der SCO Shell-Startbildschirm in diese Bereiche:

Startbildschirm

- das **Kontext-Feld,** in dem nach dem Start der Name »*SCO Shell*« erscheint und in dem sonst die aktuelle Menüebene steht.

- die **Menüleiste** mit den Menüpunkten: »**Application**«, »**Manager**«, »**Print**«, »**Utility**«, »**Options**«, »**Quit**«. Sie können die Menüpunkte anwählen und sehen dann das entsprechende Untermenü.

- die **Beschreibungsleiste** mit Informationen zum Menüpunkt

- die **Trennleiste,** die den oberen Menübereich von den SCO Shell Fenstern abhebt. In der Trennleiste sehen Sie den Pfadnamen zum Arbeitsverzeichnis (siehe Kapitel 5) und das aktuelle Datum.

- das **Anwendungsfenster.** Hier können Sie die installierten Anwendungen anwählen und ausführen.

- das **Kalenderfenster.** Enthält das Kalenderblatt des aktuellen Monats. Der heutige Tag ist invertiert dargestellt.

- das **Dateifenster.** Sie sehen die Dateien und Verzeichnisse, die in Ihrem Arbeitsverzeichnis eingetragen sind und können diese anwählen.

Das Erscheinungsbild der SCO Shell kann von Ihnen oder dem Systemverwalter geändert werden. Auf unserem Bildschirmfotos sehen Sie das voreingestellte Erscheinungsbild der SCO Shell. Fehlen auf Ihrem SCO Shell-Bildschirm ein oder mehrere Fenster, besitzen die Fenster andere Größen und Anordnung oder stehen in den Fenstern abweichende Informationen, dann sind die Einstellungen der SCO Shell (vom Systemverwalter) verändert worden. Sie können das Erscheinungsbild der SCO Shell aus dem »**Options**«-Menü verändern.

3. 5 .1 Menüpunkte anwählen

Um einen Befehl aus dem Menü zu starten, müssen Sie den entsprechenden Menüpunkt anwählen und bestätigen. Der aktuell angewählte Punkt der Menüzeile wird invers (farbverkehrt) auf Ihrem Bildschirm angezeigt. Nach dem Starten der SCO Shell ist zunächst der erste Menüpunkt »**Application**« markiert.

Menüpunkte anwählen
Um einen anderen Menüpunkt anzuwählen, können Sie die Richtungs-Tasten oder die Alphabets-Tasten verwenden:

Markierung verschieben
- Verschieben Sie die Markierung mit einer dieser Tasten, bis der gewünschte Menüpunkt erreicht ist:

Nachdem Sie den richtigen Menüpunkt angewählt haben, bestätigen Sie mit der (Eingabe) -Taste.

Abkürzungstasten
- Alternativ hierzu können Sie jeden Menüpunkt auch über seine Abkürzungs-Taste ansprechen. Diese Taste ist im Regelfall mit seinem Anfangsbuchstaben identisch. Möchten Sie z.B. in das »**Utility**«-Untermenü wechseln, tasten Sie (u) ein. Diese Auswahl müssen Sie **nicht** mit der (Eingabe) -Taste bestätigen.

Haben Sie einen Menüpunkt gewählt, kann dreierlei passieren:

1. ein Untermenü erscheint,

2. die Schreibmarke springt in ein Fenster oder

3. ein Befehl wird ausgeführt (die Menüzeile bleibt leer)

Zurück ins Hauptmenü
Sie können jede Auswahl jederzeit mit der (ESC) -Taste rückgängig machen. Auf diese Weise kommen Sie wieder auf die übergeordnete Menüebene zurück. Sind Sie auf einer tief geschachtelten

Menüebene, betätigen Sie die (ESC) -Taste mehrfach, bis Sie zurück im Hauptmenü sind.

Die (ESC) -Taste betätigen Sie auch dann, wenn Sie eine bereits gestartete Aktion vorzeitig abbrechen möchten.   **Aktion abbrechen**

Das Kontext-Feld in der rechten, oberen Bildschirmecke hilft Ihnen, sich in der Menülandschaft zu orientieren. Aus diesem Feld können Sie ablesen, in welchem (Unter-)Menüpunkt Sie gerade stehen. Sind Sie auf der Hauptmenüebene, zeigt dieses Feld *»SCO Shell«* an.

Vor dem Ausführen einiger Befehle verlangt die SCO Shell bestimmte Parameter oder möchte eine Auftrags-Bestätigung. In diesen Fällen öffnet sich auf dem Bildschirm ein weiteres Fenster. Jedes dieser Fenster hat einen Namen, den Sie der oberen Rahmenzeile entnehmen können. Eingaben in dieses Fenster führen Sie über die Tastatur durch und bestätigen Sie anschließend mit der (Eingabe) -Taste. In Fenstern, in denen eine -Nachfrage an Sie gestellt wird, wählen Sie -wie im Menü- mit den Richtungs-Tasten oder der (Leer) -Taste.

In Fenstern, in denen die Mitteilung *»Press <F3> for list«* erscheint, **Auswahllisten** können Sie mit der (F3) -Taste eine Liste möglicher Eingaben anfordern. Mit den Richtungs-Tasten können Sie auch die einzelnen Namen ansteuern und dann mit der (Eingabe) -Taste bestätigen. Möchten Sie mehr als nur einen Punkt anwählen, gehen Sie so vor:

Und so markieren Sie mehrere Auswahlpunkte:

1. Bewegen Sie die Markierung auf den ersten gewünschten Punkt.

2. Betätigen Sie die (Leer) -Taste. Vor dem ausgewählten Punkt erscheint ein Stern.

3. Wiederholen Sie diese Aktionen bei allen weiteren gewünschten Auswahlpunkten. In Bild 3.8 haben wir auf diese Art mehrere Dateien im Dateifenster markiert.

4. Haben Sie die Auswahl abgeschlossen, bestätigen Sie mit der (Eingabe) -Taste.

```
  ../        * listdir.sh    menue.sh    * ncd          true.sh
argecho.sh * logZahl.sh    mex.sh        scriptl.sh  * while.sh
```

Bild 3.8: SCO Shell: Markieren mehrerer Dateien im Dateifenster

Alles auswählen!

Um alle angezeigten Punkte anzuwählen, betätigen Sie die Tastenkombination (STRG) + (v) .

Auswahl zurücknehmen

Betätigen Sie die (Leer) -Taste auf einem ausgewählten Punkt ein zweitesmal, wird dieser aus der Auswahl entfernt: Der Stern vor dem Auswahlpunkt verschwindet.

Bei der Auswahl aus den Anwendungs- und Dateifenstern gehen Sie genauso vor wie zuvor beschrieben.

Blättern

Ist eine Auswahlliste umfangreicher als ein Fenster, können Sie mit den (Seite runter) - und (Seite hoch) -Tasten seitenweise blättern. Möchten Sie nur zeilenweise oder spaltenweise neue Auswahlpunkte sehen, betätigen Sie entsprechend häufig die Richtungs-Tasten. Mit der (Ende) -Taste sehen Sie den letzten Teil der Auswahlliste, mit (Pos 1) gelangen Sie zum Beginn der Liste zurück.

Suchen in Auswahllisten

Suchen Sie einen bestimmten Auswahlpunkt in einer sehr umfangreichen Liste, nutzen Sie die Such-Funktion der SCO Shell. Hierzu betätigen Sie in der Auswahlliste die Suchtaste (F5) , damit sich das Suchfenster wie im Bild 3.9 öffnet:

```
┌──────────────── Search for ────────────────┐
│  ? _                                         │
│                                              │
└──────────────────────────────────────────────┘
```

Bild 3.9: SCO Shell: Suchfenster

Sie können jetzt den Namen oder den Ihnen bekannten Namensteil angeben, statt die ganze Liste abzusuchen. Die SCO Shell bewegt die Markierung im Auswahlfenster auf den ersten Punkt,

der auf Ihre Suchangaben paßt. Wenn Sie erneut die (Eingabe) -
Taste betätigen, wird weitergesucht.

Diese Suchfunktion ist besonders nützlich, wenn Sie in einem
Dateifenster mit zahlreichen Einträgen eine Datei suchen. Außerdem nutzen Sie diese Funktion, um gesuchte Textstellen aufzufinden, während Sie eine Datei ansehen oder bearbeiten.

3. 5 .2 Wechseln zur zeichenorientierten Shell

Auf der SCO Shell stehen Ihnen nur ausgewählte UNIX Befehle
zur Verfügung. Sie können aber zeitweilig auf eine zeichenorientierte Benutzeroberfläche wechseln, ohne die SCO Shell zu verlassen, um UNIX Kommandos direkt von der C Shell auszuführen.

Von jeder Menüebene aus tasten Sie hierzu einfach (!) ein. Die **Starten**
oberste Bildschirmzeile wird geöffnet und das »!«-Zeichen er- **einzelner**
scheint. Jetzt können Sie das gewünschte UNIX-Kommando ein- **Kommandos**
tasten und mit der (Eingabe) -Taste abschließen. Liefert Ihr
Kommando Ausgaben, werden diese angezeigt. Mit einer beliebigen Taste gelangen Sie im Anschluß daran automatisch zurück
auf die SCO Shell. Sie arbeiten auf der gleichen Menüebene
weiter, auf der Sie sich zuletzt befunden haben.

Diese Arbeitsweise ist sehr einfach und nützlich, wenn Sie eine
einzelne Kommandozeile ausführen möchten. Wenn Sie mehrere
Kommandofolgen auf einer zeichenorientierten Benutzeroberfläche eintasten möchten, können Sie aus der SCO Shell eine zeichenorientierte Shell starten. Folgen Sie hierzu diesen Anweisungen:

Und so starten Sie eine zeichenorientierte Shell

1. Wählen Sie den Menüpunkt »**Application**« mit den Richtungs-Tasten oder der (Leer) -Taste oder der Abkürzungs-Taste (a) an.

2. Im Anwendungsfenster bewegen Sie die Markierung auf den
   Auswahlpunkt und bestätigen diesen (Bild 3.10).

3. Es öffnet sich eine zeichenorientierte Shell, mit der Sie solange
   arbeiten, bis Sie das **exit** Kommando eintasten oder die Tastenkombination (STRG) - (d) betätigen.

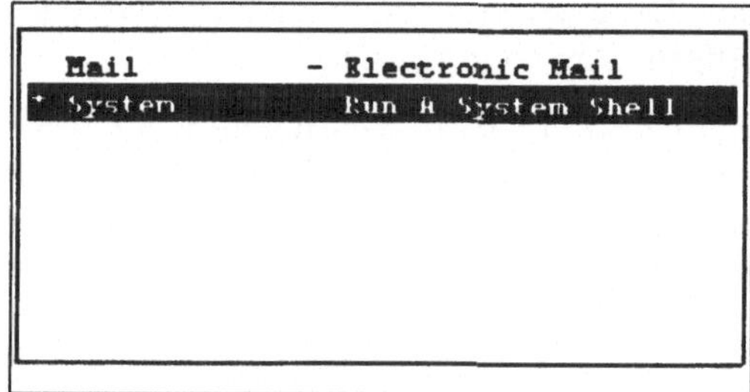

Bild 3.10: SCO Shell: Starten einer zeichenorientierten Shell

3. 6   Beenden der SCO Shell

Tschüß!

Sie beenden die SCO Shell aus dem Hauptmenü über den Menüpunkt »**Quit**«. Stehen Sie aber momentan auf einer tieferliegen-
den Menüebene oder in einem Fenster, betätigen Sie die
Flucht-Taste (F2) . Die SCO Shell fragt Sie nun wie in Bild 3.11, ob
Sie die Menüoberfläche wirklich verlassen möchten:

Bild 3.11: Wollen Sie wirklich die SCO Shell beenden?

Bestätigen mit »y« beendet die SCO Shell-Sitzung. Mit »n« kommen Sie zurück ins Menü. Nachdem Sie die SCO Shell verlassen
haben, sind Sie zurück auf Ihrer zeichenorientierten Benutzeroberfläche. Hat Ihr Systemverwalter Ihren Benutzer-Eintrag so
verändert, daß die SCO Shell Ihre Login-Benutzer- schnittstelle
ist, melden Sie sich durch Verlassen der Shell gleichzeitig vom
System ab.

3. 7   Wer bin ich?

Nach den ersten Schritten auf Ihrer Benutzeroberfläche, können
Sie sich Informationen über Ihr Endgerät und Ihren Benutzer-Eintrag beschaffen.

Ihre Benutzer-Kennung erfahren Sie auf der C Shell mit dem Befehl **who am i**:

```
% who am i
fritz   tty01   Jul 26 13:50
```

Bild 3.12: C Shell: Wer bin ich?

Auf der SCO Shell wechseln Sie zeitweilig auf eine zeichenorientierte Shell, indem Sie ein »!«-Zeichen und anschließend **who am i** eintasten:

> meine Benutzer-Kennung

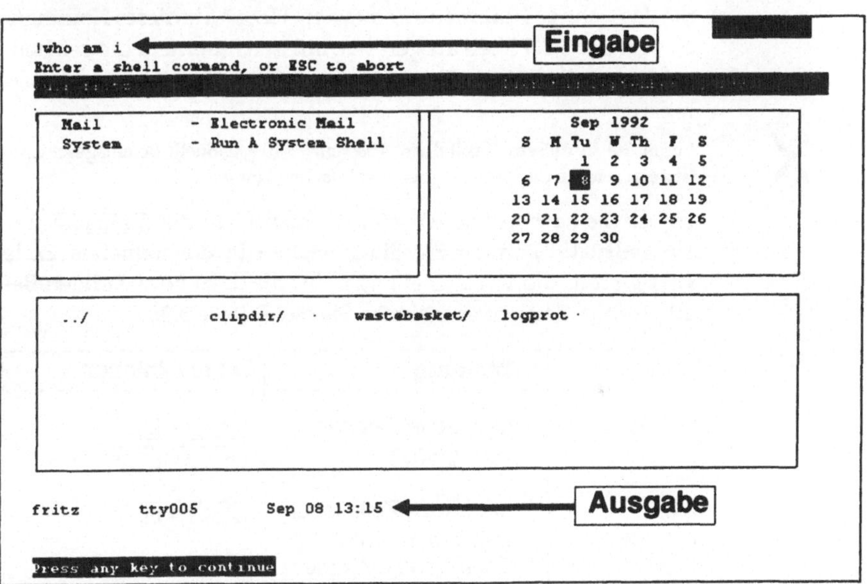

Bild 3.13: SCO Shell: Wer bin ich?

Das Kommando **who am i** gibt Ihre eigene Benutzer-Kennung und die Kenn-Nummer Ihres Endgeräts (hier: *tty01*) aus. Datum und Zeit geben an, wann Sie sich eingeloggt haben.

Die Bezeichnung tty wurde aus dem englischen Wort teletype (für Fernschreiber) übernommen.

Haben Sie sich bei diesem Kommando vertippt? Sobald Sie eine fehlerhafte Kommandozeile mit der (Eingabe)-Taste bestätigt haben, können Sie diese Kommandozeile hier nicht mehr bearbei-

> Vertippt ?

ten. Das System gibt Ihnen in diesem Fall eine Meldung wie in
Bild 3.14 aus:

```
% whoo am i
whoo am i: command not found
```

Bild 3.14: Tippfehler und Fehlermeldung

SCO UNIX informiert Sie mit dieser Fehlermeldung, daß im
System kein Befehl mit dem Namen **whoo** zu finden ist.

Nach dem C Shell-Promptzeichen in der nächsten Zeile können
Sie das richtige Kommando eintasten. Haben Sie dieses Kommando von der SCO Shell aufgerufen, müssen Sie erneut die zeichenorientierte Befehlseingabe wählen und das Kommando wiederholen.

Lesen Sie in diesem Kapitel im Abschnitt 3.10 - C Shell: Befehlsgeschichte
history, wie Sie die Neu-Eingabe vereinfachen können.

Haben Sie nach der Befehlseingabe noch nicht die (Eingabe) -Ta-
ste gedrückt, können Sie Eingabefehler in der aktuellen Zeile
korrigieren. Die Voreinstellungen für die dazu notwendigen Bearbeitungs-Zeichen entnehmen Sie der Tabelle 3.3:

Name	Wirkung	Taste / Zeichen
ERASE	das letzte Zeichen wird gelöscht	(STRG) + (h) , (Rückschritt)
KILL	die ganze Zeile ist ungültig; in der nächsten Zeile neue Eingabe	(STRG) + (u)

Tabelle 3.3: Wichtige Bearbeitungs-Zeichen und ihre Voreinstellung

Da Ihr Systemverwalter andere Tasten mit diesen Funktionen
belegen darf, können die in der Tabelle genannten Bearbeitungs-
Zeichen auf Ihrem System anders eingestellt sein.

3. 8 Paßwörter eingeben und ändern

Das Paßwort dient Ihrem Schutz. Kein Fremder kann im System Schutz durch unter Ihrer Benutzer-Kennung arbeiten, wenn Sie ein Paßwort Paßwort vergeben haben und dieses geheimhalten. Ein erstes Paßwort vergibt im Regelfall Ihr Systemverwalter.

Zum Ändern Ihres Paßwortes tasten Sie auf einer zeichenorientierten Shell den **passwd**-Befehl ein. Auch SCO Shell-Benutzer müssen den **passwd**-Befehl von einer zeichenorientierten Benutzeroberfläche starten:

```
% passwd
```

Bild 3.15: Aufrufen des passwd Kommandos

SCO UNIX fragt zunächst das alte Paßwort ab. Das sichert Sie gegen unbefugte Paßwort-Änderungen durch Dritte.

Haben Sie das alte Paßwort korrekt eingetastet, werden Ihnen die Wollte jemand Ihr Paß-
Zeitpunkte der letzten erfolgreichen und erfolglosen Paßwort- wort ändern?
Änderung angezeigt:

```
Last successful password change for fritz: 3 Jul 22:10
Last unsuccessful password change for fritz: 2 Jul 2:13
```

Bild 3.16: Daten der letzten Paßwort-Änderung

Mit diesen Angaben können Sie kontrollieren, ob jemand versucht hat, Ihr Paßwort zu ändern. Im Anschluß daran erscheint das Menü *Choose password* zur Paßwort-Auswahl wie in Bild 3.17

```
              choose password

You can choose whether you pick your own
password, or have the system create one for you.

    1. Pick your own password
    2. Pronounceable password will be generated
       for you
Enter choice (default is 1): _
```

Bild 3.17: Menü zur Paßwort-Auswahl

Sie haben in diesem Menü die Möglichkeit,

- selbst ein Paßwort einzutasten
  (Auswahl: ① oder (Eingabe) -Taste)

oder

- sich vom Programm Paßwörter vorschlagen zu lassen
  (Auswahl: ②).

Paßwort
selbst wählen

Wählen Sie die erste Möglichkeit, werden Sie nach einem neuen Paßwort gefragt. Dieses Paßwort müssen Sie ein zweites Mal eingeben. Die zweifache Eingabe des neuen Paßwortes hilft, Eingabefehler zu erkennen und zu vermeiden. Erscheint die Meldung »*They don't match, try again*« (zu dt.: sie stimmen nicht überein; nochmal probieren), haben Sie zwei verschiedene Paßwörter eingegeben. Versuchen Sie es noch einmal. Auch an dieser Stelle werden Ihre Eingaben nicht auf dem Bildschirm „geechot". Das schützt Sie gegen neugierige Blicke und sichert so Ihr Paßwort vor unbefugtem Zugriff.

Entscheiden Sie sich für Menüpunkt zwei, erhalten Sie zunächst Informationen zur automatischen Paßwort-Vorgabe:

```
Generating random pronounceable password for fritz.
The password, along with the hyphenated version, is shown.
Hit <RETURN> or <ENTER> until you like the choice.
When you have chosen the password you want, type it in.
Note: Type your interrupt character or 'quit' to abort at
any time.
```

Bild 3.18: Informationen zur automatischen Paßwort-Vorgabe

Paßwörter
automatisch
erzeugen

Das **passwd** Programm teilt Ihnen mit, daß es Ihnen zufällig erzeugte, aber aussprechbare Zeichenketten als Paßwörter vorschlagen wird. Als Lernhilfe wird das Wort durch Gedankenstriche in Sprechsilben gegliedert. Gefällt Ihnen der Vorschlag, tasten Sie ihn ein.

Möchten Sie ein anderes Paßwort haben, dann betätigen Sie die (Eingabe) -Taste und ein neuer Vorschlag erscheint. Das können Sie solange wiederholen, bis Ihnen ein Paßwort „gefällt", das heißt leicht merkbar ist. Haben Sie sich entschlossen, kein automatisch erzeugtes Paßwort zu übernehmen, wählen Sie **quit**, um die Änderung abzubrechen.

Ein Paßwort-Vorschlag kann aussehen wie in Bild 3.19:

```
Password: cebeop Hyphenation:ce-be-op Enter password:_
```

Bild 3.19: Automatisch erzeugter Paßwort-Vorschlag

Zu Beginn sehen Sie den Vorschlag. Dann teilen hinter »*Hyphena-* Lesehilfe *tion*« Bindestriche das Paßwort in sprechbare Einheiten auf. Gefällt Ihnen das Paßwort, tasten Sie es ein. Die Eingabe muß auch hier wiederholt werden.

Die folgende Tabelle unterstützt Sie, wenn Sie Schwierigkeiten beim Ändern des Paßwortes haben.

Meldung/Problem	Ursache: Was tun?
Password cannot be changed. Reason: Not allowed to execute password for the given user	Sie haben keine Berechtigung, Ihr eigenes Paßwort zu ändern. Bitten Sie Ihren Systemverwalter, Ihnen die Paßwort- Änderung zu erlauben.
Password is too short	Paßwort zu kurz. Es muß mindestens die vom Systemverwalter festgesetzte Länge haben.
Password must differ by at least 3 positions	Altes und neues Paßwort müssen in mindestens 3 Zeichen voneinander abweichen.
Password must contain at least 2 alphabetic characters and 1 numeric or special character	Im Paßwort müssen mindestens 2 Buchstaben und 1 Zahl oder Sonderzeichen auftauchen.
Password request denied - Reason: minimum time between password changes	Zeitraum zwischen Paßwort-Wechsel ist zu kurz, Folge: Paßwort-Änderung ist nicht möglich.
Too many failures - try later	zu viele Fehlversuche. Folge: Ausstieg aus Paßwort-Änderung

Tabelle 3.4: Probleme beim Ändern Ihres Paßwortes

Ihr Systemverwalter kann die Eigenschaften, die Ihr Paßwort haben muß und die Häufigkeit der Paßwort-Änderung individuell festlegen. Daher ist es möglich, daß bestimmte Meldungen auf Ihrem System nicht oder in anderer Form auftreten. Unter Umständen haben Sie auch keinen (oder nur) Zugang zur automatischen Paßwort-Erzeugung.

3. 9 Wer arbeitet am System?

Sie lernen jetzt weitere Kommandos kennen, die Sie genauer informieren über

- Ihre Benutzer-Identität und

- alle am System angemeldeten Benutzer

Ihre Benutzer-Kennung und Ihre Gruppen-Zugehörigkeit zeigt der **id** Befehl. Als SCO Shell-Benutzer wechseln Sie mit »!« auf eine zeichenorientierte Oberfläche und tasten dann **id** ein:

```
% id
uid=<200>fritz gid=<100>innocons
%
```

Bild 3.20: id Befehl

Benutzer- und Gruppen- Identität

Die Ausgabe umfaßt die **Benutzer-** (uid, engl.: user identity) und **Gruppen-Identität** (gid, engl.: group identity). Die Benutzer-Identität besteht aus Ihrer Benutzer-Kennung und Ihrer Benutzer-Nummer (uid Nummer). Den Namen und die Nummer Ihrer Gruppe zeigt die Gruppen-Identität.

Die Benutzer-Nummer benötigt das System, um Sie eindeutig zu identifizieren. Über Benutzer- und Gruppen-Identität kontrollieren Sie den Zugang zu Verzeichnissen und Dateien (siehe Kapitel 5 - Dateien und Verzeichnisse: Konzept der Zugriffs-Berechtigung).

Da Sie an einem Mehrbenutzer-System arbeiten, interessiert Sie wahrscheinlich, wer zur Zeit am Rechner angemeldet ist. Informieren Sie sich hierüber auf der C Shell mit dem **who** Befehl:

```
% who
fritz    tty01    Jul 26   17:54
bernd    tty03    Jul 26   18:13
bernd    tty04    Jul 26   18:14
%
```

Wer ist
im System?

Bild 3.21: C Shell: Wer arbeitet am System?l

Und so geht's von der SCO Shell

SCO Shell Benutzer wählen den »**Utility**«-Menüpunkt an und
starten den Befehl »**List users**«:

```
List Users      - Who is Logged on
Compare         - Compare Files
Find            - Locate A File
Search          - Text Search
Usage           - Disk Usage
Disk Free       - Space Available
Kill            - Kill A Program
Processes       - List My Processes    v
```

Bild 3.22: SCO Shell: Auswahl des »**List users**«-
           Befehls?

```
                ─Users on System─
root         tty01          Jan 01 00:06
fritz        tty03          Sep 08 11:56
bernd        tty04          Sep 08 12:13
fritz        tty005         Sep 08 13:15




END──────Use arrow keys, <esc> when done
```

Bild 3.23: SCO Shell: Wer arbeitet am System?

Dieser Befehl zeigt Ihnen,

- wer
- an welchem Endgerät
- seit wann

arbeitet. Überprüfen Sie, welche Benutzer zur Zeit an Ihrem System angemeldet sind.

Diese Informationen sind wichtig, um

- die Auslastung des Rechners zu kontrollieren
- zu sehen, ob Sie mehrfach eingeloggt sind
- Direkt-Kommunikation mit anderen Benutzern zu starten (siehe Kapitel 4 - SCO UNIX Dienstleistungen: Chatten -Dialog mit write)

3. 10   C Shell: Befehlsgeschichte history

Arbeiten Sie mit der C Shell, dann können Sie sich jederzeit einen Überblick über die Befehle verschaffen, die Sie zuletzt eingetastet haben. Mehr noch, Sie können sogar vorangegangene Befehle erneut aufrufen. Mit der **history Befehlsgeschichte** der C Shell können Sie sehr einfach lange Befehlszeilen (ggf. verändert) wiederholen.

Hierzu speichert die C Shell eine von Ihnen einstellbare Anzahl von Kommandozeilen. Auf der SCO Shell und der Bourne Shell ist diese Befehlsgeschichte nicht verfügbar.

Sie können

Einsatzfelder
- die Listengröße für das Speichern von Befehlszeilen abfragen,
- die Listengröße zum Speichern von Befehlen einstellen,
- die Befehlsgeschichte ausgeben und speichern sowie
- Befehle über die fortlaufende Listennummer aus der Befehlsgeschichte auswählen, ggf. verändern und erneut ausführen.

Im folgenden erläutern wir diese Arbeitsmöglichkeiten.

Fragen Sie zunächst die aktuelle Einstellung der Listengröße der
Befehlsgeschichte ab. Der **set** Befehl zeigt Ihnen die aktuellen
Werte der System-Variablen:

```
% set
argv      ()
home      /usr/fritz
path      (/bin /usr/bin $HOME/bin /usr/games .)
prompt    %
shell     /bin/csh
%
```

Bild 3.24: set Befehl

Ähnlich wird auch Ihre Ausgabe aussehen. Suchen Sie nach dem
Variablennamen *history* in der ersten Spalte. Falls *history* wie in
Bild 3.24 nicht angegeben wird, beträgt die Listengröße Null. Es
wird keine Befehlsgeschichte gespeichert.

Ist history gesetzt?

Finden Sie einen Eintrag mit *history* wie in Bild 3.25, können Sie
in der zweiten Spalte die Größe der Befehlsliste ablesen:

```
% set
argv      ()
history   20
home      /usr/fritz
path      (/bin /usr/bin $HOME/bin /usr/games .)
prompt    %
shell     /bin/csh
%
```

Bild 3.25: Listengröße der Befehlsgeschichte ablesen

Sie lernen nun, die Listengröße der Befehlsgeschichte zu setzen.
Diesen Schritt sollten Sie ausführen, wenn die Befehlsgeschichte
nicht gesetzt ist oder Sie die Listengröße ändern wollen. Das
Befehlsformat hierfür lautet allgemein:

Listengröße setzen

    set history = *listenlänge*   Format

Im folgenden Bild stellen wir die Befehlsgeschichte auf eine Listengröße von 20 Kommandozeilen ein.

```
% set history = 20
% set
argv     ()
history  20
home     /usr/fritz
path     (/bin /usr/bin $HOME/bin /usr/games .)
prompt   %
shell    /bin/csh
%
```

Bild 3.26: Listengröße der Befehlsgeschichte setzen

Der *history*-Wert gibt die größte Anzahl von Kommandozeilen an, die sich die C Shell in der Befehlsgeschichte „merken" soll. Haben Sie mehr als 20 Befehle gegeben, so wird der älteste aus der *history* Liste entfernt und der Neuere rückt nach.

Weitere Einzelheiten zum **set** Kommando erfahren Sie im Kapitel 7 - Auf der Benutzeroberfläche. Dort lesen Sie auch, wie Sie die *history* Befehlsgeschichte mit jedem Einloggen automatisch einschalten.

Befehlsliste anzeigen

Nachdem Sie die Befehlsgeschichte gestartet oder eingestellt haben, sollten Sie einige Befehle aus diesem Kapitel eintasten. Rufen Sie dann **history** auf und sehen Sie, was Sie „angestellt" haben:

```
% history
    1    set history = 20
    2    id
    3    who
    4    history
%
```

Bild 3.27: Befehlsgeschichte ausgeben

So oder ähnlich kann auch Ihre **history** Liste aussehen. Die Ziffer 1 steht vor dem zeitlich ältesten Kommando. Die höchste Nummer kennzeichnet den zuletzt eingetasteten Befehl, also **history**. In unserer Liste zeigt **history** nur vier Kommandos, auch wenn wir die Befehlsliste auf eine Größe von 20 gesetzt haben. Der Grund dafür ist, daß wir in unserem Beispiel seit dem Einschalten von *history* erst vier Kommandos eingetastet haben (einschließlich **history** selbst). Wenn Sie viel mehr Kommandos eingetastet haben, kann die Numerierung wie in Bild 3.28 aussehen:

```
% history
    22    who
    22    who am i
    23    set
    24    history
    25    id
    26    who
    27    who am i
    28    id
    29    history
    30    id
    31    who
    32    who
    33    who
    34    history
    35    id
    36    who
    37    who am i
    38    who
    39    history
    30    id
    41    passwd
    42    history
%
```

Bild 3.28: Lange Befehlsgeschichte

Die Nummern der Befehlszeilen können Sie nutzen, um einzelne Befehlszeilen anzusprechen.

3. 10 .1 Einen Befehl wiederholen

Möchten Sie einen vorangegangenen Befehl wiederholen, haben Noch mal
Sie mehrere Wege zur Auswahl:

- Das zuletzt ausgeführte Kommando wiederholen Sie mit dem
  Kommando »!!«,

- Sie wiederholen eine Befehlszeile über die zugehörige Befehlszeilennummer,

- Sie geben an, wieviele Kommandoaufrufe der Befehl zurückliegt, den Sie erneut ausführen möchten oder

- Sie wiederholen eine Befehlszeile aus der Befehlsliste, die genau auf ein gesuchtes Textmuster paßt.

Diese Möglichkeiten stellen wir Ihnen in diesem Abschnitt vor.

Nochmal den letzten Befehl   Um das zuletzt eingegebene Kommando zu wiederholen, tasten Sie unabhängig von der aktuellen Befehlszeilennummer einfach zwei Ausrufezeichen ein:

```
% !!
who
fritz    tty01    Jul 26  17:54
bernd    tty03    Jul 26  18:13
bernd    tty04    Jul 26  18:14
%
```

Bild 3.29: Den letzten Befehl wiederholen

Zwei Ausrufezeichen sind die Kurzform für „führe das zuletzt aufgerufene Kommando erneut aus".

Möchten Sie eine Kommandozeile wiederholen, die bereits mehrere Eingaben zurückliegt, dann tasten Sie das »!« (Ausrufezeichen) und die entsprechende Befehlszeilennummer ein. Das Ausrufezeichen und die Befehlszeilennummer sagen der Shell, daß an dieser Stelle der Befehl mit der entsprechenden Nummer der *history*-Liste ausgeführt werden soll. Probieren Sie diese Funktion am Beispiel des **who** Befehls aus. In unserer Liste ist **who** die Nummer 3 zugeordnet:

```
% !3
who
fritz    tty01    Jul 26  17:54
bernd    tty03    Jul 26  18:13
bernd    tty04    Jul 26  18:14
%
```

Bild 3.30: Befehl Nummer drei wiederholen

Bevor die C Shell eine Kommandozeile aus der Befehlsgeschichte ausführt, zeigt sie Ihnen das vollständige Kommando, das Sie aufgerufen haben.

Auf ein zuvor ausgeführtes Kommando können Sie sich auch relativ zur aktuellen Befehlszeilennummer beziehen:

```
% !-3
history
     1     set history = 20
     2     id
     3     who
     4     history
     5     who
     6     who
     7     history
%
```

Bild 3.31: Den drittletzten Befehl wiederholen

Der Ausdruck »!-3« bedeutet: wiederhole das Kommando, das drei Kommandoaufrufe zurückliegt. Den aktuellen Aufruf rechnet die C Shell mit ein. In diesem Fall bezieht sich »!-3« also auf das **history** Kommando (Befehlsnummer: vier). Mit »!-1« erreichen Sie dasselbe wie mit »!!« - die erneute Ausführung des letzten Befehls. Den vorletzten Befehl sprechen Sie mit »!-2« an usw.

relative Befehlsnummmern

Die Befehlsgeschichte bietet Ihnen eine noch bequemere Wiederholungsmöglichkeit. Statt der Nummern geben Sie die Anfangsbuchstaben der gewünschten Befehlszeile an (Bild 3.32):

```
% !i
id
uid=<200>fritz gid=<100>innocons
%
```

Bild 3.32: Den letzten mit »I« beginnenden Befehl wiederholen

Der Anfangsbuchstabe »i« wird als erstes im Kommando **id** gefunden. Der Hinweis „als erstes" ist wichtig, da bei mehreren Kommandos, auf welche die Buchstaben-Folge paßt, immer das zuletzt eingetastete ausgeführt wird.

 Die Anfangsbuchstaben-Folge muß immer so lang und genau genug sein, daß der Name des gewünschten Kommandos eindeutig identifiziert wird. Ansonsten können Sie unerwünschte Ergebnisse erhalten. Kann die Shell Ihre Zeichenkette keiner Befehlszeile zuordnen, erhalten Sie folgende Meldung, daß kein passender Befehl gefunden wurde (Bild 3.33):

```
% !xyz
xyz: Event not found
%
```

Bild 3.33: Listeneintrag nicht gefunden

3. 10 .2 Speichern der Befehlsgeschichte

Um Probleme bei Ihrer Arbeit mit dem SCO UNIX-System mit Ihrem Systemverwalter zu besprechen, sollten Sie auch längere Befehlsgeschichten in einer Datei speichern. Setzen Sie die Listengröße auf eine große Zahl und legen Sie die Ausgabe von **history** in einer Datei ab, um Ihre Eingaben zu protokollieren. Sehen Sie sich später diese Datei an, so können Sie überprüfen, wodurch Sie bestimmte Ausgaben und Zustände verursacht haben und der Systemverwalter kann Ihre Arbeitsschritte besser nachvollziehen.

Ausgabe umlenken

Wir greifen hier auf eine wichtige Betriebssystem-Funktion vor, das **Umlenken der Ausgabe in eine Datei**. Im Normalfall erscheint die Ausgabe von **history** auf Ihrem Bildschirm. Setzen Sie hinter den Befehl aber den Ausgabe-Umlenkpfeil »>« und den Namen einer Datei, werden die Informationen in die angegebene Datei umgelenkt, während der Bildschirm leer bleibt..

Standard Ein- und Ausgabe

Die Eingabe über die Tastatur ist im Normalfall die Quelle des **Standard-Eingabe-Kanals**. Ihr Bildschirm ist normalerweise Ziel des **Standard-Ausgabe-Kanals**. Dort erscheinen auch die Fehlermeldungen, die über den **Standard-Fehler-Kanal** geleitet werden. Im Regelfall sind diese Kanäle (Ein-, Ausgabe und Fehler) mit Ihrem Endgerät verknüpft. Nur wenn Sie von der Ein- oder Ausgabe-Umlenkung Gebrauch machen, kommt die Eingabe aus einer anderen Quelle (z.B. aus einer Datei) oder geht an ein anderes Ziel (z.B. an einen Drucker oder an eine Datei).

Bild 3.34 zeigt Ihnen das Prinzip der Ausgabe-Umlenkung:

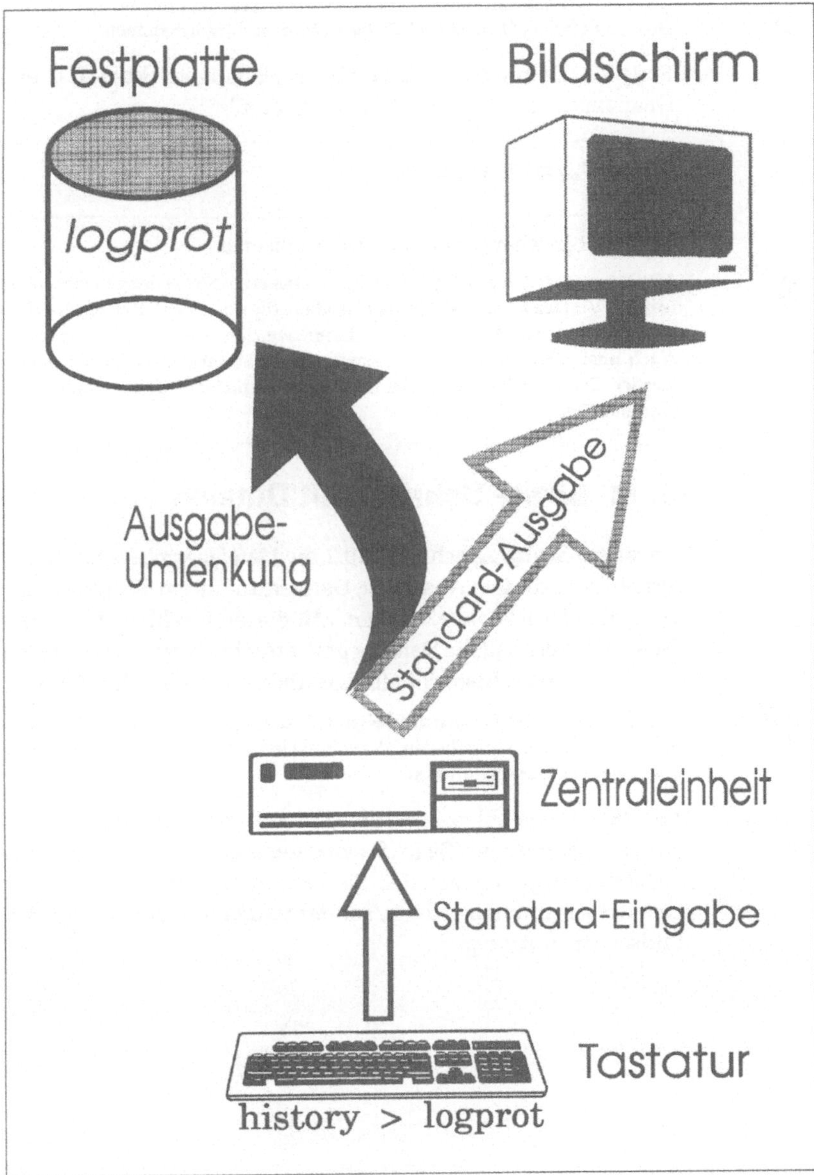

Bild 3.34: Funktionsweise der Ausgabe-Umlenkung

Umfangreiche Informationen zum Umlenken von Ein- und Ausgabe erhalten Sie im Kapitel 6 - Ordnen und Aufbewahren von Informationen.

Erstellen Sie nun ein Protokoll Ihrer bisherigen Aktivität in einer Datei namens *logprot* (für Login Protokoll):

```
% history > logprot
%
```

Bild 3.35: Befehlsgeschichte in Datei umlenken

Als Dateinamen können Sie eine beliebige bis zu 14 Stellen lange Zeichenkette wählen. Vermeiden sollten Sie aber Zeichen, die von Ihrer Benutzeroberfläche als Sonderzeichen (Metazeichen) erkannt werden, z.B. *, /, $,' und andere. Auch unsichtbare Zeichen (z.B. Steuercodes) können in Namen akzeptiert werden. Diese machen Ihnen dann Probleme, wenn Sie die Datei später ansprechen möchten.

3. 11 Erste Schritte mit Dateien

Nachdem Sie im Abschnitt 3.10.2 die Datei *logprot* erstellt haben, lernen Sie in diesem Abschnitt, Dateien auf Ihrem Bildschirm und auf einem Drucker auszugeben. Mit diesen Befehlen überzeugen Sie sich davon, daß die Datei *logprot* tatsächlich erstellt wurde und die Ausgabe des **history** Befehls enthält (siehe Abschnitt 3.10).

Im Kapitel 5 werden Sie sich die weiteren Grundlagen im Umgang mit Dateien und Verzeichnissen erschließen. Dort lesen Sie auch, wie Sie alle Einträge Ihres Arbeitsverzeichnisses auflisten.

Dateiinhalte ausgeben

Mit dem **cat** Befehl können Sie sich Textdateien ansehen. **cat** ist aus dem englischen Begriff »concatenate« (deutsch: verketten, zusammenfügen) abgeleitet. Sie nutzen **cat** aber nicht nur, um Dateien zusammenzufügen, sondern auch um Dateien auf dem Bildschirm anzuzeigen.

Tasten Sie den Befehl **cat logprot** ein:

```
% cat logprot
    1     set history = 20
    2     id
    3     who
    4     history
    5     who
    6     who
    7     history
    8     id
    9     history > logprot
%
```

Bild 3.36: Dateiinhalt mit cat ausgeben

Geben Sie **cat** als Parameter den Namen der auszugebenden Auf dem
Datei, und Sie sehen die Datei auf Ihrem Bildschirm. Erhalten Sie Bildschirm
anstelle des Dateiinhalts die Meldung »*file not found*«, haben Sie
sich entweder im Dateinamen verschrieben, oder die Umlenkung
des **history** Befehls hat nicht funktioniert.

Möchten Sie sich von der SCO Shell den Inhalt der *logprot* Datei
ansehen, gehen Sie so vor:

SCO Shell: Dateiinhalt ausgeben:

1. Wählen Sie den Hauptmenüpunkt »**Manager**« aus.

2. Starten Sie den »**View**«-Befehl

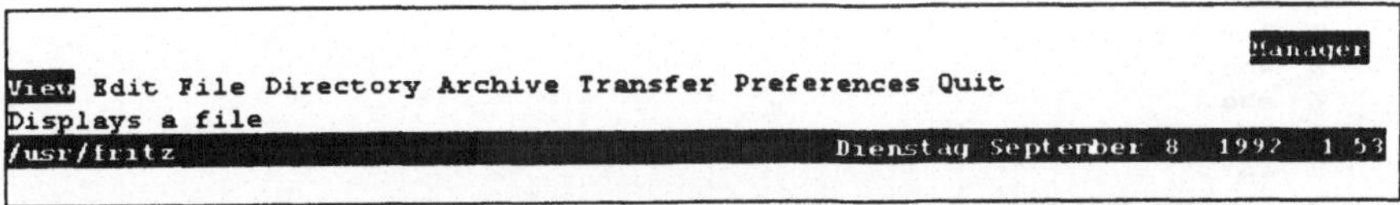

Bild 3.37: SCO Shell: »**Manager**«-Untermenü

3. Geben Sie den Namen der auszugebenden Datei an oder
   markieren Sie die auszugebende Datei im Dateifenster wie in
   Bild 3.38 und bestätigen Sie mit der (Eingabe) -Taste.

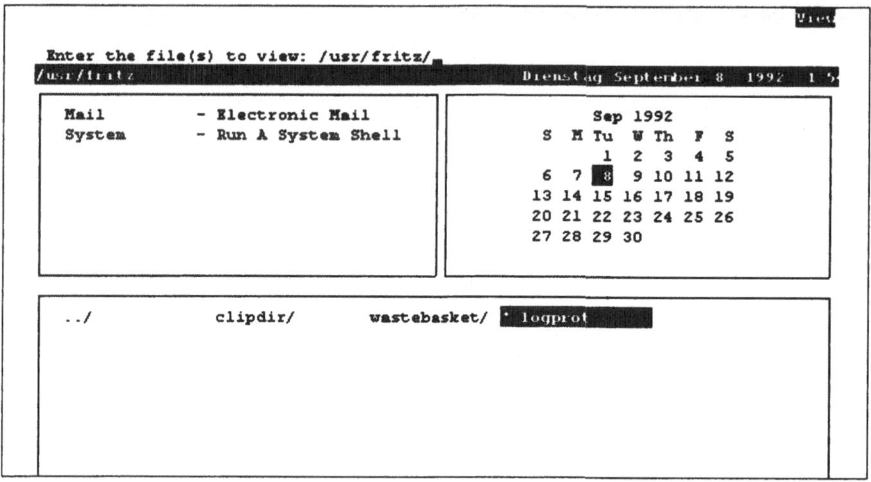

Bild 3.38: SCO Shell: auszugebende Datei auswählen

Im Abschnitt 3..5.1 haben wir beschrieben, wie Sie eine oder mehrere Dateien in diesem Fenster markieren.

Haben Sie die *logprot* Datei markiert und mit der (Eingabe) -Taste bestätigt, erscheint der Dateiinhalt auf Ihrem Bildschirm. Oberhalb der Trennleiste sehen Sie den Pfad und den Namen der Datei, die Sie gerade betrachten:

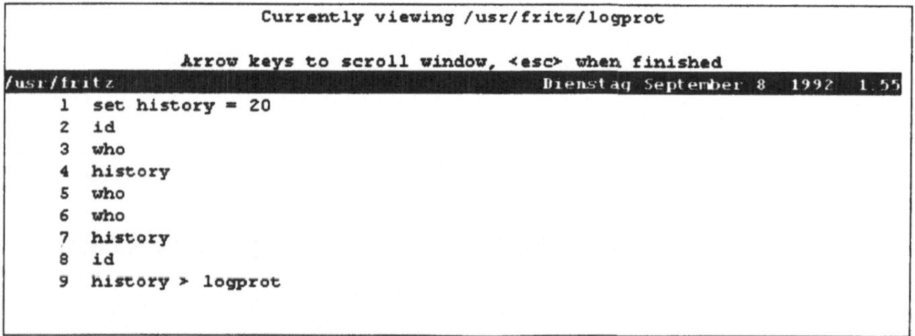

Bild 3.39: SCO Shell: Dateiinhalt wird angezeigt

Ist der auszugebende Dateiinhalt länger als eine Bildschirmseite, können Sie die Tastenbefehle aus Tabelle 3.5 nutzen, um sich durch die Ausgabe zu bewegen:

Taste	Funktion
[↓]	eine Zeile abwärts
[↑]	eine Zeile aufwärts
[Bild↓]	eine Seite weiter
[Bild↑]	eine Seite zurück
[Pos1]	zum Anfang der Ausgabe
[Ende]	zum Ende der Ausgabe
[ESC]	beendet die Ansicht der Datei. Haben Sie mehrere Dateien markiert, sehen Sie nun den Inhalt der nächsten Datei. Ansonsten sind Sie zurück im Menü der SCO Shell

Tabelle 3.5: SCO Shell: Tasten zum Verschieben des Bildausschnitts

C Shell: Dateiinhalte ausdrucken:

Sie können die Protokolldatei auch ausdrucken, wenn auf Ihrem System ein Drucker installiert ist. Sie rufen auf der C Shell das Druckprogramm **lp** zusammen mit dem Namen der zu druckenden Datei auf: — Druckprogramm lp

```
% lp logprot
%
```

Bild 3.40: Datei mit lp ausdrucken

Das Druckprogramm **lp** sorgt dafür, daß die Druckwünsche aller Benutzer geregelt nacheinander bearbeitet werden. Wenn mehrere Benutzer gleichzeitig den Drucker direkt (durch Ausgabe-Umlenkung) ansprechen, gibt es nur Zeichenchaos. — Verkehrsregelung

Darum nutzen Sie **lp**, um eine oder mehrere Dateien auszudrucken. Sie müssen nach Aufruf des Kommandos nicht darauf warten, daß Ihr Druckauftrag bearbeitet wird. Der Prompt signalisiert Ihnen die Bereitschaft der Shell, weitere Kommandos entgegenzunehmen.

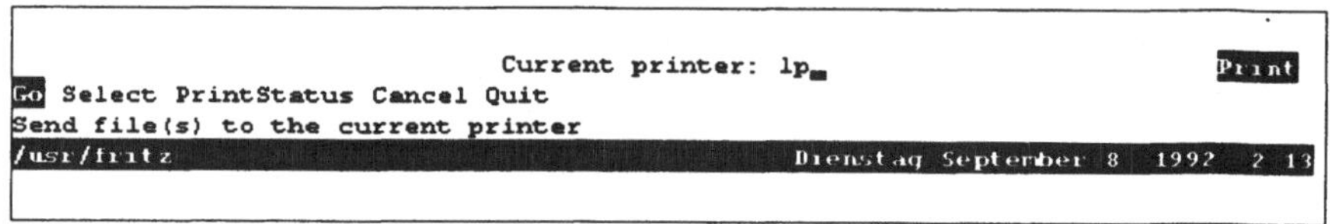

Auch von der SCO Shell können Sie Dateien an einen Drucker senden. Hierzu wählen Sie den Menüpunkt »**Print**« an. Sie sehen das »**Print**«-Untermenü wie in Bild 3.41:

Bild 3.41: SCO Shell: Print-Menüs

Bestätigen Sie den bereits angewählten »**Go**«-Befehl und wählen Sie aus dem Dateifenster die Datei(en) aus, die Sie drucken möchten (siehe Abschnitt 3.5.1). Alternativ hierzu können Sie auch den Namen der zu druckenden Datei über der Trennleiste eintragen:

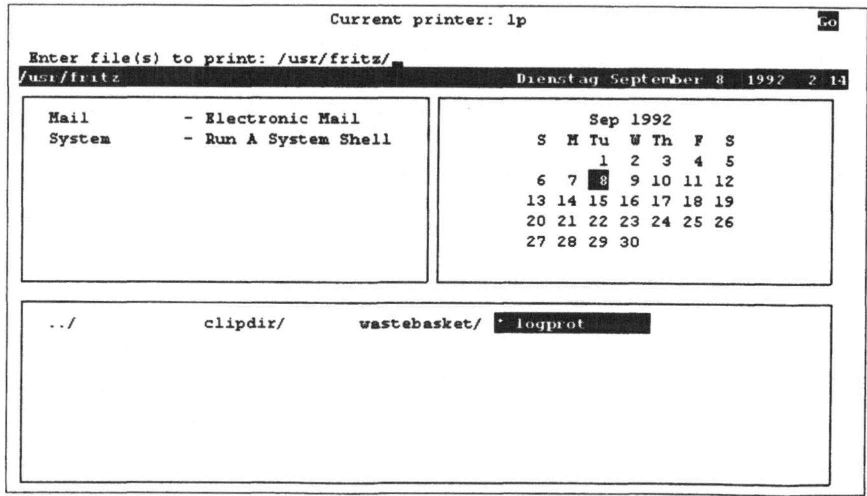

Bild 3.42: SCO Shell: Markieren der zu druckenden Datei

Die oberste Statuszeile zeigt Ihnen, auf welchem Drucker Ihr Druckauftrag durchgeführt wird.

Im Abschnitt 14.7 Drucker verwalten lesen Sie, wie Sie andere Drucker anwählen sowie Ihre Druckaufträge überwachen und verwalten.
In Kapitel 4.3. erfahren Sie, wie Sie die Befehlsgeschichte bei Bedarf als Post an den Systemverwalter senden.

3. 12 Das Online Manual man

Wichtige Hilfestellung bietet Ihnen das Handbuch-Programm
man, sofern es auf Ihrem System zur Verfügung steht.

Es handelt sich bei diesem Programm um eine Online-Hilfe, d.h.   Hilfe am
Sie können es direkt am Endgerät von einer zeichen- orientierten   Bildschirm
Shell aufrufen. Als Parameter übergeben Sie **man** den Namen des
zu erklärenden UNIX-Kommandos.

Lassen Sie sich vom Handbuch-Programm zunächst den **who**
Befehl erklären:

```
% man who
WHO (C)                 UNIX System V


Name
    who -lists who is on the system
Syntax
    who [-uATHldtasqbrp] [file]
    who am i
    who am I
Description
who can list the user's name, terminal line, login time and
the elapsed time since activity occured on the line; it
also lists the process id of the command interpreter
(shell) for each current user. It examines the
/etc/inittab file to obtain information for the comments
column, and /etc/utmp to obtain all other information. If
file is given, that file is examined. Usually file will be
/etc/wtmp, which contains a history of all the logins since
the file was last created.
:
```

Bild 3.43: Die erste Manualseite zum who Befehl

man zeigt seitenweise den Eintrag zu **who** an. Betätigen Sie die
(Eingabe) - oder die (Leer) -Taste, um zeilenweise oder seitenweise zu blättern. Erscheint die Meldung *»man: command not found«*,
dann ist das Online Manual auf Ihrem System nicht verfügbar.

man-Format   Die Ausgabe von **man** hat im allgemeinen dieses Format:

NAME
- der oder die Kommandonamen, die für das Programm benutzt werden
- sehr kurze Beschreibung der Funktion des Programms

SYNTAX
- allgemeines Format einer Befehlszeile des Kommandos
- meistens in der Form : ***programm [option] datei-namen***

DESCRIPTION
- ausführliche Beschreibung der Arbeitsweise des Programms
- Erläuterung aller möglichen Optionen und Parameter

EXAMPLES
- kleine Einsatzbeispiele, falls vorhanden

FILES
- alle Dateien, die mit der Funktion des Programms verknüpft sind

SEE ALSO
- Verweise auf verwandte Kommandos und andere verwandte Einträge in der Online-Dokumentation

DIAGNOSTICS
- Fehlermeldungen

BUGS
- bekannte Fehler im Programm

In der Kopfzeile steht in Klammern hinter dem Befehlsnamen, in welcher Kategorie der Befehl eingetragen ist. Die meisten Kommandos, die wir besprechen, gehören zur Kategorie der Benutzer-Kommandos. Diese Kategorie wird mit dem Kürzel C (aus engl. *c*ommands) gekennzeichnet. Entnehmen Sie diese und alle weiteren Kommando-Kategorien der Tabelle 3.6.

Kategorie	enthält Einträge aus
C	aus dem *User's Reference*-Handbuch : Kommandos, die System-Benutzern zur Verfügung stehen
ADM	aus dem *System Administrator's-Reference*-Handbuch: Kommandos, die nur der Systemverwalter für Verwaltungsaufgaben einsetzen kann
M	aus dem *User's Reference*-Handbuch, Abschnitt *Miscellaneous* (dt.: Diverses): Verschiedene Informationen über den System-Betrieb, wichtige System-Dateien, Schnittstellen zu Geräten u.a
F	aus dem *System Administrator's Reference*-Handbuch, Abschnitt *File Formats* (dt.: Datei-Formate): Beschreibungen wichtiger System-Dateien, auf die der Systemverwalter Zugriff hat
HW	aus dem *System Administrator's Reference*-Handbuch, Abschnitt *Hardware*: Informationen über Schnittstellen zur Hardware und Gerätedateien
CP[1]	aus dem *Programmer's Reference*-Handbuch: Kommandos für Programmierer
DOS[1]	aus dem *Programmer's Reference*-Handbuch: **DOS**-Routinen für Programmierzwecke
S[1]	aus dem *Programmer's Reference*-Handbuch, Abschnitt *System Calls* (dt.: System Aufrufe): System-Aufrufe, die der Betriebssystem-Kern versteht und Bibliotheks-Routinen für Programmierer
FP[1]	aus dem *Programmer's Reference*-Handbuch, Abschnitt *FileFormats* (dt.: Datei-Formate): Beschreibung der für Programmierer wichtigen System-Dateien und Datenstrukturen
K[1]	aus dem *Device Driver's Writers Guide*: Beschreibung von Routinen des Betriebssystem-**K**erns, die Programmierer von Gerätetreibern kennen sollten

Tabelle 3.6: Kategorien des man Befehls

[1] Diese Kategorien sind nur verfügbar, wenn auf Ihrem System das SCO UNIX Development-Paket installiert ist.

Wenn Sie wissen, welcher Kategorie ein Befehl zugeordnet ist, können Sie zwischen **man** und dem zu erklärenden Kommando das entsprechende Kürzel setzen. So verringern Sie die Suchzeit nach der Handbuchseite. Das Kategorien-Kürzel verwenden Sie auch dann, wenn die Handbuchseiten eines Befehls über mehrere Kategorien verteilt sind. Geben Sie kein Kategorien-Kürzel an, sehen Sie nur den ersten gefundenen Handbucheintrag. Möchten Sie aber die Informationen haben, die einer anderen Kategorie zugeordnet sind, müssen Sie das entsprechende Kürzel angeben.

Die Reference Manual-Handbücher sind genauso aufgebaut.

3.13 Die Online-Hilfe der SCO Shell

SCO Shell-
Hilfe

Bei Fragen zur SCO Shell können Sie die SCO Shell-Hilfe mit der (F1)-Taste aufrufen. Auf dem Bildschirm erscheint ein Fenster mit einer Funktionsübersicht über die aktuelle Menüebene oder den aktuellen Menüpunkt. Rufen Sie die SCO Shell-Hilfe vom Hauptmenü auf, sehen Sie folgendes Bild:

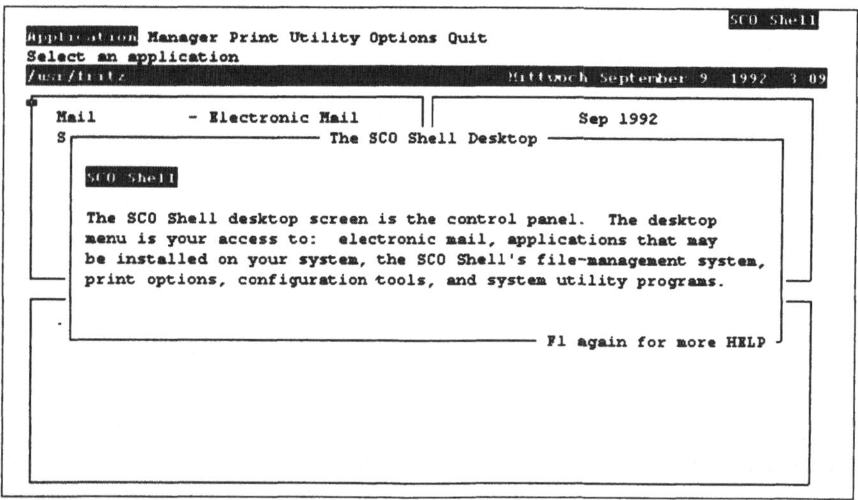

Bild 3.44: Die SCO Shell Hilfe

Möchten Sie umfangreiche Informationen zu jedem Auswahlpunkt der aktuellen Menüebene, betätigen Sie ein weiteres Mal
die (F1)-Taste. Sie sehen ein Vollbild mit der ausführlichen SCO
Shell-Hilfe, in dem allgemeine Informationen über die Menüebene und Übersichten zu jedem Menüpunkt stehen. Das Thema der
Menüseite sehen Sie im Fenster unterhalb der Trennleiste. Bild
3.45 zeigt Ihnen die ausführliche SCO Shell-Hilfe mit dem Thema
»*The SCO Shell*«, das Sie zum Hauptmenü erhalten:

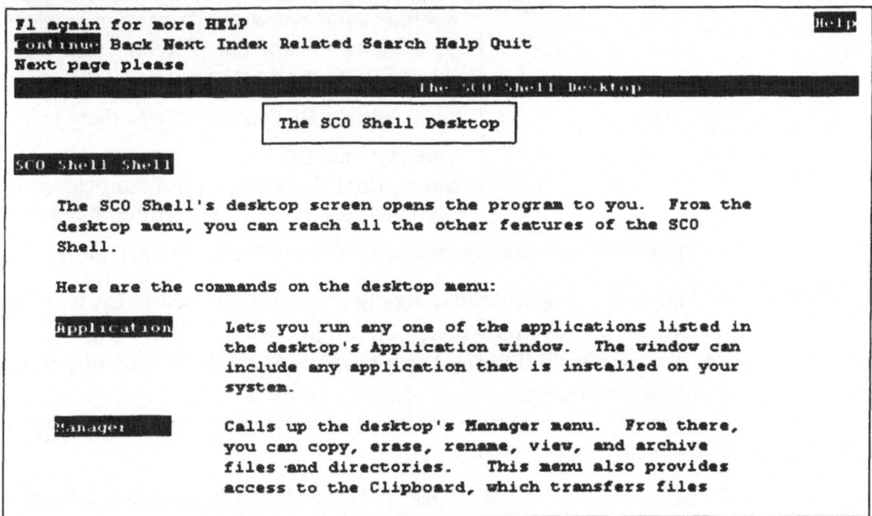

Bild 3.45: ausführliche SCO Shell Hilfe

Über die Richtungs- oder die (Seite runter)- und (Seite hoch)-
Tasten können Sie den angezeigten Bildschirmausschnitt verschieben. Zusätzlich hierzu steuern Sie die ausführliche SCO
Shell-Hilfe über das Hilfe-Menü. In Tabelle 3.7 beschreiben wir
die Auswahlpunkte des Hilfe-Menüs:

Menüpunkt	Funktion
Continue	zeigt die nächste Seite des beschriebenen Themas
Back	zeigt die vorhergehende Seite des beschriebenen Themas

Tabelle 3.7: Die Menüpunkte des SCO Shell Hilfe-Menüs (Teil1)

Menüpunkt	Funktion
Index	zeigt eine Auswahlliste aller verfügbaren Hilfe-Themen
Related	zeigt eine Liste aller Hilfe-Themen, die in Beziehung zum aktuell angezeigten Thema stehen
Search	wählt den Suchmodus, über den Hilfe-Themen gefunden werden, die ein gesuchtes Wort enthalten. Ausgegeben wird eine Auswahlliste der Themen, die auf Ihren Suchbegriff passen
Help	zeigt, wie die SCO Shell-Hilfe bedient wird
Quit	beendet die SCO Shell-Hilfe und bringt Sie zu dem SCO Shell Menü zurück, von dem aus Sie die Hilfe aufgerufen haben

Tabelle 3.7: Die Menüpunkte des SCO Shell Hilfe-Menüs (Teil 2)

Hilfe-Hilfe　　　　Haben Sie Fragen zum Umgang mit der SCO Shell-Hilfe, wählen Sie den Menüpunkt »**Help**« oder betätigen erneut die (F1)-Taste. Zu einem Vollbild öffnet sich die erste Seite der SCO Shell-Bedienungsanleitung:

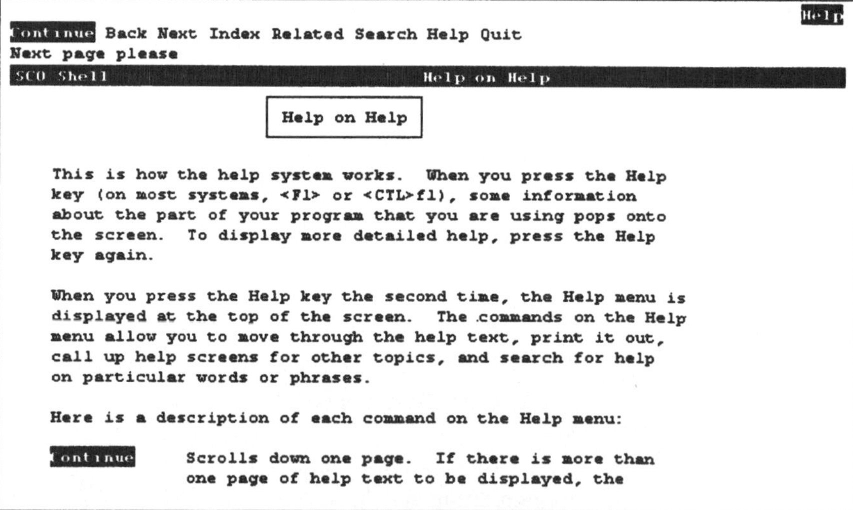

Bild 3.46: Die Bedienungsanleitung der SCO Shell Hilfe

Einen Überblick über die verfügbaren Hilfe-Themen erhalten Sie, wenn Sie den Menüpunkt »**Index**« anwählen. Sie markieren den gesuchten Auswahlpunkt und bestätigen mit der (Eingabe) -Taste, um sich das entsprechende Thema anzusehen:

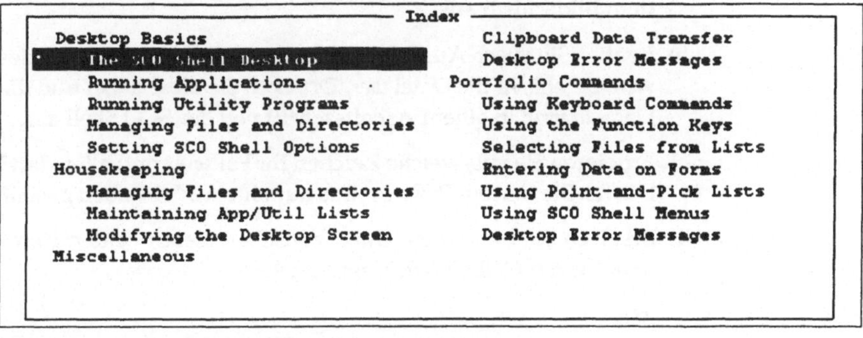

Bild 3.47: Die Übersicht verfügbarer Hilfe-Themen

Übungsaufgaben

a) Erstellen Sie mittels Ausgabe-Umlenkung eine Datei, die den Manual Eintrag zu **passwd** enthält. Geben Sie diese Datei auf dem Bildschirm aus.

b) Lenken Sie durch Ausgabe-Umlenkung die Informationen des **who** Befehls in die Datei *wer*. Drucken Sie diese Datei und die Datei *logprot* in einem Arbeitsschritt von der SCO Shell aus.

c) Probieren Sie aus, welche Zeichen Ihr Paßwort enthalten darf? Dürfen Sie sich ein Paßwort aus nur einem Buchstaben geben?

d) Erklären Sie den Unterschied zwischen diesen beiden Kommandos der C Shell Befehlsgeschichte:

- !3
- !-3

1 Zu Anfang
2 SCO UNIX Merkmale
3 Erste Schritte
4 SCO UNIX Dienstleistungen
5 Dateien und Verzeichnisse
6 Ordnen und Aufbewahren von Informationen
7 Auf der Benutzeroberfläche
8 Kommunikations- anwendungen
9 Büroanwendungen
10 Einstieg in die Shell-Programmierung
11 SCO UNIX Werkzeuge
12 Daten sichern
13 DOS und UNIX
14 Systemverwaltung
Anhang

SCO UNIX Dienstleistungen

4. SCO UNIX Dienstleistungen

In diesem Kapitel zeigen wir Ihnen einige Dienstprogramme des SCO UNIX-Programmpakets. Sie lernen den Umgang mit dem bildschirmorientierten Editor **vi** und den Kommunikationsprogrammen **write** und **mail**. Im Anschluß daran zeigen wir Ihnen einfache Rechenoperationen mit dem Taschenrechner **bc**.

4. 1   Texte bearbeiten im vi

Zum SCO UNIX Programmpaket gehören die Texteditoren **ed** (ausgesprochen: *ät*), **ex** und **vi** (ausgesprochen: *wie ei*). Bereits als Einsteiger werden Sie häufig eigene Texte und Programme eingeben, bearbeiten, aufbereiten und ausgeben.

Zum Eingeben und Bearbeiten von Texten nutzen Sie am einfachsten einen Editor. Mehr Bequemlichleit bieten Ihnen Textverarbeitungs-Programme und Desktop Publishing Programme. Textverarbeitungs-Programme wie MS Word oder andere gehören nicht zum SCO UNIX-Lieferumfang. Möglicherweise sind derartige Anwendungen (wie z.B. MS Word oder Word Perfect) auf Ihrem System aber installiert.

Im Kapitel 8 - SCO UNIX Büroanwendungen zeigen wir Ihnen als Beispiel für eine Textverarbeitung das Arbeiten mit dem Programm Microsoft Word.

In der folgenden Übersicht fassen wir die Unterschiede zwischen Editoren, Textprozessoren, Textverarbeitungs-Programmen und Desktop Publishing zusammen.

Editoren:

*   zum Erfassen und Ändern von Texten.
*   Gehören zum SCO UNIX Programmpaket.

Textprozessoren:

*   dienen der Aufbereitung von Text, z.B. Setzen von Überschriften und Zeilennummern, Durchführung des Seitenumbruchs, Rand-Ausrichtung.
*   Werden vor der Übergabe des Textes an ein Druckprogramm verwendet.

Textbe- und verarbeitungsprogramme:

- vereinen Funktionen von Editoren und Textprozessoren.
- Arbeiten meist interaktiv, d.h. sie zeigen den Text so, wie er als Ausdruck erscheint.
- Stellen dem Benutzer komfortable Menüs zur Befehlsauswahl zur Verfügung.
- Textbearbeitungsprogramme:
  - > Ermöglichen das gleichzeitige Bearbeiten mehrerer Textdateien.
  - > Stellen den Text auf geeigneten Bildschirmen so dar, wie er ausgedruckt wird (Prinzip WYSIWYG - What you see is what you get - dt.: So wie Sie es sehen, erhalten Sie es gedruckt).
  - > Bieten Rechtschreibprogramme (engl.: „spell checker"), Silbentrenn-Programme und Stilhilfen.
- Textverarbeitungsprogramme:
  - > Ermöglichen Serienbriefe und das Einbinden von Textbausteinen
  - > Nicht im SCO UNIX Programmpaket.

Desktop Publishing Programme:

- ermöglichen die druckreife Ausgabe von Text, dienen dem Layout.
- Nicht im SCO UNIX Programmpaket enthalten.

 Für SCO UNIX gibt es englischsprachige Editoren der Spitzenklasse fast zum Nulltarif, z.B. Emacs, TeX).

Falls Sie auf Ihrem Endgerät keinen Zugang zu einem anständigen Textverarbeitungsprogramm haben, sollten Sie sich jetzt wohl wenigstens mit der Grundhandhabung eines SCO UNIX-Editors vertraut machen, da Sie bei verschiedenen Systemarbeiten Textdateien bearbeiten müssen.

SCO UNIX bietet Ihnen mehrere Editoren an. Diese werden zwei
Gruppen zugeordnet:

Zwei Editor-Klassen

Zeilenorientierte Editoren:

- Jede Bearbeitung eines Text erfolgt zeilenweise (d.h. zeilenweise Ausgabe des Textes, Änderungen sind nur in der/den
  aktuellen Zeile(n) möglich)

Bildschirmorientierte Editoren

- Nutzen den gesamten Bildschirm, um den Text darzustellen.
- Der Benutzer kann jede Textstelle frei ansteuern und dort den
  Text bearbeiten.

ed Editor

Die „Ur-Version" aller UNIX-Editoren ist der **ed**, er arbeitet zei-
lenorientiert. Alle Zeilen, die Sie sehen wollen, müssen Sie durch
(aufwendige) Befehle auf den Bildschirm bringen. Das Bearbeiten
der aktuellen Zeile werden Sie als umständlich empfinden.

zeilen-orientiert

Der geringe Komfort wird dadurch ausgeglichen, daß der **ed**
unabhängig vom Endgerät arbeitet. Vor Nutzung des **ed** muß also
nicht unbedingt der Endgeräte-Typ gesetzt werden.

vi Editor

Zu dem UNIX Standard-Editor hat sich aber der **vi**, der „**visual
editor**" (dt.: sichtbarer Editor), entwickelt.

bildschirm-orientiert

Spätestens ab UNIX Version V ist er auf allen Systemen verfügbar.
Der Name deutet es schon an: Der **vi** ist bildschirmorientiert. Er
zeigt immer den Textausschnitt an, der auf einen Bildschirm paßt.
Die Schreibmarke kann durch den Text bewegt werden. Das
Bearbeiten einzelner Zeichen ist durch den freien Zugriff auf jede
Textstelle einfach. Jede Veränderung, die Sie an einem Text vor-
nehmen, wird an der Stelle, an der die Schreibmarke steht, ange-
zeigt.

Die Möglichkeiten der Textbearbeitung durch den **vi** sind sehr
groß. Bevor Sie den **vi** nutzen, müssen Sie den Endgeräte-Typ

korrekt gesetzt haben. Das Programm benötigt Ihren Endgeräte-Typ, damit es alle Bildschirmpositionen ansteuern kann.

Im Befehlsmodus bietet der Editor keine Menüsteuerung an. Sollten Sie mit anderen Textprogrammen vertraut sein, so wird Ihnen die Arbeit mit diesem Editor anfangs ungewohnt vorkommen. Dies liegt vor allen daran, daß der **vi** verschiedene Modi (Arbeitsweisen, Ebenen) besitzt, zwischen denen Sie umschalten müssen.

Abschnitts-übersicht

Die folgenden Anleitungen helfen Ihnen, mit dem **vi** schnell und effektiv zu arbeiten. Sie erhalten in diesem Abschnitt eine Einweisung in die wichtigsten und am häufigsten genutzten Kommandos. Arbeiten Sie die folgenden Beispiele durch, dann können Sie:

- neue Texte erfassen und speichern,
- zwischen den Arbeitsmodi problemlos hin und her wechseln,
- bestehende Textdateien ergänzen und bearbeiten (edieren),
- Eingabefehler verbessern,
- die Schreibmarke positionieren und den Bildschirmausschnitt verschieben,
- Textstellen markieren, löschen, kopieren, verschieben, suchen und ersetzen,
- Shell Befehle ausführen und in Texte einlesen und
- die Arbeitsumgebung des **vi** nach Ihren Wünschen gestalten.

4. 1 .1 Zum Umgang

Sie rufen den vi auf, indem Sie den Befehl und als Argument den Namen mindestens einer Datei angeben.

- Gibt es diese Datei bereits, so können Sie den darin enthaltenen Text bearbeiten.
- Ansonsten erstellt der Editor die Datei mit dem von Ihnen angegebenen Namen.

Geben Sie zu Beginn also ein:

```
% vi textdatei
```

Bild 4.1: Aufruf des vi mit einer Datei

Jetzt wird es wahrscheinlich lebhaft auf Ihrem Bildschirm. Er- Starten des vi
scheinen sollte zu Beginn jeder Zeile eine sogenannte Tilde »~«,
die Ihnen zeigt: noch keine Zeichen in dieser Zeile. Die Schreibmarke steht in der ersten Spalte der ersten Zeile.

```
~

~

~

~

~

~
"textdatei" [New File]
```

Bild 4.2: vi - Starten des vi zum Erstellen einer neuen Datei

oder falls die angegebene Datei bereits vorhanden ist, erscheint
der Dateiinhalt auf Ihrem Bildschirm.

```
Diese Datei enthält bereits einige Textzeilen
Sie können dem vi den Namen einer bestehenden
Textdatei anhängen und so den Text dieser
Datei sichten und bearbeiten
~

~

~

~

~
"textdatei" 4 lines, 153 characters
```

Bild 4.3: vi - Starten des vi zur Bearbeitung einer vorhanden Datei

In beiden Fällen erzeugt der **vi** eine Zwischendatei, in die die
Eintragungen geschrieben werden. Erst mit Speichern des Textes
wird die neue Datei in Ihr Verzeichnis geschrieben oder eine
bereits bestehende Datei überschrieben.

Sollte auf Ihrem Bildschirm derweil völliges Zeichenchaos ent- Endgeräte-
standen sein, so ist Ihr Endgerät nicht richtig angepaßt. Verlassen Typ falsch
Sie in diesem Fall den **vi**, indem Sie die (ESC) -Taste betätigen, eingestellt!
dann die Zeichenfolge (:) (q) (!) eintasten und anschließend mit
der (Eingabe) -Taste bestätigen.

Passen Sie in diesem Fall Ihr Endgerät dem **vi** an, so wie es in Kapitel 7 - Auf der Benutzeroberfläche im Abschnitt 7.3.2 beschrieben ist.

4. 1 .2 Die Modi des vi

Nahezu jedes mit Ihrer Tastatur darstellbare Zeichen kann im **vi** ein Befehl sein. Je nach Arbeitsebene (Modus) reagiert der Editor auf denselben Tastendruck unterschiedlich. Auch die genaue Unterscheidung zwischen Groß- und Kleinbuchstaben ist wichtig: Großgeschrieben arbeitet ein Befehl anders als kleingeschrieben!

Bevor Sie mit der Texteingabe beginnen, machen Sie sich mit den drei Arbeitsebenen des Editors vertraut.

Zunächst erhalten Sie einen Überblick über die Funktionen der verschiedenen Arbeitsebenen (Modi). Jedem Modus ist ein Piktogramm zugeordnet. Dadurch können Sie in den folgenden Abschnitten mit einem Blick erkennen, auf welcher Ebene eine Aktion ausgeführt wird:

Bildschirmorientierter Befehlsmodus:

(Fast) jedes mögliche Zeichen ist ein Kommando, das einen Arbeitsschritt auslöst, z.B. die Bewegung der Schreibmarke oder das Löschen eines Zeichens / einer Zeile. Befehle in diesem Kommando-Modus wirken immer auf eine bestimmte, aktuelle Textstelle (daher wird dieser Befehlsmodus auch Auftextmodus genannt).

Ein Befehl auf dieser Arbeitsebene hat im Regelfall folgendes Format:

Format   ***[Zahl] Operator [Zahl] Operand***

Zahl: gibt an, wie oft der Befehl ausgeführt werden soll. Diese Angabe steht in eckigen Klammern. Das bedeutet, sie ist optional, d.h. muß nicht angegeben werden.

Operator: gibt an, welche Aktion ausgeführt werden soll

Operand: gibt an, mit welchem Objekt etwas durchgeführt wird

Im bildschirmorientierten Befehlsmodus betätigen Sie **nicht** die (Eingabe) -Taste, um einen Befehl abzuschliessen.

Texteingabe-Modus:

Jede Eingabe wird auf Ihrem Bildschirm als Text dargestellt. Mit bestimmten Tasten können Sie in kleinem Umfang Textstellen löschen.

Zeilenorientierter Befehlsmodus (ex Modus):

Befehle des zeilenorientierten **ex** Editor können aus diesem Modus aufgerufen werden. Die **ex** Befehle werden zum Speichern des Textes, Aufrufen von Shell Kommandos, Suchen und Ersetzen bestimmter Textmuster verwendet. Kommandos aus diesem Modus beziehen sich häufig auf den gesamten Text.

Wenn Sie in den zeilenorientierten Befehlsmodus wechseln, erscheint Ihre Schreibmarke hinter dem Doppelpunkt in der untersten Bildschirmzeile (Statuszeile). Kommandos müssen Sie mit der (Eingabe) -Taste abschließen. Wollen Sie diesen Modus ohne Befehlseingabe wieder verlassen, betätigen Sie die (ESC) - Taste oder die (Eingabe) -Taste. Nachdem ein Befehl in diesem Modus ausgeführt wurde, gelangen Sie automatisch in den bildschirmorientierten Befehlsmodus zurück.

Die Bezeichnungen dieser Arbeitsebenen werden nicht einheitlich verwendet. Daher können Sie in der Literatur auch andere Bezeichnungen finden. In der folgenden Abbildung sehen Sie, wie Sie zwischen den Ebenen wechseln können:

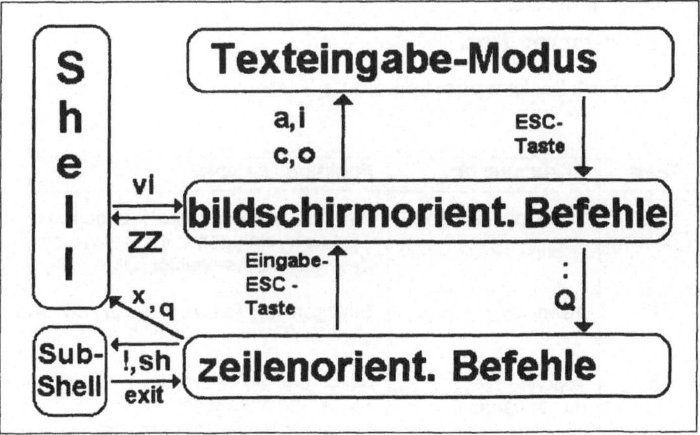

Bild 4.4: Die Arbeitsebenen des vi

Nach Aufruf des **vi** befinden Sie sich immer im bildschirmorientierten Befehlsmodus. In die Texteingabe wechseln Sie mit z.B. mit den Kommandos **a** oder **i**. Wollen Sie nach der Texteingabe in diesen Kommandomodus zurück, drücken Sie die (ESC) -Taste.

Befinden Sie sich im Texteingabe-Modus, kann in der Statuszeile die Anzeige *INSERT MODE* oder *APPEND MODE* erscheinen. Fehlt bei Ihnen diese Anzeige und Sie wissen nicht, ob Sie sich im bildschirmorientierten Befehls- oder im Texteingabe-Modus befinden, dann betätigen Sie die (ESC) -Taste. Mit dieser Taste wechseln Sie in den bildschirmorientierten Befehlsmodus.

Vom bildschirmorientierten Befehlsmodus gelangen Sie in den zeilenorientierten Befehlsmodus durch den Doppelpunkt (:) . Nach der Ausführung eines Kommandos oder Betätigen der (ESC) -Taste oder der (Eingabe) -Taste gelangen Sie automatisch in den bildschirmorientierten Befehlsmodus zurück.

4. 1 .3 Texte erstellen

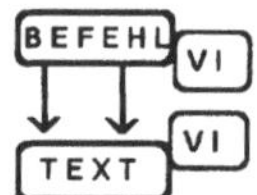

Sie haben den **vi** mit dem Dateinamen *textdatei* aufgerufen und möchten nun Text erfassen. Hierzu wechseln Sie vom bildschirmorientierten Befehlsmodus in den Texteingabe-Modus durch Drücken einer Befehls-Taste zum

- Anhängen,
- Einfügen oder
- Ersetzen von Text.

In Tabelle 4.1 haben wir die Befehls-Tasten hierfür zusammengestellt:

Taste	Abkürzung für...	Funktion / Beispiel
I	insert (dt.: einfügen)	vor der Schreibmarke / angegebener Textstelle einfügen z.B.: 7i - vor der 7. Zeile wird Text eingefügt
I	Insert	Einfügen von Text zum Beginn der aktuellen Zeile
a	append (dt.: anhängen)	hinter der Schreibmarke /angegebener Stelle Text anhängen

Tabelle 4.1: vi - Wechsel in den Texteingabe Modus (Teil 1)

Befehl	Abkürzung für...	Funktion / Beispiel
A	Append	Text am Ende der aktuellen Zeile anhängen z.B.: 8A - Anfügen am Ende 8.Zeile
o	open new line	Text in eine neue Zeile vor der (dt.: neue Zeile öffnen) aktuellen Zeile schreiben
O	Open new line	Text in eine neue Zeile hinter der aktuellen Zeile schreiben
R	Replace (dt.: ersetzen)	Ersetze ab der Schreibmarke alle Zeichen durch neuen Text

Tabelle 4.1: vi - Wechsel in den Texteingabe Modus (Teil 2)

Möchten Sie eine neue Textdatei erzeugen, d.h. Ihr Bildschirm ist noch leer, dann drücken Sie einfach die ⓐ - oder ⓘ -Taste. Nach Betätigen der entsprechenden Taste passiert nichts Auffälliges. Was sich geändert hat, merken Sie erst, wenn Sie nun den Beispieltext, wie im Bild 4.5, eintasten. Ihre Eingaben erscheinen auf dem Bildschirm:

```
Der vi ist eine wichtige UNIX-Dienstleistung.
Mit dem Editor können Sie einfach Texte
erstellen und bearbeiten. Eingabefehler im
Eingabemodus können Sie durch Betätigen der
Rückschritt-Taste korrigieren. Die gleiche
Funktion wie [Rückschritt] erfüllt der
Steuercode STRG+h.
~
~
~
                                    APPEND MODE
```

Bild 4.5: vi - Texteingabe

Nun gehen Sie zurück in den bildschirmorientierten Befehlsmodus, indem Sie die ESC -Taste betätigen. Dieser Tastendruck führt Sie immer wieder aus dem Texteingabe-Modus in den bildschirmorientierten Befehlsmodus zurück. Wenn Sie unbeabsichtigt in den Eingabemodus geraten, tasten Sie (vermeintliche) Kommandos ein, die aber nicht ausgeführt werden, sondern als Text dargestellt werden. In diesem Fall und immer dann, wenn das Betätigen einer Taste eine unerwartete Reaktion auslöst, soll-

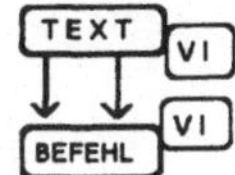

ten Sie zunächst die (ESC) -Taste drücken. Zurück im bildschirmorientierten Befehlsmodus können Sie sich neu orientieren und
Eingabefehler verbessern.

4. 1 .4 Die Schreibmarke positionieren

Mit dem bildschirmorientierten **vi** Editor können Sie jede Textstelle direkt ansteuern. Hierzu müssen Sie nur die Schreibmarke
an die von Ihnen gewünschte Textstelle führen. Die freie Bewegung der Schreibmarke ist nur im bildschirmorientierten Befehlsmodus möglich.

Eine Möglichkeit, die Schreibmarke zu bewegen, bieten viele
Endgeräte mit den Richtungs-Tasten rechts vom Haupttastenfeld.

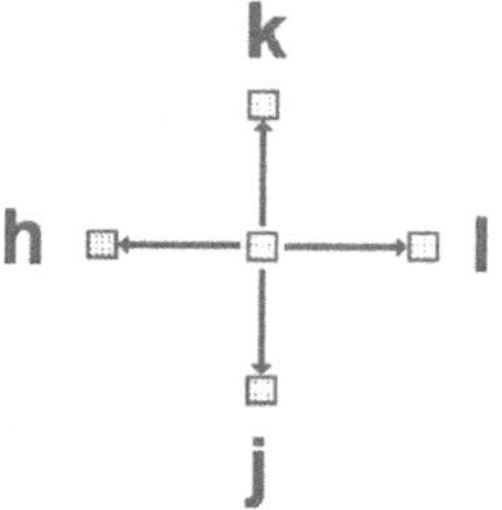

Bild 4.6: Bewegen der Schreibmarke

Wenn auf Ihrem Endgerät die Richtungs-Tasten fehlen oder Sie
die Tasten mit vorangestellter Zahl nutzen möchten, müssen Sie
die Tasten aus Bild 4.6 benutzen.

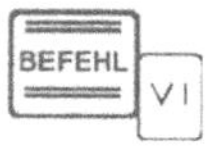

Jeder entsprechende Tastendruck bewegt Ihre Schreibmarke eine
Spalte oder eine Zeile in die gewünschte Richtung.

Betätigen Sie vor einer dieser Tasten eine Zahlentaste, so bewegt
sich die Schreibmarke um diesen Wert in die entsprechende
Richtung. Tasten Sie z.B **3j** ein, so wandert die Schreibmarke drei
Zeilen tiefer. Sie können hierdurch aber nicht über den Anfang
oder das Ende eines Textes hinausgehen. Verläßt die Schreibmarke den dargestellten Textausschnitt, so wird der **vi** den Textausschnitt so verschieben, daß die Marke wieder ins Bild kommt.

Wenn Sie nur gelegentlich kleine Texte mit dem **vi** bearbeiten, werden Ihnen die Richtungstasten völlig ausreichen. Mit dem **vi** können Sie die Schreibmarke aber auch um Worte, Sätze und Abschnitte gezielt verschieben. Auch die schnelle Bewegung der Schreibmarke in der aktuellen Zeile ist möglich. Die passenden Kommandos zur Bewegung der Schreibmarke finden Sie in Tabelle 4.2:

Schreibmarke verschieben

Kommando	Funktion
h oder ⬅	zeichenweise nach links
l oder ➡	zeichenweise nach rechts
j oder ⬇	zeilenweise nach unten
k oder ⬆	zeilenweise nach oben
w oder **W**	vor zum Beginn des nächsten Wortes
b oder **B**	zurück zum Anfang des aktuellen Wortes. Steht die Schreibmarke bereits auf dem ersten Zeichen, dann springe zurück zum Beginn des vorhergehenden Wortes.
e oder **E**	vor zum letzten Zeichen des akt. Wortes
^	zurück zum Zeilenanfang
$	vor zum Ende der Zeile
)	vor zum Beginn des nächsten Satzes
(	zurück zum Satzanfang. Steht die Schreibmarke bereits am Anfang, dann springe bis zum vorhergehenden Satzanfang.
}	vor zum Beginn des nächsten Absatzes
{	zurück zum Anfang des Absatzes
H	in linke oberste Ecke des Bildschirms (engl.: Home position)
M	zum Beginn der mittleren Bildschirmzeile
L	zum Beginn der untersten Bildschirmzeile
G	vor zum Ende des Textes
<n>G	zum Beginn der n'ten Zeile

Tabelle 4.2: vi - Positionieren der Schreibmarke

Trainings-
vorschlag

Üben Sie nun am eingetasteten Text die Befehle zum Positionieren der Schreibmarke, wenn Ihr Endgerät keine Richtungstasten hat. Machen Sie sich hauptsächlich mit dem Wechsel zwischen den Arbeitsmodi vertraut. Wechseln Sie beispielsweise in den Texteingabe-Modus und ergänzen Sie den Beispieltext mit Ihrem Wissen über den **vi**.

4. 1 .5 Den Bildschirmausschnitt bewegen

Neben den Befehlen, die die Schreibmarke positionieren, gibt es Kommandos, die den sichtbaren Bildschirmausschnitt verschieben. Diese sollten Sie kennen, um sich bequem durch eine Datei zu bewegen.

Im Gegensatz zu den Befehlen, die die Schreibmarke verschieben, beziehen sich diese Kommandos nur auf den Bildschirmausschnitt.

Tabelle 4.3 gibt eine Übersicht über diese Kommandos:

Kommando	Funktion
(STRG) + (u)	verschiebt den Bildschirm um eine halbe Fenstergröße hinauf (aus engl: **up** - aufwärts). Wird eine Zahl vorangestellt, so rollt der Bildschirm um entsprechend viele Zeilen. Dieser Wert wird für künftige Verschiebungen gespeichert
(STRG) + (d) -	wie (STRG) + (u) , jedoch Verschieben des Bildschirms nach unten (aus engl: **down** - herunter)
(STRG) + (F)	verschiebt den Bildschirm um fast eine Fenstergröße nach unten (aus engl: **forward** - weiter)
(STRG) + (B)	wie (STRG) + (F) , jedoch Verschieben des Bildschirms nach oben (aus engl: **backward** - zurück)

Tabelle 4.3: vi - Verschieben des aktuellen Bildschirmausschnitts

Die Schreibmarke finden Sie nach einer Verschiebung des Aus-
schnitts meistens im oberen Bereich des Bildschirmausschnitts
wieder.

4. 1 .6 Einfaches Verbessern von Eingabefehlern

Natürlich passiert Ihnen bei der Eingabe von Texten auch mal ein
Eingabefehler. Bemerken Sie den Fehler sofort nach der Eingabe,
so können Sie ihn bereits im Texteingabe-Modus mit den folgenden Befehlen beseitigen:

Kommando	Funktion
(STRG) + (h) oder (Rückschritt)	löscht das zuletzt eingegebene Zeichen
(STRG) + (u)	löscht die komplette aktuelle Zeile
(STRG) + (w)	löscht die zuletzt eingebene Zeichenfolge (Wort)

Tabelle 4.4: vi - Eingabefehler verbessern im Texteingabe-Modus

Bitte beachten Sie, daß diese Verbesserungen nur im Texteingabe-Modus durchführbar sind und somit nur in der Zeile, in der
die Schreibmarke steht.

Was aber tun, wenn Sie Eingabefehler finden, die außerhalb der   **Weg damit**
aktuellen Zeile liegen oder Sie sich im Befehlsmodus befinden?

- Wechseln Sie, falls nötig, in den bildschirmorientierten Befehlsmodus.

- Positionieren Sie die Schreibmarke auf dem (ersten) fehlerhaften Zeichen.

- Sie löschen

  > ein einzelnes Zeichen durch Betätigen der **x** Taste,   **Zeichen**

  > das aktuelle Wort mit der Tastenfolge **dw**,   **Wort**

  > den aktuellen Satz mit **d)** oder   **Satz**

  > die komplette aktuelle Zeile mit **dd**.   **Zeile**

- Wechseln Sie anschließend in den Texteingabe-Modus und
  tasten den korrekten Text ein.

Das  ist in diesen Beispielen der Löschbefehl (für engl.: delete - löschen). Im Anschluß an diesen Befehl muß ein Operand folgen, der angibt, welcher Text-Bereich gelöscht werden soll.

Zeichen überschreiben

Sie haben im vi auch die Möglichkeit, einen falschen Text direkt zu überschreiben, ohne diesen zuerst zu entfernen.

* Positionieren Sie die Schreibmarke über einem einzelnen fehlerhaften Zeichen.

* Tasten Sie ein **r** (aus engl: replace - ersetzen) und das richtige Zeichen ein. Sie sind anschließend wieder im bildschirmorientierten Befehlsmodus.

Die vollständige Übersicht über alle Parameter zum Löschbefehl **d** finden Sie im Abschnitt 4.1.9 - Zeichenketten löschen, kopieren und verschieben".

Änderungen rückgängig machen

Haben Sie festgestellt, daß eine Änderung den Text nur verschlechtert hat, können Sie diese rückgängig machen. Der bildschirmorientierte Befehlsmodus stellt Ihnen zwei **undo**-Befehle mit verschiedener Reichweite zur Verfügung:

* Tasten Sie  ein. Die zuletzt durchgeführte Änderung wird rückgängig gemacht. Durch ein erneutes **u** machen Sie die Rückgängigmachung rückgängig und haben die ursprüngliche Verbesserung wieder im Text.

* Tasten Sie ein Ⓤ (groß U!) ein, wird die gesamte aktuelle Zeile in den ursprünglichen Zustand zurückgesetzt. Löschen Sie beispielsweise vier Wörter in einer Zeile. Das kleingeschriebene **u** bringt nur das zuletzt gelöschte Wort zurück. **U** hingegen bringt alle gelöschten Wörter zurück.

Bitte beachten Sie, daß ein doppelt eingetastetes U nicht wie zweifaches u wirkt. Das heißt: haben Sie alle Änderungen mit U rückgängig gemacht, so hebt ein erneutes U die Wirkung des ersten U nicht wieder auf. Beachten Sie auch: Wenn Sie die Schreibmarke auf eine andere Zeile und wieder zurück bewegen und dann versuchen, die zuvor durchgeführten Änderungen in dieser Zeile mit U rückgängig zu machen, dann passiert nichts. Das U Kommando funktioniert nur, wenn Sie die entsprechende Zeile zwischen den Änderungen und dem U Befehl nicht wechseln.

Wenn Sie einen bestehenden Text bearbeiten, können Sie die ursprünglich geladene (oder die zuletzt zwischengespeicherte) Version laden. Der gerade bearbeitete Text wird überschrieben:

ursprüngli-
chen Text
neu laden

- Wechseln Sie in den zeilenorientierten Befehlsmodus.

- Tasten Sie **e!** ein.

Die folgende Tabelle gibt Ihnen eine Kurzübersicht, wie Sie soeben Gelöschtes oder Geändertes zurückholen können:

Kommando	Funktion
u	macht die letzte Änderung rückgängig
U	macht alle Änderungen in der aktuellen Zeile rückgängig (Schreibmarke darf nicht bewegt worden sein!)
:e!	lädt die gerade bearbeitete Datei in der zuletzt gespeicherten Version ein

Tabelle 4-5: vi - Rückgängigmachen von Änderungen

4. 1 .7 Speichern der bearbeiteten Datei

Nun können Sie mit dem **vi** bereits

- neue Texte erfassen und
- bestehende Textdateien bearbeiten.

Jetzt möchten Sie sicher wissen, wie Sie den Text speichern und den **vi** verlassen.

Möchten Sie Ihre Arbeit mit dem Texteditor beenden, stehen Sie vor einigen Alternativen:

1. Speichern des aktuellen Textes und Verlassen des **vi**,

2. Verlassen des **vi** ohne Speichern des Textes,

3. Zwischenspeichern des Textes und im Editor bleiben,

4. Speichern der aktivierten Textdatei unter einem anderen Namen (und den Editor verlassen),

5. Anhängen des Textes an eine bestehende Datei.

Speichern und Verlassen	Wenn Sie den **vi** mit Speichern der Datei verlassen wollen (1. Alternative), haben Sie zwei Möglichkeiten zur Auswahl:

- Betätigen und halten Sie im bildschirmorientierten Befehlsmodus die (Umschalt) -Taste und tasten dann zweimal (Z) ein (also: (Z) (Z)). Nach einigen Augenblicken meldet sich Ihre Shell mit dem Eingabe-Aufforderungszeichen wieder.

- Sie wechseln vom bildschirmorientierten Befehlsmodus durch Eintasten eines (:) -Zeichens in den zeilenorientierten Befehlsmodus. Dort tasten Sie (x) ein und bestätigen mit der (Eingabe) -Taste. Anstelle eines x können Sie auch die Tastenfolge (w) (q) benutzen. Mit der Mitteilung, daß Ihre Datei geschrieben wird, kommen Sie zurück auf die Shell-Ebene.

Kein Speichern

Wollen Sie den vi verlassen, ohne die Datei zu speichern (2. Alternative), geben Sie diese Befehle ein:

- Wechseln Sie mit (:) in den zeilenorientierten Befehlsmodus und tasten Sie dort (q) ein. Haben Sie Änderungen an der Datei vorgenommen, so stoppt der **vi** nicht, sondern meldet: *no write since last change.*

- Soll die Datei wirklich nicht gespeichert werden, d.h. Sie wollen die Änderungen verwerfen, setzen Sie hinter das **q** noch ein (!) .

Die Warnung, daß seit der letzten Änderung der Text noch nicht gespeichert wurde, soll verhindern, daß Sie leichtfertig Ihren neuen Text verlieren. Nur wenn Sie wirklich bestätigen, daß Sie Änderungen verwerfen wollen, wird der Editor verlassen.

Zwischenspeichern

Möchten Sie im **vi** bleiben, die Datei aber (zwischen)speichern, geben Sie im zeilenorientierten Kommandomodus den (w) Befehl. Nach Speichern des Textes finden Sie sich wieder im bildschirmorientierten Befehlsmodus.

Speichern Ihrer Datei unter neuem Namen erreichen Sie mit Neuer
diesem Arbeitsschritt: Dateiname

- Setzen Sie hinter den Speicherbefehl (**w** oder **x**) den von Ihnen
  gewünschten neuen Dateinamen. Gibt es bereits eine Datei
  unter diesem Namen, wählen Sie einen neuen Dateinamen
  oder bekräftigen mit einem »!« hinter **w** oder **x** Ihren Speicherbefehl.

Wissen Sie, daß eine Datei besteht, an die der bearbeitete Text Text
angehängt werden soll, machen Sie dies so: anhängen

- Geben Sie im zeilenorientierten Befehlsmodus das Kommando **w >> *bestehendeDatei.*** Für die Variable '*bestehendeDatei*'
  setzen Sie den entsprechenden Dateinamen. Gibt es keine
  Datei unter diesem Namen, so meldet SCO UNIX keinen
  Fehler. Die gewünschte Datei wird in diesem Fall einfach neu
  erstellt.

Wenn Sie den **vi** nur selten und nur für kurze Texte benötigen, können Sie die
nächsten 16 Seiten überblättern und sich direkt dem Chatten mit **write** im
Kapitel 4.2 zuwenden. Möchten Sie **vi** intensiv nutzen, benötigen Sie die
Informationen aus den Abschnitten 4.1.8 bis 4.1.15.

4. 1 .8 Zeichenketten suchen

Der Editor bietet Ihnen umfangreiche Befehle zum Auffinden von
Zeichenketten (z.B. Wörtern, Zahlen etc.). Die Suchbefehle lassen
sich nach dem Suchbereich zwei Gruppen zuordnen:

- Mit den **f** und **F** Befehlen können Sie ein einzelnes Zeichen in
  einer Zeile suchen.

- Mit den **/** und **?** Kommandos können Sie den gesamten Text
  nach einer Zeichenkette durchforsten lassen.

Findet der Editor **vi** die von Ihnen gesuchte Zeichenkette, so setzt
er die Schreibmarke an den Beginn dieser Textstelle. Mit dieser
Methode können Sie einfach auf bestimmte Textstellen zugreifen,
z.B. wenn Sie an dieser Stelle Ergänzungen vornehmen wollen.

Zeichen innerhalb einer Zeile suchen

Probieren Sie an unserem Beispieltext folgende Suchbefehle:

1. Bringen Sie die Schreibmarke mit dem Befehl **1G** in die erste Zeile.

Suche in Richtung Zeilenende

2. Tasten Sie den Zeilensuchbefehl **f** gefolgt von dem zu suchenden Zeichen, hier **X**, ein. In der ersten Zeile sucht der **vi** nun von der Schreibmarke aus nach rechts bis zum Zeilenende. Der Editor findet das X im Wort *UNIX* und bewegt die Schreibmarke an diese Stelle. Sie erkennen dies auf dem Bild 4.7 daran, daß das X in UNIX unterstrichen ist.

gesuchtes Zeichen

```
Der vi ist eine wichtige UNIX-Dienstleistung.
Mit dem Editor können Sie einfach Texte
erstellen und bearbeiten. Eingabefehler im
Eingabemodus können Sie durch Betätigen der
Rückschritt-Taste korrigieren. Die gleiche
Funktion wie [Rückschritt] erfüllt der
Steuercode STRG+h.
~
~
~
```

Bild 4.7: Zeichen in der aktuellen Zeile suchen

Kann der Suchbefehl nicht erfolgreich ausgeführt werden, meldet sich der Editor mit der Fehlermeldung:

```
Pattern not found
```

Bild 4.8: Gesuchtes Zeichen nicht gefunden

Möchten Sie die Zeile nach einem weiteren Auftreten des soeben gefundenen Zeichens absuchen lassen, tasten Sie (;) (Strichpunkt) ein. Dieser Befehl wiederholt den Suchbefehl in Richtung Zeilenende.

Soll der Editor dieselbe Textstelle in Richtung Zeilenanfang (links von der Schreibmarke) suchen, nutzen Sie die (,) -Taste.

Sie nutzen den (groß geschriebenen) **F** Operator, um ein einzelnes Zeichen von der Schreibmarke aus in Richtung Zeilenanfang zu suchen. Hinter den Operator ist auch hier das zu suchende Zeichen zu setzen.

Zeichenketten im ganzen Text suchen

In den meisten Fällen reicht es aber nicht, nur die aktuelle Zeile abzusuchen. Wenn der gesamte Text nach einer längeren Zeichenkette durchgesehen werden soll, nutzen Sie

- den / Befehl, um den Text von der Schreibmarke aus in Richtung Textende durchzugehen (vorwärts),
- den **?** Befehl zur Suche in Richtung Textanfang (rückwärts).

Die Schreibmarke springt nach ⑦ oder ⑦ in die Statuszeile Ihres Bildschirms. Nun können Sie die zu suchende Zeichenkette eintasten und mit der (Eingabe) -Taste bestätigen:

```
Der vi ist eine wichtige UNIX-Dienstleistung.
Mit dem Editor können Sie einfach Texte
erstellen und bearbeiten. Eingabefehler im
Eingabemodus können Sie durch Betätigen der
Rückschritt-Taste korrigieren. Die gleiche
Funktion wie [Rückschritt] erfüllt der
Steuercode STRG+h.
~

~

/Eingabe
```

Bild 4.9: Suche nach einer Zeichenkette im ganzen Text

Um das nächste Auftreten der Zeichen zu finden, betätigen Sie

- zur Suche in gleicher Richtung (bei / = Textende): ⓝ
- zur Suche in umgekehrter Richtung (bei / = Textanfang): Ⓝ

Bei der Suche nach einer Menge von Zeichenketten können Sie Metazeichen verwenden. Metazeichen sind Zeichen mit besonderer Bedeutung, die über einen Ersetzungsvorgang in ein oder mehrere, andere Zeichen umwandelbar sind. Sie verwenden diese Zeichen, um spezielle Suchanfragen zu stellen.

Metazeichen	ersetzt Zeichenketten
.	aus einem einzelnen beliebigen Zeichen
*	aus beliebig vielen (auch null) beliebigen Zeichen Beispiel: *A** ersetzt kein oder mehr A
[*bereich*]	aus einem in den Klammern festgelegten Bereich passender Zeichen Beispiel: *[A-Z]* ersetzt jeden Großbuchstaben Beispiel: *[aA]* steht für jedes a oder A Beispiel: *[0-9]** ersetzt Zeichenketten mit keiner oder mehr Ziffern
^	steht für den Zeilenanfang Beispiel: *^[0-9]* findet Zeilen, die mit einer Ziffer beginnen
<\	steht für den Wortanfang Beispiel: *<\[aA]* findet alle mit a oder A beginnenden Wörter
\>	steht für das Wortende
$	steht für das Zeilenende Beispiel: *^...$* findet alle Zeilen, die aus genau drei beliebigen Zeichen bestehen
[^*zeichen*]	steht hier nicht für Zeilenbeginn, sondern für alle außer den in den Klammern festgelegten Zeichen Beispiel: *[^A-Z]* findet alle Zeichen, außer Großbuchstaben

Tabelle 4.6: vi - Metazeichen zur Suche nach Zeichenketten

Datenreise   Was machen Sie nun aber, wenn Sie ein *[* suchen wollen? In diesem Fall und immer dann, wenn Sie die Metazeichen-Bedeutung eines Zeichens aufheben möchten, muß das Zeichen „maskiert" werden. Dies erreichen Sie mit einem vorangestellten

Gegenschrägstrich »\« (engl.: Backslash). Wollen Sie also die erste
Zeile finden, die mit einem »[« beginnt, tasten Sie die Suchanfrage
/^\[wie in Bild 4.10 ein:

```
Der vi ist eine wichtige UNIX-Dienstleistung.
Mit dem Editor können Sie einfach Texte
erstellen und bearbeiten. Eingabefehler im
Eingabemodus können Sie durch Betätigen der
[Rückschritt]-Taste korrigieren. Die gleiche
Funktion wie [Rückschritt] erfüllt der
Steuercode STRG+h.
^^
^^
/^\[
```


Bild 4.10: Text nach »[«-Zeichen durchsuchen

Um einen Gegenschrägstrich »\« zu finden, muß diesem ebenfalls
ein Gegenschrägstrich vorangestellt sein.

Im Abschnitt 4.1.15 - Die Arbeitsumgebung des **vi** lesen Sie, wie die Metazei-
chen-Ersetzung abgeschaltet werden kann.

4. 1 .9 Zeichenketten löschen, kopieren und ver-
schieben

Datenreise

Beim Bearbeiten von Texten stehen Sie häufig vor diesen Situatio-
nen: Eine vorhandene Textstelle soll aus der bestehenden Umge-
bung herausgeschnitten und an eine neue Position verschoben
werden. Eine andere Textstelle erweist sich als unpassend und
muß vollständig entfernt werden. Außerdem möchten Sie die
Kopie einer bestimmten Zeichenfolge an einer neuen Textstelle
einbinden, ohne den entsprechenden Text erneut abzutippen.

In der PC-Welt gibt es hierfür die Begriffe

**cut and paste (dt.: ausschneiden und einfügen) und
copy and paste (dt.: kopieren und einfügen)**

Alle beschriebenen Situationen lassen sich im bildschirmorientierten Befehlsmodus mit der Kombination von Lösch-, Kopier- und Einfüge-Operatoren durchführen:

Löschen

* **d** (engl.: delete, dt.: löschen) zum Entfernen von Zeichenketten. Der gelöschte Text wird dabei in einen Zwischenspeicher geschrieben.

Kopieren

* **y** (engl.: yank, dt.: herausreißen) zum Kopieren einer Textstelle in einen Zwischenspeicher. Aus diesem Speicher kann der Text an beliebige Textstellen gesetzt werden mittels

Einfügen

* **p** (engl.: put, dt.: setzen, stellen) zum Einfügen aus dem Zwischenspeicher an eine Textstelle.

Einfache Textänderungen mit **d** haben wir Ihnen bereits im Abschnitt 4.16 gezeigt. Weitergehende Hinweise zu den **d** und **y** Operatoren finden Sie in diesem Abschnitt.

Und so sagen Sie, was gelöscht oder kopiert werden soll

Ein einzelnes Zeichen löschen Sie mit dem **x** Befehl. Möchten Sie längere Zeichenketten löschen, benutzen Sie den **d** Operator. Mittels **y** können Sie Zeichenketten in einen Textspeicher übertragen. Der Originaltext bleibt dabei unberührt. Hinter **d** und **y** müssen Sie angeben, welcher Textausschnitt (Operand) gewählt werden soll. Die Bereichsangaben in Tabelle 4.7 zeigen Ihnen, wie Sie den Textausschnitt, auf den sich die Operatoren beziehen, angeben:

Operand	bezieht sich auf
w	das Wort, auf dem die Schreibmarke steht
$	den Bereich von der Schreibmarke zum Zeilenende (oder D anstelle d$)
^	den Bereich von der Schreibmarke zum Zeilenanfang

Tabelle 4.7: vi - Bereichsangaben im bildschirmorientierten Modus (1)

Operand	bezieht sich auf
)	den Bereich von der Schreibmarke zum Satzende
}	den Bereich von der Schreibmarke zum Absatzende
G	den Bereich von der Schreibmarke zum Textende
d oder y	die aktuelle Zeile

Tabelle 4.7: vi - Bereichsangaben im bildschirmorientierten Modus (2)

Die aktuelle Zeile wird immer durch Wiederholen des Operators (also **d** oder **y**) angesprochen:

dd • löscht die komplette Zeile, in der die Schreibmarke steht in einen Zwischenspeicher,

yy • überträgt die komplette aktuelle Zeile in einen wieder abrufbaren Zwischenspeicher

Vor den Befehl können Sie eine Zahl (engl.: count) setzen. Diese gibt an, wie oft das Kommando durchgeführt werden soll: Mehrere Zeilen löschen

3dw • löscht die nächsten drei Wörter in einen Zwischenspeicher

4yy • schreibt die aktuelle und drei weitere Zeilen in einen Zwischenspeicher

Wenn Sie eine Zeichenkette löschen oder „yanken", wird sie bis zur nächsten Nutzung von Lösch- oder Kopierbefehlen gespeichert. Die Speicherung erfolgt in einem sogenannten „unbenannten Puffer". Sie können auf diesen Zwischenspeicher zugreifen und ihn an beliebiger Stelle einfügen. Probieren Sie den Einfüge-Befehl **p** an einem Beispiel aus, dessen Ergebnis Sie auf dem Bild 4.11 sehen:

1. Löschen Sie in unserem Beispieltext das Wort *korrigieren* in der Datenreise vorletzten Zeile. Bewegen Sie die Schreibmarke hierzu auf dieses Wort und tasten dann den Löschbefehl **dw** ein.

2. Gehen Sie nun auf die Leerstelle zwischen »*Sie durch*« in der vorhergehenden Zeile.

3. Betätigen Sie nun die **p** Taste. Dieser Befehl fügt das zuvor gelöschte Wort hinter der Schreibmarke ein. Ergänzen Sie nun noch die fehlende Leerstelle.

eingefügtes
Wort

```
Der vi ist eine wichtige UNIX-Dienstleistung.
Mit dem Editor können Sie einfach Texte
erstellen und bearbeiten. Eingabefehler im
Eingabemodus können Sie korrigieren durch
Betätigen der [Rückschritt]-Taste . Die
gleiche Funktion wie [Rückschritt] erfüllt der
Steuercode STRG+h.
~
~
~
```

Bild 4.11: Einfügen eines Wortes aus dem Zwischenspeicher

Trainings-
vorschlag

Testen Sie den **p** Befehl auch an ganzen Zeilen, die Sie zuvor gelöscht oder in den Textspeicher übertragen haben.

Der Editor kennt neben dem **p** Kommando noch den put-Befehl **P**. Im Gegensatz zum kleingeschriebenen **p** fügt dieser den Textspeicher vor der Schreibmarke ein.

Was haben Sie in diesem Abschnitt gelernt?

Mit den Datenreisen in diesem Abschnitt haben Sie erfahren, wie Sie

- mit **d** und **p** Befehlen Textstellen verschieben können und
- mit **y** und **p** Kommandos Kopien von Textstellen erstellen.

4.1.10 Überschreiben und Ersetzen im bildschirmorientierten Kommandomodus

Mußten Sie eine Textstelle verbessern, so haben Sie bisher den fehlerhaften Text zunächst gelöscht und im Texteingabe-Modus dann neu eingetastet.

Mit den Befehlen, die wir Ihnen nun zum Überschreiben und Ersetzen von Textstellen zeigen, können Sie Verbesserungen und

Ergänzungen schneller und gezielter durchführen. Die Schritte
des Löschens und Neu-Eingebens werden dabei zusammengefaßt:

- Mit dem Operator **c** (aus engl.: change - dt.: wechseln) arbeiten
  Sie genauso wie mit dem Löschbefehl **d**, nur daß Sie die
  gelöschte Textstelle im Texteingabe-Modus sofort wieder auf-
  füllen können.

c Befehl

Die in Tabelle 4.7 aufgeführten Bereichsangaben (Operanden)
müssen Sie auch hinter **c** angeben:

- **cw** - ersetzt das Wort, auf dem die Schreibmarke steht durch
  den neu einzutastenden Text. Beenden Sie die Texteingabe
  mit der (ESC) -Taste.

Datenreise

- **cc** - ersetzt die bisherige Zeile durch eine neue Textzeile.

- Mit dem **r** Befehl (aus engl.: replace - auswechseln) können
  Sie genau das eine Zeichen überschreiben, auf dem die
  Schreibmarke steht. Nach der Neu-Eingabe des Zeichens befinden Sie sich wieder im bildschirmorientierten Kommandomodus.

r Befehl

- Der bereits vorgestellte **R** Befehl ermöglicht es, von der
  Schreibmarke startend beliebig viele Zeichen zu überschreiben. Sie beenden die Eingabe mit der (ESC) -Taste.

R Befehl

- Tasten Sie das **s** Kommando (aus engl.: substitute - ersetzen)
  ein, wenn genau das eine Zeichen an der Schreibmarken-Po-
  sition ersetzt werden soll. Die Ersetzung kann aber nicht nur
  durch genau ein einzelnes anderes Zeichen (wie bei **r**) geschehen, sondern durch beliebig viele Zeichen.

s Befehl

4. 1 .11 Im zeilenorientierten Befehlsmodus

Fast alle bisher vorgestellten Editor-Befehle rufen Sie aus dem
bildschirmorientierten Befehlsmodus auf. Mit dem zeilenorientierten Befehlsmodus steht Ihnen eine weitere Arbeitsebene zur
Verfügung. Sie ist die Kommandoebene des **ex** Editors, einem
zeilenorientierten Editor, mit dem der **vi** eng verwandt ist.

Aus dem zeilenorientierten Befehlsmodus haben Sie bisher Befehle kennengelernt, mit denen Sie

- Ihre Arbeit beenden (:**w**, :**x** ,:**q**) und

- die ursprüngliche Textversion wieder laden (:**e**).

Übersicht

In den folgenden Abschnitten erfahren Sie, wie Sie

- global Zeichenketten suchen und ersetzen,

- bestehende Dateien an Ihren aktuellen Text anfügen,

- Shell Kommandos ausführen und in Texte einbinden,

- die Optionen Ihrer Editor-Arbeitsumgebung setzen.

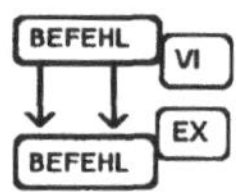

Bitte merken Sie sich, daß Sie mit der (:) -Taste (Doppelpunkt) in diesen Modus wechseln. In den folgenden Beispielen weisen wir nicht mehr ausdrücklich auf den Doppelpunkt hin und setzen diesen auch nicht mehr vor unsere Befehle. Nach der Ausführung eines Befehls oder Drücken der (Eingabe) - oder (ESC) -Taste gelangen Sie zurück in den bildschirmorientierten Befehlsmodus.

Dauerhaft im ex Modus

Mit **Q** (aus dem bildschirmorientierten Modus) können Sie dauerhaft auf die **ex** Schnittstelle umschalten. In diesem Fall gelangen Sie in den „normalen" Editor-Betrieb nur durch den Befehl **vi** zurück.

4. 1 .12 Zeichenketten suchen und automatisch ersetzen

Im Abschnitt 4.1.8 haben wir bereits gezeigt, wie Zeichenketten im bildschirmorientierten Befehlsmodus gesucht werden. Nun lernen Sie, wie Sie den Suchbefehl aus dem zeilenorientierten Kommandomodus bedienen. Dabei ersetzen Sie die gesuchte Zeichenfolge gleichzeitig durch eine neue Zeichenfolge. Die Ersetzung, die wir Ihnen zeigen, erfolgt für alle Vorkommen der gesuchten Textstelle automatisch.

Im Vergleich hierzu ist die Suche im bildschirmorientierten Modus einfacher einzutasten. Sie findet aber jeweils nur ein Auftreten der gesuchten Zeichenkette und ermöglicht kein automatisches Ersetzen aller gefundenen Textstellen.

Der Such- und Ersetzbefehl aus dem **ex** Modus hat dieses Kommandoformat:

[Bereich] s/gesuchte Zeichenkette/neue Zeichenkette/g

An die Position *'gesuchte Zeichenkette'* setzen Sie das Textmuster, das der Editor finden soll. Die Zeichenfolge, die das gesuchte Muster ersetzen soll, setzen Sie als *'neue Zeichenkette'* ein.

Das **s** (aus engl.: substitute - dt.: ersetzen) ist der Operator für den Ersetzbefehl. Der Parameter **g** (aus engl.: global) sagt dem Kommando, daß es nicht nach dem ersten Auffinden der gesuchten Zeichenkette abbrechen, sondern den angegebenen Bereich nach allen Vorkommen des Musters durchsuchen soll. Einen zu durchsuchenden Bereich müssen Sie dem Kommando voranstellen, wenn mehr als die einzelne aktuelle Zeile durchsucht werden soll. Zum Beispiel:

- **%** - alle Zeilen der Datei durchsuchen,
- **1,10** - die ersten zehn Zeilen durchsuchen,
- **.,$** - von der aktuellen Zeile bis zum Dateiende suchen,
- **15** - Such- und Ersetzbefehl auf Zeile 15 beschränken.

Wir möchten auf unserer Datenreise jedes Auftreten eines *e* durch *xxx* ersetzen. Hierzu tasten Sie den Befehl **% s/e/xxx/g** wie in Bild 4.12 ein:

```
Dxxxr vi ist xxxinxxx wichtigxxx
UNIX-Dixxxnstlxxxistung. Mit dxxxm Editor
könnxxxn Sixxx xxxinfach Txxxxtxxx
xxxrstxxxllxxxn und bxxxarbxxxitxxxn.
Eingabxxxfxxxhlxxxr im Eingabxxxmodus
könnxxxn Sixxx korrigixxxrxxxn durch
Bxxxtätigxxxn dxxxr [Rückschritt]-Tastxxx .
Dixxx glxxxichxxx Funktion wixxx
[Rückschritt] xxxrfüllt der Stxxxuxxxrkodxxx
STRG+h .
~
~
:% s/e/xxx/g
```

Bild 4.12: Globales Ersetzen eines Zeichens im Text

Als Ergebnis erhalten Sie unseren Text, bei dem jedes e durch drei x ersetzt ist.

Trainingsvor-
schlag

Sie können die Metazeichen des **vi** auch hier einsetzen. Probieren Sie diese aus und laden sich anschließend den Originaltext mit **e!** wieder ein.

Mit dem Such- und Ersetzbefehl können Sie auch Zeichenfolgen automatisch aus einem Text löschen. Geben Sie hierzu einfach keine neue Zeichenkette an, die das Textmuster ersetzen soll:

- Mit **%s/^$//g** löschen Sie alle Leerzeilen (Zeilen, bei denen das Zeilenende unmittelbar hinter dem Zeilenanfang ist).

- **%s/UNIX//g** löscht jedes Auftreten der Zeichenkette *UNIX* ersatzlos.

4. 1 .13 Dateien einlesen

Sie lernen nun, eine bestehende Textdatei in den aktuell bearbeiteten Text einzufügen.

Diese Technik macht Ihre Arbeit am Editor schneller, wenn Sie mit standardisierten Textbausteinen arbeiten, die in Textdateien abgelegt sind.

Sie benutzen hierzu den **r** (aus engl.: read - dt.: lesen) Befehl mit dem einzulesenden Dateinamen. Setzen Sie vor das Kommando eine Zeilennummer, wird die Datei hinter die angegebene Zeile eingefügt. Der aktuell im Editor bearbeitete Text wird nicht überschrieben.

Im Bild 4.13 fügen wir die Datei *besteh_Text* unter der zweiten Zeile unseres Beispieltextes ein:

<table>
<tr><td>

**Der vi ist eine wichtige UNIX-Dienstleistung.
Mit dem Editor können Sie einfach Texte
erstellen und bearbeiten.**

*An dieser Stelle ist der Inhalt der Datei
"besteh_Text" eingefügt worden. Der übrige
Text der gegenwärtig bearbeitenden
"textdatei"folgt im Anschluß an die nächste
(Leer-)Zeile.*

**Eingabefehler im Eingabemodus können Sie durch
Betätigen der Rückschritt-Taste korrigieren.
Die gleiche Funktion wie [Rückschritt] erfüllt
der Steuercode STRG+h.**
—

—

` :2r besteh_Text `

</td><td>

Datenreise

eingefügter
Textbaustein

</td></tr>
</table>

Bild 4.13: Einlesen eines Textbausteins in den aktuellen Text

Geben Sie hinter r keinen Dateinamen an, dann liest der Editor
die aktuell bearbeitete Datei ein und hängt diese an den Text an.

4. 1 .14 Shell Kommandos im vi

Jedes Kommando, das Sie von einer zeichenorientierten Shell
aufrufen können, kann auch aus dem **vi** gestartet werden, ohne
daß Sie den Editor verlassen müßten.

Hierzu tasten Sie im zeilenorientierten Befehlsmodus ein Ausrufezeichen »!« und den gewünschten UNIX Kommandonamen ein.

Wir starten im Bild 4.14 den **who** Befehl aus **vi**.

```
Eingabefehler im Eingabemodus können Sie durch
Betätigen der [Rückschritt]-Taste
korrigieren. Die gleiche Funktion wie
[Rückschritt] erfüllt der Steuercode STRG+h.
~
:!who
fritz    tty01    Jul 26  17:54
bernd    tty03    Jul 26  18:13
[Press return to continue]
```

Bild 4.14: Shell Kommandos aus dem vi aufrufen

Wie Sie sehen, wird der Bildschirmausschnitt hochgerollt, um
dem Shell-Kommando und seiner Ausgabe Platz zu schaffen. Die
Meldung *Press return to continue* weist darauf hin, daß Sie durch
Betätigen der (Eingabe)-Taste in den normalen Editor-Betrieb
zurückkehren.

Ausgabe ei-
nes Befehls
in den Text
einlesen

In Verbindung mit dem r Befehl (zum Einlesen von Texten, siehe
4.1.13) können Sie die Ausgabe von UNIX-Kommandos in Texte
einfügen. Sie sehen auf dem folgenden Bildschirm, wie die Ausgabe des **who** Befehls mit dem Kommando **r !who** an unseren
Beispieltext angefügt wird:

```
Eingabefehler im Eingabemodus können Sie durch
Betätigen der [Rückschritt]-Taste
korrigieren. Die gleiche Funktion wie
[Rückschritt] erfüllt der Steuercode STRG+h.
fritz    tty01    Jul 26  17:54
bernd    tty03    Jul 26  18:13
bernd    tty04    Jul 26  18:14
~
~
:r !who
```

Bild 4.15: Ausgabe eines Shell Kommandos in den Text einlesen

Starten einer
Benutzerober-
fläche aus
dem Editor

Möchten Sie kurzfristig mehrere Aufgaben auf Shell-Ebene
durchführen, rufen Sie aus dem Editor eine dauerhafte Sub-Shell
mit dem **sh** Befehl auf. Mit dieser „Unter"-Shell arbeiten Sie wie
auf einer zeichenorientierten Benutzeroberfläche. Auch das Ausloggen ((STRG) +d oder **logout**) funktioniert wie gewohnt. An-

schließend sind Sie wieder im Editor und können Ihren Text weiterbearbeiten, als wäre nichts passiert.

4. 1 .15 Arbeitsumgebung des vi

Nachdem Sie über die wichtigsten Möglichkeiten des **vi** infor- Umgebung
miert sind, lesen Sie in diesem Abschnitt, wie Sie die Optionen einstellen
Ihrer Editor-Umgebung einstellen. Diese Optionen bestimmen
das allgemeine Verhalten und Erscheinungsbild des Editors.

Sie haben im Kapitel 3 bereits die Variablen der Benutzeroberfläche abgefragt. Hierzu nutzten Sie das **set** Kommando. In ähnli-
cher Form gibt es dieses **set** Kommando auch im zeilenorientierten Befehlsmodus des **vi**.

Fragen Sie zunächst die eingestellten Optionen mit dem **set all**
Befehl ab:

```
:set all
noautoindent    nonumber            noslowopen
autoprint       nonovice            tabstop=8
noautowrite     nooptimize          taglength=
nobeautify      paragraphs=IPLPl tags=tags /usr/lib/tags
directory=/tmp prompt               term=wy60
noedcompatible noreadonly           noterse
noerrorbells    redraw              timeout
flash           remap               ttytype=wy60
hardtabs=8      report=5            warn
noignorecase    scroll=12           window=24
nolisp          sections=NHSHH      wrapscan
nolist          shell=bin/csh       wrapmargin=0
magic           shiftwidth=8        nowriteany
mesg            noshowmatch
nomodelines     noshowmode
[Hit return to continue]
```

Bild 4.16: Abfragen der Editor-Einstellungen

Beginnt die Option mit einem **no**, so ist sie nicht gesetzt (engl.:
disabled), ansonsten ist Sie gesetzt (engl.: enabled).

Bevor wir anfangen, Optionen zu setzen, lesen Sie in Tabelle 4.8 die Bedeutungen der wichtigsten Optionen und ihre Standard-Einstellungen. In Klammern hinter der Option finden Sie die abgekürzte Schreibweise dieser Option. Es ist hinreichend, wenn Sie dem Editor diese Kurzform angeben:

Option	Standard	Bedeutung der Standard-Einstellung
number (nu)	*nonu*	keine Numerierung zu Beginn jeder Zeile
autowrite (aw)	*noaw*	kein automatisches Speichern der bearbeiteten Datei bei bestimmten Kommandos (z.B. Laden neuer Datei)
mesg	*mesg*	Nachrichtenempfang mittels **write** während der Arbeit im **vi** (bei *nomesg*: Entzug der der Schreib-Rechte für andere Benutzer auf das Endgerät)
warn	*warn*	Warnung *No write since last change*, beim Versuch, Shell-Kommandos aufzurufen oder den Editor zu verlassen, wenn die Datei geändert und nicht gespeichert wurde.
redraw (re)	*nore*	Änderungen im Text werden nicht sofort am Bildschirm angezeigt
list	*list*	stelle Steuerzeichen im Text dar: Tabs als ^I und Zeilenenden als $
ignorecase (ic)	*noic*	unterscheide bei der Suche nach Zeichenketten nicht zwischen Groß- und Kleinschreibung
magic	*magic*	Bedeutung von Metazeichen bei der Suche nach Zeichenketten ist eingeschaltet (ein vorangestellter \ setzt die Meta-Bedeutung außer Kraft); bei *nomagic*: nur ^ und $ haben weiterhin Metazeichen-Bedeutung
tabstop (ts)	*ts=8*	Tabulator-Sprungweite beträgt acht Stellen

Tabelle 4.8: vi - wichtige Editor-Optionen

Den **set** Befehl nutzen Sie auch, um die Einstellung der Optionen zu verändern. Hierzu müssen Sie **set** als Parameter einen Optionsnamen (oder dessen Abkürzung) anhängen:

Option ein- und ausschalten

> **set *option***

Soll die Option ausgeschaltet werden, stellen Sie dem Optionsnamen ein **no** ohne Leerstelle voran:

> **set no*option***

Möchten Sie z.B. Ihre Arbeitsumgebung so verändern, daß jede Zeile numeriert ist, geben Sie das Kommando **set nu**. Diese Option wird wieder ausgeschaltet mittels **set nonu**.

Neben den Optionen, die gesetzt oder ungesetzt sein können, gibt es Einstellungen, denen ein bestimmter Wert zugewiesen wird:

Werte zuweisen

> **set *option=wert***

Dies gilt auch für die *wrapmargin* (Zeilenumbruch) und tabstop Optionen. Setzten Sie die Sprungweite für Tabulatoren zur Übung auf vier Stellen mit **set ts=4** (keine Leerstellen vor und nach dem Gleichheitszeichen!) und testen Sie die Wirkung.

Datenreise

Sind Sie im Texteingabe-Modus, kann der **vi** in der Statuszeile die Meldung *INSERT MODE* oder *APPEND MODE* anzeigen. Dies ist der Fall, wenn die Option **showmode** gesetzt. Wir empfehlen Ihnen, diese Option mit **set showmode** einzuschalten, damit Sie auf einen Blick sehen, ob Sie im Befehlsmodus oder im Texteingabe Modus stehen.

4. 2 Chatten - Dialog mit write

Bei SCO UNIX können Sie mit allen Benutzern direkt kommunizieren oder über das Postsystem Nachrichten austauschen. Egal, ob Sie sich mit jemandem verabreden möchten oder schnell eine Frage an Ihren Systemverwalter haben, SCO UNIX stellt Ihnen die notwendigen Kommunikationsprogramme zur Verfügung.

Haben Sie festgestellt, daß Ihr Gesprächspartner zur Zeit am System angemeldet ist, nutzen Sie das SCO UNIX Dialogprogramm **write**.

Mit **write** können Sie:

- die Direkt-Kommunikation mit einem eingeloggten System-Benutzer aufbauen,

- Mitteilungen auf den Bildschirm Ihres Gesprächspartners schreiben,

- auf Ihrem Bildschirm die Nachrichten Ihres Partners empfangen, wenn dieser die Gegenverbindung aufbaut und

- Dateien an das Endgerät des Gegenübers übertragen oder auf Ihrem Bildschirm empfangen.

Arbeitet Ihr(e) Partner(in) zur Zeit nicht am System, so hilft Ihnen Direkt-Kommunikation nicht weiter. Nutzen Sie in diesem Fall das UNIX Postsystem **mail**, das Nachrichten für jeden Benutzer in Postfächern ablegt. Der Benutzer wird beim Einloggen dann darauf hingewiesen, daß Nachrichten für ihn eingetroffen sind. Wenn Sie jetzt eine Nachricht mittels **mail** versenden wollen, so lesen Sie den Abschnitt 4.3.

Direkt-Kommunikation funktioniert nur, wenn

- Ihr Gesprächspartner am System angemeldet ist und

- der Nachrichtenempfang am Endgerät Ihres Gegenübers nicht gesperrt ist.

Übersicht   In diesem Abschnitt erfahren Sie

- wie Sie einen Dialog mit einem Benutzer anmelden und führen,

- wie Sie vorgehen, wenn Ihr Gesprächspartner an mehreren Endgeräten zugleich arbeitet,

- wie Sie den Nachrichtenempfang auf Ihrem Endgerät sperren,

- mit welchen Schritten Sie Dateien auf den Bildschirm Ihres Gegenübers senden und

- wie Shell-Kommandos während des Dialogs ausgeführt werden.

Datenreise   Wenn Sie sich jetzt mit einem Benutzer Ihres Systems unterhalten möchten, dann gehen Sie auf eine Datenreise mit den Benutzerinnen Claudia und Birgit, die Ihnen zeigen, wie das Dialogprogramm **write** arbeitet.

Sie sollten sich zunächst darüber informieren, ob Ihr Dialogpartner tatsächlich am System arbeitet. Das in Kapitel 3 vorgestellte **who** Kommando gibt Ihnen die notwendige Information über alle angemeldeten Benutzer:

Ist mein Gesprächspartner im System?

```
% who
claudia    tty01    Jul 26  17:54
birgit     tty03    Jul 26  18:13
tom        tty006   Jul 26  19:56
tom        tty007   Jul 26  19:56
fritz      ttyla    Jul 26  19:56
```

Bild 4.17: Ist Birgit auch eingeloggt?

Die Benutzerin *birgit* arbeitet an ihrem Endgerät. Damit kann Claudia die Gesprächsverbindung zu Birgit aufbauen.

4. 2 .1   Anmelden und Führen eines Dialogs mit einem Benutzer

Claudia eröffnet den Dialog, indem Sie Birgit mit **write birgit** anschreibt:

Datenreise

```
% write birgit
```

Bild 4.18: write - Dialogeröffnung

Die allgemeine Struktur zur Eröffnung der Kommunikation mit **write** lautet:

write benutzername *[terminal]*

Format

Nach Eingabe des Befehls erscheint der Eingabeprompt nicht mehr. Dies zeigt, daß Sie sich nicht mehr auf Shell-Ebene, sondern auf der des Programms **write** befinden.

Auf dem Bildschirm Ihres Gegenübers erscheint die Meldung:

```
%
Message from claudia (tty01) Jul 26  19:06

_
```

Bild 4.19: Claudia möchte chatten

Datenreise

Birgit ist hiermit informiert, daß sie gleich von Claudia eine Nachricht erhalten wird. Will sie Claudia antworten, so muß sie mit **write claudia** die Gegenverbindung aufbauen.

Haben Sie den Nachrichtenempfang für Ihr Endgerät gesperrt und versuchen, trotzdem jemanden anzuschreiben, warnt Sie das System:

```
Warning you have your terminal set to "mesg -n"
No reply possible
```

Bild 4.20: Ihr Gesprächspartner kann nicht antworten

Hiermit wird Ihnen mitgeteilt, daß Sie mit keiner Antwort rechnen können, da außer Ihnen niemand auf Ihren Bildschirm schreiben darf.

Andernfalls kann das Chatten nun losgehen. Sie können beliebig lange Texte eingeben. Sobald eine Textzeile mit der (Eingabe) -Taste abgeschlossen wird, erscheint sie auf dem Bildschirm des Empfängers.

geregelte Gesprächsführung

Damit der Dialog in geordneten Bahnen verläuft, können Sie vereinbaren, wie das Ende einer Eingabe zu kennzeichnen ist. Häufig setzt man unter die letzte Zeile ein »o« (aus engl.: over). Damit zeigen Sie Ihrem Gesprächspartner, daß die Eingabe beendet ist und daß Sie nun auf Antwort warten. Die Buchstaben »oo« (aus engl.: over and out) signalisieren, daß Sie keine Antwort mehr erwarten und die Verbindung trennen. Auf Ihrem System können diese Vereinbarungen auch durch andere Zeichen oder Wörter festgelegt sein.

Führen Sie zur Probe nun einen Dialog mit einem Benutzer Ihres Rechners. Arbeiten Sie an einem Endgerät mit Multiscreen-Fähigkeit (siehe Glossar), so loggen Sie sich unter einer weiteren Kennung ein und probieren dann **write**.

Verbindung abbrechen

Haben Sie genug gechattet? Dann fragen Sie sich sicherlich, wie Sie zurück zu Ihrer Shell kommen. Die Verbindung wird durch Eintasten des Steuercodes (STRG) + (d) in der nächsten (neuen) Zeile unterbrochen. Auf dem Bildschirm Ihres Gesprächspartners erscheint folgende Meldung.

```
%
Message from claudia (tty01) Jul 26 19:06

(end of message)

_
```

STRG+d
drücken!

Bild 4.21: Beenden des Dialogs

Das Steuerzeichen, das (STRG) + (d) erzeugt, bezeichnet man als EOT-Signal (aus engl.: End of Transmission - Ende der Übertragung). Das EOT-Signal zeigt **write**, daß keine weiteren zu bearbeitenden Zeichen folgen. Der Befehl beendet sich daraufhin. Im Anschluß daran meldet sich die Shell mit dem Eingabe-Aufforderungszeichen zurück.

Nun sollte auch Ihr Gesprächspartner den Dialog beenden. Vergißt er/sie das, so wird der Dialog zum Monolog, da seine/ihre Eingaben weiter auf Ihrem Bildschirm erscheinen. Eine Lösung: Schreiben Sie einfach Ihrem Gegenüber, wie er/sie die Verbindung unterbrechen kann.

4. 2 .2 Der Gesprächspartner arbeitet an mehreren Endgeräten

Arbeitet Ihr Gegenüber an mehreren Endgeräten gleichzeitig, so sollten Sie hinter die Benutzer-Kennung auch die Endgeräte-Bezeichnung setzen, an die Ihre Nachricht gesendet werden soll. In diesem Fall arbeitet Birgit an den Endgeräten *tty03* und *tty04* (siehe Bild 4.22). Wir möchten unsere Mitteilung auf den Bildschirm *tty04* schreiben:

```
% who
claudia    tty01    Jul 26  17:54
birgit     tty03    Jul 26  18:13
birgit     tty04    Jul 26  18:14
% write birgit tty04

_
```

Bild 4.22: Meine neue Gesprächspartnerin ist mehrfach eingeloggt

Vergessen Sie die Angabe der Endgeräte-Bezeichnung, so erhalten Sie folgende Meldung:

```
% write birgit
birgit is logged on more than one place.
You are connected to "tty03".
Other locations are:
  tty04

—
```

Bild 4.23: write - Verbindung zu einem von mehreren Endgeräten

In diesem Fall wird die Verbindung zum erstbesten Endgerät hergestellt (hier: *tty03*). Das System weist Sie aber darauf hin, daß Ihr Gesprächspartner auch vor anderen Endgeräten sitzt (hier: *tty04*). Erreichen Sie über die für Sie geschaltete erste Verbindung niemanden, probieren Sie es mit den hinter *other locations* angegebenen Endgeräten.

4. 2 .3 Sperren des Nachrichtenempfangs

Ruhe!

Eventuell werden Sie von Nachrichten anderer Benutzer überhäuft oder Sie möchten in Ruhe einen Text bearbeiten, Ihr Bildschirm wird aber immer wieder mit Meldungen beschrieben. In diesem Fall sollten Sie Ihr Endgerät gegen Nachrichtenempfang sperren. Diese Aufgabe führt das Kommando **mesg** mit dem Parameter **n** aus. **mesg** kommt aus dem englischen Wort *message* für Mitteilung:

```
% mesg -n
%
```

Bild 4.24: Sperren des Nachrichtenempfangs

Sollte jetzt jemand mit **write** versuchen, Sie anzuschreiben, so erhält er/sie nur folgende Meldung:

```
% write claudia
Permission denied
```

Bild 4.25: keine Schreib-Rechte: Nachrichtenempfang ist gesperrt

Permission denied (zu dt.: Zugriff verweigert) bedeutet, daß niemand außer Ihnen auf Ihren Bildschirm schreiben darf.

Mit **mesg** und dem Parameter **y** geben Sie anderen wieder die Möglichkeit, Nachrichten an Ihr Endgerät zu senden.

Nutzen Sie den Befehl ohne Option, so werden Sie informiert, welche Option von **mesg** gesetzt ist: *message is no* (Nachrichtenempfang ist aus) oder *message is yes* (Nachrichtenempfang ist ein).

Empfang erlaubt oder gesperrt?

Bitte beachten Sie: Verwenden Sie **write** sparsam, damit nicht jeder Benutzer Grund hat, seinen Nachrichtenempfang zu sperren. Überfluten die Benutzer einander mit Meldungen, so wird das **write** Kommando auf Ihrer Anlage bald kaum noch von Nutzen sein.

Sperren Sie den Nachrichtenempfang, während ein Benutzer die Verbindung zu Ihnen bereits aufgebaut hat, so erhält er mit der nächsten Mitteilungszeile die Meldung: *Can no longer write to ...* (dt.: weiteres Schreiben nicht mehr möglich). Die Verbindung wird unterbrochen und der Sender erhält seinen Eingabeprompt wieder. Diese Möglichkeit können Sie auch dann nutzen, wenn Ihr Gesprächspartner am Ende eines Dialogs vergißt, die Verbindung zu trennen.

4. 2 .4 Senden von Dateien mit write

Sie können mit **write** auch Dateien auf den Bildschirm Ihres Dialogpartners übertragen.

Sie haben bereits erfahren, daß die Ausgabe eines Befehls durch den Ausgabe-Umlenkpfeil in eine Datei umgeleitet werden kann. Auch der umgekehrte Weg ist möglich. Im Regelfall liest **write** von der Standard-Eingabe (=Tastatur). Sie können aber die Eingabe umlenken, so daß **write** aus einer Datei liest, die die Shell hierfür öffnet. Setzen Sie hierfür hinter **write** den Eingabe-Umlenkpfeil »<« und den Namen der zu übertragenden Datei.

Eingabe für write aus einer Datei holen

Wir wollen der Benutzerin Birgit die Datei *logprot*, die die Ausgabe des **history** Befehls aus Kapitel 3 enthält, übermitteln. Fragen Sie einen Benutzer Ihres Systems, ob Sie auch ihm/ihr probeweise diese Datei zuspielen können.

Datenreise

```
% write birgit < logprot
%
```

Bild 4.26: write - Eingaben für write aus einer Datei umlenken

Nachdem die *logprot* Datei auf Birgits Bildschirm geschrieben wurde, erscheint der Eingabeprompt wieder. Sie müssen **write** also nicht durch (STRG) + (d) beenden, wenn der Befehl seine Eingabe aus einer Datei bezieht. Nach dem letzten Zeichen endet das **write** Kommando selbständig.

Datenreise   Was ist nun auf Birgits Bildschirm erschienen?

```
%
Message from claudia (tty01)  Jul 26  19:27
1 set history = 20
2 id
3 who
4 history
5 who
6 who
7 history
8 id
9 history > logprot
(end of message)
%
```

Bild 4.27: write - Ausgabe der Datei erscheint beim Dialogpartner

Die Eingabe-Umlenkung und damit die Übermittlung einer Datei haben hier zum Glück nicht gestört, da Birgit gerade auf Shell Ebene gearbeitet hat.

4. 2 .5 Shell Kommandos während des Dialogs ausführen

Auch während eines Gespräches können Sie UNIX-Kommandos aufrufen, ohne das **write** Programm zu verlassen. Möchten Sie beispielsweise während des Dialogs wissen, wie spät es ist, oder Ihrem Gesprächspartner Ihre id-Kennungen geben, gehen Sie so vor:

Um einen Befehl aufzurufen, müssen Sie vor den Kommandonamen ein Ausrufezeichen »!« setzen. **write** wird so signalisiert, daß nach dem Ausrufezeichen ein UNIX Befehl folgt, der an die Shell übergeben und von ihr ausgeführt wird.

Versuchen Sie wie im folgenden Beispiel Datum und Uhrzeit Ihres Systems während des Dialogs abzufragen:

```
% write birgit
Hallo Birgit
Kannst du mir sagen, wie spät es ist ?
o
Nein. Frage die Shell mit dem date Kommando
oo
! date
Mon Jul 26  19:27
!
(end of message)
%
```

Bild 4.28: Shell Kommandos aus dem Gespräch heraus starten

Soll die Ausgabe des **date** Kommandos auf Birgits Bildschirm erscheinen, so setzen Sie hinter den Befehl den Ausgabe-Umlenkpfeil und die vollständige Endgeräte-Bezeichnung (hier: *dev/tty03*).

Haben Sie Probleme mit write, dann versucht die Tabelle 4.8 Ihnen zu helfen:

Probleme mit write?

Fehler / Meldung	Ursache und Problemlösung
Permission denied	Ihr Gegenüber hat den Empfang gesperrt.
Warning: you have your terminal set to "mesg -n". No reply possible	Die Verbindung ist aufgebaut. Sie können jedoch nicht mit einer Antwort rechnen, da Sie auf Ihrem Endgerät den Nachrichtenempfang gesperrt haben.

Tabelle 4.8: Probleme beim Umgang mit write (Teil 1)

Fehler / Meldung	Ursache und Problemlösung
"benutzer" is logged on more than one place. You are connected to ... Other locations are:...	Ihr Gesprächspartner arbeitet an mehr als einem Endgerät. Die Verbindung wurde mit dem angegebenen Endgerät hergestellt. Ggf. probieren Sie eine andere Endgeräte-Nummer.
Can no longer write to "benutzer"	Auf der anderen Seite der Verbindung wurde während des Dialogs der Nachrichtenempfang gesperrt.
"benutzer" is not logged on	Der von Ihnen angeschriebene System Benutzer ist nicht eingeloggt.

Tabelle 4.8: Probleme beim Umgang mit write (Teil 2)

4. 3 Das Postsystem mail

Das **mail** Programm nutzen Sie,

- um einem System-Benutzer Mitteilungen in sein Postfach zu legen,
- um die für Sie eingetroffene Post zu lesen und zu bearbeiten.

Ab geht die
Post

Je nach Art des Aufrufs von **mail** sprechen Sie entweder die Sende- oder die Empfangsfunktion direkt an.

In diesem Abschnitt zeigen wir, wie Sie

- Post versenden,
- Post empfangen und
- Post bearbeiten, indem Sie
  - ➤ Mitteilungen löschen,
  - ➤ Mitteilungen beantworten und weiterreichen,
  - ➤ Post in Dateien speichern
- Shell Kommandos aus **mail** aufrufen,
- **mail** verlassen
- Dateien als Post versenden.

Möchten Sie Dateien an Benutzer anderer Rechner versenden, die von Ihrem System aus erreichbar sind, dann lesen Sie in Kapitel 8, wie Sie mit einem Kommunikationsprogramm Texte und Dateien an andere Systeme versenden.

4. 3 .1 Post senden

Zunächst zur Sendefunktion des **mail** Programms: Der Aufruf des Postsystems zum Versenden von Mitteilungen an einen oder mehrere SCO UNIX Benutzer hat folgendes Kommando-Format:

> **mail *benutzername***   Format

Probieren Sie zunächst, sich selbst Mitteilungen zu senden. Setzen   Datenreise
sie hierzu an die Position *»benutzername«* Ihre eigene Benutzer-
Kennung:

```
% mail claudia
Subject: _
```

Bild 4.29: mail - Adressieren eines Briefes

Zunächst fragt **mail** nach dem Thema (engl.: subject), auf das sich Ihre Nachricht bezieht.

Bestätigen Sie nach der Eingabe des Themas mit der (Eingabe) - Taste. Anschließend können Sie Ihre Mitteilung eintasten:

```
% mail claudia
Subject: Test des mail Programms
Diese Zeilen sind ein erster Test des SCO UNIX
Postsystems mail. Diese Nachricht ist an mich
gerichtet. Sie erscheint nach Abschluß der
Texteingabe in meinem Postfach.
◄──────────────────────────────── STRG+d
(end of message)                                   drücken
```

Bild 4.30: mail - Schreiben eines Briefes

Sie beenden die Mitteilung mit der Tastenkombination (STRG) + (d) . Denken Sie daran, daß Sie diesen Steuercode in einer neuen Zeile eingeben und nicht unmittelbar hinter die letzte Textzeile hängen können.

Der Text wird im Anschluß an dieses Signal an das Postfach des Empfängers, in diesem Fall also an Sie, versandt.

4. 3 .2 Post empfangen

Das Postfach eines Benutzers ist eine gewöhnliche Datei, in der die an den Benutzer gerichteten Mitteilungen aufbewahrt werden. Beim Anmelden am System erhalten Sie eine Mitteilung, ob neue Post in Ihrem Postfach abgelegt ist (*You have mail*) oder ob es leer ist (*No mail*).

Um sich das Postfach anzusehen, rufen Sie die **mail** Empfangsfunktion auf. Hierzu starten Sie **mail** ohne Parameter auf:

```
% mail
SCO System V Mail (version 3.2). Type ? for help
"usr/spool/mail/claudia": 2 messages:
>N 1 root     Mon Jul 26 10:05 12/372 Welcome to innocons
 N 2 claudia  Mon Jul 29 20:34 14/486 Test des mail Programms
&
```

Bild 4.31: mail - Ein erster Blick in das Postfach

Postfach-
Übersicht

Befindet sich zur Zeit keine Mitteilung im Postfach, sagt Ihnen SCO UNIX: Keine Post da (*No mail*). Andernfalls zeigt **mail** eine Übersicht (engl.: header) der im Postfach abgelegten Mitteilungen. Hierzu gehören:

- die Gesamtzahl der gehaltenen Nachrichten (hier: 2 *messages*),
- die Status-Kennzeichnung jeder Mitteilung (*N* für Neu und *U* für Ungelesen)
- die Mitteilungsnummer jeder Nachricht,
- die Benutzer-Kennung des Absenders und Absende-Zeitpunkt sowie
- das Thema der Mitteilung (die *Subject*-Zeile).

Eine Mitteilung ist durch »>« besonders gekennzeichnet. Dies ist die aktuelle Nachricht, auf die alle Befehle angewendet werden, solange Sie keine andere Mitteilungsnummer angeben.

Hinter dieser Liste steht die Schreibmarke des **mail** Programms (z.B. & oder ?), die auf Ihre Eingaben wartet.

Möchten Sie sich die Nachrichten im einzelnen ansehen, betätigen Sie die (Eingabe) -Taste, und die aktuelle Nachricht erscheint auf Ihrem Bildschirm. Betätigen Sie die (Eingabe) -Taste erneut, erscheint die nächste Mitteilung. Haben Sie alle Meldungen in Ihrem Postfach gesehen, dann bewirkt ein erneutes Betätigen der (Eingabe) -Taste die Meldung *Can't go beyond last message* (zu dt.: kann nicht über die letzte Mitteilung hinaus gehen).

Sind Sie nur an einer bestimmten Mitteilung interessiert, können Sie diese direkt ansprechen. Tasten Sie einfach die laufende Nummer ein, die **mail** jeder Mitteilung zuordnet.

Mitteilungen gezielt aufrufen

Also z.B. **1**, um sich die *Welcome to SCO UNIX*-Mitteilung anzusehen, die jeder neu eingerichtete SCO UNIX-Benutzer vom System erhält:

Datenreise

```
Message 1:
From root Mon Jul26 10:05:35 1990
From: root@innocons.UUCP (Superuser)
X-Mailer: SCO System V Mail (version 3.2)
To: fritz
Subject: Welcome to innocons
Date: Mon, 26 Jul 90 17:05:30 GMT
Message-ID: 9007261005.aa00139@innocons.UUCP
Status: RO


    Welcome to SCO System V/386!


Your login shell is c-shell, please contact the
system Accounts Administrator if you wish this
changed.
&
```

Bild 4.32: Anzeigen der SCO UNIX-Begrüßungsnachricht

Nutzen Sie nun das **p** Kommando (aus engl.: print) zusammen mit einem Benutzernamen, um sich nacheinander alle Mitteilungen von diesem Benutzer anzusehen. Das folgende Beispiel (Bild 4.33) zeigt Ihnen alle Nachrichten des Systemverwalters:

```
& p root
```

Bild 4.33: Anzeigen aller Nachrichten mit Absender root

Aufrufen der
Postfach-
Übersicht

Haben Sie bei einer größeren Zahl von Mitteilungen die Numerierung nicht mehr in Erinnerung, fordern Sie mit **h** die Postfach-Übersicht erneut an.

4. 3 .3 Post bearbeiten

Nachdem Sie das Postfach lesen können, lernen Sie nun die wichtigsten Befehle zum Bearbeiten Ihrer Post kennen.

Lernziele

Das regelmäßige Bearbeiten der gespeicherten Post ist notwendig, damit Sie die Zahl der Mitteilungen überschaubar halten. Darum erfahren Sie, wie Sie

- Mitteilungen löschen,
- auf Mitteilungen antworten,
- Nachrichten weiterreichen,
- Post in Dateien speichern

Mitteilungen löschen

Haben Sie eine Mitteilung zur Kenntnis genommen und ggf. bearbeitet, sollte Sie aus Ihrem Postfach entfernt werden. Ansonsten wächst schnell ein Berg nicht mehr überschaubarer Information heran.

Nicht mehr benötigte Mitteilungen löschen Sie mit dem **d** Kommando (aus engl delete - löschen). Geben Sie ⓓ ohne Parameter ein, wird die aktuelle Mitteilung gelöscht. Die aktuelle Mitteilung ist in der Postfach-Übersicht mit »>« gekennzeichnet. Möchten Sie andere Briefe entfernen, setzen Sie hinter **d** die entsprechende(n) Mitteilungsnummer(n). Alle Mitteilungen, die von einem bestimmten Benutzer kommen, löschen Sie durch Anfügen der Benutzer-Kennung hinter den **d** Befehl.

Gelöschte
Mitteilungen
zurückholen

Gelöschte Mitteilungen können Sie mit dem **u** Kommando (aus engl.: undelete - Löschen rückgängig machen) und der entsprechenden Mitteilungsnummer an die Oberfläche zurückholen. Bitte beachten Sie, daß dies nur innerhalb einer **mail**-Benutzung möglich ist. Mitteilungen, die Sie in zurückliegenden **mail**-Sitzungen gelöscht haben, sind verloren.

Mitteilungen beantworten und weiterreichen

Nutzen Sie nun die Möglichkeit, dem Absender einer Mitteilung direkt zu antworten. Tasten Sie hierzu das **r** Kommando (aus engl.: reply - antworten) ein, gefolgt von der Nummer der Mitteilung, auf die sie antworten wollen. Das Thema Ihrer Antwort (*Subject*-Zeile) wird von der Ausgangsnachricht übernommen.
beantworten

Eine an Sie gerichtete Nachricht kann auch an einen oder mehrere Benutzer weitergereicht werden. Das passende Kommando hierzu heißt **f** (für engl.: forward - vorwärts):
weiterreichen

```
& f birgit
&
```
Datenreise

Bild 4.34: Weiterreichen der aktuellen Nachricht an Birgit

Im Bild 4.34 wird die aktuelle Mitteilung an die System-Benutzerin Birgit weitergeleitet. Setzen Sie zwischen den Befehl und die Benutzer-Kennung die Mitteilungsnummer, wenn Sie eine andere als die aktuelle Nachricht weiterreichen.

Post in Dateien speichern

Wichtige Nachrichten werden Sie in Dateien speichern, um später auf sie zurückgreifen zu können.

Sie sollten sich hierzu unter Ihrem Login-Verzeichnis ein Unterverzeichnis namens *post* einrichten (das Erzeugen von Unterverzeichnissen wird in Kapitel 5 erklärt). Dieses Verzeichnis kann alle Ihre gespeicherten Briefe aufnehmen, so daß das Wiederfinden „alter" Briefe einfacher wird.

mail stellt Ihnen zwei Befehle zur Verfügung, um Mitteilungen in Dateien zu schreiben:
Post
aufheben

- Mit **s** (aus engl.: save - sichern) speichern Sie den Brief samt Briefkopf (Absender, Thema usw.).

- Mit **w** (aus engl.: write - schreiben) wird der Brief ohne Briefkopf abgelegt.

Hinter beide Befehle können Sie zunächst die Mitteilungsnummer(n) setzen, gefolgt vom Namen der Datei, die die Post aufnehmen soll. Besteht diese Datei, wird die Post ans Ende der Datei angefügt. Gibt es keine Datei unter diesem Namen, wird sie erzeugt.

Jede gespeicherte Mitteilung wird in der Postfach-Übersicht mit »*« gekennzeichnet. Beim Verlassen des mail Programms werden diese im Regelfall gelöscht.

4. 3 .4 Shell Kommandos aus mail aufrufen

Sowohl aus dem Empfangs- wie aus dem Sendemodus von **mail** können Sie UNIX Shell-Kommandos aufrufen, ohne **mail** zu verlassen. Aus der Empfangsfunktion heraus setzen Sie vor das Shell Kommando ein »!«-Zeichen . Möchten Sie aus der Sendefunktion Shell-Kommandos starten, muß »~!« dem Kommando vorangestellt werden. Der Text der Mitteilung wird durch die Ausgabe des Befehls nicht verändert.

4. 3 .5 Mail verlassen

Und Tschüß! Haben Sie alle Mitteilungen gelesen und bearbeitet, möchten Sie **mail** verlassen.

Jetzt haben Sie die Wahl zwischen

- **x** (aus engl.: exit) oder
- **q** (aus engl.: quit).

Wählen Sie **x**, verlassen Sie das Postfach in dem Zustand, in dem es geöffnet wurde. D.h. das Löschen von Mitteilungen tritt nicht in Kraft. Bei **q** hingegen werden die gelöschten Briefe endgültig entfernt und die verbleibenden Mitteilungen in Ihrem Postfach oder in einer speziellen Postfach-Datei im Login-Verzeichnis (*mbox*) aufbewahrt.

4. 3 .6 Dateien als Post versenden

Das *mail* Programm kann seine Eingabe auch aus bereits erstellten Dateien erhalten und diese an andere Benutzer versenden.

So können Sie mit einem Textverarbeitungs-Programm eine Mitteilung erstellen und die so erstellte Datei an **mail** weiterreichen. Auf diesem Weg umgehen Sie die unbequeme Editor-Umgebung des **mail** Programms. Dies funktioniert über die im Abschnitt 4.2 vorgestellte Eingabe-Umlenkung. Um dem Systemverwalter einen Brief aus der Datei *brief1* im Login-Verzeichnis zu senden, ruft Claudia den Befehl **mail root < /usr/claudia/brief1** auf:

Datei über Eingabe-Umlenkung öffnen

```
% mail root < /usr/claudia/brief1
%
```

Bild 4.35: mail - Senden einer Datei an den Systemverwalter

Sie können auch in diesem Kommando-Format mehrere Benutzer als Empfänger der *brief1* Datei angeben.

4. 4 Taschenrechner - bc

Mit dem **bc** Programm steht Ihnen ein dialogorientierter Taschenrechner unter SCO UNIX zur Verfügung.

Adam Riese

Wir zeigen Ihnen in diesem Abschnitt grundlegende Operationen, die Sie mit dem umfangreichen **bc** Programm durchführen können.

Die Kommandozeilen im Taschenrechner haben Ähnlichkeit mit der Syntax der Programmiersprache C. Wenn Sie mit C vertraut sind, wird Ihnen das Arbeiten mit diesem Programm leicht fallen.

Sie starten den Taschenrechner durch Eintasten des **bc** Kommandos:

Start und Ende

```
% bc
_
```

Bild 4.36 Starten des Taschenrechners

Haben Sie die gewünschten Werte berechnet, verlassen Sie **bc**, indem Sie auf einer neuen Zeile das Kommando **quit** eingeben oder die Tastenkombination (STRG) + (d) betätigen.

4. 4 .1   Einfache Rechenoperationen

Nachdem Sie den Taschenrechner aktiviert haben, können Sie Rechenoperationen durchführen lassen. Addieren Sie zunächst zwei ganzzahlige Werte:

```
1038+745
1783

—
```

Bild 4.37 bc - Addition zweier Zahlen

bc gibt unmittelbar nach Betätigen der (Eingabe) -Taste das Ergebnis in der nächsten Zeile aus.

Auf unserer Datenreise führen wir nun weitere Berechnungen auf der Basis der Grundrechenarten durch:

Subtraktion
Multiplikation
Division

```
500.384-3247.6
-2747.216
3246*8
25968
329/6.15
53
```

Bild 4.38 bc - einfache Berechnungen

Natürlich können Sie auch Potenz- und Modulo-Berechnungen durchführen:

Potenz
Modulo

```
5^3
125
8%3
2
```

Bild 4.39 bc - Potenz- und Modulo-Berechnungen

Einem Term können Sie Vorzeichen voranstellen:

```
18+-3
15
```

Bild 4.40 bc - term mit Vorzeichen

In diesem Beispiel wird der Wert -3 auf 18 addiert.

In komplexeren Ausdrücken können Sie Klammerungen benutzen, um die Berechnung der Werte in Klammern vor denen außerhalb vorzuziehen. Sehen Sie sich hierzu Bild 4.41 an:

```
3+2*4
11
(3+2)*4
20
```

Bild 4.41 bc - Klammern von Ausdrücken

Die Rangfolge der Operatoren ohne Klammerung ist

$$^\wedge \ , \ * \ , \ / \ , \ \% \ , \ + \ , \ -$$

Durch Klammern können Sie die Reihenfolge der Anwendung der Operatoren beeinflussen.

Sie können im **bc** alphabetischen Variablen (von a bis z) Werte zuweisen und sich später auf diese Variablen beziehen:

```
a=250 ; b=3.7
_
```

Bild 4.42 bc - Variable mit Werten belegen

Das Semikolon trennt **bc** Kommandos auf einer Kommandozeile voneinander. Sie erhalten keine Ausgabe, da es sich hierbei um Zuweisungen, nicht um Berechnungen, handelt.

Die so gesetzten Variablen können Sie danach in Berechnungen
verwenden:

```
a+b
253.7
a*(b+3)
1675.0
```

Bild 4.43 bc - Verwendung von Variablen in Berechnungen

Über das ».« Sonderzeichen können Sie sich auf den Wert der
zuletzt ausgeführten Berechnung beziehen:

```
.
1675.0
.*20
33500.0
```

Bild 4.44 bc - Bezugnehmen auf das letzte Berechnungsergebnis

Nach der Rechnung .*20 ist im Speicher der neue Wert 33500.0
abgelegt.

Mit den in diesem Abschnitt vorgestellten Anweisungen können
Sie einfache Berechnungen mit dem bc durchführen.

1 Zu Anfang
2 SCO UNIX Merkmale
3 Erste Schritte
4 SCO UNIX Dienstleistungen
5 Dateien und Verzeichnisse
6 Ordnen und Aufbewahren von Informationen
7 Auf der Benutzeroberfläche
8 Kommunikations-anwendungen
9 Büroanwendungen
10 Einstieg in die Shell-Programmierung
11 SCO UNIX Werkzeuge
12 Daten sichern
13 DOS und UNIX
14 Systemverwaltung
Anhang

Dateien und Verzeichnisse

5. Dateien und Verzeichnisse

In diesem Kapitel werden Sie Verzeichnisse und Dateien unter UNIX handhaben lernen. Bei der Arbeit mit UNIX gehen Sie ständig mit Dateien und Verzeichnissen um. SCO Shell-Benutzer arbeiten in diesem Kapitel im »**Manager**«-Menü, C Shell-Benutzer mit Verzeichnis- und Dateibefehlen.

Die folgenden Abschnitte beschreiben

- was ein Dateisystem ist,

- was Dateien und Verzeichnisse sind,

- wie Sie sich im Dateisystem orientieren und bewegen,

- wie Sie Verzeichniseinträge auflisten,

- welche Dateitypen es gibt,

- wie Sie Unterverzeichnisse einrichten und entfernen,

- was die Zugriffs-Berechtigungen im Dateisystem sind,

- wie Sie die Zugriffs-Berechtigungen für Ihre Dateien setzen,

- wie Dateiinhalte klassifiziert werden können,

- wie Dateiinhalte angezeigt werden und

- auf welchem Weg Sie Textstellen in Dateien auffinden.

5.1 Das Dateisystem

Das Betriebssystem SCO UNIX hat ein baumförmig geordnetes Dateisystem, in dem Dateien abgelegt werden können. Ein solches Dateisystem können Sie sich wie einen Aktenschrank in einem Büro vorstellen. Dieser Schrank besitzt viele Fächer (die Verzeichnisse). In diesen Fächern stehen Akten (z.B. Login-Verzeichnisse jedes Benutzers), die wiederum Mappen enthalten. In den Mappen sind einzelne Blätter (die Dateien) abgeheftet.

Diese Struktur entspricht einem auf den Kopf gestellten Baum (mit Wurzel - Stamm - Ästen - Blättern). Daher spricht man auch vom Verzeichnisbaum.

Der Verzeichnisbaum

Dem Benutzer stellt sich der Verzeichnisbaum so dar: Die Wurzel (engl.: root, Symbol: /) ist das oberste Verzeichnis. Von hier aus verzweigen alle Unterverzeichnisse. In diesen Unterverzeichnissen können weitere Verzeichnisse eingetragen sein usw. In jedem Verzeichnis können auch Dateien eingetragen sein. So entstehen die einzelnen Ebenen im Dateisystem wie im Bild 5.1:

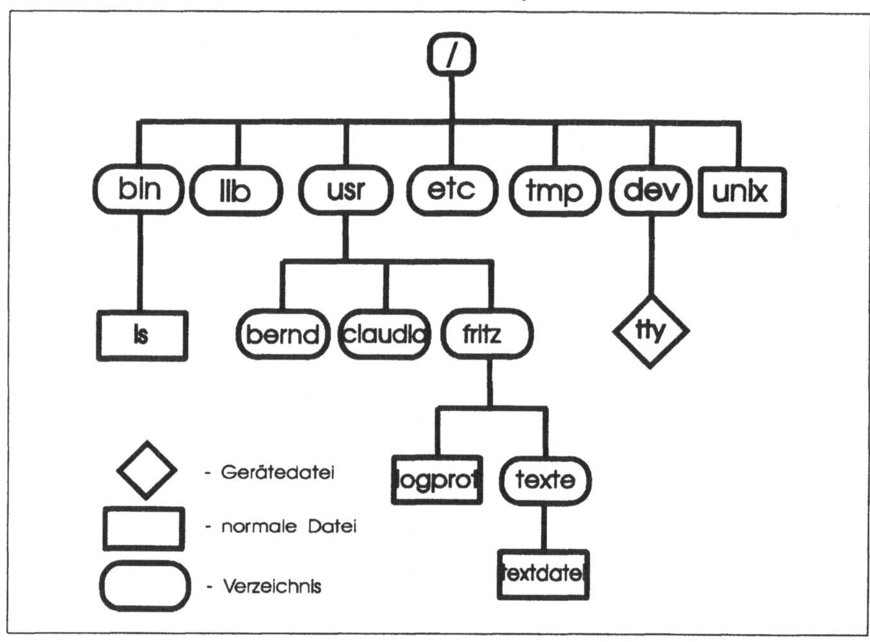

Bild 5.1: Schematischer Aufbau des SCO UNIX Dateisystems

Ein
Baum

Auch wenn Sie mehrere Festplatten in Ihrem SCO UNIX-System installiert haben, finden Sie nur einen Verzeichnisbaum. Mehrere Dateisysteme kann UNIX miteinander verknüpfen. Jedes Gerät (z.B. Diskettenlaufwerk, Drucker oder Modem) Ihres Systems ist durch eine oder mehrere Dateien ins Dateisystem eingebunden. Somit entfallen auch die Laufwerksbezeichnungen, die DOS-Benutzern vertraut sind. Diese Art von Dateien, die Gerätedateien, beschreiben wir im Abschnitt 5.6 - Dateitypen.

5. 1 .1 Pfad und Pfadname

Möchten Sie auf eine Datei oder ein Verzeichnis im Dateisystem
zugreifen, geben Sie den Weg durch den Verzeichnisbaum bis zu
dieser Datei an. Diesen Weg bezeichnet man als **Pfad**. Die Folge
von Verzeichnisnamen (getrennt duch Schrägstriche) bis zur Datei einschließlich des Dateinamens heißt **Pfadname**. Pfadnamen
können je anch Bezugspunkt

- relativ oder
- komplett

angegeben werden. Ein **kompletter Pfadname** beschreibt den   Gesichtspunkt
Pfad zu einer Datei oder zu einem Verzeichnis ausgehend vom
Wurzelverzeichnis »/«. **Relative Pfadnamen** geben den Weg zu
einer Datei oder zu einem Verzeichnis, ausgehend vom aktuellen
Arbeitsverzeichnis an.

In den folgenden Abschnitten lernen Sie den Umgang mit kompletten und relativen Pfadnamen kennen.

5. 1 .2 Standard-Verzeichnisse

Wir möchten Ihnen im Überblick die Verzeichnisse vorstellen, die
standardmäßig nach der Installation unterhalb des Wurzelver-
zeichnisses »/« eingetragen sind. Da Sie sich in den folgenden
Abschnitten im Dateisystem bewegen und sich Verzeichniseinträge anzeigen lassen, sollten Sie die Standard-Verzeichnisse und
-Dateien kennen:

/unix	• Datei, enthält den Betriebssystem-Kern
/boot	• Datei, lädt nach dem System-Start den Be- triebssystem-Kern

Die übrigen Einträge in / sind Verzeichnisse:

/bin	• enthält die wichtigsten Kommandodateien des Systems, die zum großen Teil allen Benutzern zugänglich sind
	• den überwiegenden Teil aller Kommandos, mit denen Sie arbeiten, finden Sie hier als aus- führbare Programmdateien eingetragen

/etc   • enthält die wichtigsten Programme und Informationen zur Systemverwaltung

• die hier verfügbaren Kommandos nutzt in erster Linie der Systemverwalter oder das System intern. Sie finden u.a. die Datei *passwd*, in der die Anmelde-Informationen für alle Benutzer abgelegt sind.

/tmp   • in diesem Verzeichnis werden Dateien des Systems oder einzelner Benutzer zeitweilig (temporär) abgelegt

• einige Programme nutzen dieses Verzeichnis, um Dateien während der Bearbeitung zwischenzuspeichern

/dev   • hier sind die Schnittstellen zu den „Geräten" eingetragen. Sie sehen sich dieses Verzeichnis im Abschnitt 5.6 an.

/mnt   • in diesem Verzeichnis werden (temporäre) Dateisysteme eingebunden.

/lib   • enthält Bibliotheksdateien, die vorwiegend von Programmieren genutzt werden.

/usr   • hier sind alle benutzerbezogenen Informationen abgelegt. Neben den Login-Verzeichnissen jedes Benutzers finden Sie weitere *bin*, *lib* und *tmp* Verzeichnisse eingetragen, in denen weitere Benutzer-Programme, Bibliotheken und Textdateien untergebracht sind.

• enthält auch die Verzeichnisse, die die Drukkerverwaltung und das Postsystem zum Ablegen ihrer Datenbestände nutzen.

X   Verwenden Sie auch DOS, müssen Sie sich an einen Unterschied zwischen DOS und UNIX gewöhnen: Wurzelverzeichnis und Trennsymbol zwischen Verzeichnisebenen kennzeichnet UNIX durch den Schrägstrich »/« (engl.: slash). DOS benutzt hierfür den Gegenschrägstrich »\« (engl.: backslash).

5. 2   Regeln für Dateinamen

Beim Umgang mit Pfad- und Dateinamen auf Ihrem UNIX System sollten Sie folgende Regeln berücksichtigen:

Datei- und Verzeichnisnamen

- Dateinamen können je nach Art des Dateisystems 14 oder 255 Zeichen lang sein.

- In einem Verzeichnis muß jede Datei einen eindeutigen Namen besitzen. Es ist nicht möglich, in einem Verzeichnis zwei Dateien unter gleichen Dateinamen abzulegen.

- Der Schrägstrich »/« trennt Verzeichnisebenen voneinander und kann daher nicht in Dateinamen verwendet werden. Links von einem Schrägstrich darf nur ein Verzeichnisname stehen. Auch die folgenden Zeichen sollten nicht in Dateinamen verwendet werden, da sie besondere Aufgaben auf Ihrer Benutzeroberfläche erfüllen:

  *** ? ~ ! \$; | < > ( ) { } [ ] ' ' " \ &**

- Verwenden Sie in Dateinamen keine Steuercodes. Steuercodes rufen Sie auf, indem Sie die (STRG) -Taste halten und dann ein weitere Taste betätigen. Diese Tastenkombinationen steuern Sonderfunktionen auf Ihrer Benutzeroberfläche. Bauen Sie diese (z.T. unsichtbaren) Tastenkombinationen in Ihre Dateinamen ein, haben Sie später Probleme, diese Dateien anzusprechen. Sie benötigen diese „unsauberen" Tricks aus der DOS-Welt, wie versteckte Zeichen in Dateinamen, nicht, da UNIX wirksamere Schutzvorrichtungen für Dateien besitzt (siehe Abschnitt 5.8).

- Groß- und Kleinschreibung werden voneinander unterschieden. Das bedeutet, daß *datei1* und *Datei1* verschiedene Dateinamen sind.

- Wählen Sie kurze, aber aussagekräftige Dateinamen.

Bitte beachten Sie: Verzeichnisse werden vom UNIX System wie normale Dateien behandelt (siehe Abschnitt 5.6 - Dateitypen). Daher gelten diese Regeln auch für Verzeichnisse.

DOS-Benutzer sind daran gewöhnt, Dateinamen durch einen Punkt und ein maximal drei Zeichen langes Dateikürzel (Dateinamen-Erweiterung) zu erweitern, das den Dateityp angibt. Unter UNIX ist dies in Dateinamen nicht vorgeschrieben. Wenn Sie möchten, können Sie aber auch Ihre UNIX-Dateinamen

entsprechend kennzeichnen. Wenn Sie Ihre Daten zwischen DOS- und UNIX-Umgebungen austauschen möchten, achten Sie darauf, daß DOS Dateinamen nur bis zu acht Zeichen, UNIX Dateinamen aber länger sein dürfen. Um Namenskollisionen beim Übergang zwischen UNIX- und DOS-Welt zu vermeiden, wählen Sie Ihre Dateinamen so, daß nicht mehrere Dateien in einem Verzeichnis dieselben acht Anfangsbuchstaben besitzen. In Kapitel 13 - DOS und UNIX lesen Sie, was Sie beachten müssen, wenn Sie Daten zwischen DOS und UNIX austauschen möchten.

5. 3 Anzeigen des aktuellen Verzeichnisses

Damit Sie sich im Verzeichnisbaum bewegen können, müssen Sie zunächst feststellen, in welchem Verzeichnis Sie zur Zeit arbeiten. Das Verzeichnis, in dem Sie sich gerade befinden, wird das aktuelle Arbeitsverzeichnis genannt.

Wo bin ich?

Der **pwd** Befehl gibt auf der C Shell das aktuelle Arbeitsverzeichnis aus:

```
% pwd
/usr/fritz
%
```

Bild 5.2: C Shell: Anzeigen des aktuellen Arbeitsverzeichnisses

SCO Shell-Benutzer können ihr aktuelles Arbeitsverzeichnis stets aus der Trennleiste ablesen. Die Trennleiste ist die farbverkehrt dargestellte Bildschirmzeile unterhalb der Menüleiste. In Bild 5.3 sehen Sie den Bildschirmausschnitt mit der Anzeige des aktuellen Arbeitsverzeichnisses für den Benutzer *fritz*:

```
                                                                  Manager
View Edit File Directory Archive Transfer Preferences Quit
Displays a file
/usr/fritz                                  Dienstag Oktober 28, 1992  3:0
```

Bild 5.3: SCO Shell: Anzeigen des aktuellen Arbeitsverzeichnisses

Mein Heimatkatalog

Im Pfadnamen Ihres Arbeitsverzeichnisses werden Sie (vermutlich) Ihren Login-Namen wiederfinden. Dieses Verzeichnis gehört Ihnen. Nach dem Einloggen befinden Sie sich in diesem Verzeichnis, daher auch die Bezeichnung Login-Verzeichnis. Der

Systemverwalter hat es zu Ihrem „Zuhause" (engl.: *HOME*) gemacht. Von hier aus dürfen Sie Ihren Verzeichnisbaum verzweigen und Dateien anlegen.

Bild 5.4 stellt für Fritz seine aktuelle Position im Dateisystem dar:

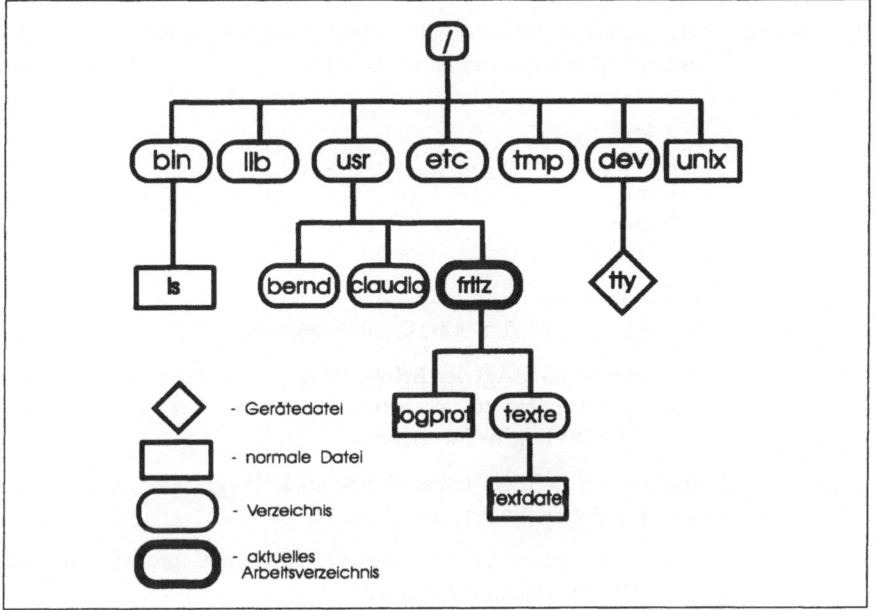

Bild 5.4: Das Dateisystem und das aktuelle Arbeitsverzeichnis

Der Pfadname */usr/fritz* besagt:

/	=	vom obersten Verzeichnis (root) aus
usr	=	in das Unterverzeichnis usr
fritz	=	in das Verzeichnis fritz

Während der erste »/« das Wurzelverzeichnis (root) angibt, trennt der Schrägstrich zwischen *usr* und *fritz* beide Verzeichnisebenen.

5. 4 Bewegen im Dateisystem

Haben Sie festgestellt, daß Sie sich nicht in Ihrem Login-Verzeichnis befinden, können Sie auf der C Shell über den Befehl **cd** dorthin zurückwechseln.

Nach Hause   Hierzu tasten Sie den auch unter DOS benutzten Befehl **cd** (engl.: change directory - wechsle das Verzeichnis) ohne Parameter ein:

```
% pwd
/bin
% cd
% pwd
/usr/fritz
%
```

Bild 5.5: C Shell: Zurück ins Login Verzeichnis

Der **pwd** Befehl zeigt den Erfolg von **cd**. Ohne Parameter benutzt, gelangen Sie mit **cd** von jedem „Ast" des Verzeichnisbaums zurück in Ihr Login-Verzeichnis.

Auf der SCO Shell stehen Ihnen zwei Wege offen, um in ein anderes Verzeichnis zu gelangen:

- Sie können den Namen des Verzeichnisses eintasten, in das Sie wechseln möchten oder

- Sie wählen das neue Arbeitsverzeichnis aus dem Dateifenster.

Zunächst wählen Sie den Hauptmenüpunkt »**Manager**«. Von diesem Untermenü können Sie alle Befehle für Dateien und Verzeichnisse aufrufen. Im Bild 5.6 sehen Sie das »**Manager**«-Menü:

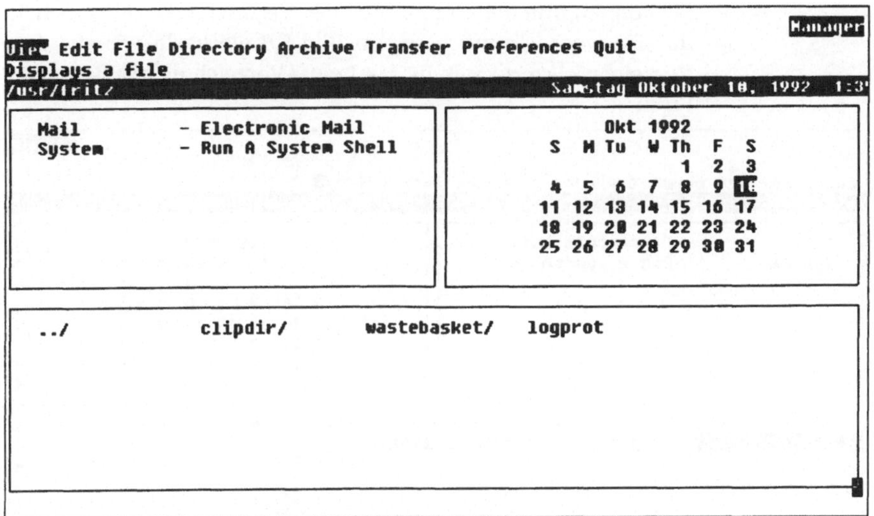

Bild 5.6: SCO Shell: Das »Manager«-Menü

Wechseln Sie anschließend ins »**Directory**«-Menü (Bild 5.7) und
starten dann den »**Change**«-Befehl.

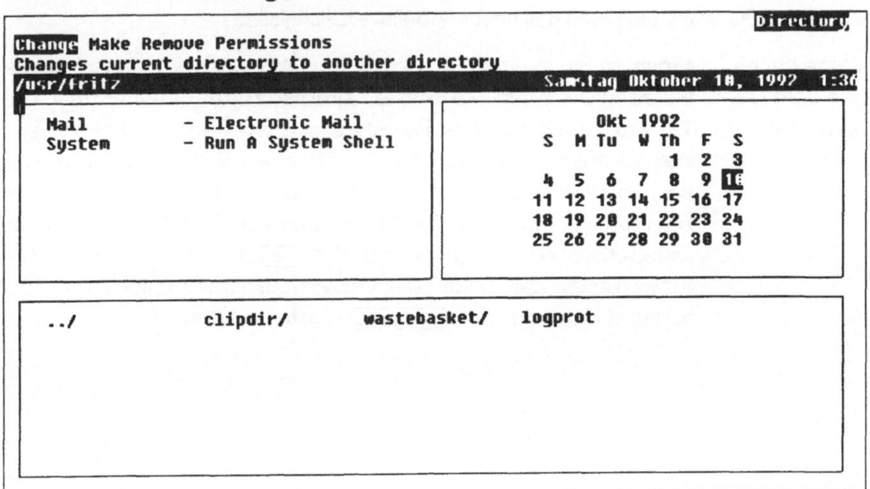

Bild 5.7: SCO Shell: Das »Directory«-Menü

Sie können nun den Pfadnamen des Verzeichnisses eingeben, in das Sie wechseln möchten. Im Bild 5.8 wechseln wir aus dem Verzeichnis *etc* zurück in das Login-Verzeichnis des Benutzers Fritz:

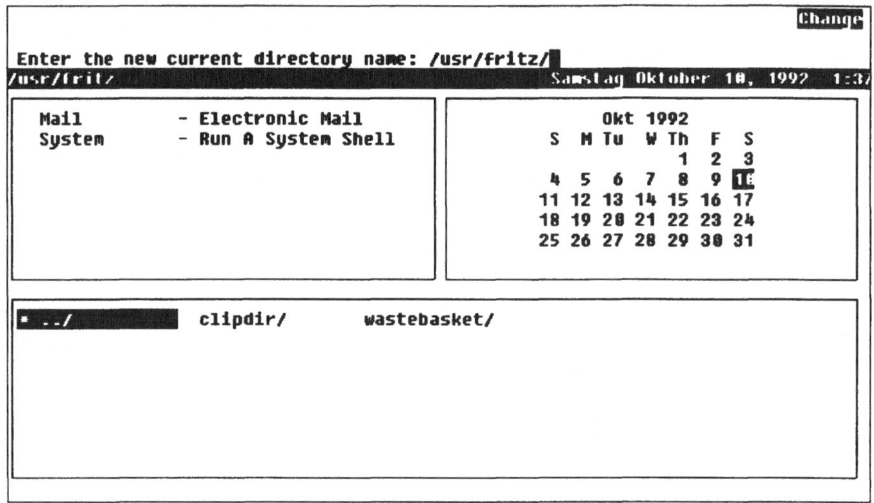

Bild 5.8: SCO Shell: Eingeben des neuen Arbeitsverzeichnisses

Verzeichnis aus dem Dateifenster wählen

Möchten Sie in ein Unterverzeichnis Ihres Arbeitsverzeichnisses wechseln, können Sie dieses, alternativ zur Eingabe über die Tastatur, auch aus dem Dateifenster auswählen. In diesem Fenster werden nach Aufruf des »**Change**«-Befehls nur noch die vorhandenen Unterverzeichnisse und das übergeordnete Verzeichnis »..« eingeblendet. Sie wählen ein Verzeichnis aus dem Dateifenster aus, indem Sie mit der ⌷Leer⌷ -Taste oder den Richtungs-Tasten den gesuchten Verzeichnisnamen markieren (Bild 5.9) und dann mit der ⌷Eingabe⌷ -Taste bestätigen.

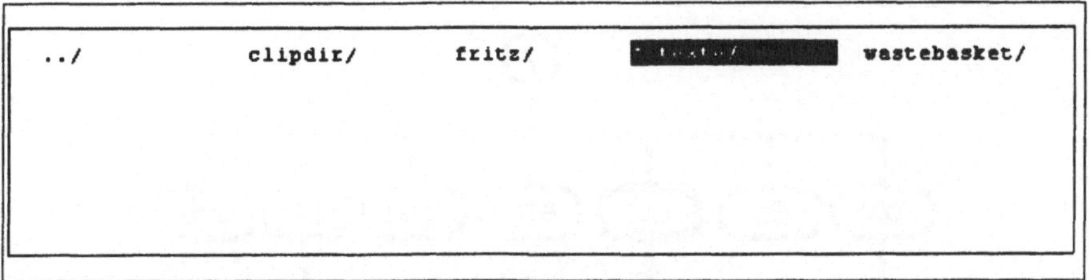

Bild 5.9: SCO Shell: Auswählen eines Unterverzeichnisses aus dem Dateifenster

Wenn Sie Ihr neues Arbeitsverzeichnis angewählt haben, kommen Sie zurück in das »**Manager**«-Menü. In der Trennleiste erscheint der Pfadname Ihres neuen aktuellen Arbeitsverzeichnisses. Im Dateifenster werden die Dateien und Verzeichnisse angezeigt, die in diesem Verzeichnis eingetragen sind.

C Shell-Benutzer verwenden das **cd** Kommando, um sich aus Ihrem Login-Verzeichnis herauszubewegen. Zunächst möchten wir ins übergeordnete Verzeichnis */usr* wechseln. Dazu tasten Sie **cd ..** ein. Die beiden Punkte sind eine Abkürzung für den Pfadnamen zum übergeordneten Verzeichnis:

Auf Wanderschaft

```
% pwd
/usr/fritz
% cd ..
% pwd
/usr
%
```

Bild 5.10: C Shell: Ins übergeordnete Verzeichnis wechseln

Bild 5.11 zeigt Ihnen die Wirkung des **cd ..** Befehls auf unsere Position im Verzeichnisbaum.

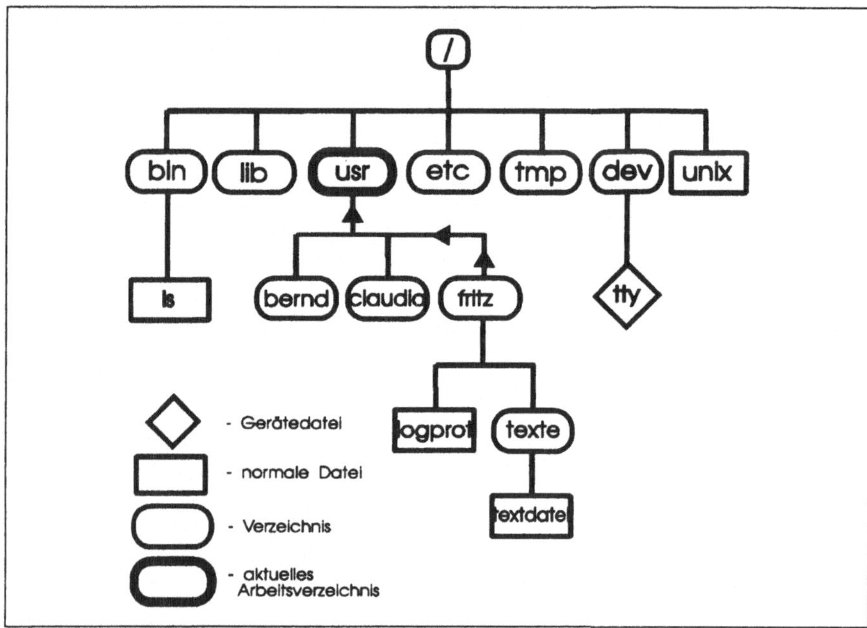

Bild 5.11: Wechseln ins übergeordnete Verzeichnis

Beachten Sie die Leerstelle zwischen **cd** und den beiden Punkten. SCO UNIX erwartet zwischen Kommandonamen und Parameter stets eine Leerstelle als Trennzeichen. Ansonsten erhalten Sie auf der C Shell:

```
% pwd
/usr/fritz
% cd..
cd..: Command not found
% pwd
/usr/fritz
%
```

Bild 5.12: C Shell: Fehler bei der Benutzung von cd

SCO UNIX sucht nach einem Befehl **cd..**, findet diesen aber nicht und informiert Sie darüber mit einer Fehlermeldung. Das **pwd** Kommando zeigt: Sie sind weiterhin in Ihrem Login-Verzeichnis.

Wurde der **cd** Befehl erfolgreich ausgeführt, so erhalten Sie unter UNIX keine Bestätigung.

Geben Sie hinter **cd** einen Verzeichnisnamen an, der nicht existiert, startet SCO UNIX eine Rechtschreibprüfung. Jeder Teil des angegebenen Pfadnamens wird mit tatsächlich vorhandenen Einträgen verglichen, um das gewünschte Verzeichnis trotz möglicher Schreibfehler zu finden.

Findet Ihre Benutzeroberfläche einen möglicherweise korrigierten Pfadnamen, werden Sie gefragt, ob Sie in dieses Verzeichnis wechseln möchten. Antworten Sie mit **n**, wechseln Sie nicht. Jede andere Eingabe bedeutet »ja«.

Die Abkürzung »..« können Sie auch auf SCO Shell nach dem Aufruf des »**Change**« Auswahlpunktes eintasten (Bild 5.13), um ins übergeordnete Verzeichnis zu kommen. Als Alternative zur Tastatureingabe können Sie in das übergeordnete Verzeichnis auch durch Anwählen der »..«-Markierung aus dem Dateifenster gelangen (Bild 5.14).

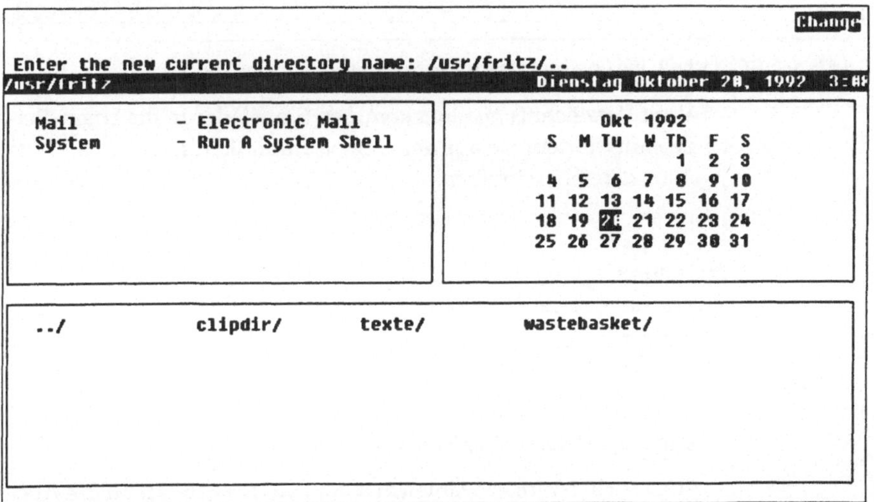

Bild 5.13: SCO Shell: Ins übergeordnete Verzeichnis wechseln

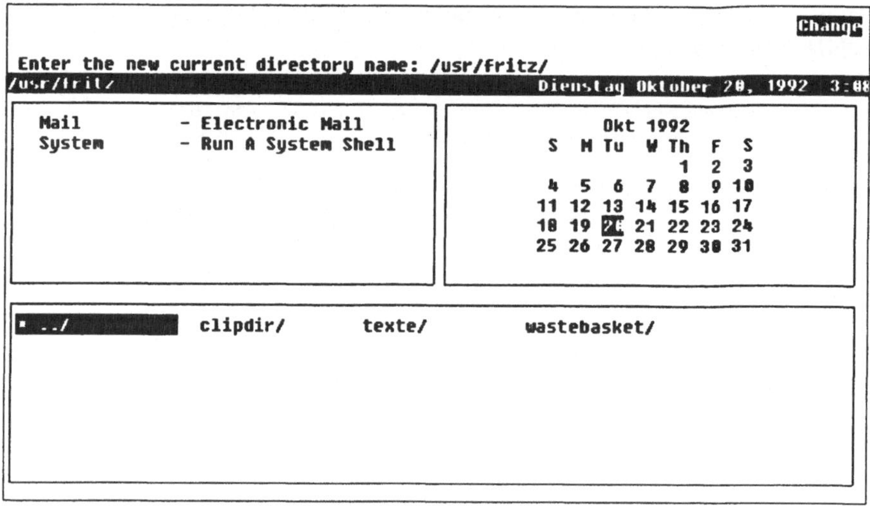

Bild 5.14: SCO Shell: Ins übergeordnete Verzeichnis wechseln, Teil 2

Vom Verzeichnis *|usr* aus kommen Sie wieder in Ihr Login-Verzeichnis, indem Sie auf der C Shell Ihren Benutzernamen hinter den **cd** Befehl schreiben:

```
% pwd
/usr
% cd fritz
% pwd
/usr/fritz
%
```

Bild 5.15: Relativer Pfadname hinter cd

SCO Shell Benutzer wählen aus dem »**Manager**«-Menü die Auswahlpunkte »**Directory**« und »**Change**« an. Anschließend können Sie aus dem Dateifenster das Unterverzeichnis *fritz* auswählen (Bild 5.16).

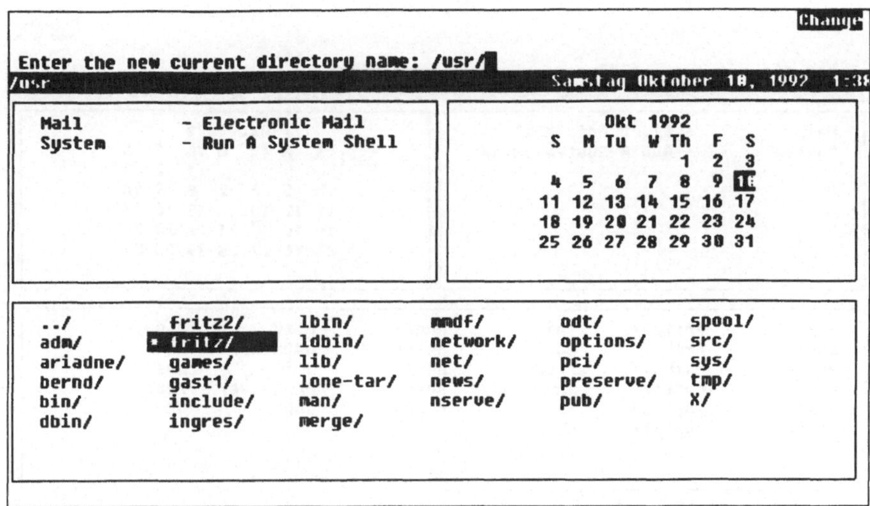

Bild 5.16: SCO Shell: Auswählen des Login-Verzeichnisses aus dem Dateifenster

Die gleichen Ergebnisse wie mit den bisher benutzten relativen Pfadnamen erhalten Sie mit **kompletten Pfadnamen,** die Sie auf der C Shell als Parameter hinter **cd** setzen oder auf der SCO Shell nach Aufruf des »**Change**«-Befehls per Tastatureingabe vervollständigen. Als Pfadname haben wir den Weg durch die Verzeichnishierarchie bis zur gewünschten Datei oder zum gewünschten Verzeichnis bezeichnet. Der komplette Pfadname beschreibt diesen Weg ausgehend vom Wurzelverzeichnis, der relative Pfadname ausgehend vom aktuellen Arbeitsverzeichnis. Die Bilder 5.17 und 5.18 zeigen Ihnen, wie Sie auf der C Shell und auf der SCO Shell in Ihr Login-Verzeichnis mittels komplettem Pfadnamen wechseln:

kompletter Pfadname

```
% cd /usr/fritz
% pwd
/usr/fritz
%
```

Bild 5.17: C Shell: Kompletter Pfadname hinter cd

```
                                                                    Change
 Enter the new current directory name: /usr/fritz
 /usr                                       Dienstag Oktober 20, 1992   3:18

   Mail          - Electronic Mail                    Okt 1992
   System        - Run A System Shell        S  M Tu  W Th  F  S
                                                         1  2  3
                                              4  5  6  7  8  9 10
                                             11 12 13 14 15 16 17
                                             18 19 20 21 22 23 24
                                             25 26 27 28 29 30 31


   ../          fritz2/      lbin/       mmdf/        odt/         spool/
   adm/         fritz/       ldbin/      network/     options/     src/
   ariadne/     games/       lib/        net/         pci/         sys/
   bernd/       gast1/       lone-tar/   news/        preserve/    tmp/
   bin/         include/     man/        nserve/      pub/         X/
   dbin/        ingres/      merge/
```

Bild 5.18: SCO Shell: Eingeben des kompletten Pfadnamens zum Login-Verzeichnis

relative
Pfadnamen

Im Unterschied hierzu haben wir auf den Bildern 5.15 und 5.16 unser Login-Verzeichnis aus dem aktuellen Arbeitsverzeichnis heraus angegeben bzw. ausgewählt. Dies bezeichnet man als Angabe des **relativen Pfadnamens**.

Die Angabe des kompletten Pfadnamens ist unabhängig vom aktuellen Arbeitsverzeichnis, da der Pfad sich immer auf das Wurzelverzeichnis »/« bezieht. Bei einem relativen Pfadnamen steht vor dem Verzeichnisnamen deshalb nie ein Schrägstrich, sondern er beginnt mit »..« oder einem Verzeichnisnamen.

Wenn Sie von Ihrem Login-Verzeichnis ins nächsthöhere Verzeichnis /usr wechseln wollen, können Sie somit anstelle von relativ **cd ..** auch absolut **cd /usr** eingeben. Relative Pfadnamen sparen Schreibarbeit, wenn Sie tief in einem Verzeichnisast arbeiten und das Verzeichnis, in das Sie wechseln möchten, nahe beim Arbeitsverzeichnis liegt.

Das folgende Beispiel auf den Bildern 5.19 und 5.20 zeigt Ihnen eine weitere Möglichkeit relative Pfadnamen auf C Shell und SCO Shell zu verwenden. Aus dem Verzeichnis /usr/fritz wechseln wir nach /usr/bernd/texte.

```
% pwd
/usr/fritz
% cd ../bernd/texte
% pwd
/usr/bernd/texte
%
```

Bild 5.19: C Shell: Weitere Parameter bei relativen Pfadnamen

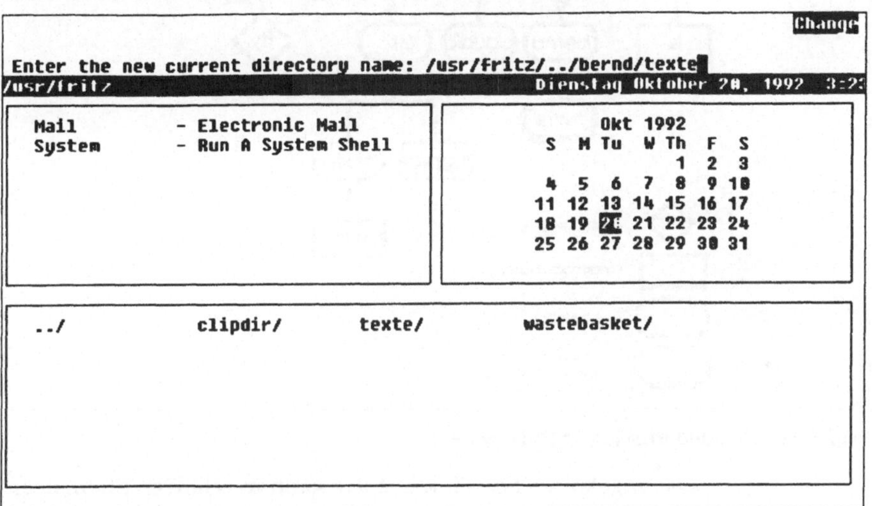

Bild 5.20: SCO Shell: Weitere Parameter bei relativen Pfadnamen

Hier setzen Sie hinter den Parameter ».. « (wechsle ins nächsthöhere Verzeichnis) die Namen weiterer Unterverzeichnisse. Das Verzeichnis **bernd** ist dabei auf der gleichen Verzeichnisebene wie Ihr Login-Verzeichnis. Sie bewegen sich also in der Verzeichnishierarchie zunächst ein Verzeichnis „aufwärts" und gehen im Anschluß daran in die Unterverzeichnisse *bernd* und *texte* „abwärts".

Diesen Wechsel Ihrer Position im Dateisystem sehen Sie auf Bild 5.21.

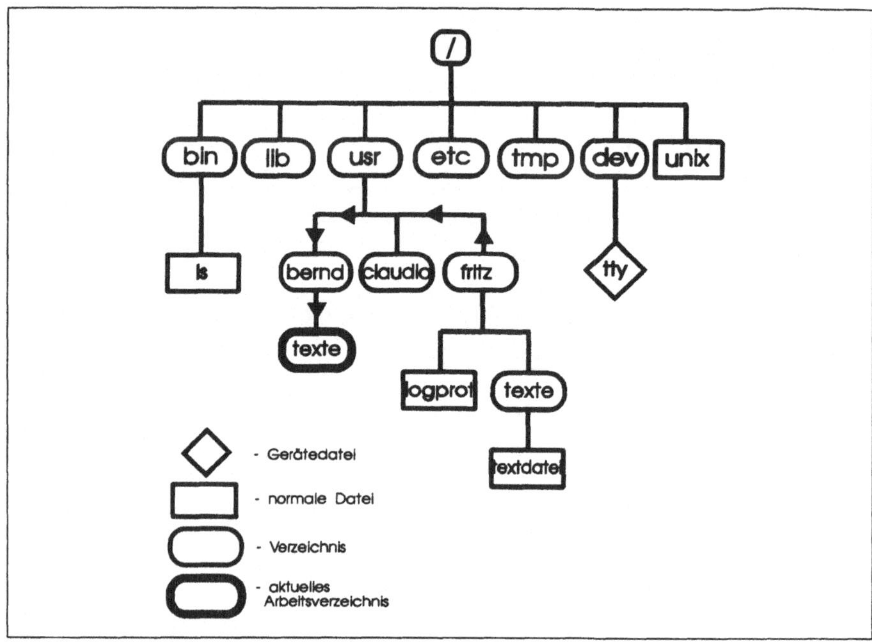

Bild 5.21: Die neue Position im Dateisystem

Die abgekürzte Schreibweise »..« kann in relativen Pfadnamen auch wiederholt werden. Aus dem Verzeichnis */usr/fritz/texte* können Sie auf der C Shell mit dem Befehl **cd ../../bernd** ins Verzeichnis */usr/bernd* wechseln. Zweimal »..« bedeutet: Gehe zunächst zwei Verzeichnisebenen aufwärts und dann ins Verzeichnis *bernd*.

Alle Pfadnamen, die wir in diesem Abschnitt als Argument des Verzeichnisbefehls **cd** nutzten, endeten mit dem Namen eines Verzeichnisses oder mit einem Kürzel für ein Verzeichnis. Wenn Sie Pfadnamen als Parameter eines Dateibefehls benutzen, ist die letzte Komponente häufig der Name einer Datei.

Im Abschnitt 7.2 - Wie arbeiten Shells? - lernen Sie weitere abgekürzte Schreibweisen für Ihr Login-Verzeichnis kennen.

Im SCO UNIX Dateisystem ist der Zugang und Zugriff zu Verzeichnissen und Dateien durch Zugriffs-Berechtigungen einschränkbar (siehe Abschnitt 5.8 - Konzept der Zugriffs-Berechtigungen). Aus diesem Grund sind, außer für den Systemver-

walter, nicht alle Verzeichnisse für Sie zugänglich. Möchten Sie
in ein Verzeichnis wechseln, für das Sie keine Zugangs-Rechte
(wie z.B. für */usr/spool/mmdf*) besitzen, sehen Sie folgende Meldung auf der C Shell:

```
% cd /usr/spool/mmdf
/usr/spool/mmdf: permission denied
%
```

Bild 5.22: C Shell: Kein Zugang zum gewählten Verzeichnis

Die SCO Shell reagiert nicht auf den Versuch, in ein Verzeichnis
zu wechseln, in das Sie nicht dürfen. Im Dateifenster bleiben die
Einträge des „alten" Arbeitsverzeichnisses stehen.

5. 5 Verzeichnisinhalte ausgeben

Bisher haben wir mit den Namen von Verzeichnissen gearbeitet.
Wichtig für Sie sind auch die Verzeichnisinhalte, also die Infor-
mation darüber, welche Dateien und Verzeichnisse im aktuellen
Verzeichnis zu finden sind.

Mit dem ls Kommando (aus engl.:list) informieren Sie sich von
der C Shell über Dateien und Verzeichnisse im aktuellen Arbeitsverzeichnis (nicht über den Inhalt der Dateien!). Das Format des
ls Befehls einschließlich der in diesem Abschnitt vorgestellten
Optionen sieht so aus:

ls [-lia] [*dateien/verzeichnis*]   Format

Probieren Sie ls in Ihrem Login-Verzeichnis. Sie erhalten folgende
Ausgabe, wenn Sie die Beispiele aus Kapitel 3 und 4 ausgeführt
haben:

```
% ls
logprot
textdatei
%
```

Bild 5.23: C Shell: Ausgabe der Einträge im aktuellen Verzeichnis

SCO Shell-Benutzer können die Einträge im Arbeitsverzeichnis im Dateifenster sehen (Bild 5.24). Die Verzeichnisse *clipdir* und *wastebasket* richtet sich die SCO Shell für ihre Arbeit ein. *clipdir* ist eine Zwischenablage für Informationen, die zwischen Programmen bewegt werden können und *wastebasket* speichert alle gelöschten Dateien, bis Sie die SCO Shell beenden.

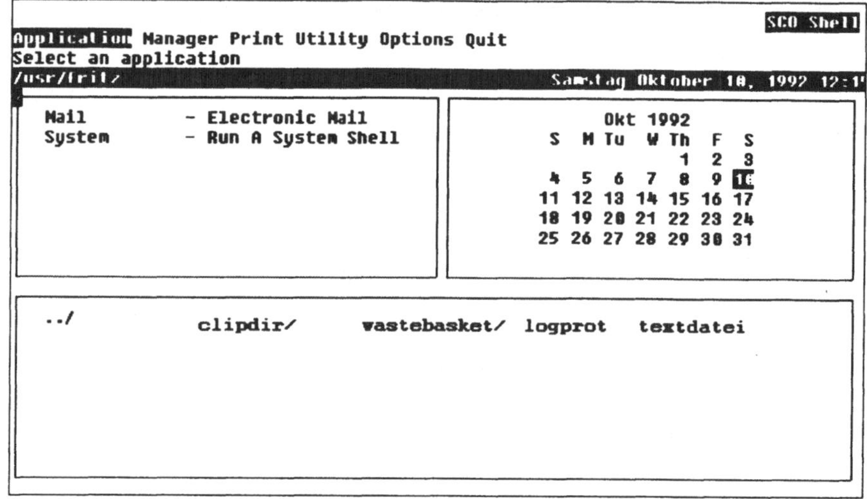

Bild 5.24: SCO Shell: Anzeige der Verzeichniseinträge im Dateifenster

Die Datei *logprot* (erzeugt durch Umlenkung des **history** Befehls in Kapitel 3) und die Datei *textdatei* (mit dem **vi** in Kapitel 4 geschrieben) erscheinen als Einträge in Ihrem Login Verzeichnis.

ls -l

Die Informationen über die Verzeichnisinhalte sind recht karg. Die folgenden Beispiele zeigen Ihnen, wie Sie auf der C Shell zusätzliche Informationen über Ihre Verzeichniseinträge erhalten. Mit der Option l (für lang) erhalten Sie ausführliche Angaben:

```
% ls -l
total 4
-rw-------  1 fritz ic  124  Jul 26  19:30  logprot
-rw-------  1 fritz ic   98  Jul 26  21:12  textdatei
%
```

Bild 5.25: Lange Ausgabe von ls

Und das bedeuten die Angaben von ls -l

Anhand der *logprot* Datei erklären wir Ihnen, welche Informationen Sie in jeder Spalte erhalten:

- *total 4* - zeigt an, wieviel »Blöcke« auf der Festplatte zum Speichern dieser Dateien benötigt werden
- *-rw--------* gibt den Dateityp und die Zugriffs-Berechtigungen auf die Datei an (siehe Abschnitt 5.8 - Konzept der Zugriffs-Berechtigung)
- *1* - die Datei ist nur unter einem Namen im Dateisystem eingetragen (siehe Abschnitt 6.1.5 - Neue Einträge zu Dateien - ln)
- *fritz* - Name des Eigentümers der Datei
- *ic* - Name der Gruppe, zu der der Eigentümer gehört
- *124* - Größe der Datei in Bytes
- *Jul 26 19:30* - Zeitpunkt des Erzeugens bzw. letzten Änderns
- *logprot* - Name der Datei

Haben Sie mehrere Verzeichniseinträge, so gibt ls diese alphabetisch sortiert aus. Der l Befehl kürzt ls -l ab und kann an dessen Stelle genutzt werden.

Neben ls -l gibt es weitere wichtige Optionen:

- ls -la - lange Ausgabe, zeigt auch „versteckte" Verzeichniseinträge wie *.cshrc* und *.login*:   **versteckte Dateien**

```
% ls -la
total 14
drwx------  2 fritz   ic   96 Jul 30 20:49 .
drwxrwxr-x 12 root  auth  192 Jul 22 17:48 ..
-rw-------  1 fritz   ic  771 Jul 01 15:45 .cshrc
-rw-------  1 fritz   ic  554 Jul 01 15:45 .login
-rw-------  1 fritz   ic   98 Jul 26 19:30 logprot
-rw-------  1 fritz   ic   98 Jul 26 21:12 textdatei
%
```

Bild 5.26: Auch versteckte Dateien auflisten

Die Datei ».« steht für Ihr aktuelles Arbeitsverzeichnis, also z.Zt. */usr/fritz*. Die »..« Datei verweist auf das in der Verzeichnishierarchie übergeordnete Verzeichnis. Die *.cshrc* und *.login* Dateien sind sogenannte „Startup"-Dateien, die beim Einloggen in die C Shell ausgeführt werden. Als Bourne Shell-Benutzer sehen Sie an dieser Stelle die *.profile* Datei. Auf der Korn Shell gibt es neben der *.profile* die Startup-Datei *.kshrc*.

ls -li

- **ls -li** - lange Ausgabe; die Inode-Nummern (eindeutige Kenn-Nummer jeder Datei) wird zuerst angezeigt

```
% ls -li
7324 -rw------- 1 fritz ic   98  Jul 26  19:30  logprot
7547 -rw------- 1 fritz ic   98  Jul 26  21:12  textdatei
%
```

Bild 5.27: Anzeigen der inode Nummern

ls -C

- **ls -C** - Ausgabe erfolgt spaltenweise:

```
% ls -C
logprot              textdatei
%
```

Bild 5.28: Verzeichniseinträge spaltenweise anzeigen

Setzen Sie hinter den **ls** Befehl einen Pfadnamen, so erhalten Sie alle Einträge in diesem Verzeichnis angezeigt. Geben Sie den Namen einer Datei als Parameter an **ls**, sehen Sie nur den Eintrag zu dieser Datei. Hier sind zwei Beispiele:

```
% ls -l /etc
total 8704
-rwx--x--x 1 bin  auth   3445  Jun 11 1990 adduser
-rw-r--r-- 1 root root      0  Sep 12 1990 advtab
.                             .
.                             .
% ls -l /etc/passwd
-rw-rw-r-- 1 bin  auth   1039  Aug 19 18:05 /etc/passwd
%
```

Bild 5.29: Parameter hinter ls -l

Sie können die Dateinamen, die Sie an **ls** übergeben, auch durch Shell Metazeichen ergänzen oder ersetzen. Diese Zeichen besitzen auf jeder Shell eine Sonderrolle, da sie ein oder mehrere andere Zeichen ersetzen, und von Ihrer Benutzeroberfläche nach bestimmten Regeln zu den passenden Dateinamen erweitert werden. Verwenden Sie diese Zeichen, können Sie Schreibarbeit bei sich ähnelnden Dateinamen sparen und Einträge auflisten, die bestimmte, gemeinsame Bedingungen erfüllen. So zeigen Sie mit dem Befehl **ls ???** alle Dateien im Verzeichnis an, die genau drei Zeichen lang sind. Jedes »?«-Zeichen steht für genau ein einzelnes, beliebiges Zeichen:

Verwenden von Metazeichen

```
% ls ???
aaa  bbb  abc
%
```

ls ???

Bild 5.30: Benutzung von Metazeichen mit ls

Eine Übersicht über die Metazeichen zur Dateinamen-Expansion finden Sie im Abschnitt 6.1.4 - Dateien kopieren - **cp**. Wie die Shell mit Metazeichen und deren Ersetzung umgeht, beschreibt Abschnitt 7.2 - Wie arbeiten Shells.

5. 6 Dateitypen

Alle Informationen (Programme, Texte, Gerätetreiber, u.a), die das UNIX System verwaltet, sind in **Dateien** (engl.: files) eingetragen.

SCO UNIX unterscheidet drei verschiedene Typen von Dateien, die auch Sie kennen sollten:

- „**normale**" Dateien (engl.: ordinary files)
- **Verzeichnisse** oder Dateikataloge (engl.: directories)
- **Gerätedateien** (engl.: special files)

„**normale**" Dateien nehmen Daten, also Programme, Kommandos, Texte (z.B. *logprot*) und ähnliches, auf. Beim Auflisten mit **ls** -l erkennen Sie normale Dateien an dem Strich »-« am Beginn der Zeile.

„normale" Dateien

Verzeichnisse **Verzeichnisse** oder Dateikataloge sind besondere Listen mit Dateinamen und dazugehörenden Verweisen auf die Speicheradressen der Festplatte. Beim Auflisten mit **ls -l** erkennen Sie Verzeichnisse am Buchstaben **d** am Zeilenbeginn.

Gerätedateien **Gerätedateien** verweisen auf physikalische Geräte wie Terminals, Diskettenlaufwerke, Drucker etc. Sie sind in das UNIX Dateisystem vollständig eingebunden und werden wie normale Dateien behandelt. Lese- oder Schreibzugriffe auf diese Dateien lösen eine Handlung des angesprochenen Gerätes (z.B. Starten des Ausdrucks bei einem Drucker) aus.

ls -l /dev Gerätedateien sind im Verzeichnis /dev zu finden. Listen Sie diese Dateien wie im Bild 5.31 mit **ls -l /dev** auf. Da die Ausgabe zu schnell über Ihren Bildschirm rollt, stoppen Sie kurzzeitig mit (STRG) + (s) und starten dann wieder mit (STRG) + (q) :

```
% ls -l /dev
total 14
cr--r----- 1 audit   audit      21,0  Jun 13 1990      auditr
crw-rw---- 1 audit   audit      21,1  Dez 14 20:58     auditw
crw-rw-rw- 3 bin     bin        52,2  Jun 13 1990      cga
crw-r--r-- 1 sysinfo sysinfo    8,0   Dez 14 20:57     clock
crw-r--r-- 1 sysinfo sysinfo    7,0   Jun 13 1990      cmos
crw-rw-rw- 3 bin     bin        52,2  Jun 13 1990      color
crw-rw-rw- 3 bin     bin        52,2  Jun 13 1990      colour
crw------- 3 bin     terminal   13,1  Dez 14 20:58     console
drwxr-xr-x 2 root    backup     864   Jun 13 1990      dsk
brw-r----- 1 sysinfo sysinfo    1,47  Jun 13 1990      d1057all
```

Bild 5.31: Das Ausschnitt aus dem Geräteverzeichnis /dev

dev-Einträge Sie finden in /dev Einträge wie:

tty • Ihr Endgerät

ttyXXX • mit zusätzlicher Endgerätenummer (an der Position 'XXX') alle übrigen Endgeräte (z.B. *tty004* oder *tty1a*) und weitere eingetragene Schnittstellen zu Endgeräten

lp • ist der Eintrag für einen Drucker

console	• die System-Konsole im Einbenutzer-Betrieb
rfd096ds15	• ein Diskettenlaufwerk, hier als 5 1/4 Zoll 1,2 MB Laufwerk
null	• der „Mülleimer". Alle Ausgaben, die Sie hier hinleiten, werden weggeworfen.

Gerätedateien werden von **ls -l** am Zeilenbeginn entweder durch **b** oder **c** als Dateityp angezeigt: Gerätedateien

- **b** - dieses Gerät liest die Daten blockweise ein (engl.: block device) z.B. Diskettenlaufwerke

- **c** - Daten werden vom Gerät zeichenweise (engl.: character oriented) gelesen und ausgegeben (z.B. Terminal)

5. 7 Verzeichnisse erzeugen und entfernen

In diesem Abschnitt lernen Sie die Befehle kennen, mit denen Sie Ihren Ast des Verzeichnisbaums verzweigen können. Hierzu müssen Sie in Ihrem Login-Verzeichnis oder in einem Verzeichnis unterhalb des Login-Verzeichnisses stehen, in dem Sie Schreib-Rechte besitzen. Mit dem **pwd** Befehl können Sie feststellen, ob Sie sich bereits in Ihrem Login-Verzeichnis befinden. Ist dies nicht der Fall, lesen Sie im Abschnitt 5.4, wie Sie in Ihr Login-Verzeichnis wechseln.

In Ihrem Verzeichnis können Sie so viele Unterverzeichnisse errichten, wie Sie benötigen. Auch Ihre Unterverzeichnisse können wiederum verzweigen. Bitte beachten Sie dabei die Übersichtlichkeit Ihres Verzeichnisastes.

Für jedes Arbeits- und Themengebiet können Sie ein eigenes   Aufräumen
Verzeichnis einrichten, um Dateien sinnvoll zu gruppieren. Ihr   ist notwendig!
Verzeichnissystem sollten Sie regelmäßig pflegen. Räumen Sie Ihren Verzeichnisast regelmäßig auf. Überprüfen Sie von Zeit zu Zeit den Aufbau der Verzweigungen und die Zuordung der Verzeichnisse zueinander. Je tiefer Sie Verzweigungen aufbauen, umso länger werden Pfadbezeichnungen. Dennoch sollten Sie

Verzeichnisnamen nicht so kurz wählen, daß sie nicht mehr selbsterklärend sind.

Kennzeichnen Sie nur kurzzeitig benötigte Dateien als temporär (zum Beispiel durch die Endung *.tmp*) und löschen Sie diese beim Arbeitsende. Dateien, die Sie nicht mehr benötigen, sollten Sie löschen, damit die Zahl der Verzeichniseinträge auf übersichtlichem Stand bleibt.

Verzeichnis einrichten

Verzeichnisse richten Sie auf der C Shell mit dem Befehl **mkdir** (engl.: make directory - erstelle Verzeichnis) ein. Hinter **mkdir** setzen Sie einen oder mehrere Unterverzeichnis-Namen:

Format

mkdir *verzeichnis(se)*

Richten Sie zur Übung zwei Verzeichnisse ein:

```
% mkdir texte probe
% ls -l
-rw------- 1 fritz ic   98  Jul 26  19:30  logprot
drwxr-xr-x 2 fritz ic   98  Jul 27  10:30  probe
-rw------- 1 fritz ic   98  Jul 26  21:12  textdatei
drwxr-xr-x 2 fritz ic   98  Jul 27  10:30  texte
%
```

Bild 5.32: C Shell: Verzeichnisse erzeugen

Ergebnis prüfen

Da **mkdir** den Erfolg nicht zurückmeldet, überprüfen wir das Ergebnis mit **ls -l**. *texte* und *probe* erscheinen als Einträge Ihres Login-Verzeichnisses. Das erste Zeichen »d« am Zeilenbeginn kennzeichnet den Dateityp Verzeichnis. Diese Verzeichnisse können Sie zum Ablegen Ihrer Textdateien nutzen.

SCO Shell Benutzer wählen im »**Manager**« Menü den Auswahlpunkt »**Directory**«. Von dieser Menüebene aus können Sie die verfügbaren Verzeichnisbefehle starten. Um ein neues Unterverzeichnis zu erzeugen, rufen Sie den »**Make**«-Befehl auf. Die SCO Shell fragt Sie nun nach dem neuen Verzeichnisnamen (Bild 5.33):

```
                                                                  Make
 Enter new directory name: /usr/fritz/probe
/usr/fritz                              Dienstag Oktober 20, 1992  3:39
```

Bild 5.33: SCO Shell: Verzeichnisse erzeugen

Nachdem Sie einen zulässigen Namen (hier: *texte*) für Ihr Unterverzeichnis eingegeben haben, gelangen Sie zurück ins »**Manager**«-Menü. Im Dateifenster sehen Sie neben den bisher vorhandenen Dateien nun auch den Eintrag des neuen Verzeichnisses:

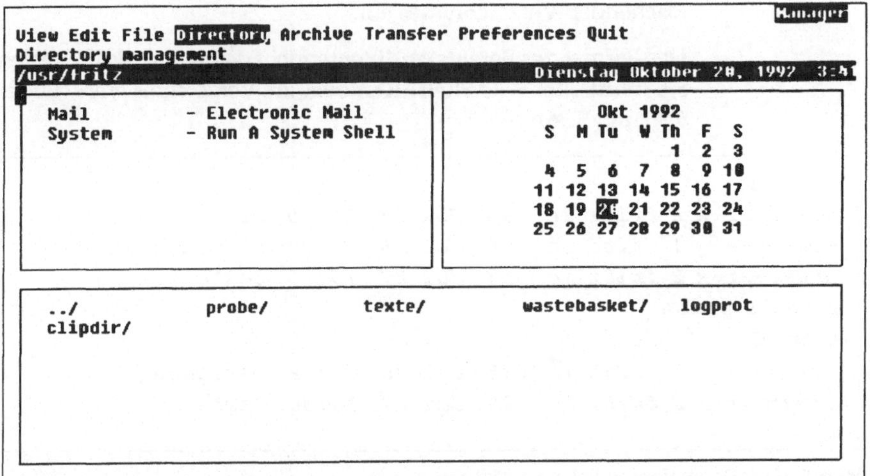

Bild 5.34: SCO Shell: Die neuen Unterverzeichnisse stehen im Dateifenster

Haben Sie Probleme beim Einrichten eines Verzeichnisses, leistet Tabelle 5.1 Hilfestellung:

Meldung	Ursache: Was tun ?
mkdir [-pe] [-m mode] dirname	Kommando falsch verwendet: Verzeichnisname an Befehl anhängen
mkdir: cannot make directory "dirname"; file exists	Angegebener Verzeichnisname existiert bereits als Dateiname: Anderen Namen wählen oder gleichnamige Datei löschen
mkdir: cannot make directory "dirname"; Permission denied	Keine Schreib-Rechte im Verzeichnis: Rechte ändern oder Verzeichnisse an anderer Stelle anlegen

Tabelle 5.1: mkdir - Probleme beim Einrichten von Verzeichnissen

Verzeichnis entfernen

Selbstverständlich können Sie überflüssige Unterverzeichnisse wieder löschen. UNIX kennt auf der C Shell den Befehl **rmdir** (engl.: remove directory). Um von der SCO Shell aus ein Verzeichnis zu entfernen, wählen Sie die Menübefehlsfolge »**Manager**« ⇒ »**Directory**« ⇒ »**Remove**« und tragen dann den Namen des zu löschenden Verzeichnisses ein.

Das Format des Befehls **rmdir** entspricht dem vom **mkdir**. Testen Sie **rmdir** oder SCO Shell »**Remove**« am Verzeichnis *probe* (Bilder 5.35 und 5.36):

```
% ls -l
drwxr-xr-x 2 fritz ic   98   Jul 27   10:30   probe
-rw------- 1 fritz ic   98   Jul 26   21:12   textdatei
drwxr-xr-x 2 fritz ic   98   Jul 27   10:30   texte
% rmdir probe
% ls -l
-rw------- 1 fritz ic   98   Jul 26   21:12   textdatei
drwxr-xr-x 2 fritz ic   98   Jul 27   10:30   texte
%
```

Bild 5.35: C Shell: Verzeichnisse entfernen

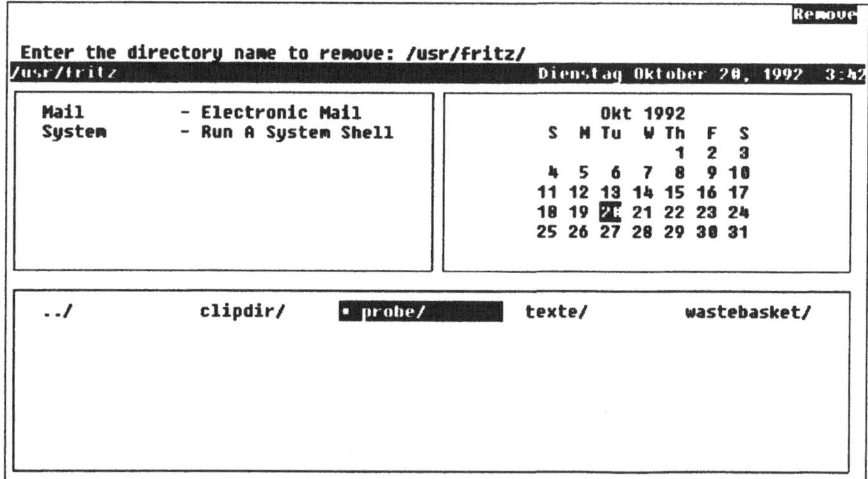

Bild 5.36: SCO Shell: Verzeichnisse entfernen

Wenn Sie keine Rückmeldung erhalten, wurde der Befehls erfolgreich ausgeführt. Bei Fehlermeldungen hilft die Tabelle 5.2:

Meldung	Ursache: Was tun ?
rmdir: usage: *rmdir [-ps] dirname*	rmdir wurde falsch benutzt: Als Parameter muß ein Verzeichnisname folgen
rmdir: dirname: *Path component* *not a directory*	Sie versuchten eine Datei *dirname* mittels rmdir zu löschen: Geben Sie hinter dem Befehl den korrekten Verzeichnisnamen an.
rmdir: dirname: Di- *rectory not empty*	Das zu löschende Verzeichnis besitzt noch Einträge: Erst diese Dateien oder Verzeichnisse löschen, dann das Verzeichnis

Tabelle 5.2: rmdir - Probleme beim Löschen von Unterverzeichnissen

Sie können auf der C Shell mit dem Dateilöschbefehl **rm** und der Option **r**
Verzeichnisse samt Inhalt löschen. Von dieser Möglichkeit sollten Sie als Benutzer keinen Gebrauch machen. Uns ist jedenfalls das Risiko zu hoch, ungewollt wichtige Dateien und Verzeichnisse zu entfernen.

5. 8 Konzept der Zugriffs-Berechtigung

UNIX ermöglicht es Ihnen, Ihre Dateien und Verzeichnisse gegenüber Mitgliedern Ihrer Gruppe, anderen System-Benutzern und
vor sich selbst gezielt zu schützen. Dieser Schutz wird durch
gezielte Zugriffs-Berechtigungen für Dateien und Verzeichnisse
erreicht. Dabei werden drei verschiedene Zugriffsarten auf Datei-
en unterschieden:

Wer darf was?

- Lesen (engl.: **read**)
- Schreiben (engl.:**write**)
- Ausführen / Zugreifen (engl.: **execute**)

Allein der Systemverwalter hat zu allen Dateien ungeachtet der
Zugriffs-Berechtigungen Zugang.

Wir zeigen Ihnen in diesem Abschnitt, wie Sie die Zugriffs-Berechtigungen für eine Datei (oder ein Verzeichnis) erkennen.
Außerdem erfahren Sie, wie Sie die Rechte Ihrer Dateien verän-

dern können. Das Abfragen und Setzen der Zugriffs-Berechtigungen auf der SCO Shell beschreiben wir in Abschnitt 5.9

Zugriffs-
Berechtigung
abfragen

Lassen Sie sich auf der C Shell über **ls -l** eine ausführliche Dateiliste Ihres aktuellen Arbeitsverzeichnisses ausgeben. Jeweils am Anfang jedes Dateieintrags können Sie die Zugriffs-Berechtigungen ablesen:

```
% ls -l
-rw-r--r-- 1 fritz ic   98  Jul 26  19:30  logprot
-rw-r--r-- 1 fritz ic   98  Jul 26  21:12  textdatei
drwxr-xr-x 2 fritz ic   32  Jul 27  10:30  texte
%
```

Bild 5.37: Zugriffs-Berechtigungen abfragen

In der ersten Spalte haben Sie sicherlich schon die Buchstaben und Striche (Minuszeichen) bemerkt. Das erste Zeichen dieser Kette kennzeichnet den Dateityp (siehe Abschnitt 5.6 - Dateitypen):

-    -   • „normale" Datei z.B. Textdatei, Programm

- **d**   • Verzeichnis

- **b**   • Gerät, das blockorientiert einliest/ausgibt

- **c**   • Gerät, Ein- /Ausgabe ist zeichenorientiert möglich

Danach folgen Einstellungen für drei Klassen von Benutzern:

Besitzer

• dem **Besitzer** (engl.: user - dt.: Benutzer) einer Datei

Gruppe

• der **Gruppe** (engl.: group) des Benutzers

Andere

• allen **übrigen** System-Benutzern (engl.: other - dt.: andere)

Jeder dieser drei Klassen kann der Benutzer gezielt

- **Lese**-Rechte (**r** = read),
- **Schreib**-Rechte (**w** = write) und
- **Ausführ**- / **Zugangs**-Rechte (**x** = execute)

geben oder verweigern.

read - write -
execute

Die ersten drei Schalter (**r w x**) geben die Zugriffs-Berechtigungen für den Eigentümer der Datei wieder. Die nächsten drei stellen

die Zugriffs-Berechtigungen für die Gruppe, und die letzten drei
Zeichen geben die Zugriffs-Berechtigungen aller übrigen System-
Benutzer wieder.

Das Ausgabeformat sieht also wie folgt aus:

Format

Besitzer	**Gruppe**	**Andere**
lesen schreiben ausf.	lesen schreiben ausf.	lesen schreiben ausführen
r w x	r w x	r w x

Ist der entsprechende Buchstabe gesetzt, ist die Zugriffs-Berechtigung vorhanden. Fehlt er, ist das Lese-, Schreib- oder Ausführ-
Recht für die Datei verweigert.

Auf „normale" Dateien bezogen heißt das:

bei Dateien

- Lese-Recht = Benutzer kann den Dateiinhalt anzeigen lassen
- Schreib-Recht = Benutzer kann eine Datei dieses Namens neu
  erzeugen oder bestehende verändern (edieren)
- Ausführ-Recht = Benutzer kann die ausführbare Datei starten

Auf ein Verzeichnis bezogen bedeuten Zugriffs-Berechtigungen
etwas anderes:

bei Verzeich-
nissen

- Lese-Recht = Benutzer kann die Verzeichnisinhalte (mit **ls**)
  anzeigen lassen
- Schreib-Recht = Benutzer kann in dem Verzeichnis neue Dateien erzeugen oder bestehende löschen
- Ausführ-Recht = Benutzer kann in das Verzeichnis hineinwechseln (mit **cd**)

5. 9 Zugriffs-Berechtigung ändern

Nun zeigen wir Ihnen, wie Sie die Zugriffs-Berechtigungen für
Ihre Dateien und Verzeichnisse mit der SCO Shell und der C Shell
setzen und so Ihre Dateien vor Zugriff durch andere Benutzer
oder vor sich selbst schützen.

5. 9 .1 Rechte ändern auf der SCO Shell

Wenn Sie sich die Zugriffs-Berechtigungen von der SCO Shell aus ansehen oder verändern möchten, stehen Sie vor folgender Wahl:

Rechte für das Arbeitsverzeichnis ändern

Möchten Sie die Zugriffs-Berechtigungen für Ihr aktuelles Arbeitsverzeichnis einsehen oder ändern, gehen Sie so vor:

1. Wählen Sie das »**Manager**«-Menü
2. Dort wählen Sie das »**Directory**«-Untermenü
3. Bestätigen Sie die »**Permissions**«-Option

Rechte für andere Dateien und Verzeichnisse ändern

So sehen oder ändern Sie die Zugriffs-Berechtigungen für eine beliebige Datei oder ein anderes Verzeichnis:

1. Wählen Sie das »**Manager**«-Menü.
2. Dort wählen Sie das »**File**«-Untermenü.
3. Bestätigen Sie die »**Permissions**«-Option.
4. Wählen Sie einen Eintrag aus dem Dateifenster (Bild 5.38).

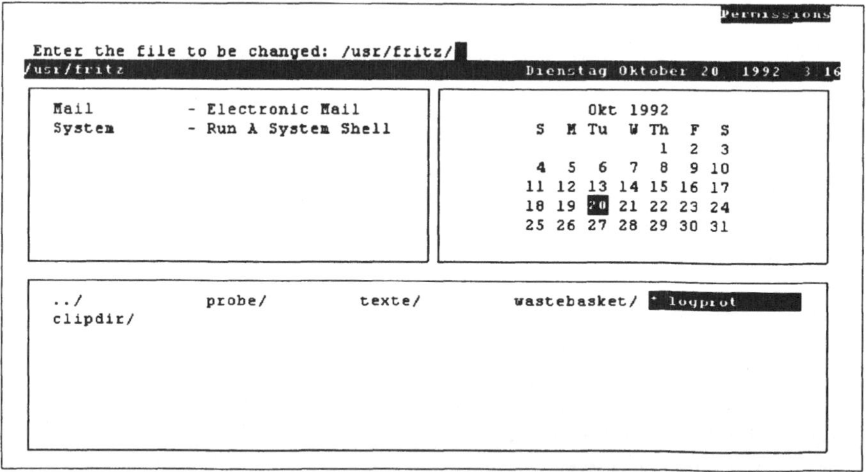

Bild 5.38: SCO Shell: Zugriffs-Berechtigung - Auswählen der Datei

In beiden Fällen öffnet sich anschließend auf Ihrem Bildschirm das »*File Permissions*«-Fenster. In diesem Fenster werden die aktuellen Zugriffs-Berechtigungen für die gewählte Datei angezeigt:

```
┌─────────── File Permissions ───────────┐
│                                         │
│  User    Read[ ]   Write[*]   Execute[ ]│
│  Group   Read[*]   Write[*]   Execute[ ]│
│  All     Read[*]   Write[ ]   Execute[ ]│
│                                         │
│  Owner: [fritz    ]                     │
│  Group: [inncons  ]                     │
│                                         │
└─────────────────────────────────────────┘
```

Bild 5.39: SCO Shell: Anzeigen der Zugriffs-
Berechtigungen

Sie erkennen zeilenweise die Zugriffs-Berechtigungen für Besitzer (*user*), Gruppe (*group*) und Andere (*all*). Ein »*«-Zeichen zeigt an, daß die entsprechende Berechtigung gesetzt ist. Zusätzlich erhalten Sie die Informationen, wer die ausgewählte Datei besitzt und welcher Gruppe der Besitzer angehört. | tabellarische Anzeige

Möchten Sie die angezeigten Rechte ändern, bewegen Sie die Markierung mit der (Eingabe)-Taste oder den Richtungs-Tasten auf das entsprechende Feld. Betätigen Sie die (Leer)-Taste, um die ausgewählte Zugriffs-Berechtigung zu setzen oder zu nehmen. Um im vorhergehenden Bild die Schreib-Rechte für die Gruppe zu entfernen, bewegen Sie die Markierung in der »**Group**«-Zeile auf das »**Write**«-Feld. In unserem Beispiel zeigt das »*«-Zeichen an, daß alle Gruppenmitglieder die Datei beschreiben dürfen. Betätigen Sie die (Leer)-Taste, verschwindet das »*«-Zeichen, und das Schreib-Recht für die Gruppe ist entfernt.

Haben Sie Ihre Änderungen durchgeführt, bewegen Sie die Markierung in das unterste Feld im Fenster (»**Group**«). Betätigen Sie dort die (Eingabe)-Taste, werden die Änderungen wirksam und Sie kommen zurück ins »**File**«-Menü.

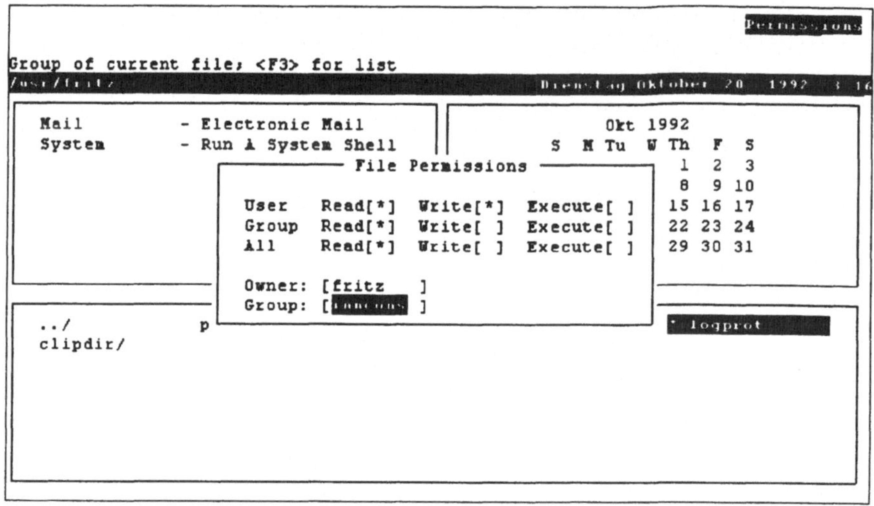

Bild 5.40: SCO Shell: Schreib-Rechte für die Gruppe entfernen

5. 9 .2 Rechte ändern auf der C Shell

symbolisch
und oktal

Zum Ändern der Zugriffs-Berechtigung nutzen Sie auf zeichen-orientierten Oberflächen den Befehl **chmod**. chmod arbeitet mit einem **symbolischen** und einem **oktalen Befehlsformat**. Wir zeigen Ihnen zunächst das symbolische und dann das oktale Befehlsformat.

Symbolisches Befehlsformat

Format

chmod [augo]+-=[rwx] dateiname(n)

Wer?

Hinter **chmod** geben Sie zunächst an, *wer* von den Änderungen betroffen ist, also:

u	• für den Besitzer der Datei (engl.: **user**)
g	• für die Gruppe des Eigentümers (engl.: **group**)
o	• für andere System-Benutzer (engl.: **other**)
a	• für alle System-Benutzer (eng.: **all**) - Eigentümer, Gruppe, Andere

Dann müssen Sie festlegen, *was* mit den Zugriffs-Berechtigungen Was?
passieren soll:

+   • für Erteilen der Berechtigung und

-          • für Entfernen der Berechtigung

=   • für Setzen der angegebenen Berechtigung(en)

Nun fehlt **chmod** noch die Angabe, *welche* Zugriffs-Berechtigung Welche?
geändert werden soll. Dies sind wie schon zuvor erwähnt:

* **r** für das Lese-Recht
* **w** für das Schreib-Recht und
* **x** für das Ausführ- bzw. Zugangs-Recht

Zuletzt übergeben Sie **chmod** die Namen der Datei(en), auf die
der Befehl angewendet werden soll.

Testen Sie dieses Wissen nun an der Datei *logprot* und am Unter- Zugriffs-Be-
verzeichnis *texte* in Ihrem Login Verzeichnis. Hierzu listen Sie alle rechtigungen
Einträge zunächst mit **ls -l** auf. Dann setzen Sie die Zugriffs-Be- neu setzen
rechtigungen so, daß die Benutzer Ihrer Gruppe und alle anderen
System-Benutzer auch Lese- und Schreib-Rechte an beiden Datei-
en haben:

```
% ls -l
-rw------- 1 fritz ic   70  Jul 26  19:30  logprot
-rw------- 1 fritz ic   98  Jul 26  21:12  textdatei
drwxr-xr-x 2 fritz ic   32  Jul 27  10:30  texte
% chmod go+rw texte logprot
% ls -l
-rw-rw-rw- 1 fritz ic   70  Jul 26  19:30  logprot
-rw------- 1 fritz ic   98  Jul 26  21:12  textdatei
drwxrwxrwx 2 fritz ic   32  Jul 27  10:30  texte
%
```

Bild 5.41: C Shell: Lese- und Schreib-Rechte für Gruppe und Andere setzen

Die Wirkung des Befehls können Sie an den Zugriffs-Berechtigun- Kein Zugriff
gen ablesen. Entziehen Sie sich jetzt selbst das Lese-Recht für
logprot und versuchen Sie dann, die Datei mit dem Kommando
cat auf dem Bildschirm anzuzeigen:

```
% chmod u-r logprot
% ls -l logprot
--w------- 1 fritz ic   70  Jul 26  19:30  logprot
% cat logprot
cat: cannot open logprot
%
```

Bild 5.42: Entziehen des Lese-Rechts und dessen Folgen

Kein Lese-Recht bedeutet also, daß Sie den Dateiinhalt nicht mehr ansehen können. Machen Sie den letzten Schritt deshalb rückgängig.

Und so schützen Sie Ihre Dateien

Privatsphäre schaffen

Setzen Sie nun die Zugriffs-Berechtigungen so, daß niemand außer Ihnen Ihre Dateien lesen und beschreiben kann. Hierzu setzen Sie an die Stelle eines Dateinamens das Shell Metazeichen »*«:

```
% chmod go-rw *
%ls -l
-rw------- 1 fritz ic   70  Jul 26  19:30  logprot
-rw------- 1 fritz ic   98  Jul 26  21:12  textdatei
drwx----- 2 fritz ic   32  Jul 27  10:30  texte
%
```

Bild 5.43: Verwendung von Metazeichen mit chmod

Ihre Shell ersetzt »*« durch alle Dateinamen im Arbeitsverzeichnis, bevor der **chmod** Befehl ausgeführt wird

 Bitte beachten Sie: Eine Datei, die Sie schreibgeschützt haben, ist nicht vollständig gegen Überschreiben oder Löschen durch bestimmte Dateibefehle (siehe Kapitel 6) geschützt. Sie schützen Ihre Dateien ganz sicher, wenn Sie auch das Schreib-Recht für das Verzeichnis, in dem Ihre Dateien stehen, entfernen. Dies geht am besten, indem Sie in das entsprechende Verzeichnis wechseln und auf der C Shell den Befehl **chmod a-w .** eintasten:

```
% cd /usr/fritz/texte
% chmod a-w .
%
```

Bild 5.44: C Shell: Schreibschutz für das Verzeichnis

Der ».« gibt Ihr aktuelles Arbeitsverzeichnis (hier: */usr/fritz/texte*)
an; »..« das übergeordnete Verzeichnis (hier: */usr/fritz*).

Oktalformat

Das Ändern von Zugriffs-Berechtigungen für alle drei Benutzer- Flink sein!
klassen erfordert im symbolischen Format mehrere Befehle. Im
Oktalformat hingegen geben Sie die Zugriffs-Berechtigungen für
alle drei Benutzerklassen durch eine Folge von drei Ziffern in
einem einzigen Befehl an. Sie sind damit noch schneller als mit
der SCO Shell.

chmod *BenutzerMode_GruppenMode_AndereMode Datei(en)*

Die erste Ziffer entspricht dem Benutzer, die zweite der Gruppe
und die dritte den Anderen.

Jede Ziffer errechnet sich aus der Summe von drei sogenannten
Oktalwerten:

- 4 für Lesen,
- 2 für Schreiben und
- 1 für Ausführen.

Die Ziffern für den jeden „Mode" können Sie leicht selbst addieren oder aus der Tabelle 5.3 entnehmen.

Zugriffs-Berechtigungen				Mode-Ziffern		
				Benutzer	Gruppe	Andere
Lesen	Schreiben	Ausführen	r w x	7	7	7
Lesen	Schreiben		r w	6	6	6
Lesen		Ausführen	r x	5	5	5
Lesen			r	4	4	4
	Schreiben	Ausführen	w x	3	3	3
	Schreiben		w	2	2	2
		Ausführen	x	1	1	1
				0	0	0

Tabelle 5.3: chmod - Zugriffsrechte im oktalen Befehlsformat

Mit **chmod 000** *datei(en)* nehmen Sie z.B. allen Benutzerklassen
alle Rechte, mit **chmod 777** *datei(en)* gewähren Sie allen Benutzerklassen alle Rechte. Sie schützen Ihre Textdateien vor Schreib-
zugriffen Ihrer Gruppe oder der Anderen mit dem Format **chmod
644** *textdatei(en)* und mit **chmod 755** *programmdatei(en)* entsprechend Ihre (ausführbaren) Programmdateien.

5.10 Dateiinhalte bestimmen

Was ist drin?

Informationen über die Art des Dateiinhalts liefert Ihnen das
Programm **file**. Dieses Programm ist nicht als SCO Shell Befehl
verfügbar. Wenn Sie das **file** Kommando von der SCO Shell aus
starten möchten, müssen Sie zuvor eine zeichenorientierte Shell
aufrufen (siehe Abschnitt 3.5.2). Die Angaben von **file** geben
Ihnen erste Informationen über den Inhalt einer Datei. Das Format des Kommandos ist einfach zu merken:

Format

    file *dateiname(n)*

Die Tabelle 5.3 zeigt Ihnen, welche wichtigen Dateiarten **file**
erkennt:

file Meldung	Dateiinhalt
English text	Text in Form englischer Worte
ascii text	Text aus ASCII Zeichen
directory	Verzeichnis
data	Daten (z.B. Zahlen)
commands text	Shell Scripts (Kommandos einer Shell-Programmiersprache)
c program text	Eine C Programm-Quelldatei
... executable	Eine ausführbare Datei in binärer Form. Ist nicht über **cat** oder **more** anzeigbar.
empty	„leere" Datei
cannot open ...	kein Lese-Recht an der Datei

Tabelle 5.4: file - einige Inhalts-Klassifikationen

Bei der Datei *logprot* erfahren Sie, daß es eine ASCII Textdatei ist:

```
% file logprot
logprot: ascii text
%
```

Bild 5.45: Inhalts-Klassifikation mit file

5. 11 Dateiinhalte anzeigen

Den **cat** Befehl der C Shell und die »**Manager**« ⇒ »**View**«-Option Reinschauen
der SCO Shell zum Anzeigen des Inhalts einer Datei haben Sie
bereits in Kapitel 3 benutzt. UNIX kennt darüber hinaus auf der
C Shell noch weitere Kommandos, um Dateiinhalte auszugeben:

*   **head** - zeigt die ersten Zeilen des Dateiinhalts
*   **tail** - zeigt die letzten Zeilen des Dateiinhalts
*   **more** - zeigt den Dateiinhalt seitenweise an

Zeigen Sie zunächst mit dem Befehl **cat** den Inhalt der Datei
textdatei auf Ihrem Bildschirm an (Bild 5.46).

```
% cat textdatei
Der vi ist eine wichtige UNIX-Dienstleistung.
Mit dem Editor können Sie einfach Texte
erstellen und bearbeiten. Eingabefehler im
Eingabemodus können Sie durch Betätigen der
[Rückschritt] Taste korrigieren. Die gleiche
Funktion wie [Rückschritt] erfüllt der
Steuercode STRG+h.
%
```

Bild 5.46: C Shell: Dateiinhalt mit cat anzeigen

Vertippt?   Wenn Sie sich bei einem der Dateinamen vertippen oder im Pfadnamen irren, meldet **cat** wie im Bild 5.47 einen Fehler:

```
% cat möchtegern
cat: cannot open möchtegern
%
```

Bild 5.47: C Shell: cat und nicht vorhandene Dateinamen

Geben Sie mit **cat** eine oder mehrere Dateien hintereinander aus, die länger als eine Bildschirmseite sind, so erkennen Sie die Anwendungsgrenzen des Befehls:

- die Bildschirminhalte rollen an Ihnen schnell vorüber,

- das Stoppen und Wiederstarten der Ausgabe mit (STRG) + (s) und (STRG) + (q) ist unbequem und ungenau,

- die Ausgabe jeder Datei schließt lückenlos an die vorhergehende an. So können Sie Inhalte nicht mehr eindeutig einer bestimmten Datei zuordnen.

Probieren Sie **cat .login logprot textdatei /etc/passwd /etc/termcap**, um die Nachteile des **cat** Befehls zu sehen.

more   Seitenweise sehen Sie Dateien mit dem Befehl **more**. Zu Beginn jeder neuen Datei sehen Sie in Kopfzeilen die Namen der ausgegebenen Dateien:

```
% more .login logprot textdatei /etc/passwd /etc/termcap
. . . . . . . . . . . . . . . .
. . . . . . . . . . . . . . . .
   .login
. . . . . . . . . . . . . . .
. . . . . . . . . . . . . . .
#
# .login      Commands text executed only by a login C Shell
.                            .
.                            .
.                            .
. . . . . . . . . . . . . . .
. . . . . . . . . . . . . . .
   logprot
. . . . . . . . . . . . . . .
. . . . . . . . . . . . . . .
   1     set history = 20
   2     id
   3     who
.                            .
.                            .
.                            .
--More--
```

Bild 5.48: Dateien anzeigen mit more

In der untersten Zeile erscheint die Statusmeldung »--*More*--«. Seitenweise
Diese Meldung sagt Ihnen, daß noch weitere Ausgabedaten folgen. Die folgende Seite rufen Sie durch Betätigen der (Leer) -Taste
ab. Sind Sie vorerst nur an der folgenden Zeile interessiert,
drücken Sie die (Eingabe) -Taste. Sie können vor der (Eingabe) -
Taste auch eine Ziffern-Taste betätigen, wenn Sie möchten, daß
entsprechend der Zahl neue Zeilen gezeigt werden sollen.

Wollen Sie nach der --*More*--Meldung, keine weiteren Dateiinhalte sichten, brechen Sie mit der (q) -Taste ab. Sie kommen dadurch
auf die Shell Ebene zurück. Stehen Sie am Ende der Ausgabe,
erscheint Ihr Shell Prompt.

Und so sehe ich Anfang oder Ende einer Datei

Dateianfang
und Dateien-
de anzeigen
head + tail

Wenn Sie nur sehen möchten, welcher Art der Dateiinhalt einer Datei ist, müssen Sie nicht die komplette Datei ausgeben. Nutzen Sie hierfür die Kommandos **head** (dt.: Kopf) oder **tail** (dt.: Schwanz) mit den entsprechenden Dateinamen. Den **head** Befehl tasten Sie ein, um sich den Anfang einer Datei anzuzeigen. Mit **tail** bringen Sie nur die letzten Zeilen der Datei auf den Bildschirm.

5. 12   Textstellen in Dateien suchen

Um eine Textstelle zu suchen, können Sie Ihre Augen anstrengen oder auf der C Shell den Befehl **grep** für Sie arbeiten lassen. **grep** findet alle Zeilen in den angegebenen Dateien, die die von Ihnen gesuchte Zeichenkette enthalten. Der Befehl liest jede Zeile ein und gibt nur diejenigen auf Ihrem Bildschirm aus, in denen das Textmuster auftritt. Das Befehlsformat sieht so aus:

Format

grep *zeichenkette* [*dateien*]

Suchen Sie die Datei *passwd* im Verzeichnis */etc* nach Ihrem Benutzernamen ab:

```
% grep fritz /etc/passwd
fritz:*:200:100:Account für UNIX Buch:/usr/fritz:/bin/csh
%
```

Bild 5.49: Suche nach Zeichenketten mit grep

/etc/passwd

In der Datei *passwd* sind für alle System-Benutzer Informationen, die vom System beim Einloggen gelesen werden, eingetragen. Die einzelnen Felder jedes Eintrags sind durch Doppelpunkte getrennt:

- Feld 1 enthält den Namen des System-Benutzers (hier: *fritz*)   noch passwd:

- Feld 2 enthielt in älteren UNIX Versionen das verschlüsselte Paßwort, jetzt erscheint nur noch ein »*«. Das Paßwort verschlüsselt SCO UNIX nun in geschützten Datenbanken.

- Feld 3 zeigt die Benutzer-Identifikationsnummer (hier: *200*)

- Feld 4 gibt die Gruppen-Identifikationsnummer des Benutzers an (hier: *100*)

- Feld 5 kann Kommentare aufnehmen, z.B. Anschrift und Telefonnummer (hier: *Account für UNIX Buch*)

- Feld 6 weist auf das Login-Verzeichnis des Benutzers hin (hier: */usr/fritz*)

- Feld 7 enthält die Start-Shell, mit der der Benutzer nach dem Anmelden arbeitet (hier: */bin/csh*)

Und so benutze ich Metazeichen mit grep

Mit **grep** können Sie Metazeichen benutzen, ähnlich wie bei der   Textmuster
Suche nach Zeichenketten im **vi** (siehe Abschnitt 4.1). Im folgenden Beispiel suchen wir mit dem Befehl **grep \^f /etc/passwd** alle Zeilen in *passwd*, die mit dem Buchstaben *f* beginnen - also alle Benutzernamen mit »f« am Anfang. Das Sonderzeichen »^« muß hierbei mit dem Gegenschrägstrich vor der Interpretation durch die Shell geschützt werden:

```
% grep \^f /etc/passwd
fritz:*:200:100:Account für UNIX Buch:/usr/fritz:/bin/csh
fridolin:*:214:50: Fridolin Frei:/usr/fridolin:/bin/ksh
%
```

Bild 5.50: grep: Metazeichen in der gesuchten Zeichenkette

Umfaßt Ihr gesuchtes Textmuster auch Leerstellen, so müssen Sie die gesamte Zeichenkette in Anführungszeichen setzen.

Dateinamen, die Sie **grep** angeben, können auch durch Shell-Metazeichen ersetzt oder ergänzt sein. Diese Sonderzeichen verwenden Sie, um eine Menge ähnlich geschriebener Dateinamen nicht einzeln aufführen zu müssen oder um Dateinamen abzukürzen. Ihre Benutzeroberfläche erweitert die angegebenen Zeichen zu allen passenden Dateinamen im Verzeichnis und gibt diese an

grep weiter. So werden im folgenden Beispiel (Bild 5.51) alle Dateien im Verzeichniss */angestellte* nach der Zeichenkette *Gehaltserhöhung* durchforscht:

```
% grep Gehaltserhöhung /angestellte/*
lohn.jan92: Schneider - Gehaltserhöhung 5%
lohn.maerz91: Klein - Gehaltserhöhung 10%
%
```

Bild 5.51: grep: Metazeichen in den zu durchsuchenden Dateien

Eine Übersicht zu allen verfügbaren Metazeichen zur Dateinamen-Expansion finden Sie im Kapitel 6.

Übungsaufgaben

a) Erstellen Sie in Ihrem Login-Verzeichnis das Unterverzeichnis *uebung*. Wechseln Sie zu *uebung* und richten Sie für jedes Kapitel dieses Buchs ein Verzeichnis ein. Verwenden Sie hierzu Shell Metazeichen.

Diese Verzeichnisse sollen Ihre Arbeitsergebnisse für diese und alle folgenden Übungen aufnehmen.

b) Bestimmen Sie die Art des Inhalts des Betriebssystem-Kerns */unix*. Hatten Sie dieses Ergebnisse erwartet?

c) Beschreiben Sie die Zugriffs-Berechtigungen der Verzeichniseinträge in diesem Verzeichnis:

```
-rw-------- 1 fritz ic   70  Jul 26  19:30  logprot
-rw-------- 1 fritz ic   98  Jul 26  21:12  textdatei
drwxr-xr-x 2 fritz ic   32  Jul 27  10:30  texte
%
```

Bild 5.52: Übung: Zugriffs-Berechtigungen ablesen

d) Wechseln Sie aus Ihrem Login-Verzeichnis zu *uebung/kapitel5* und nehmen sich selbst alle Zugriffs-Berechtigungen auf dieses Verzeichnis. Können Sie die Verzeichnisinhalte noch auflisten? Kommen Sie aus diesem Unterverzeichnis mit **cd ..** wieder heraus?

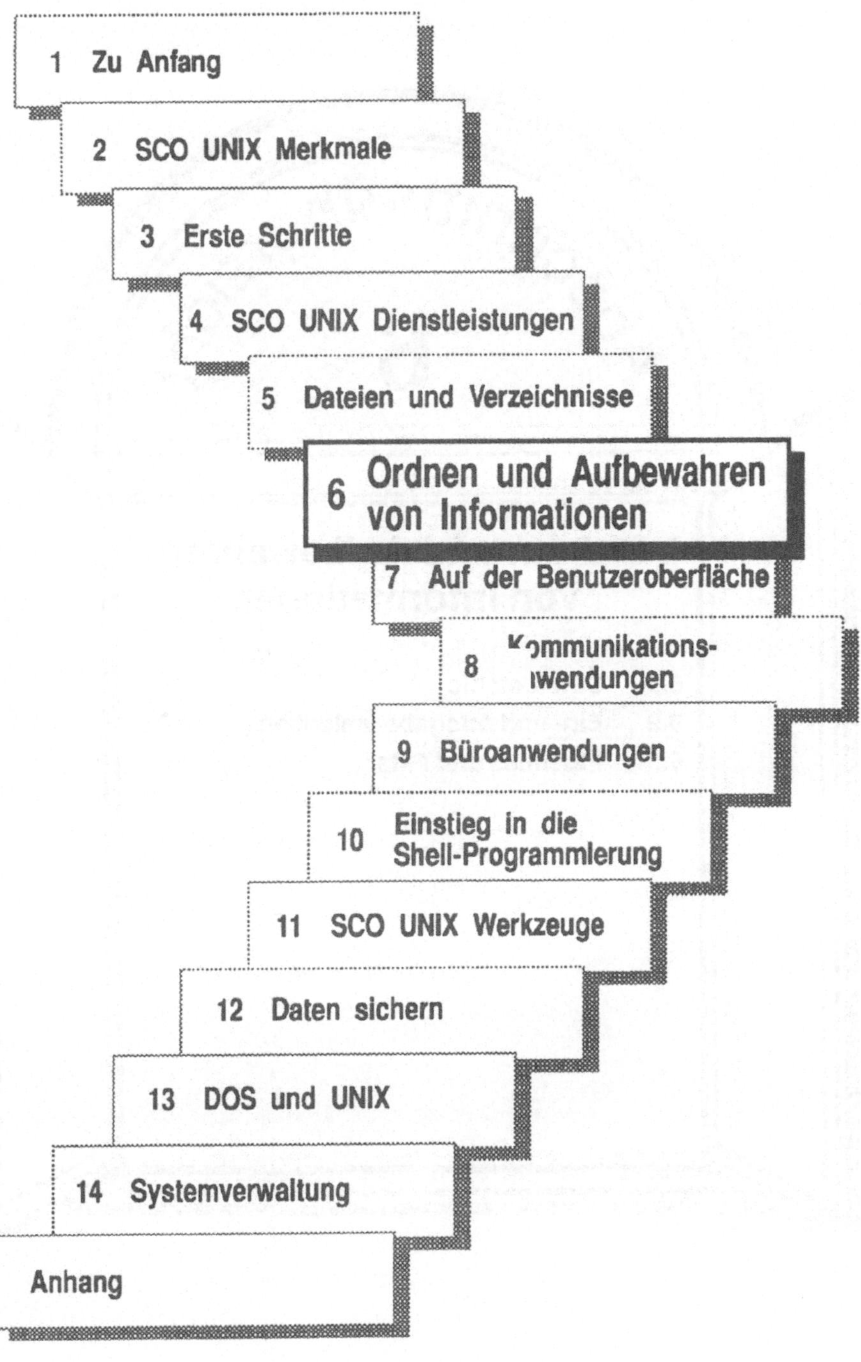

1 Zu Anfang
2 SCO UNIX Merkmale
3 Erste Schritte
4 SCO UNIX Dienstleistungen
5 Dateien und Verzeichnisse
6 Ordnen und Aufbewahren von Informationen
7 Auf der Benutzeroberfläche
8 Kommunikations- anwendungen
9 Büroanwendungen
10 Einstieg in die Shell-Programmierung
11 SCO UNIX Werkzeuge
12 Daten sichern
13 DOS und UNIX
14 Systemverwaltung
Anhang

Ordnen und Aufbewahren von Informationen

6. Ordnen und Aufbewahren von Informationen

Dieses Kapitel erweitert Ihr Wissen über Kommandos zum Organisieren Ihrer Dateien.

Im Abschnitt 6.1 Dateibefehle erfahren Sie, wie Informationen geordnet in Dateien aufbewahrt werden. Dann lernen Sie im Abschnitt 6.2 - Ein- und Ausgabe umlenken -, Dateien so zu nutzen, daß sie Ausgabedaten von Kommandos aufnehmen oder die Eingabe für Programme liefern. Einen Einblick in die Funktionsweise von Pipelines und Filter erhalten Sie im Abschnitt 6.3. Pipelines ermöglichen die Weiterleitung von Informationen zwischen Programmen. Sie nutzen Filter zur Manipulation von Eingabedaten.

Was ist wo?

6. 1 Dateibefehle

In den folgenden Abschnitten erfahren Sie, wie Sie mit Dateien arbeiten. Sie werden lernen, Ihre Informationen geordnet in Dateien aufzubewahren. Sie werden hierzu Dateien

Abschnittsüberblick

- erzeugen (Abschnitt 6.1.1)
- löschen (Abschnitt 6.1.2)
- umbenennen (Abschnitt 6.1.3)
- verschieben (Abschnitt 6.1.4)
- kopieren (Abschnitt 6.1.5) und
- neue Einträge auf bestehende Dateien erzeugen (linken) (Abschnitt 6.1.6).

In jedem Abschnitt lesen Sie zunächst, wie der Dateibefehle auf einer zeichenorientierten Oberfläche (z.B. C Shell) arbeitet und im Anschluß finden Sie die entsprechende Beschreibung für die SCO Shell, wenn der Befehl aus einem SCO Menü auswählbar ist.

6. 1 .1 Dateien erzeugen - touch

leere Dateien

Bisher haben Sie einen Editor (z.B. **vi**) oder die Ausgabe-Umlenkung eines Befehls benutzt, um eine Datei zu erzeugen. Nun lernen Sie den Befehl **touch** auf der C Shell kennen. **touch** erzeugt leere Dateien, in denen Sie Ihre Informationen ablegen können.

Das Format dieses Befehls lautet:

Format

    touch *dateiname(n)*

Erzeugen Sie mit **touch** die Dateien *datenfile1*, *datenfile2* und *datenfile3*.

6. 1 .2 Dateien löschen - rm

Was Sie erzeugen, können Sie auch wieder löschen. Sie löschen *datenfile3* auf der C Shell mit dem Löschkommando **rm** (aus engl.: remove - entfernen):

```
% rm datenfile3
%
```

Bild 6.1: Datei löschen

Mit dem Löschbefehl **rm** sollten Sie vorsichtig umgehen. Verwenden Sie sparsam Metazeichen, da ansonsten ungewollt wichtige Dateien verschwinden können. Haben Sie kein Anwendungsprogramm zum Wiederherstellen gelöschter Dateien zur Verfügung, sind gelöschte Dateien unwiederbringlich verloren.

interaktives Löschen

Wir raten Ihnen daher, den Löschbefehl mit der Option **i** zu benutzen. Dies ermöglicht Ihnen das interaktive Entfernen von Dateieinträgen. Vor dem Löschen jeder Datei wird nachgefragt, ob Sie diese wirklich löschen wollen. Antworten Sie mit **y**, wird die Datei entfernt, betätigen Sie **n**, passiert nichts.

Vorsicht beim Benutzen von Metazeichen

Das ist besonders wichtig, wenn Sie die Ersetzungs-Fähigkeiten der Shell (siehe Übersicht im Abschnitt 6.1.4) nutzen und z.B. mit dem »*«-Metazeichen Dateinamen abkürzen. Der Befehl **rm daten*** zerstört alle gespeicherten *datenfiles* im aktuellen Verzeichnis. Verwenden Sie **rm -i daten***, um die Datei **datenfile3** abzukürzen, so merken Sie noch rechtzeitig, daß das Argument *daten** mehr Dateien (auch: *datenfile1*, *datenfile2*) umfaßt als Sie dachten.

Was nun aber tun, wenn Sie eine Datei löschen möchten, die *daten** heißt? In diesem Fall müssen Sie die Sonderzeichen-Bedeutung des Jokers »*« ausschalten, um zu verhindern, daß der Ersetzungs-Vorgang das Zeichen zu allen passenden Namen erweitert. Das geht, indem Sie das Entwertungszeichen (auch Maskierungszeichen) »\« (Gegenschrägstrich) dem Sonderzeichen voranstellen.

Eine Datei namens *daten** löschen Sie mit Rückfrage so:

```
% rm -i daten\*
daten* ? y
%
```

Bild 6.2: Interaktives Löschen einer Datei mit „maskiertem" Sonderzeichen

Verwenden Sie keine Sonderzeichen in Dateinamen, um erst gar nicht in diese Gefahr zu kommen. Im Abschnitt 5.2 finden Sie wichtige Regeln für die Vergabe von Dateinamen.

Und so geht's von der SCO Shell

Möchten Sie die menüorientierte SCO Shell nutzen, um Dateien zu löschen, wählen Sie aus dem Hauptmenü die Menüpunkte »**Manager**« ⇒ »**File**«. Aus diesem Menü (Bild 6.3) wählen Sie die Dateibefehle.

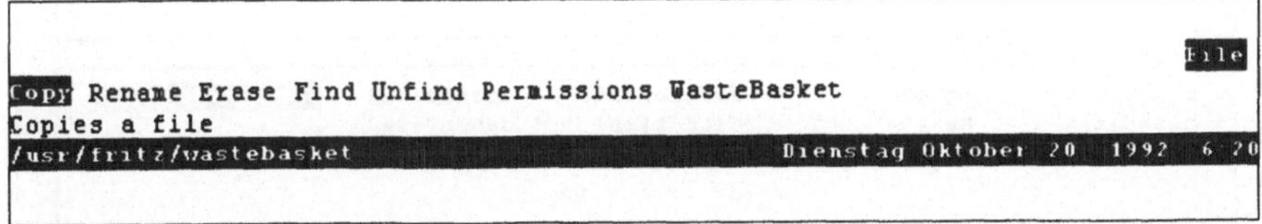

Bild 6.3: SCO Shell: Dateibefehle

Um eine Datei zu löschen, wählen Sie nun die Option »**Erase**«. Sie können zwischen Tippen und Markieren wählen:

- Sie tasten den Namen der zu löschenden Datei direkt ein. Ihre Eingabe erscheint über der Trennleiste (Bild 6.4).

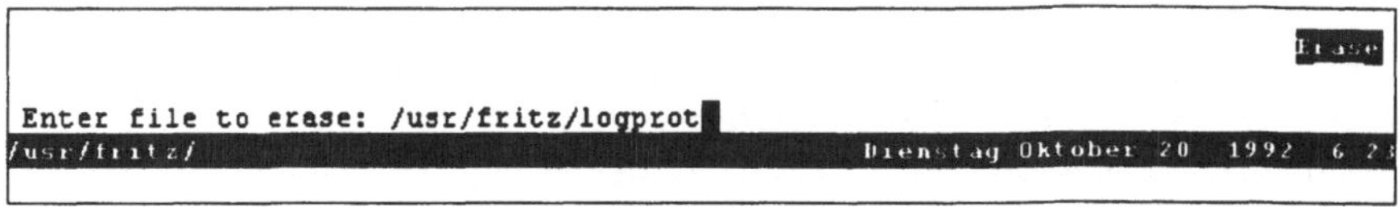

Bild 6.4: SCO Shell: zu löschende Datei eingeben

- Sie wählen eine oder mehrere Dateien aus dem Dateifenster aus. Hierzu bewegen Sie die Markierung mit den Richtungs-Tasten auf den entsprechenden Namen. Wenn Sie mehrere Dateien in einem Arbeitsschritt löschen möchten, bewegen Sie die Markierung auf den ersten Namen und drücken die (Eingabe) -Taste. Die ausgewählte Datei ist durch ein voran-gestelltes »*«-Zeichen markiert (Bild 6.5). Wiederholen Sie diese Vorgehensweise für alle weiteren, zu löschenden Datei-en (siehe auch Abschnitt 3.5.1 - Menüpunkte anwählen).

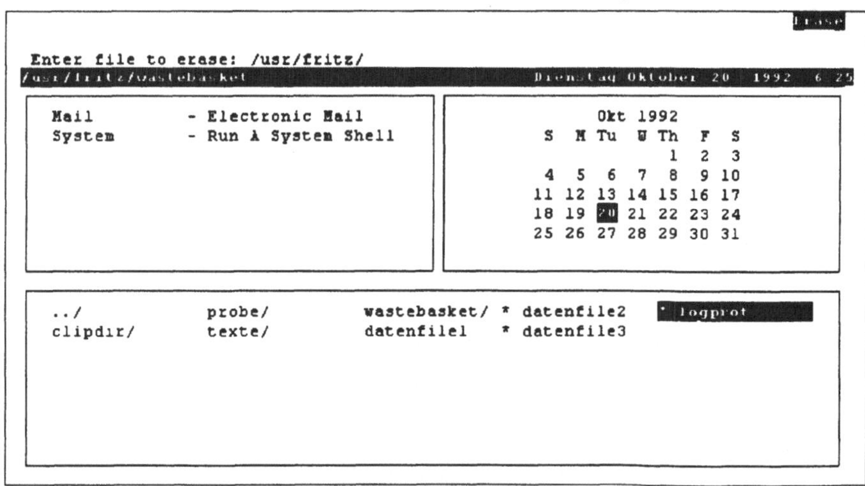

Bild 6.5: SCO Shell: mehrere Dateien auswählen

Die SCO Shell verschiebt die ausgewählten Dateien zunächst nur in den Papierkorb (das Verzeichnis *wastebasket*). Aus diesem Pa-pierkorb können ausgewählte Dateien mit »**Manager**« ⇒ »**File**«

⇒ **»Wastebasket«** ⇒ **»Select«** wieder zurückgeholt werden, wenn Sie sich entschließen, diese doch nicht zu löschen. Der Papierkorb wird erst geleert, d.h. die gelöschten Dateien werden endgültig entfernt, wenn Sie die SCO Shell beenden.

Mit der **»Erase«**-Option können Sie keine Verzeichnisse entfernen. Hierzu lesen Sie den Abschnitt 5.7 - Erzeugen und Entfernen von Verzeichnissen.

6. 1 .3 Dateien umbenennen und verschieben - mv

Dateien und Verzeichnisse können Sie auf zeichen- und menüorientierten Shells umbenennen und löschen.

Auf der C Shell können Sie mit dem move-Kommando **mv** eine bestehende Datei umbenennen und/oder in ein neues Verzeichnis verschieben.

Das Format dieses Befehls ist bereits etwas umfangreicher:

    mv *alterName neuerName*   Format (1)

oder

    mv *Name neuesVerzeichnis*   Format (2)

Wenn Sie als letzten Parameter den Pfad zu einem Verzeichnis angeben, werden die Datei(en) dahin verschoben. Das heißt, der Eintrag im ursprünglichen Verzeichnis wird gelöscht und im neuen Verzeichnis erstellt.

Um Einträge im Ziel-Verzeichnis erstellen zu können, benötigen Sie das Schreib-Recht in diesem Verzeichnis (siehe Abschnitt 5.8 - Konzept der Zugriffs-Berechtigung).

Findet **mv** im letzten Parameter keinen Verzeichnisnamen, so wird die angegebene Datei unter diesem neuen Namen eingetragen:

```
% mv datenfile2 datenfile0
%
```

Bild 6.6: Datei umbenennen

Vergleichen Sie dieses Beispiel mit:

```
% mv datenfile1 texte
%
```

Bild 6.7 Datei verschieben

texte ist im Bild 6.7 ein Unterverzeichnis in Ihrem Login-Verzeichnis, das in Kapitel 5 eingerichtet wurde. Überprüfen können Sie die Wirkung der **mv** Befehle mit dem Kommando **ls**.

Wenn Sie mit diesem Kommando vertraut sind, können Sie mit **mv** ganze Verzeichnisse verschieben.

Und so geht's auf der SCO Shell

Möchten Sie eine Datei von der SCO Shell umbenennen oder verschieben, wählen Sie »**Manager**« ⇒ »**File**« ⇒ »**Rename**«. Tragen Sie nun den Namen der umzubenennenden oder zu verschiebenden Datei direkt ins Auswahlfenster ein oder wählen Sie diesen aus dem Dateifenster.

Je nachdem, ob die ausgewählte Datei umbenannt oder verschoben werden soll, bieten sich folgende Alternativen:

- Tragen Sie den neuen Dateinamen ein, unter dem die Datei im Arbeitsverzeichnis eingetragen werden soll (Bild 6.8).
- Geben Sie den Pfad zum Verzeichnis an, in das die Datei verschoben werden soll (Bild 6.9). Setzen Sie an das Ende des Pfades einen neuen Dateinamen, so wird die Datei unter diesem neuen Namen eingetragen.

Bild 6.8: SCO Shell: Datei umbenennen

Bild 6.9: SCO Shell: Datei verschieben

Sie können eine Gruppe von Dateien im Dateifenster markieren, wenn Sie diese in ein gemeinsames Verzeichnis verschieben möchten. Hierzu bewegen Sie wieder die Markierung auf jede auszuwählende Datei und betätigen auf jedem Namen die `Leer`-Taste (siehe 3.5.1). Im Anschluß bestätigen Sie Ihre Auswahl mit der `Eingabe`-Taste und tragen den Namen des Ziel-Verzeichnisses ein.

6. 1 .4 Dateien kopieren - cp

Mit dem Kopierbefehl **cp** (für engl.: copy) der C Shell erstellen Sie Kopien bestehender Dateien. Die drei möglichen Befehlsformate zu **cp** unterscheiden sich im Zielnamen und im Zielverzeichnis:

1. Das Duplikat soll *im gleichen Verzeichnis* wie das Original **Neuer Name** stehen und muß dann natürlich einen *neuen Namen* tragen. Das Format hierzu sieht so aus:

   cp *originalDatei duplikatDatei*   Format (1)

   Wenn bereits eine Datei mit dem Namen der Kopie vorhanden ist, wird deren ursprünglicher Inhalt gelöscht und durch die neuen Daten ersetzt.

2. Eine oder mehrere Dateien sollen *in ein anderes Verzeichnis* **Anderes** kopiert werden und dort die bisherigen Namen tragen: **Verzeichnis**

   cp *datei(en) verzeichnispfad*   Format (2)

Probieren Sie dies mit *datenfile0* gleich aus. Ein Duplikat der Datei steht danach im Verzeichnis *texte*:

```
% cp datenfile0 texte
% ls texte
texte
%
```

Bild 6.10: Duplikat einer Datei in anderem Verzeichnis erzeugen

Hinter die letzte Pfadkomponente setzen Sie **kein** »/«-Zeichen. Ansonsten können Sie, wie in Kapitel 5 beschrieben, absolute oder relative Pfadnamen verwenden. Außerdem ist es beim zweiten Befehlsformat möglich, mehrere Dateien gleichzeitig in ein ande-

res Verzeichnis zu kopieren. Hierzu können Sie Shell Metazeichen benutzen.

anderer Name
und Verzeichnis

3. Sie möchten *in einem anderen Verzeichnis* das Duplikat einer Datei *unter neuem Namen* erzeugen:

Hierzu setzen Sie hinter den Verzeichnispfad den / (Schrägstrich) direkt gefolgt vom neuen Namen:

Format (3)

cp *originalDatei verzeichnispfad/duplikatDatei*

Als Beispiel können Sie Ihre *logprot* Datei (aus Kapitel 3) unter dem neuen Namen *logprot.bak* ins Verzeichnis *texte* kopieren.

Um Einträge im Ziel-Verzeichnis erstellen zu können, benötigen Sie das Schreib-Recht in diesem Verzeichnis (siehe Abschnitt 5.8 - Das Konzept der Zugriffs-Berechtigung).

Bei diesen Verschieb-, Umbenenn- und Kopierbefehlen kann die Quell-Datei auch mittels Pfadangabe aus einem anderen Verzeichnis gelesen werden (Bild 6.11).

```
% pwd
/usr/fritz
% cp ../bernd/bericht texte
% cd texte
% ls -l bericht
-rw-rw-r-- 2 fritz ic Jul 29  22:30  bericht
%
```

Bild 6.11: Quell-Datei über Pfad ansprechen

Das Beispiel zeigt, wie aus Bernds Login-Verzeichnis die Datei *bericht* in das Verzeichnis */usr/fritz/texte* kopiert wird. Alle benutzten Pfadangaben sind relativ, d.h. auf das aktuelle Arbeitsverzeichnis bezogen. Nach dem Kopierbefehl wechseln wir in das Unterverzeichnis *texte* und prüfen mit **ls**, ob die Datei dort „angekommen" ist.

Praktisch ist auch das Beispiel im Bild 6.12, das Dateien (hier: *datei1*) aus einem anderen Verzeichnis (hier: */usr/claudia*) in Ihr aktuelles Arbeitsverzeichnis kopiert:

```
% cp /usr/claudia/datei1 .
```

Bild 6.12: Datei ins aktuelle Arbeitsverzeichnis kopieren

Der Punkt symbolisiert Ihr aktuelles Verzeichnis (siehe Kapitel 5).
Möchten Sie aus einem beliebigen Verzeichnis Dateien in Ihr
Login Verzeichnis bewegen oder kopieren, geben Sie als Pfad
einfach die Shell Variable *$HOME* an:

```
% cp /usr/bernd/bericht $HOME
% cd
% ls -l bericht
-rw-rw-r-- 2 fritz ic Jul 29  22:30  bericht
%
```

Bild 6.13: Datei ins Login Verzeichnis kopieren

Bei Dateibefehlen können Sie durch den Einsatz von Shell-Son-
derzeichen (engl.: special characters) aus Tabelle 6.1 in Dateinamen viel Schreibarbeit sparen.

Metazeichen	wird von der Shell erweitert zu
?	einem einzelnen beliebigen Zeichen
	Beispiel: *daten?* steht für alle Dateinamen, bei denen nach der Zeichenkette *'daten'* noch genau ein weiteres Zeichen folgt
*	einer beliebigen (auch keiner) Zeichenfolge
	Beispiel: **.c* steht für alle Dateinamen mit dem Kürzel *.c* einschließlich der Datei, die einfach *.c* heißt
[ ]	einem in der Klammer genannten Zeichen
	Beispiel: *script[ABC]* steht für die Dateien *scriptA*, *scriptB*, *scriptC*
	Beispiel: *script[A-Z]* steht für alle Dateinamen, die mit der Zeichenkette script beginnen und mit einem beliebigen Großbuchstaben enden.

Tabelle 6.1: Shell Metazeichen zur Erweiterung von Dateinamen (1)

Metazeichen	wird von der Shell erweitert zu
[!]	einem beliebigen Zeichen, *außer* den in Klammern aufgeführten Beispiel: *script[!ABC]* steht für alle Dateinamen, die mit *script* beginnen und die nicht mit A, B oder C enden

Tabelle 6.1: Shell Metazeichen zur Erweiterung von Dateinamen (2)

Verwenden Sie diese Zeichen in Dateinamen, dann erweitert die Shell Ihre Eingabe so, als hätten Sie alle passenden Dateinamen selbst eingetastet. Haben Sie eine Datei, die eines oder mehrere dieser Zeichen im Namen enthält, müssen Sie die Sonderbedeutung der Zeichen ausschalten, um die Datei anzusprechen. Hierzu „entwerten" Sie jedes auftretende Sonderzeichen mit einem Gegenschrägstrich »\« oder setzen den kompletten Namen in einfache Anführungszeichen z.B. *'test*?[abc]'*. Entwerten Sie ein Sonderzeichen in einer Kommandozeile, wird das Zeichen uninterpretiert an das Befehlswort weitergereicht.

Die Verarbeitung von Metazeichen durch die Shell beschreiben wir ausführlich im Kapitel 7 - Auf der Benutzeroberfläche.

SCO Shell-Benutzer wählen »**Manager**« ⇒ »**File**« ⇒ »**Copy**«, um Duplikate einer oder mehrerer Dateien zu erzeugen.

Nun können Sie im folgenden Auswahlbildschirm (Bild 6.14) aus dem Dateifenster eine oder mehrere Dateien auswählen oder den Namen der (einzelnen) zu kopierenden Datei direkt eintasten.

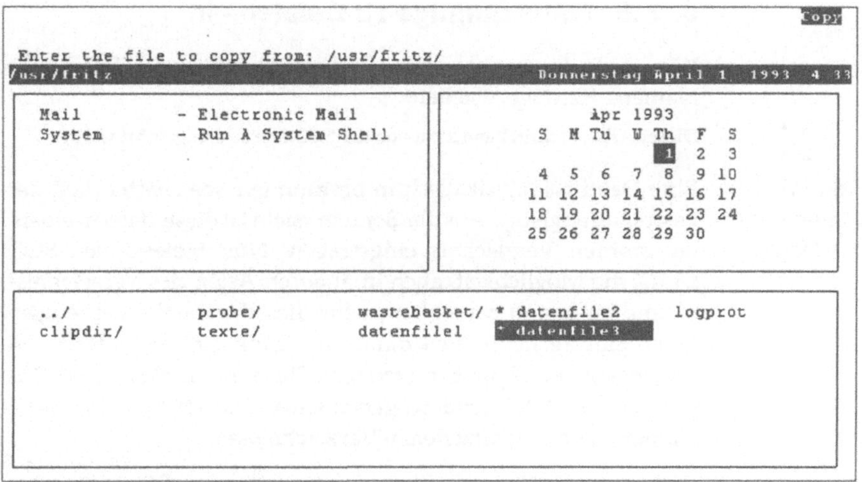

Bild 6.14: SCO Shell: Quell-Dateien auswählen

Anschließend bestätigen Sie mit der (Eingabe) -Taste.

Wenn Sie eine einzelne Datei ausgewählt haben, können Sie als Ziel

- einen neuen Dateinamen ins Arbeitsverzeichnis eintragen,

- den Namen einer bestehenden Datei eintasten oder aus dem Dateifenster auswählen, um diese zu überschreiben,

- den Pfadnamen des Ziel-Verzeichnisses eintasten oder aus dem Dateifenster auswählen, um die Datei unter dem ursprünglichen Namen ins Ziel-Verzeichnis zu kopieren oder

- den Pfadnamen zu einer neuen Datei im Ziel-Verzeichnis eintragen, um die Datei unter diesem Namen im Ziel-Verzeichnis zu speichern.

Wenn Sie mehrere zu kopierende Dateien ausgewählt haben, müssen Sie den Pfad zu einem Verzeichnis eintasten oder das Ziel-Verzeichnis aus dem Dateifenster wählen.

6. 1 .5 Neue Einträge zu Dateien - ln

Wir zeigen Ihnen jetzt, wie Sie zu einer bestehenden Datei neue Namens-Einträge erstellen.

Dieser Arbeitsschritt kann nicht von der SCO Shell durchgeführt werden.

Mehrere Namen für eine Datei

Eine Datei ist physikalisch in bestimmten Speicherblöcken der Festplatte abgelegt. Aus der Benutzersicht ist diese Datei in einem bestimmten Verzeichnis eingetragen. Nun bietet Ihnen SCO UNIX die Möglichkeit, auch in anderen Ästen des Verzeichnisbaums (mehrere) neue Namen für dieselbe Datei zu erzeugen. Jeder Eintrag nennt sich dann ein „**Link auf die Datei**". Im Gegensatz zum Kopieren erzeugen Sie beim „Linken" kein Duplikat einer Datei, sondern geben einer einzigen Datei mehrere Namen in ggf. verschiedenen Verzeichnissen.

Dies hat gegenüber dem Kopieren den Vorteil, daß Sie über jeden Link immer auf eine einheitliche, aktuelle Datei zugreifen können und Plattenplatz sparen. Wenn ein Benutzer die Datei verändert, dann erhalten auch Benutzer, die über einen anderen Eintrag auf die Datei zugreifen, die geänderte, aktuelle Version.

Um einen neuen Namens-Eintrag zu erzeugen, benutzen Sie den Befehl **ln**. Die Struktur des **ln** Befehls entspricht der von **mv**:

Format (1)   **ln** *linkDatei neuerName*

Format (2)   **ln** *linkDatei neuesVerzeichnis*

Format (3)   **ln** *linkDatei neuesVerzeichnis/neuerName*

Erstellen Sie einen Link auf *logprot* unter dem Namen *linkprot*.

```
% ln logprot linkprot
% ls -li *prot
7324 -rw------- 2 fritz innocons  98  Jul 26  19:30  logprot
7324 -rw------- 2 fritz innocons  98  Jul 26  19:30  linkprot
%
```

Bild 6.15: Einen neuen Eintrag auf eine Datei erzeugen

Mit dem **ls** Befehl und der Option **i** können Sie sich die Inode-Nummern, die individuellen Datei-Kennnummern, anzeigen lassen. Die Nummern beider Einträge sind identisch - das bedeutet,

beide Namen weisen auf dieselbe Datei. Der Zähler hinter den
Zugriffs-Berechtigungen hat sich auf 2 erhöht und zeigt damit,
daß zwei Namenseinträge für die Datei eingerichtet sind.

Sollten Sie beim Testen der Dateibefehle Fehlermeldungen erhal- Probleme?
ten haben, hilft Ihnen Tabelle 6.2:

Meldung	Ursache: Was tun ?
Insufficient arguments, illegal option, ... not found	fehlerhafter Aufbau der Kommandozeile, falsche Option, nur Quell-Datei oder mehrere Quell-Dateien bei nur einer „normalen" Ziel-Datei etc.
cannot access	kein Schreib-Recht auf Datei; Quell-Datei existiert nicht
cannot create Permission denied	kein Schreib-Recht im Verzeichnis
... directory	Quell-Datei ist ein Verzeichnis
... not found	Ziel-Verzeichnis existiert nicht
... are identical	Quell- und Ziel-Datei sind identisch; ein Link zwischen den Einträgen besteht

Tabelle 6.2: cp/mv/ln - Probleme beim Umgang mit Dateibefehlen

6. 2 Ein- und Ausgabe umlenken

Mehrfach sind Sie bereits Ein- und Ausgabe-Umlenkung begeg-
net. Sie haben die Ausgabe der Befehlsgeschichte in eine Datei
gelenkt (Kapitel 3) und Dateien als Quelle für **write** und **mail**
genutzt (Kapitel 4). In den folgenden Abschnitten erwarten Sie

- Einblicke in die Arbeitsweise der Ein- und Ausgabe-Umlen- Übersicht
  kung (Abschnitt 6.2.1),

- Einsatzmöglichkeiten der Ausgabe-Umlenkung auf „normale" Dateien und Geräte (Abschnitte 6.2.2 und 6.2.3),

- die Verwendung von Dateien als Quelle für Programmeinga-
  ben (Abschnitt 6.2.4) und

- die Benutzung der Mülleimer-Datei */dev/null* (Abschnitt
  6.2.5).

Die Ein- und Ausgabe von Kommandos können Sie nur auf zeichenorientierten Shells (z.B. C Shell) umlenken. SCO Shell-Benutzer sollten auf eine zeichenorientierte Shell wechseln, um die Datenreisen dieses Abschnitts auszuprobieren.

6. 2 .1 Wie Ein- und Ausgabe-Umlenkung funktionieren

standard-in
standard-out
standard-error

Im Normalfall bezieht Ihre Benutzeroberfläche die Eingaben von Ihrer **Tastatur** und schreibt die Ausgaben auf Ihren **Bildschirm**. Ein- und Ausgaben laufen über sogenannte Kommunikations-Kanäle ab, die als **standard-in** (Standard-Eingabe) bzw. **standard-out** (Standard-Ausgabe) bezeichnet werden. Über den **standard-error** (Standard-Fehlerausgabe) Kanal werden normalerweise alle Fehlermeldungen auf Ihren Bildschirm geleitet.

Sie sehen diese Arbeitsweise deutlich, wenn Sie den Befehl **cat** einmal ohne Parameter eintasten.

Bisher hatten Sie **cat** in Verbindung mit einem Dateinamen benutzt (siehe Abschnitt 3.11). **cat** hat sich dann die Datei als Eingabe geöffnet und diese auf die Standard-Ausgabe (Bildschirm) geschrieben. Ohne Dateinamen erwartet **cat** nun Eingaben direkt von der Tastatur, um diese gleich wieder auf dem Bildschirm zu schreiben:

```
% cat
Diese Zeile gebe ich ueber die Tastatur ein.
Diese Zeile gebe ich ueber die Tastatur ein.
cat verhält sich wie das Echo.
cat verhält sich wie das Echo.
%
```

STRG+d
drücken

Bild 6.16: Lesen von standard-in und Schreiben nach standard-out

Ist Ihnen der Spaß hieran vergangen, müssen Sie über die Tastatur dem Programm mitteilen, daß keine weitere Eingabe erfolgt. Das geschieht durch die Tastenkombination (STRG) + (d) in einer gesonderten Zeile. Dieser Code steht für „end-of-transmission" (dt.: Ende der Übertragung) und bringt **cat** dazu, sich zu beenden. Anschließend erhalten Sie Ihr Promptzeichen wieder.

Sie haben gesehen, standard-in und standard-out sind im Normalfall mit Ihrem Endgerät (Tastatur und Bildschirm) verbunden. Sie haben aber auch die Möglichkeit, die Ein- bzw. Ausgabe eines Programms **umzulenken**. Das bedeutet, daß Eingaben aus einer Datei geholt werden oder Ausgaben in eine Datei oder an ein Gerät (z.B. Drucker) gehen.

Voraussetzung für diese Ein- und Ausgabe-Umlenkung ist, daß das verwendete Programm ein sogenannter **Filter** ist. Ein Filter kann vom standard-in lesen und nach standard-out schreiben.

Fehlt eine dieser Eigenschaften, kann man entweder die Ein- oder die Ausgabe nicht umlenken. Ein Beispiel für ein solches Programm ist das ls Programm, das Ihre Verzeichniseinträge anzeigt. Es schreibt zwar im Regelfall auf die Standard-Ausgabe (Bildschirm), bezieht seine Eingaben aber nicht von Ihrer Tastatur. Daher können Sie auch nur die Ausgabe dieses Programms umlenken. Bei Programmen, die weder Standard-Eingabe noch -Ausgabe nutzen, können Sie gar nichts umlenken. Die Unterscheidung der Filter-Programme von anderen Programmen ist für dieses Kapitel sehr wichtig. Nur Filter können die Ein- und Ausgabe-Umlenkung sowie Pipelines (Abschnitt 6.3) benutzen.

6. 2 .2 Ausgabe-Umlenkung auf normale Dateien

Sie sagen Ihrer Benutzeroberfläche, daß die Ausgabe eines Programms umgeleitet werden soll, indem Sie hinter den Befehl den Ausgabe-Umlenkpfeil »>« setzen. Dahinter setzen Sie den Namen der Datei, die die Ausgabe aufnehmen soll.

_kommando > ziel_datei_   Format

Probieren Sie zum Beispiel **who > werarbeitet**:

```
% who > werarbeitet
% cat werarbeitet
fritz           tty01        Aug 12  10:03
claudia         tty003       Aug 12  11:57
tom             tty02        Aug 12  13:03
%
```

Bild 6.17: Umlenkung der Ausgabe von who in eine Datei

Die Information darüber, wer eingeloggt ist, erscheint nicht auf Ihrem Bildschirm, sondern in der Datei *werarbeitet*. Die Ausgabe der Datei zeigt, daß die Ausgabe-Umlenkung funktioniert hat. Es ist dabei nicht notwendig, daß die Datei bereits besteht, SCO UNIX erstellt sie bei Bedarf. Wenn diese Datei aber bereits vor dem Umlenken Daten enthält, werden diese überschrieben, wenn Sie nicht zuvor die Shell Variable *noclobber* gesetzt haben, die dies verhindert (siehe Abschnitt 6.2.6 - Besonderheiten der C Shell).

Ausgabe an Datei anhängen

Möchten Sie, daß durch Ausgabe-Umlenkung Daten an eine bestehende Datei angehängt werden, anstelle Vorhandenes zu überschreiben, benutzen Sie den Ausgabe-Umlenkpfeil zweifach, also »>>«. Das können Sie gleich an *werarbeitet* üben und sich so eine „private Stechuhr" erstellen:

```
% who >> werarbeitet
% cat werarbeitet
fritz        tty01        Aug 12  10:03
claudia      tty003       Aug 12  11:57
tom          tty02        Aug 12  13:03

fritz        tty01        Aug 12  10:03
tom          tty02        Aug 12  13:03
tom          tty03        Aug 12  13:03
%
```

Bild 6.18: Ausgabe von who an vorhandene Datei anhängen

Die Ausgabe der Datei mit **cat** zeigt, daß die erneute Ausgabe von **who** an die Vorhandene angehängt wurde.

Auch in diesem Fall wird SCO UNIX die Datei neu erstellen, falls sie noch nicht existiert.

Mit Ausgabe-Umlenkung können Sie auch mehrere Dateien zu Klebstoff
einer einzigen zusammenfügen:

```
% cat datei1 datei2 datei3 > gesamtDatei
%
```

Bild 6.19: Dateien durch Ausgabe-Umlenkung zusammenfügen

Wenn Sie die Ausgabe mehrerer Kommandos in einem Schritt
umlenken möchten, müssen Sie diese einklammern. Ansonsten
erscheint nur die Ausgabe des letzten Befehls in der Datei. Also:

```
% (id; pwd; ls -l) > übersicht
%
```

Bild 6.20: Die Ausgabe mehrerer Kommandos in einem Schritt
umlenken

6. 2 .3 Ausgabe-Umlenkung auf Geräte

Sie können Daten auch auf Gerätedateien (z.B. Drucker- und
Terminal-Schnittstellen) umlenken. Anstelle einer Textdatei setzen Sie einfach den Namen der Gerätedatei ein. Bitte beachten Sie,
daß Sie hierfür das direkte Schreib-Recht auf das Gerät haben
müssen.

Nicht zu empfehlen ist die Ausgabe-Umlenkung auf Geräte, die von mehreren
gleichzeitig genutzt werden können. Die Folge kann Zeichenchaos sein. Aus
diesem Grund haben viele Systemverwalter der Ausgabe-Umlenkung auf
Geräte einen Riegel vorgeschoben.

6. 2 .4 Eingabe-Umlenkung

Ebenso wie Sie die Ausgabe umlenken, können Sie einem Programm auch sagen, es möge seine Eingaben aus einer Datei lesen.
Hierzu setzen Sie hinter den Befehlsnamen den Eingabe-Umlenkpfeil »<« und den Namen der Quell-Datei:

kommando < quell_datei   Format

Mit dem Kommando **mail peter < BriefAnPeter** liest **mail** Ihren
Brief an Peter aus der Datei *BriefAnPeter* ein. Diese Datei haben

Sie zuvor mit Ihrem Editor erstellt und so die unbequeme Editor-
umgebung von **mail** vermieden:

```
% mail peter < BriefAnPeter
%
```

Bild 6.21: Eingaben des mail Programms aus einer Datei holen

6. 2 .5 Der Mülleimer: /dev/null

Wenn Sie an der Ausgabe eines Programms nicht interessiert
sind, dann können Sie die Standard-Ausgabe in den „elektronischen Mülleimer", die Datei */dev/null*, umlenken:

Format   ***programm*** **> /dev/null**

Alles, was an */dev/null* geleitet wird, verschwindet im Nichts.

Eingaben, die Sie aus */dev/null* herleiten, sind leer, d.h. sie liefern
sofort ein Dateiendezeichen (EOF):

Format   ***programm*** **< /dev/null**

Dieser Griff in die Trickkiste ist notwendig, wenn es Sie nicht
interessiert, was ein Programm ausgibt, sondern nur, ob es fehlerfrei läuft.

6. 2 .6 Besonderheiten der C Shell

Variable   Arbeiten Sie mit der C Shell, können Sie Dateien davor schützen,
noclobber   daß sie unbeabsichtigt durch Ausgabe-Umlenkung überschrie-
setzen   ben werden. Hierzu müssen Sie die Shell Variable *noclobber* set-
               zen, falls diese auf Ihrem System nicht standardmäßig aktiviert
               wird. Um *noclobber* zu setzen, tasten Sie auf der C Shell ein:

```
% set noclobber
%
```

Bild 6.22: C Shell Variable noclobber setzen

Das Arbeiten mit Shell Variablen vertiefen wir im Kapitel 7 - Auf der Benutzeroberfläche im Abschnitt 7.3.

Sollten Sie jetzt versuchen, eine Datei durch einfache Ausgabe-
Umlenkung zu überschreiben, erhalten Sie eine Fehlermeldung.

```
% who > logprot
logprot: File exists
```

Bild 6.23: C Shell: Schutz vor unbeabsichtigtem Überschreiben

Wenn Sie sich ganz sicher sind, den Inhalt einer Datei zu ersetzen, benutzen Sie folgendes Ausgabe-Umlenkungsformat:

> **kommando >! bestehende Datei**   Format

Man muß sich jedoch vorsehen, wenn mittels »>>« Ausgaben an eine Datei angehängt werden sollen und die Variable *noclobber* gesetzt ist. Gibt es die angegebene Datei nicht, erscheint diese Fehlermeldung:

```
% who >> neulog
neulog: no such file or directory
%
```

Bild 6.24: Variable noclobber: Datei existiert nicht

Die C Shell kann außerdem Standard-Ausgabe und Fehlerausgabe in einem Schritt umlenken. Hierzu gilt folgende Befehlszeile:

> **kommando >& datei**   Format

6. 3 Pipelines und Filter

Schreibarbeit können Sie auch mit **Pipelines** (kurz: Pipes) sparen. Sie arbeiten mit Pipelines, um die Ein- und Ausgabe von Programmen miteinander zu verknüpfen. Die Ausgabe eines Programms kann so als Eingabe eines anderen Kommandos genutzt werden. *Wozu Pipelines?*

Sie verwenden UNIX-Pipelines, wenn ein Programm die Daten eines anderen Programms weiterverarbeiten soll, ohne daß Sie diese über die Tastatur neu eintasten oder erst in einer Datei zwischenspeichern möchten.

Anstelle einer Pipeline können Sie auch mehrere Ein- und Ausgabe-Umlenkungen in temporäre Dateien verwenden. Sie sehen an den folgenden Befehlsformaten aber, wie umständlich dies im Vergleich zu einer einfachen Pipeline ist: *Viele Umlenkungen anstelle einer Pipeline*

Format	*kommando1* **> tempDatei1** *kommando2* **< tempDatei1 > tempDatei2** *kommando3* **< tempDatei2** **rm tempDatei[12]**

Datenreise
: Sie möchten wissen, wieviele Einträge in Ihrem Arbeitsverzeichnis stehen, die eine bestimmte Kombination der Zugriffs-Berechtigungen besitzen, z.B. für wieviele Unterverzeichnisse ausschließlich der Eigentümer alle Rechte hat. Hierfür gibt es kein Kommando, das direkt die gewünschte Information liefert. Sie können aber über eine Pipeline die Ausgabe von **ls -l** an das **grep** Kommando leiten, das nach bestimmten Zeichenketten sucht. **grep** kann die Informationen wiederum an das UNIX-Zählkommando **wc** übergeben.

Abschnitts-übersicht
: Dieses Beispiel werden wir auf den folgenden Datenreisen durchspielen, um Sie mit

- der Arbeitsweise von Pipelines,
- der Funktion einiger Filter-Programme, die in Pipelines eingesetzt werden,
- dem sinnvollen Einsatz von Pipes und
- dem Umlenken von Ein- und Ausgabe in Pipelines

vertraut zu machen.

Das Arbeiten mit Pipelines ist nur auf zeichenorientierten Benutzeroberflächen wie der C Shell möglich.

6. 3 .1 Wie Pipelines funktionieren

Das Format einer Befehlszeile mit Pipeline zwischen zwei Kommandos sieht so aus:

Format
: ***kommando1 | kommando2***

Pipe Operator
: Der sogenannte **Pipe Operator** » | « verknüpft die Standard-Ausgabe des ersten Kommandos mit der Standard-Eingabe des zweiten Kommandos.

Sie können eine Pipeline aus so vielen Kommandos zusammensetzen, wie Sie benötigen. Jedes angegebene Programm wird sofort gestartet und wartet dann auf seine Eingabedaten. Wichtig hierbei ist, daß alle (mit Ausnahme des ersten und letzten) Kommandos Filter-Programme sein müssen (siehe Abschnitt 6.2.1 - Wie Ein- und Ausgabe-Umlenkung funktionieren). Dies bedeutet, daß ein Programm, das nicht von der Standard-Eingabe liest, wie etwa **ls**, nur am Eingang einer Pipeline stehen kann, nicht jedoch zwischen zwei Kommandos oder am Ausgang einer Pipeline. Ein Filter hingegen kann die Standard-Eingabe lesen, diese bearbeiten und auf die Standard-Ausgabe schreiben.

6. 3 .2 Filter-Programme in Pipelines

Die meisten Filter arbeiten ihre Eingabedaten zeilenweise ab. D.h. sie lesen eine Zeile ein, verändern diese in einer bestimmten Form, schreiben sie heraus und nehmen sich die nächste Zeile vor. So benutzen wir Programme zum

rein und raus

* Sortieren von Textzeilen,

* Suchen nach Zeichenketten in Textzeilen,

* Ersetzen bestimmter Zeichenketten in Texten,

* Entfernen gleicher benachbarter Zeichen,

* Auffinden von Unterschieden zwischen Daten,

* Zählen von Zeichen, Wörtern und Zeilen und

* Formatieren der Ausgabe (Paginierung, Hinzufügen von Kopfzeilen etc).

In unserem Beispiel benötigen wir die Programme zum Suchen nach Zeichenketten (**grep**) und zum Zählen von Zeilen (**wc -l**). Wir stellen Ihnen auch kurz das Sortierprogramm **sort** vor, das häufig in Pipes eingesetzt wird. Alle anderen Befehle werden ausführlich im Kapitel 11 - SCO UNIX Werkzeuge besprochen.

Mit dem Kommando **wc** und der Option l können Sie die Zeilenzahl der Eingabe (z.B. einer Datei) ermitteln. Ohne Option ermittelt dieses Kommando die Anzahl aller Zeichen, Wörter und Zeilen. Zum Auffinden von Zeilen mit bestimmten Zeichenketten in Dateien haben Sie **grep** bereits in Kapitel 3 benutzt. In einer Pipeline können Sie **grep** zum Suchen nach Eingabezeilen mit bestimmten Eigenschaften einsetzen. Wie in der Einleitung des Abschnitts 6.3 angekündigt, werden wir jetzt die Verzeichnisse zählen für die nur der Eigentümer alle Zugriffs-Berechtigungen hat, bei denen also die Zugriffs-Berechtigungen mit *drwx* begin-

wc -l und grep

nen und danach nur Striche (d.h. keine Rechte) folgen. Dies stellen wir mit dem Suchmuster ^*drwx*------ dar. Die Eingabe wird in unserem Beispiel vom **ls** Befehl (mit langer Ausgabe) geliefert. Die Zeilen mit der gesuchten Eigenschaft ^*drwx*------ werden dann von **grep** herausgefiltert:

```
% ls -l | grep "^drwx------"
drwx------  4 fritz innocons   6 Aug 13 10:12 privat1
drwx------ 16 fritz innocons   8 Aug 13 10:12 privat2
drwx------  8 fritz innocons  22 Sep 24 22:17 briefe
%
```

Bild 6.25: Pipeline zur Suche nach bestimmten Verzeichniseinträgen

Diese Einträge passen zu der Zeichenkette, die **grep** in der Ausgabe von **ls -l** sucht.

Zählen

Uns interessiert in diesem Fall aber nicht, welche einzelnen Einträge mit diesen Zugriffs-Berechtigungen im aktuellen Verzeichnis stehen, sondern nur deren Gesamtzahl. Um diese zu ermitteln, übergeben wir die Daten über eine weitere Pipe an **wc -l**, das die Eingabezeilen zählt:

```
% ls -l | grep "^drwx------" | wc -l
3
%
```

Bild 6.26: Pipeline zum Zählen bestimmter Verzeichniseinträge

Mit der Ausgabe »3« erhalten Sie die gesuchte Information angezeigt. Das **wc -l** Kommando zählt 3 Zeilen und damit 3 Einträge, die das **grep** Kommando mit seiner Suchbedingung durchgelassen hat.

6. 3 .3 Pipelines im Einsatz

Durch Verknüpfen bereits vorgestellter Befehle können Sie eine Reihe sinnvoller Kommandofolgen mit Pipelines schreiben. Die Befehlszeile **ls -l /usr/bin** | **more** zeigt seitenweise die Einträge von */usr/bin* an. Mit **ls /usr/bin** | **wc -w** zählen Sie wortweise (**w**), wieviele Kommandos in diesem Verzeichnis verfügbar sind. Die

Kommandozeile **who | grep "fritz" | wc -l** gibt an, wie oft ein
Benutzer „fritz" am System angemeldet ist:

```
% who | grep "fritz" | wc -l
2
%
```

Bild 6.27: Pipeline: Wie oft ist fritz am System angemeldet?

Ein weiterer, häufig verwendeter Filter in Pipes ist das Sortier-
kommando **sort**. Ohne weitere Parameter liest das Programm
zeilenweise von der Standard-Eingabe und schreibt anschließend
die Zeilen geordnet auf die Standard-Ausgabe. Geordnet bedeutet bei **sort** in der Reihenfolge, in der die Anfangszeichen der
Zeilen im ASCII-Code dargestellt sind.

*Sortier-
programm
-sort*

Wir erstellen mit **who** und **sort** eine alphabetisch geordnete Liste
aller aktiven Benutzer:

```
% who | sort
claudia   tty003     Aug 12  11:57
fritz     tty01      Aug 12  10:03
fritz     tty10      Aug 12  15:57
tom       tty02      Aug 12  13:03
%
```

Bild 6.28: Pipeline: Sortierte Ausgabe aller aktiven System-Benutzer

6. 3 .4 Ein- und Ausgabe in Pipelines umlenken

Sie können am Ein- und Ausgang einer Pipe Informationen umlenken. Die Daten, die das erste Filter-Programm benutzt, können
Sie aus einer Datei heranführen. Auch kann das abschließende
Programm seine Ausgaben in eine Datei schreiben, falls Sie dies
möchten.

*Dateien, Fil-
ter und Pipeli-
nes*

Mit der Kommandozeile **who | sort > benutzer.sort** speichern Sie
die sortierte Ausgabe von **who** in der Datei *benutzer.sort*:

```
% who | sort > benutzer.sort

% cat benutzer.sort
claudia       tty003       Aug 12  11:57
fritz   tty01       Aug 12  10:03
fritz   tty10       Aug 12  15:57
tom           tty02       Aug 12  13:03
%
```

Bild 6.29: Umlenken einer Pipeline in eine Datei

Übung zum Ordnen und Aufbewahren von Informationen

a) Erstellen Sie eine in Ihrem Unterverzeichnis *uebung/kapitel6* durch Ausgabe-Umlenkung eine Datei namens *Multiuser*, die den Satz „UNIX ist für die gleichzeitige Arbeit mehrerer Benutzer konzipiert" enthält.

b) Hängen Sie die Ausgabe des Befehls **date**, der Ihnen Uhrzeit und Datum liefert, an die Datei *Multiuser* an.

c) Erstellen Sie eine Kopie der Datei *Multiuser* im übergeordneten Verzeichnis *uebung* unter Verwendung des relativen Pfadnamens für das Ziel-Verzeichnis. Verlagern Sie diese Datei nach */uebung/kapitel5*, wobei die Datei in *kapitel5* unter dem Namen *VieleBenutzer* eingetragen wird.

d) Wechseln Sie zurück nach *uebung/kapitel6* und erzeugen Sie einen Link auf *Multiuser* namens *Multineu*.

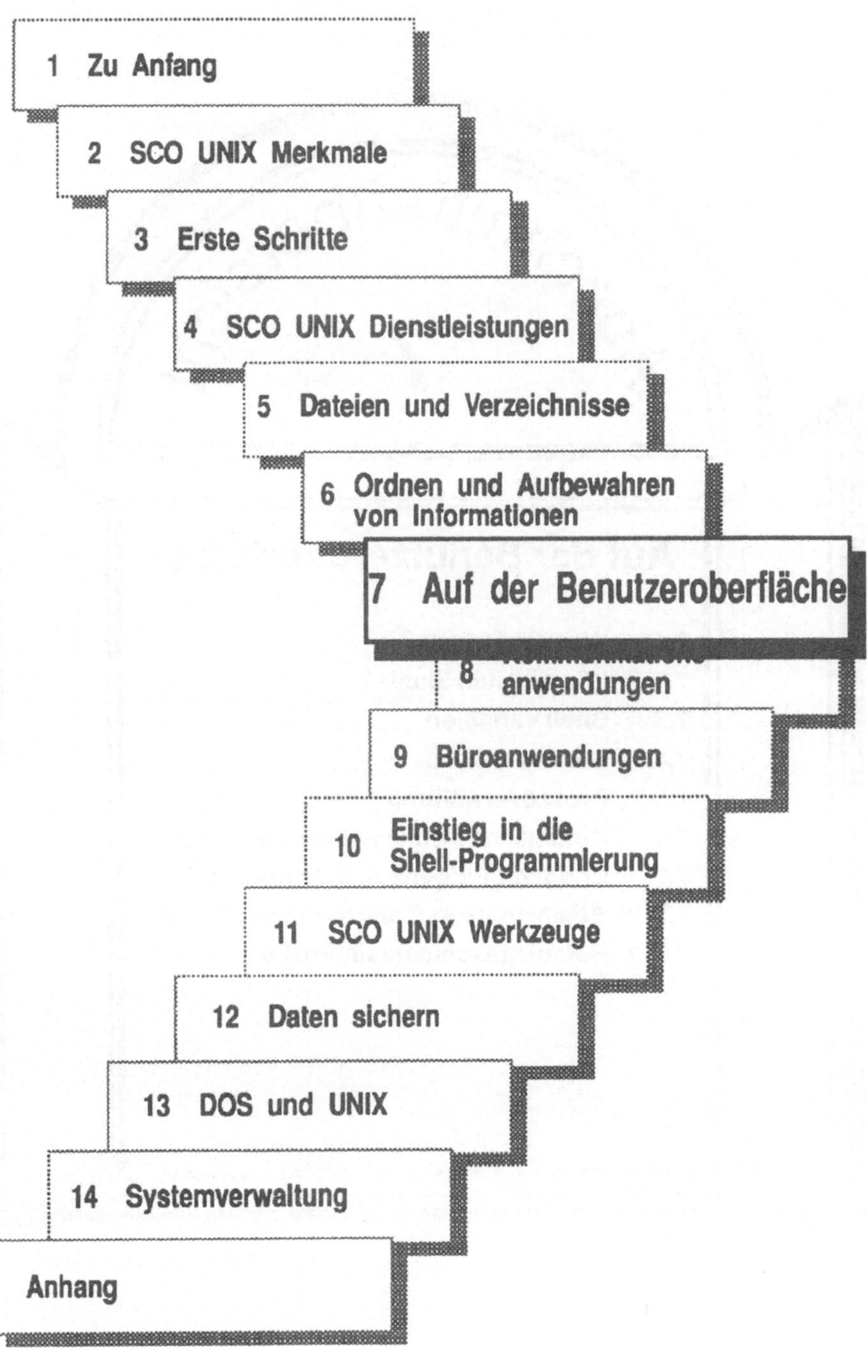

1 Zu Anfang
2 SCO UNIX Merkmale
3 Erste Schritte
4 SCO UNIX Dienstleistungen
5 Dateien und Verzeichnisse
6 Ordnen und Aufbewahren von Informationen
7 Auf der Benutzeroberfläche
8 Kommunikationsanwendungen
9 Büroanwendungen
10 Einstieg in die Shell-Programmierung
11 SCO UNIX Werkzeuge
12 Daten sichern
13 DOS und UNIX
14 Systemverwaltung
Anhang

Auf der Benutzeroberfläche

7. Auf der Benutzeroberfläche

Sobald Sie sich erfolgreich am System angemeldet haben, startet
für Sie eine Benutzeroberfläche (Shell). Über die Shell verständigen Sie sich mit dem Betriebssystem und starten Kommandos.

Sie werden einen Teil der Zeit am System auf Ihrer Shell verbrin-
gen. Für Benutzer auf zeichenorientierten Shells stellen wir die
grundlegenden Kommandos vor, mit denen Sie die Benutzeroberfläche Ihren Wünschen anpassen können.

Auf unseren Datenreisen arbeiten wir auf der C Shell. Wenn Anweisungen
oder Ausgaben auf anderen zeichenorientierten Shells von der C Shell abwei-
chen, finden Sie am Ende des Abschnitts den Hinweis „Und so geht's auf
anderen Shells". Dort lesen Sie Hinweise für das Arbeiten mit Bourne Shell
oder Korn Shell. Als SCO Shell-Benutzer wechseln Sie auf die zeichenorientierte C Shell, um die Beispiele in diesem Kapitel auszuprobieren.

Verständi-
gung

7. 1 Was sind Shells?

Ihre Benutzeroberfläche (in der UNIX Fachsprache **Shell** genannt) ist das Bindeglied zwischen Ihnen und dem Betriebssystem. Sobald Sie sich erfolgreich am System angemeldet haben,
meldet sich die Shell bei Ihnen mit einem Eingabe-Aufforderungszeichen (Prompt) oder einem Menü. Die Shell wartet auf
Ihre Kommandoeingaben oder eine Menüauswahl, um diese einzulesen, vorzuverarbeiten und ggf. in eine Sprache umzuwandeln, die das Betriebssystem-Programm versteht.

Shells sind Anwendungsprogramme, die Sie sich wie eine Hülle
vorstellen können, die den Betriebssystem-Kern umgibt (Bild 7.1).

Shell =
Benutzerober-
fläche =
Benutzer-
schnittstelle

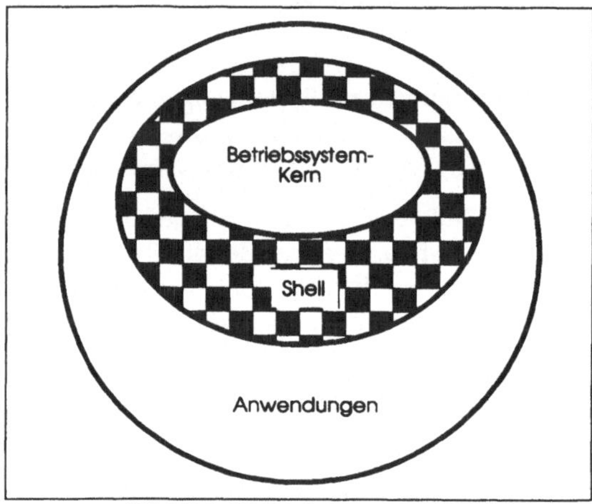

Bild 7.1: UNIX-Schalenmodell

zeichenorien-
tierte Shells

Mit SCO UNIX sind Sie nicht auf eine einzige Oberfläche festgelegt. An zeichenorientierten Shells sind verfügbar:

- C Shell (**csh**),
- Bourne Shell (**sh**),
- Korn Shell (**ksh**),
- Restricted Shell (**rsh**),

menüorien-
tierte Shells

Im Lieferumfang sind außerdem diese beiden menüorientierten
Shells:

- SCO Shell (**scosh**)
- Systemverwalter Shell (**sysadmsh**)

Außerdem sind für SCO UNIX weitere menüorientierte Benutzer-
schnittstellen erhältlich, wie:

- SCO Portfolio
- OPALIX

grafische
Shells

Als grafische Fensteroberflächen gibt es als Betriebssystem-Ergänzung z.B.

- SCO XSIGHT mit X.desktop

Alle diese Shells erfüllen die Aufgabe, Ihre Eingaben zu interpretieren und in Betriebssystem-Aufrufe (engl.: **system calls**) umzusetzen. Jedoch besitzen verschiedene Benutzeroberflächen unterschiedliche Erscheinungsbilder. Jede Shell versteht zudem nur ihre eigene Sprache. Das bedeutet, daß sich die Shells durch ihre Kommandosyntax und shellspezifische Befehle unterscheiden.

Zeichenorientierte Benutzeroberflächen beinhalten Elemente höherer Programmiersprachen mit Variablen, Unterprogrammen und Kontrollstrukturen zur Ablaufsteuerung. Damit können Sie Ihre Shell neben dem interaktiven Dialogbetrieb auch als Programmiersprache verwenden (siehe Abschnitt 7.2.1 und Kapitel 10).

Die Benutzeroberfläche erledigt zahlreiche Teilaufgaben, mit denen wir Sie im weiteren vertraut machen möchten:

Aufgaben der Shell

* Einlesen einer Kommandozeile / einer Menüauswahl,

* Analyse von Argumenten einer Eingabe und Zergliedern in Kommando(s), Optionen und Parameter,

* Suche nach angegebenen Kommandos im Dateisystem,

* Erweitern aller Argumente, die Zeichen mit Sonderbedeutung enthalten,

* Kontrolle über Ein- und Ausgabe,

* Steuerung des Ablaufs von Programmen,

* Starten von Programmen

* Job-Kontrolle: Vorder- und Hintergrundausführung von Programmen

7. 2   Wie arbeiten Shells?

7. 2 .1   Dialog- und Batchbetrieb

Bisher haben Sie mit Ihrer Shell im **Dialogbetrieb** gearbeitet: Sie haben der Benutzeroberfläche ein Kommando übergeben und dann auf die System-Antwort gewartet. Im Anschluß an die Antwort haben Sie den nächsten Befehl eingetastet usw.

Neben dieser Arbeitsform können Sie die Shell auch im **Batchbetrieb** arbeiten lassen. DOS Benutzer kennen für den Begriff Batchbetrieb auch die deutsche Übersetzung Stapelverarbeitung.

Statt einzelne Kommandos einzutasten, übergeben Sie dabei der Shell Kommandofolgen, die in einer Datei abgelegt sind. Dateien, die Anweisungen in einer Shell Sprache enthalten, heißen Shell Scripts. Das Erstellen von Shell Scripts heißt Shell-Programmierung.

Shell Scripts und Shell Programmierung
Die Kommandosprache der Shell beinhaltet Kommandos (wie Wiederholungen, Fallunterscheidungen und Unterprogrammaufruf) und Sprachelemente (wie Variablen, und die Fähigkeit zur Zeichenersetzung).

Regelmäßig anfallende System-Arbeiten können Sie mit Shell Scripts automatisieren. Sie schreiben hierzu die notwendigen UNIX Shell-Kommandos in eine Datei und lassen diese im Batchbetrieb ausführen.

Das Erstellen von Shell Scripts, Programme einer Shell Anweisungssprache, lernen Sie in Kapitel 10.

In den folgenden Abschnitten möchten wir Ihnen zeigen, wie die Shell mit Kommandozeilen im Dialog- und im Batchbetrieb umgeht.

7. 2 .2 Die Kommandozeile

Die Shell liest Kommando(-folgen) von der Tastatur oder aus einer Datei ein. Ein Kommando besteht mindestens aus einem Kommandonamen. Verschiedene Parameter wie Optionen und Dateinamen können zusätzlich zum Kommandonamen angegeben werden. Die einzelnen Argumente der Kommandozeile sind meist durch Leerzeichen (engl.: blank) oder Tabulatorzeichen voneinander getrennt.

Eine Kommandozeile hat folgendes Grund-Format:

kommando [*optionen*] [*dateien*] [*parameter*] [*E/A-Umlenkung*]   Format

Betrachten wir auf unserer Datenreise ein Kommando, das die   Datenreise
Datei *logprot* aus dem Login-Verzeichnis auf der Standard-Ausgabe (Bildschirm) ausgibt:

cat logprot

Zunächst hat die Shell die Aufgabe, die Eingabe in Argumente zu   Gliedern in
gliedern und die Art der jeweiligen Argumente zu erkennen.   Argumente

Das erste Wort **cat** wird als Befehlsname eingesetzt. Die Benutzerschnittstelle muß nun überprüfen, ob der Name **cat** ein Kommando des Systems ist. Hierzu prüft die Shell, ob dieses Kommando
im Dateisystem auffindbar und ausführbar ist. Im folgenden
Abschnitt 7.2.3 erfahren Sie, wie dieser Suchvorgang abläuft und
warum Sie dessen Funktionsweise so genau kennen sollten.

Die übrigen Argumente, in unserem Beispiel der Dateiname **logprot**, werden als Parameter an das Programm, hier an **cat**, weitergegeben. Zuvor überprüft die Shell, ob in Argumenten
Sonderzeichen, sogenannte Metazeichen (siehe auch Kapitel 5),
auftreten. Metazeichen sind Zeichen mit Sonderbedeutung. Metazeichen zur Dateinamen-Erweiterung verwenden Sie, um Dateinamen abzukürzen oder ganze Gruppen von Dateien
anzusprechen, ohne jeden einzelnen Dateinamen zu nennen. Im
Abschnitt 7.2.4 zeigen wir Ihnen, wie die Shell mit Sonderzeichen
arbeitet.

Außerdem schaut die Shell nach, ob die Kommandozeile Eingabe-
und/oder Ausgabe-Umlenkpfeile mit Argumenten (also z.B. <
liesvonDatei oder > *schreibnachDatei*) enthält. Ist dies der Fall, dann
öffnet die Shell die angegebene(n) Datei(en) als Standard-Eingabe
bzw. Standard-Ausgabe oder Standard-Fehlerausgabe. Leerzeichen zwischen Pfeilen und Dateinamen werden nicht beachtet.

Die Shell beachtet außerdem keine Sonderzeichen, die direkt   
hinter einem Umlenkpfeil stehen. Das bedeutet, daß Sie im fol-
genden Beispiel Ihre Eingaben nicht aus allen Dateien mit der
Endung *.c* herleiten, sondern daß die Shell (erfolglos) versucht,
eine Datei namens **.c* zu öffnen (Bild 7.2).

```
% wc -l < *.c
No match
```

Bild 7.2: Shell Metazeichen hinter Umlenkpfeil

Standard-Eingabe, Standard-Ausgabe und deren Umlenkung haben wir im Abschnitt 6.2 - Ein- und Ausgabe umlenken - beschrieben.

7. 2 .3 Auffinden des Kommandos im Dateisystem

UNIX Kommandos können in jedem Verzeichnis eingetragen sein. Es gibt aber bestimmte Verzeichnisse, in denen alle wichtigen Benutzer-Kommandos abgelegt sind. Diese sind standardmäßig:

- */bin*
- */usr/bin*

Der Suchpfad | Es wäre viel zu aufwendig, jedes Verzeichnis im System nach dem in der Kommandozeile angegebenen Befehl abzusuchen. Daher besitzt jeder Benutzer einen individuell einstellbaren **Kommandosuchpfad**. Der Suchpfad zeigt im Normalfall zumindest auf die Standard-Befehlsverzeichnisse */bin* und */usr/bin*. Außerdem gehört zum „normalen" Suchpfad auch das aktuelle Arbeitsverzeichnis, das durch das ».«-Zeichen dargestellt ist. Die Shell sucht nun in den im Suchpfad angegebenen Verzeichnissen nach dem zu startenden Kommando. Sobald die Shell die Kommandodatei gefunden hat, wird die Suche beendet, später im Suchpfad angeführte Verzeichnisse werden nicht weiter beachtet. Sind alle aufgeführten Verzeichnisse erfolglos durchlaufen worden, erhalten Sie als Meldung: Kommando nicht gefunden (engl.: *command not found*).

Abfragen des Suchpfades | Der Suchpfad ist bei der C Shell in der Shell Variablen *path* festgelegt. Sie fragen die aktuellen Werte aller Shell Variablen und damit auch der Variablen *path* mit dem **set** Kommando ab.

```
% set
argv     ()
history  20
home     /usr/fritz
path     (/bin /usr/bin $HOME/bin /usr/games .)
prompt   %
shell    /bin/csh
status   0
%
```

Bild 7.3: C Shell - Abfragen der Shell Variablen

Sie finden in der Ausgabe des **set** Befehls eine Zeile, die mit *path* $HOME beginnt. Hinter dem Variablennamen stehen die Einträge für alle zu durchsuchenden Verzeichnisse (hier: */bin*, */usr/bin*, *$HOME/bin*, */usr/games* und das Login-Verzeichnis ».«).

$HOME wird durch den Pfad zu Ihrem Login Verzeichnis ersetzt (siehe Abschnitt 7.3). Die Shell entnimmt diesen Wert Ihrer Benutzerumgebung. Für den Benutzer Fritz ist der Pfad *$HOME/bin* gleichbedeutend mit */usr/fritz/bin*.

Und so geht es auf anderen Oberflächen

Auf der Bourne Shell liefert der **set** Befehl diese Ausgabe:

```
$ set
HOME=/usr/fritz
HZ=60
IFS=
LOGNAME=fritz
MAIL=/usr/spool/mail/fritz
MAILCHECK=600
PATH=/bin:/usr/bin:
PS1=$
PS2=
SHELL=/bin/csh
TERM=vt100
TZ=CET-1
%
```

Bild 7.4: Bourne Shell - Abfragen der Shell Variablen

Den Suchpfad der Bourne Shell finden Sie in der Shell Variablen *PATH*. Die einzelnen Pfade sind durch Doppelpunkte voneinander getrennt.

Die Shell Variablen und das Verändern ihrer Werte (somit auch individuelles Ändern Ihres Suchpfads) erläutern wir im Abschnitt 7.3 - Shell Variablen.

Es ist für jeden UNIX-Benutzer wichtig, seinen Suchpfad zu kennen.

Fehlt in Ihrem Suchpfad das aktuelle Arbeitsverzeichnis, kann die Shell u.U. Kommandos nicht ausführen, die beispielsweise in Ihrem Login-Verzeichnis eingetragen sind. Möchten Sie ein Kommando starten, das in einem Verzeichnis außerhalb Ihres Suchpfades liegt, geben Sie den Befehl mit Pfadnamen an.

Falsches Kommando gestartet?

Der Suchpfad kann auch die Ursache dafür sein, daß ein „falsches" Kommando (mit anderer Funktionalität) ausgeführt wird, obwohl Sie ein z.B. selbst erstelltes Programm starten wollten. Die Ursache ist möglicherweise, daß es auf Ihrem System bereits einen Befehl mit gleichem Namen gibt und über den Suchpfad dieser Namensvetter vor dem von Ihnen gewünschten Befehl gefunden wird.

Wenn Sie wissen, wie der Suchpfad arbeitet und welche Verzeichnisse in welcher Reihenfolge „abgelaufen" werden, können Sie diese Pannen verhindern.

Im Abschnitt 7.3 lernen Sie, Ihren Suchpfad bei Bedarf so zu verändern, daß die Kommandos, die Sie in einem eigenen Befehlsverzeichnis abgelegt haben, Vorrang vor den System- Kommandos erhalten.

Der Suchpfad spielt beim Auffinden von Kommandos keine Rolle mehr, wenn Sie das Kommando mit vorangestelltem Pfadnamen angeben (siehe Abschnitt 5.1 - Das Dateisystem). Wenn das angegebene Kommando einen Schrägstrich (engl.: slash) enthält, versucht die Shell nur über diesen Pfad, das Kommando zu starten.

7. 2 .4 Sonderzeichen und Ersetzungsfähigkeit

In Kommandozeilen können Sie Argumente mit Sonderzeichen verwenden. Diese werden in der Fachsprache als **Metazeichen** (engl.: meta characters, special characters) oder Wildcards bezeichnet.

Metazeichen zum Erweitern von Dateinamen haben wir bereits im Kapitel 6 vorgestellt. Die Idee hinter diesen Zeichen ist, nicht alle (oftmals ähnlichen) Dateinamen eintasten zu müssen, sondern die Shell ein Suchmuster (engl.: pattern) zu einer Gruppe von Dateinamen erweitern zu lassen. Dieses Muster muß der Benutzer so wählen, daß es genau auf die Gruppe der Dateien im Verzeichnis paßt (engl.: matching), die an den Befehl übergeben werden sollen. Wenn das Muster dann tatsächlich auf einen oder mehrere Dateinamen paßt, reicht die Shell diese Dateinamen an den Befehl weiter.

Wozu Metazeichen?

Die Sonderzeichen, die Sie in das Suchmuster einbringen können, sind

***, ?, [] und [!]**

Tabelle 6.1 zeigt die Benutzung dieser Sonderzeichen mit Dateibefehlen.

Neben diesen Zeichen mit Sonderbedeutung können Sie selbstverständlich auch alle Buchstaben- und Ziffernzeichen verwenden. Diese Zeichen „matchen" sich selbst, d.h. ein Buchstabe »a« im Suchmuster paßt an der entsprechenden Stelle im Dateinamen auf einen Buchstaben »a«, nicht aber zu »A«.

Der Asterisk oder Joker »*« ersetzt jede beliebige Zeichenfolge, sogar eine leere (engl.: null string).

Joker-Zeichen

Im Bild 7.5 wird mit dem **ls** Befehl das »*«-Zeichen benutzt, um alle Dateinamen, gleich welcher Namenslänge, im Verzeichnis anzusprechen, die mit der Endung .c enden. Diese Endung kennzeichnet gewöhnlich Quell-Programme der Programmiersprache C.

```
% ls *.c
.c
main13.c
readin.c
sort.c
%
```

Bild 7.5: Benutzung des »*« Metazeichens

Sie sehen, daß ***.c** auch zu *.c* ersetzt wird. Der Asterisk ersetzt also auch eine leere Zeichenkette, die null Zeichen lang ist.

ls *.*

Mit dem Befehl **ls *.*** lassen Sie sich wie im Bild 7.6 alle Verzeichniseinträge anzeigen, die einen Punkt ».« im Dateinamen enthalten:

```
% ls *.*
.c
kap7.txt
main13.mod
main13.c
name.pr.txt
readin.c
sort.c
text.doc
%
```

Bild 7.6: Benutzung des »*« Metazeichens, Teil 2

DOS-Anwender müssen hier umlernen. Der Punkt ist bei UNIX kein Trenner zwischen Dateinamen und Erweiterung, sondern normaler Namensbestandteil. Steht der Punkt zu Beginn des Dateinamens, ist die Datei versteckt und wird nur mit dem **ls -a** Befehl angezeigt.

»?«-Sonderzeichen

Ein »?« Zeichen nutzen Sie, um ein einzelnes beliebiges Zeichen zu ersetzen.

So können Sie dieses Metazeichen wie in Bild 7.7 in Verbindung mit dem **mv** Befehl benutzen, um genau die Menge der Dateien, deren Namen drei Zeichen lang sind, ins bisher leere Verzeichnis *neutexte* zu verschieben:

```
% ls neutexte

% mv ??? neutexte
% ls neutexte
aaa
b2b
c.c
ddd
%
```

Bild 7.7: Shell - Benutzung von »?« Metazeichen

In diesem Beispiel werden von der Shell nur die Dateinamen an das **mv** Kommando übergeben, die aus genau drei Zeichen bestehen.

Eine in eckigen Mengenklammern »[ ]« angegebene Zeichenkette paßt auf genau eines der darin enthaltenen Zeichen. Mengenklammern »[ ]«

Sie können z.B. mit dem Befehl **rm script[ABC]** alle Dateien löschen, die mit der Zeichenkette *script* beginnen und mit den Großbuchstaben *A*, *B* oder *C* enden:

```
% ls script*
scriptA
scriptB
scriptB2
scriptC
scriptD
% rm script[ABC]
% ls script*
scriptB2
scriptD
%
```

Bild 7.8: Shell - »[ ]« Metazeichen

Hierbei können Sie durch einen Bindestrich »-« auch einen Bereich der Zeichen angeben, die auf Dateinamen passen können: Zeichenbereich angeben

```
% ls [A-Z]*.c
Alpha.c
Beta23.c
Gamma.c
H.c
Zeta.c
%
```

Bild 7.9: Shell - »[ ]« Metazeichen mit Zeichenbereich

Mit dem Muster *[A-Z]*.c* werden alle C Quelltext Dateien ersetzt, die mit einem beliebigen Großbuchstaben beginnen.

Steht innerhalb der Klammer ein Ausrufezeichen »!«, so werden alle Zeichen „gematcht", die nicht innerhalb dieser Klammer aufgeführt sind. Dieses Zeichen muß auf der C Shell (wie im folgenden Abschnitt beschrieben) geschützt werden, um zu verhindern, daß die C Shell über die Befehlsgeschichte ein zurückliegendes Kommando wiederholt.

[ ] im Gegensatz zu { } Die »[ ]«-Sonderzeichen benutzen Sie, um Dateinamen anzusprechen, die eine gemeinsame Zeichenkette haben und sich (zumeist) nur durch ein einzelnes Zeichen voneinander unterscheiden.

Im Unterschied dazu können Sie mit den »{ }«-Sonderzeichen auch Zeichenfolgen (z.B. Dateinamen) zusammenfassen, die sich aus völlig unterschiedlichen Zeichen zusammensetzen. Sie trennen die geklammerten Zeichenfolgen jeweils durch Komma voneinander. Eine solche Gruppe von Dateinamen verbinden Sie z.B. mit einem vorangestellten gemeinsamen Pfadnamen oder übrigen gemeinsamen Zeichenfolgen der Dateinamen. Die einzelnen Namensteile in Klammern werden von der Shell nacheinander in das Argument, das sie ergänzen, eingefügt.

Datenreise Im folgenden Beispiel arbeiten wir mit einem Argument, in dem die Sonderzeichen »{ }« verwendet werden:

/usr/fritz/{logprot, uebung, texte}

Dieses Argument erweitert die Shell zu diesen Pfadnamen:

/usr/fritz/logprot
/usr/fritz/uebung
/usr/fritz/texte

Durch die Sonderzeichen haben Sie in diesem Beispiel eine Kurz- **verschiedene**
schreibweise für die kompletten Pfadnamen zur Verfügung, ob- **Namen**
wohl sich die Dateinamen stark voneinander unterscheiden.

Der nach Erweiterung entstehende Ausdruck muß keinem tatsächlich vorhandenen Dateinamen entsprechen, um an die Kommandozeile übergeben zu werden. Daher können Sie damit auch
neue Argumente erzeugen.

Dies können Sie nutzen, um mit dem **mkdir** Befehl neue Verzeich- **verschiedene**
nisse einzurichten: **Namensteile**

```
% pwd
/etc
% mkdir /usr/fritz/{ergebnisse, tabellen, ausgabe, privat}_tmp
% ls *_tmp
ausgabe_tmp
ergebnisse_tmp
privat_tmp
tabellen_tmp
%
```

Bild 7.10: Shell - Benutzung von »{ }« Metazeichen

Im Login-Verzeichnis des Benutzers entstehen so die Unterverzeichnisse: **ergebnisse_tmp, tabellen_tmp, ausgabe_tmp** und
privat_tmp

Wir nutzen nun die »{ }«-Sonderzeichen in Verbindung mit dem
Kopierbefehl **cp**. Die in Klammern gesetzten Namen werden
nacheinander in den Pfadnamen eingesetzt. Auf diese Weise
erhalten Sie als Quell-Datei */texte/textdatei* und als Ziel-Datei */tex-
te/duplikatdatei*. Mit den Sonderzeichen sparen Sie das Eintasten
der beiden gemeinsamen Namensbestandteile Pfad und Dateien-
dung (Bild 7.11):

```
% ls texte
textdatei
% cp texte/{text, duplikat}datei
% ls texte
textdatei
duplikatdatei
%
```

Bild 7.11: Shell - Benutzen von »{ }« Metazeichen, Teil 2

Um zu sehen, wie die Shell in diesem Beispiel Argumente erweitert, übergeben Sie die komplette Kommandozeile aus Bild 7.11 an das **echo** Kommando. **echo** schreibt die Kommandozeile nach Erweitern der Metazeichen auf den Bildschirm:

```
% echo cp texte/{text, duplikat}datei
cp  texte/textdatei texte/duplikatdatei
%
```

Bild 7.12: Shell - Benutzen von »{}« Metazeichen, Teil 3

Das »~«-
Sonder-
zeichen

Die Shell stellt Ihnen mit dem Tildezeichen »~« eine sehr nützliche Kurzschreibweise für den kompletten Pfadnamen zu Ihrem Login-Verzeichnis zur Verfügung. Über diesen Ersetzungsvorgang können Sie sich einfach auf Dateien in Ihrem Login-Verzeichnis beziehen.

Datenreise

Mit diesem Sonderzeichen können Sie zum Beispiel in Ihrem Login-Verzeichnis einen neuen Namenseintrag auf eine Datei in einer „anderen Ecke" des Dateisystems einrichten (siehe Abschnitt 6.1 - Dateibefehle). Auf Bild 7.13 befinden wir uns im Verzeichnis */u/thomas/daten* und geben als Ziel-Verzeichnis für den neuen Namenseintrag zu *daten1* das Sonderzeichen »~« an. Anschließend nutzen wir wieder das »~«-Zeichen, um zu prüfen, ob der Eintrag *daten1* in unserem Login-Verzeichnis eingetragen wurde:

```
% pwd
/u/thomas/daten
% ln daten1 ~
% cd
% ls ~/daten1
daten1
%
```

Bild 7.13: Shell - Benutzen des »~« Metazeichen

Sie können aus jedem beliebigen Verzeichnis auch ohne viel Wieder heim Schreibaufwand Ihre Dateien ansehen:

```
% pwd
/u/thomas/daten
% cat ~/logprot
     1      set history = 20
     2      id
     3      who
     4      history
     5      who
     6      who
     7      history
     8      id
     9      history > logprot

%
```

Bild 7.14: Shell - Dateien über das »~« Metazeichen ansprechen

Unmittelbar hinter die Tilde können Sie einen Benutzernamen setzen. Die Shell ersetzt diesen Ausdruck durch den Pfad zum Login-Verzeichnis dieses Benutzers:

```
% echo ~bernd
/usr/bernd
% cd ~bernd
% ls -l ~bernd
Permission denied
%
```

Bild 7.15: Shell - Ansprechen der Login-Verzeichnisse anderer Benutzer

Sonderbe-deutungen ausschalten

Sie können die Sonderbedeutung von Metazeichen auch ausschalten, so daß eine Zeichenkette mit Sonderzeichen unverändert an ein Kommando weitergegeben wird.

Schützen durch Gegenschrägstrich

Wir haben Ihnen bereits den Gegenschrägstrich »\« vorgestellt, mit dem Sie die Sonderbedeutung des nachfolgenden Zeichens aufheben. Dies war sinnvoll, um etwa eine Datei namens »*« löschen zu können. Sie erkennen sicherlich, daß der Befehl **rm** * alle Dateien Ihres Arbeitsverzeichnisses entfernen würde. Um der Shell mitzuteilen, daß das »*«-Zeichen in diesem Fall kein Metazeichen sein soll, sondern für sich selbst zu stehen hat, schützen Sie es mit dem Gegenschrägstrich. So erhalten Sie den Befehl **rm** *, mit dem die »*« Datei -und nur diese- problemlos entfernt wird.

Sie können sich solche „Tricks" sparen, wenn Sie Sonderzeichen in Dateinamen vermeiden.

Neben dem Gegenschrägstrich können Sie auch längere Zeichenketten vor Interpretation durch die Shell schützen. Sie übergeben Zeichenfolgen mit den Sonderzeichen *, ? und [ ] unverändert, wenn Sie diese in doppelte Anführungszeichen einschliessen.

Das UNIX echo

Wir möchten Ihnen dies mit dem **echo** Befehl demonstrieren, den Sie bereits im vorherigen Abschnitt genutzt haben, um alle angeführten Argumente auf Ihren Bildschirm (Standard-Ausgabe) auszugeben. Probieren Sie folgendes:

```
% echo Hallo, ich bin das Echo
Hallo, ich bin das Echo
%
```

Bild 7.16: Befehl echo

Setzen Sie hinter **echo** ein Metazeichen zur Dateinamen-Erweiterung, so interpretiert Ihre Shell dieses Zeichen und gibt die entsprechende Liste an Dateinamen an **echo** weiter (Bild 7.17):

```
% echo *
datenfile1 datenfile2 linkprot logprot
textdatei texte
%
```

Bild 7.17: echo Befehl und »*« Sonderzeichen

Sie schalten die Sonderbedeutung der Metazeichen durch Klammern mit doppelten Anführungszeichen »"« aus (Bild 7.18):

doppelte
Anführungs-
zeichen

```
% echo "* ? [ABC] xyz"
* ? [ABC] xyz
%
```

Bild 7.18: Sonderzeichen innerhalb doppelter Anführungszeichen

Für andere Sonderzeichen ist der Schutz, den doppelte Anführungszeichen bieten, zu schwach.

Das »$«-Zeichen ist eines dieser Zeichen. Sie benutzen es, um den Wert einer Shell Variablen anzusprechen. Probieren Sie auf der C Shell den Befehl **echo $path**, um sich die Shell Variable *path* ausgeben zu lassen (Bild 7.19):

Datenreise

```
% echo $path
(/bin /usr/bin $HOME/bin /usr/games .)
%
```

Bild 7.19: Ausgeben einer Shell Variablen mit echo

Nun setzen Sie das Argument zu **echo** in doppelte Anführungszeichen. Hiermit prüfen Sie, ob die Shell die Zeichenfolge weiterhin als Shell Variable interpretiert oder diese unverändert übergibt (Bild 7.20).

```
% echo "$path"
(/bin /usr/bin $HOME/bin /usr/games .)
%
```

Bild 7.20: Ausgeben einer Shell Variablen mit echo, Teil 2

Wir sehen, daß diese Anführungszeichen der Shell weiterhin Ersetzungen des Sonderzeichens »$« erlauben. Auch der Gegenschrägstrich »\« und das Ausrufezeichen »!« werden innerhalb doppelter Anführungszeichen weiterhin als Zeichen mit Sonderbedeutung erkannt.

einfache Anführungszeichen

Völlig ausschalten können wir die Ersetzungsfähigkeit der Shell, wenn wir die Argumente in einfache Anführungszeichen »' '« setzen (Bild 7.21):

```
% echo '$path \\\'
$path \\\
%
```

Bild 7.21: Schützen sämtlicher Sonderzeichen

Innerhalb dieser Klammern besitzen keine Zeichen Sonderbedeutung, und sie werden von der Shell nicht „gesehen".

Datenreise

Dieser Schutz ist notwendig, wenn Sie z.B. erst das **grep** Kommando (siehe Abschnitt 5.11) die Metazeichen auswerten lassen möchten. Im folgenden Beispiel soll Ihnen **grep** alle Zeilen in der Datei *suchtest* liefern, die die Zeichenkette $i enthalten. Vergessen Sie das Suchmuster zu klammern, so werden Sonderzeichen bereits von der Shell erweitert und Sie erhalten:

```
% grep $i suchtest
i: Undefined variable
%
```

Bild 7.22: Vorzeitige Interpretation von Sonderzeichen

Gleiches droht bei doppelten Anführungszeichen. Nur einfache Anführungszeichen erreichen, daß das »$«-Zeichen uninterpretiert an das **grep** Kommando weitergereicht und von diesem im Suchmuster auf *suchtest* angewendet wird (Bild 7.23).

```
% grep '$i' suchtest
die Variable $i können Sie setzen, um
$i  Shell Variable
setzen Sie $ich neu
%
```

Bild 7.23: Sonderzeichen an das grep Kommando übergeben

In diesem Beispiel hätte man natürlich auch mit einem Gegenschrägstrich das Dollar-Zeichen schützen können. Der Gegenschrägstrich schützt aber immer nur das jeweils nachfolgende
Zeichen (Bild 7.24):

```
% grep \$i suchtest
die Variable $i können Sie setzen, um
$i  Shell Variable
setzen Sie $ich neu
%
```

Bild 7.24: Sonderzeichen an das grep Kommando übergeben, Teil 2

Kommen zu schützende Sonderzeichen mehrfach im Suchmuster
vor, so erweisen sich Anführungszeichen als praktischer.

Ersetzung durch Ausgabe eines Befehls

SCO UNIX kennt noch eine dritte Klasse von Anführungszeichen.
Dies sind die umgekehrten, einfachen Anführungszeichen »` `«
(engl.: back quotation marks).

Achtung Brillenträger: die Akzente zeigen von links oben nach rechts unten.

Geklammerte Kommandos und Shell Variablen werden von der
Shell durch deren Ausgabe ersetzt (Bild 7.25):

```
% echo `date`
Fri Jul 26 10:18:56
%
```

Bild 7.25: Kommando-Ersetzung und der echo Befehl

Die Shell führt zunächst das eingeklammerte Kommando aus.   Kommando
Dann ersetzt sie den kompletten Ausdruck einschließlich der   Ersetzung
Anführungszeichen durch die Ausgabe des Kommandos und

übergibt diesen an das **echo** Programm. Dieses Prinzip bezeichnet man als **Kommando-Ersetzung** (engl.: command substitution).

Innerhalb von doppelten Anführungszeichen wird die Kommando Ersetzung weiterhin durchgeführt. Nur einfache Anführungszeichen schützen diese Klammerung:

```
% echo ' `date `'
'date'
%
```

Bild 7.26: Kommando-Ersetzung ausgeschaltet

Die Fähigkeit der Shell zur Kommando-Ersetzung nutzen Sie im folgenden Abschnitt 7.3, um Shell Variablen Kommandoausgaben zuzuweisen.

Zusammen-fassung

Die Tabelle 7.1 faßt die Sonderzeichen und Ersetzungsfähigkeiten der Shell zusammen:

Metazeichen	Verarbeitung durch die Shell
* ? [ ] [!]	werden zu allen auf das jeweilige Muster passenden Zeichenketten (z.B. Dateinamen) erweitert
*	ersetzt jede beliebige (auch keine!) Zeichenkette
?	ersetzt ein einzelnes Zeichen
[ ]	ersetzt eines der in Klammern aufgeführten Zeichen (Angabe eines Zeichenbereichs möglich)
[!]	ersetzt jedes der nicht in Klammer aufgeführten Zeichen
{ }	die in Mengenklammern angegebenen Zeichenketten werden der Reihe nach in das Argument eingesetzt
/	trennt Teile von Pfadnamen; am Beginn eines Pfades steht »/« für das Wurzelverzeichnis (root).

Tabelle 7.1: Shell Sonderzeichen und Ersetzungsfähigkeiten (Teil 1)

Metazeichen	Verarbeitung durch die Shell
\	verhindert Ersetzen eines (einzelnen!) folgenden Sonderzeichens Beispiel: *test\\datei* der erste Gegenschrägstrich schützt den zweiten, so daß die Shell als Argument *test\datei* weiterreicht
$variable	wird ersetzt durch den Wert, der der Shell Variablen zugewiesen ist Beispiel: *$home* wird durch den Pfad zum Login Verzeichnis des Benutzers ersetzt, z.B. */usr/fritz*
"text"	schützt die Sonderzeichen *, ? [ ] und [!], so daß diese unverändert als Argument weitergegeben werden. Innerhalb dieser Klammer ersetzt die Shell weiterhin Shell Variablen, den Gegenschrägstrich und Kommandos innerhalb umgekehrt einfacher Klammerung.
'kommando'	wird von der Shell ersetzt durch die Ausgabe der eingeschlossenen Kommandos oder Shell Variablen
'text'	die Zeichen innerhalb dieser Klammer sind vollständig vor Ersetzung durch die Shell geschützt. Der Ausdruck wird unverändert an das aufgerufene Kommando übergeben.
<, >, >>	Umlenken der Standard-Eingabe aus einer Datei und der Standard-Ausgabe auf eine Datei oder ein Gerät
befehl1 | befehl2	Verknüpfen der Standard-Ausgabe des ersten Kommandos mit der Standard-Eingabe des zweiten Kommandos mittels Pipeline
befehl1 ; befehl2	Trennzeichen zwischen Kommandos. Kommandos werden unabhängig voneinander durchgeführt.

Tabelle 7.1: Shell Sonderzeichen und Ersetzungsfähigkeiten (Teil 2)

Metazeichen	Verarbeitung durch die Shell
kommando &	Durchführung des Programms im Hintergrund (siehe Abschnitt 7.4)
!ausdruck	C Shell: History-Ersetzung (siehe Abschnitt 3.9)
^	umschließt Korrekturen in Verbindung mit history (siehe Abschnitt 3.9)
~	steht für das Login-Verzeichnis jedes Benutzers
.	steht für das aktuelle Arbeitsverzeichnis des Benutzers
..	steht für das im Verzeichnisbaum direkt übergeordnete Verzeichnis
-	leitet Optionen zu Kommandos ein (Achtung: gilt nicht bei allen Befehlen!)

Tabelle 7.1: Shell Sonderzeichen und Ersetzungsfähigkeiten (Teil 3)

In Tabelle 6.1 sehen Sie, wie Sie bestimmte Sonderzeichen mit Dateibefehlen nutzen.

7. 3 Shell Variablen

Eine Variable ist ein Platzhalter, dem eine bestimmte Zeichenkette als Wert zugewiesen werden kann. Eine Shell Variable ist eine spezielle Variable, die Ihrer Benutzeroberfläche bekannt und die vom Benutzer oder von Programmen jederzeit ansprechbar ist.

Shell-
definierte und
benutzer-
definierbare
Variablen

Die Shell arbeitet in ihrer Programmierumgebung mit einer Reihe shelldefinierter Variablen. Sie kennt aber auch vom Benutzer definierbare Variablen, die mit einem Standardwert vorbelegt sind. Die Werte, die in Variablen abgelegt sind, können innerhalb von Kommandos durch Variablen-Ersetzung angesprochen werden.

Wozu Shell
Variablen

Mittels Shell Variablen können Sie die Arbeitsweise und das Erscheinungsbild Ihrer Benutzerschnittstelle deutlich beeinflussen. Sie können durch Shell Variablen Zeichenketten ersetzen und sich so z.B. Abkürzungen für lange Pfadnamen einrichten. Oder Sie gestalten über Shell Variablen Ihren Shell Suchpfad und Shell

Prompt neu. Sie können über Variablen auch festsetzen, daß Sie sich nicht mit der Tastenkombination (STRG) + (d) ausloggen oder durch Ausgabe-Umlenkung Dateien überschreiben können.

Sie kennen aus den vorangegangenen Kapiteln bereits einige wichtige Variablen:

- Sie haben mit der Variablen *history* gearbeitet. Ist *history* ein Wert zugewiesen, führt die Shell eine Befehlsliste mit dieser maximalen Länge (Kapitel 3).

- Die Variable *path* Ihren Suchpfad für Kommandos im Dateisystem an (Abschnitt 7.2.3).

- In *home* ist der Pfad zu Ihrem Login Verzeichnis abgelegt (Abschnitt 7.2.3).

- Mittels *noclobber* legen Sie fest, daß durch Umlenken von Ausgaben Dateien nicht mehr überschrieben werden können (Kapitel 6).

In den folgenden Abschnitten zeigen wir Ihnen, wie Sie auf der C Shell

Abschnitts-
übersicht

- die für Ihre Oberflächen gültigen Variablen und die dazugehörigen Werte abfragen,

- die Werte von Variablen ansprechen,

- bestehenden Variablen neue Werte zuweisen,

- neue Variablen setzen und wieder entfernen,

- geänderte Variablen in Ihrer Benutzer-Umgebung (engl.: environment) bekannt machen.

- Sie lernen die beim Einloggen standardmäßig gesetzten benutzerdefinierbaren Variablen kennen,

- arbeiten mit von der Shell definierten Variablen und

- Sie werden die Einsatzmöglichkeiten von Shell Variablen in Kommandos kennenlernen.

- Zum Abschluß zeigen wir Ihnen, wie Sie Ihren Shell Prompt (in der Variablen *prompt* festgeschrieben) Ihren Wünschen anpassen.

Wir möchten Ihnen in diesem Kapitel zeigen, wie Sie mit Shell Variablen Ihre Benutzeroberfläche den eigenen Erfordernissen besser anpassen können.

Dieses Kapitel orientiert sich an der C Shell. Daher raten wir Ihnen, wenn nötig, mittels **csh** auf die C Shell zu wechseln. Am Ende jedes Abschnittes finden Sie eine Kurzübersicht »Und so geht's auf anderen Shells« für Benutzer anderer zeichenorientierter Shells.

7. 3 .1 Wie arbeite ich mit Shell Variablen?

Ausgeben der Variablen-Liste

Über den **set** Befehl geben Sie zunächst eine Liste aller aktuell gesetzten Variablen aus. Die Liste, die Sie erhalten, zeigt Ihnen standardmäßig diese benutzerdefinierbaren Variablen und deren Werte an:

```
% set
argv     ()
history  20
home     /usr/fritz
path     (/bin /usr/bin $HOME/bin .)
prompt   %
shell    /bin/csh
status   0
%
```

Bild 7.27: Anzeigen der Shell Variablen mit set

Variablen setzen

Mittels **set** werden benutzerdefinierbare Variablen auch neu gesetzt und mit neuen Werten belegt. Das Kommandoformat zum Zuweisen von Werten an Variablen sieht so aus:

set *variablenname* = *wert*

Die Namen, die Sie neuen Variablen geben, sind beliebig wählbar. Passen Sie aber auf, daß Sie keinen bereits existierenden Namen wählen, da Sie den ursprünglichen Inhalt sonst überschreiben. Benutzen Sie am besten „sprechende" Variablennamen, damit Sie auch in Zukunft wissen, wozu Sie die Variable eingerichtet haben.

Datenreise

Wir werden nun einer neuen Variablen, die wir *verz* nennen, als Wert den absoluten Pfadnamen zu unserem Verzeichnis */usr/fritz/texte* zuweisen.

```
% set verz = /usr/fritz/texte
%
```

Bild 7.28: Setzen einer Variablen mit set

Enthält die Zeichenfolge, die Sie als Wert zuweisen, Leerstellen, müssen Sie den Wert wie in Bild 7.29 in Anführungszeichen setzen.

Leerstellen im Variablenwert

```
% set name = "Heinz Kleine"
%
```

Bild 7.29: Variablenwert mit Leerzeichen

Variablen können auch Werte durch Kommando-Ersetzung zugewiesen werden. Wir werden auf diese Weise in *dir* den Pfad zum aktuellen Arbeitsverzeichnis speichern und in *zeit* das aktuelle Datum und Uhrzeit festhalten:

```
% set dir = `pwd`
% set zeit = `date`
%
```

Bild 7.30: Variablen durch Kommando Ersetzung definieren

Sie können mit Hilfe des **echo** Befehls prüfen, ob diese Handlung durchgeführt wurde. Hierzu müssen Sie vor den Variablennamen das Dollarzeichen »$« setzen. Dieses Sonderzeichen sagt der Shell, daß sie den Wert der nachfolgend angegebenen Shell Variablen einsetzen soll. Mit folgendem Format geben Sie den Wert einer Variablen aus:

Werte von Variablen abfragen

$variable

Format

In Bild 7.31 fragen wir auf diese Weise den Wert der Variablen *verz* ab:

```
% echo $verz
/usr/fritz/texte
%
```

Bild 7.31: Abfragen von Variablenwerten mit echo

Auch in der Liste der Variablen erscheinen die neuen Variablen:

```
% set
argv     ()
dir      /usr/fritz/texte
history  20
home     /usr/fritz
name     Heinz Kleine
path     (/bin /usr/bin $HOME/bin .)
prompt   %
shell    /bin/csh
status   0
verz     /usr/fritz/texte
zeit     Sa, Okt 20 1990 18:33:24 CET
%
```

Bild 7.32: Anzeigen der veränderten Variablenliste

Und so nutzen Sie Variablen

Wie nutze ich Variablen?

Die gesetzten Variablen stehen Ihnen auf dieser Benutzeroberfläche zur Verfügung. In Kommandos können Sie auf die Variablen Bezug nehmen. Sie können mit *verz* innerhalb einer Kommandozeile den ausgeschriebenen Pfad zu diesem Verzeichnis ersetzen. Das spart Ihnen unter Umständen Schreibarbeit:

```
% pwd
/lib/buch/words
% cd $verz
% pwd
/usr/fritz/texte
%
```

Bild 7.33: Benutzung von Shell Variablen mit dem cd Kommando

In diesem Beispiel übergeben Sie dem **cd** Befehl als Parameter den Wert der Shell Variablen *verz*. Die Benutzeroberfläche ersetzt zunächst die Variable durch die Zeichenfolge, die wir in der Variable abgelegt haben. Der **cd** Befehl nimmt diesen Wert als Parameter und bringt uns in das passende Verzeichnis. Da es sich hierbei um einen kompletten Pfadnamen handelt, können Sie die Variable aus jedem beliebigen Verzeichnis heraus verwenden.

Sie können in Variablen beliebige Zeichenfolgen ablegen. Eine Variable können Sie auch einfach nur setzen, ohne dieser einen Wert zuzuweisen:

Variablen mit logischem Wert

```
% set zzz
% set
a        /usr/fritz/texte
argv     ()
dir      /usr/fritz/texte
history  20
home     /usr/fritz
name     Heinz Kleine
path     (/bin /usr/bin $HOME/bin .)
prompt   %
shell    /bin/csh
status   0
zeit     Sa, Okt 20 1990 18:33:24 CET
zzz
%
```

Bild 7.34: Setzen einer Variablen mit logischem Wert

In Variablen wie zzz ist ein logischer Wert abgelegt, was soviel heißt wie zzz ist gesetzt. Eine derartige Variable ist auch *noclobber*. Sie wurde im Abschnitt 6.2.6 angesprochen. Diese Variable verhindert, wenn gesetzt, daß Sie Dateien durch Ausgabe-Umlenkung überschreiben.

Möchten Sie eine beliebige Variable löschen, benutzen Sie den **unset** Befehl mit dem entsprechenden Variablennamen:

Variablen entfernen

```
% unset zzz
% set
a        /usr/fritz/texte
argv     ()
dir      /usr/fritz/texte
history  20
home     /usr/fritz
name     Heinz Kleine
path     (/bin /usr/bin $HOME/bin .)
prompt   %
shell    /bin/csh
status   0
zeit     Sa, Okt 20 1990 18:33:24 CET
%
```

Bild 7.35: Entfernen einer Variablen

Die Variable zzz ist aus unserer Liste entfernt.

Veränderte Variablen gelten nur auf der aktuellen Benutzeroberfläche. Loggen Sie sich erneut ein, werden die Voreinstellungen wiederhergestellt. Möchten Sie eigene Variablen mit jeder Benutzeroberfläche setzen oder vorbelegte Variablen immer andere als die Standardwerte zuweisen, müssen Sie die notwendigen Kommandofolgen automatisieren. Dies erfolgt durch entsprechende Eintragungen in Ihre Startup-Dateien. Startup-Dateien werden jedesmal gelesen, wenn Sie sich einloggen bzw. weitere Shells starten. Wir werden mit Startup-Dateien im Abschnitt 7.4 arbeiten.

Und so geht es auf anderen Shells

Bourne

Auf der Bourne Shell liefert Ihnen das **set** Kommando standardmäßig eine Variablenliste wie in Bild 7.36.

Vorbelegte Variablen sind auf der Bourne Shell großgeschrieben.

Korn

Ist auf Ihrem System auch die Korn Shell verfügbar, erhalten Sie in etwa eine Ausgabe wie in Bild 7.37.

```
$ set
HOME=/usr/fritz
HZ=60
IFS=
LOGNAME=fritz
MAIL=/usr/spool/mail/fritz
MAILCHECK=600
PATH=/bin:/usr/bin:
PS1=$
PS2=>
SHELL=/bin/sh
TERM=vt100
TZ=CET-1
```

Bild 7.36: Shell Variablen der Bourne Shell

```
$ set
CDSPELL=cdspell
ERRNO=9
FCEDIT=/bin/ed
HOME=/usr/fritz
HZ=60
IFS=
LOGNAME=fritz
MAIL=/usr/spool/mail/fritz
MAILCHECK=600
PATH=/bin:/usr/bin:
PPID=290
PS1=$
PS2=>
PS3=#?
PS4=+
PWD=/etc
SECONDS=7
SHELL=/bin/ksh
TERM=vt100
TMOUT=0
TZ=CET-1
```

Bild 7.37: Shell Variablen der Korn Shell

Erklärungen zu den voreingestellten Variablen finden Sie in der Tabelle 7.2, in der die entsprechenden Variablen der Benutzerumgebung erläutert werden.

Variablen setzen

Auf der Bourne oder Korn Shell setzen Sie eine Variable oder weisen dieser einen Wert zu im Format:

variablenname=wert

Sie weisen also Werte ohne Kommandonamen zu. Vor und nach dem Gleichheitszeichen dürfen keine Leerstellen stehen.

Variablennamen müssen mit einem Buchstaben oder einem Unterstrich beginnen. Wie auch auf der **csh** sprechen Sie mit *$variablenname* den Wert der Variablen an. Als Variablenwert können Sie eine beliebige Zeichenfolge verwenden.

7. 3 .2 Die Benutzerumgebung - Environment

Ihre Arbeitswelt

Bevor wie Ihnen einzeln die benutzerdefinierbaren Variablen vorstellen, die auf der Benutzeroberfläche Sonderaufgaben erfüllen, möchten wir Sie mit Ihrer **Benutzerumgebung (engl.: environment)** vertraut machen.

Wenn Sie eine Shell Variable neu setzen oder ändern, so nimmt nur die Shell, mit der Sie gerade arbeiten, Notiz von diesem Vorgang. Das heißt, Sie haben eine Variable lokal verändert. Starten Sie von Ihrer Oberfläche oder aus Anwendungsprogrammen (z.B. vom **vi**) Sub-Shells, so haben die Ergänzungen und Änderungen keine Wirkung. Sie müssen zunächst alle Veränderungen an Variablen in Ihrer Benutzerumgebung global bekannt machen. Erst dann sind geänderte Variablen auch anderen Anwendungen und Benutzeroberflächen zugänglich. Ihr Environment nimmt alle Variablen auf, die shellübergreifend (global) zugänglich sein sollen. In Ihrer Benutzerumgebung werden Sie Angaben zu

- Ihrem Benutzer-Eintrag,
- Endgerät,
- Login-Verzeichnis,
- Suchpfad,
- Ihrem **mail** Briefkasten,
- Zeitzone, Netzfrequenz u.ä. finden.

Fragen Sie wie in Bild 7.38 die Liste der Environment Variablen Umgebung
mit **env** ab: abfragen

```
% env
HOME=/usr/fritz
PATH=/bin:/usr/bin:/usr/fritz/bin:
LOGNAME=fritz
TERM=wy60
HZ=60
TZ=CET-1
SHELL=/bin/csh
MAIL=/usr/spool/mail/fritz
%
```

Bild 7.38: Variablen der Benutzerumgebung anzeigen

Einige Variablen, die Ihnen bereits aus der Shell bekannt sind,
finden Sie auch hier wieder. Nur sind die Variablennamen in der
Benutzerumgebung alle großgeschrieben. Im Gegensatz zu **env**
zeigt Ihnen **set** nur die shellintern (lokal) gesetzten Variablen.

Die einzelnen Environment-Variablen finden Sie im folgenden Abschnitt 7.3.3
- Vorbelegte benutzerdefinierbare Variablen beschrieben.

Das C Shell Kommando **setenv** belegt Environment Variablen mit
neuem Wert. Der Befehl hat das Format:

    setenv *variablenname wert*   Format

Stellen Sie z.B. fest, daß Ihr Endgeräte-Typ beim Einloggen falsch
eingestellt wurde, müssen Sie die Variable *TERM* in der Benutzerumgebung neu setzen. Ein richtig eingestellter Endgeräte-Typ
ist notwendig, um mit bildschirmorientierten Programmen wie
dem **vi** Editor arbeiten zu können.

Ist Ihr Endgeräte-Typ z.B. *vt100*, dann benutzen Sie folgende
Kommandozeile, um die *TERM* Variable neu zu setzen:

```
% setenv TERM vt100
% env
HOME=/usr/fritz
PATH=/bin:/usr/bin:/usr/fritz/bin:
LOGNAME=fritz
TERM=vt100
HZ=60
TZ=CET-1
SHELL=/bin/csh
MAIL=/usr/spool/mail/fritz
%
```

Bild 7.39: Ändern des Endgeräte-Typs in der Benutzerumgebung

Mit **setenv** können Sie auch neue Umgebungsvariablen global festlegen. Bitte achten Sie auch hier darauf, vorhandene Variablen nicht zu überschreiben. Die standardmäßig festgelegten Environment-Variablen erfüllen wichtige Aufgaben. Ohne sie funktionieren viele Programme nicht oder nur eingeschränkt.

Wozu getrennte lokale und globale Variablenlisten?

Mal so mal so Das Arbeiten mit zwei getrennten Variablenlisten auf Shell und auf Environment-Ebene bringt für Sie als Benutzer Vorteile:

- Variablen können auf einer Benutzeroberfläche oder aus einem Programm geändert werden, ohne andere Shells oder Anwendungen zu beeinflussen.
- Andererseits können Sie auf Variablen zugreifen, die auf allen Shells gelten. Nehmen Sie Änderungen im Environment vor, setzen Sie neue Werte für **alle** Benutzeroberflächen mit einem Schritt.

Und so geht es auf anderen Shells

Auf Bourne Shell oder Korn Shell verändern Sie eine Variable in der Benutzerumgebung in zwei Arbeitsschritten:

1. Zunächst setzen Sie die entsprechende Shell Variable neu. Wir werden Ihnen dies anhand der *TERM* Variablen vorführen:

```
$ TERM=ansi
$
```

Bild 7.40: Ändern einer Bourne Shell Variablen

2. Dann „exportieren" Sie die Variable in Ihre Benutzerumge-   Exportieren
   bung. Hierzu haben Sie den Befehl **export**:

```
$ export TERM
$ env
HOME=/usr/fritz
PATH=/bin:/usr/bin:/usr/fritz/bin:
LOGNAME=fritz
TERM=ansi
HZ=60
TZ=CET-1
SHELL=/bin/csh
MAIL=/usr/spool/mail/fritz
$
```

Bild 7.41: Exportieren einer Bourne Shell Variablen ins Environment

Wenn Sie eine Shell Variable bearbeitet haben, müssen Sie die
geänderte Variable erneut in die Benutzer-Umgebung exportieren, um den neuen Wert global bekannt zu machen.

7. 3 .3 Vorbelegte benutzerdefinierbare Variablen

Dieser Abschnitt liefert einen Überblick über die Variablen, die Voreinstellung
die C Shell und die Benutzerumgebung bereithalten. Jede der
vorbelegten Variablen erfüllt besondere Aufgaben. Sie sollten die
Standardwerte nur überschreiben, wenn dies notwendig ist. Da
Sie, als Benutzer, den Variablen neue Werte zuweisen können,
spricht man von benutzerdefinierbaren Shell Variablen.

In Tabelle 7.2 finden Sie die wichtigsten Shell Variablen aufgeführt. Großgeschrieben handelt es sich um eine global definierte
Environment Variable. Gibt es eine lokale Entsprechung auf der
C Shell Ebene, nennen wir diese in Klammern. Einige Variablen,
die nur lokal gesetzt sind, stehen am Tabellenende.

Variable	Standardwert	Hinweise
HOME (*home*)	kompletter Pfadname zum Login Verzeichnis des Benutzers	wird beim Einloggen mit dem Startverzeichnis des Benutzers initialisiert. Tasten Sie den **cd** Befehl ohne Parameter ein, kommen Sie in das in *HOME* eingetragene Verzeichnis.
PATH (*path*)	Der Suchpfad. Enthält die Verzeichnisse, in denen Kommandodateien gesucht werden.	siehe Abschnitt 7.2 - Wie arbeiten Shells - und Beispiele im Anschluß an diese Tabelle
MAIL	Pfadname zum Verzeichnis, in dem Mitteilungen über das Postsystem **mail** für den Benutzer abgelegt werden.	
MAILCHECK	Zeitangabe. Legt fest, in welchen Abständen die Shell prüfen soll, ob neue Post eingetroffen ist. (Standard: 600 Sek = 10 Min)	Setzen Sie den Wert auf 0, prüft die Shell vor jeder Eingabe-Aufforderung. Ist neue Post angekommen, erhalten Sie die Meldung »*You have new mail*«.
LOG-NAME	Ihre Benutzer-Kennung (Login Name)	wird beim Einloggen initialisiert.
SHELL (*shell*)	Ihre Benutzeroberfläche (z.B. /bin/csh)	
TERM	Eintrag Ihres Endgeräte-Typs	Notwendig für bildschirmorientierte Programme, die arbeiten.

Tabelle 7.2: wichtige Environment und C Shell Variablen (Teil 1)

Variable	Standardwert	Hinweise
HZ	enthält die Netzfrequenz Ihres Landes	
TZ	enthält die Zeitzone (z.B. CET-1)	die ersten Buchstaben sind die Abkürzung der Zeitzone, die folgende Zahl (z.B. -1) gibt an, daß Ihre Uhr eine Stunde gegenüber der GMT (Greenwich Mean Time) voreilt.
prompt	enthält die Zeichenfolge, die als Eingabe-Aufforderungszeichen (z.B. "\! % ") gezeigt wird. Kann durch Metazeichen ergänzt sein.	siehe Abschnitt 7.3.5
history	wenn gesetzt, ist die Befehlsgeschichte aktiviert. Dem Wert entsprechend viele Kommandozeilen merkt sich die C Shell.	siehe Abschnitt 3.9
noclobber	wenn gesetzt, können vorhandene Dateien nicht ohne weiteres durch Ausgabe-Umlenkung überschrieben werden (logische Variable)	einige Besonderheiten beschreiben wir in Abschnitt 6.2.6. Sollen Ausgaben an eine Datei angehängt werden, muß diese existieren, sonst wird ein Fehler gemeldet.
noglob	wenn gesetzt, kann die Shell Metazeichen nicht erweitern.	Variable mit logischem Wert. Weisen Sie Zeichenketten zu, wird diese von der Shell nicht berücksichtigt

Tabelle 7.2: wichtige Environment und C Shell Variablen (Teil 2)

Variable	Standardwert	Hinweise
nonomatch	wenn gesetzt, wird kein Fehler gemeldet, falls ein Muster zur Dateinamen-Expansion nicht zu tatsächlich vorhandenen Dateinamen erweitert werden kann.	Variable mit logischem Wert.
ignoreeof	wenn gesetzt, ist Ausloggen über STRG + ⓓ nicht möglich. Shell kann nur mit **logout** bzw. **exit** beendet werden.	Variable mit logischem Wert.
status	enthält den zuletzt zurückgegebenen Beendigungsstatus	
IFS	enthält die Zeichen, die als Trenner zwischen Wörtern der Eingabezeile dienen. (Standard: Leerzeichen, Tabulator, Newline)	aus engl.: internal field separator. Bearbeiten Sie Dateien, in denen Informationen durch andere Zeichen (z.B. »:«) getrennt werden, so sollten Sie die Variable ändern.

Tabelle 7.2: wichtige Environment und C Shell Variablen

Erweitern des Suchpfades

Möchten Sie den Suchpfad global um ein Verzeichnis (hier: */usr/games*) erweitern, gehen Sie so vor:

```
% setenv PATH $PATH:/usr/games
%
```

Bild 7.42: Ergänzen des Suchpfades um ein Verzeichnis

Innerhalb der Kommandozeile, mit der Sie die Variable ändern, beziehen Sie sich über *$PATH* auf den bisherigen Wert der Variablen. Dadurch sparen Sie sich die Arbeit, den bisherigen und weiterhin gültigen Pfad zusätzlich zur Ergänzung anzugeben.

Wenn Sie die Reihenfolge, in der Verzeichnisse auf der Suche nach Befehlsdateien durchlaufen werden, ändern möchten, kommen Sie nicht darum herum, alle Pfade einzeln aufzuführen. Teile des Suchpfades sollten Sie austauschen, wenn

> Verzeichnistausch im Suchpfad

- Befehlsnamen doppelt auftreten oder
- die am häufigsten verwendeten Pfade zu weit hinten stehen, was die Zugriffszeit verlängert (vgl. Abschnitt 7.2.3).

Tasten Sie einen Suchpfad wie in Bild 7.43 ein, bei dem Ihr privates Kommandoverzeichnis *|usr|fritz|bin* weiter vorn im Suchpfad liegt:

```
% setenv PATH /bin:/usr/fritz/bin:/usr/bin:/usr/games
% env
HOME=/usr/fritz
PATH=/bin:/usr/fritz/bin:/usr/bin:/usr/games
LOGNAME=fritz
TERM=wy60
HZ=60
TZ=CET-1
SHELL=/bin/csh
MAIL=/usr/spool/mail/fritz
%
```

Bild 7.43: Vertauschen von Verzeichnissen im Suchpfad

7. 3 .4 Shelldefinierte Variablen

Andere Variablen werden von der Shell automatisch bestimmt.

Die **Positionsparameter** gehören zu den shelldefinierten Variablen, die mit jeder Kommandozeile neu gesetzt werden.

Die Shell gliedert jede Kommandozeile in Argumente. Jedem Argument wird je nach Position in der Kommandozeile ein Positionsparameter zugewiesen. Der Kommandoname am Zeilenanfang erhält den Positionsparameter $0. Die Parameter des Kommandos können dann über $1 bis $9 angesprochen werden.

> Positionsparameter

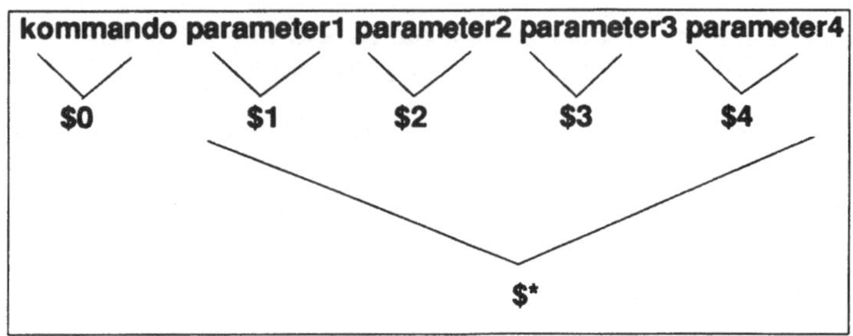

Bild 7.44: Positionsparameter

Sämtliche Parameter in einem Kommando (also $1 bis $9) können Sie durch $* ersetzen.

Die Anzahl der Parameter erfragen Sie mit der Variablen $#.

In Kapitel 10 - Einstieg in die Shell Programmierung - werden Sie mit den Positionsparametern arbeiten.

Shelldefinierte Spezial-Variablen

Neben den Positionsparametern gibt es weitere shelldefinierte Variablen, die insbesondere in Shell Scripts verwendet werden:

$?*argument* • prüft, ob eine Variable gesetzt ist. Hierzu wird der Variablenname unmittelbar hinter die Spezial-Variable geschrieben (Bild 7.45).

$$ • liefert die Prozeßnummer des aktiven Vordergrundprozesses zurück. Auf der Shell erhalten Sie die Nummer des Shell Prozesses (Bild 7.46).

• diese Variable wird häufig benutzt, um temporäre Dateien eindeutig zu kennzeichnen, da die Prozeßnummer zu einem bestimmten Zeitpunkt immer einzigartig ist.

$! • liefert die Prozeßnummer des zuletzt gestarteten Hintergrundprozesses zurück. Diese Variable können Sie nutzen, um im Hintergrund laufende Prozesse vorzeitig zu beenden:

$- • liefert die Optionen zurück, die Sie mit Ihrer Shell oder dem **set** Kommando aktiviert haben

```
% echo $?zzz
0
%
```

Bild 7.45: Spezial Variable $? - prüft, ob Variablen gesetzt sind

```
% echo $$
384
%
```

Bild 7.46: Spezial Variable $$ - zeigt die Prozeßnummer der
Benutzeroberfläche

Im Abschnitt 7.5. arbeiten wir mit den hier angesprochenen Prozessen.

7. 3 .5 Mein Shell Prompt

Sie können jetzt einige Änderungen an Ihrem Shell Prompt vor-
nehmen. Wir zeigen Ihnen, wie Sie das Eingabe-Aufforderungs-
zeichen Ihren Wünschen anpassen können.

Über die lustigen Effekte hinaus, die dabei auftreten können,
werden Sie einige Veränderungen am Shell Prompt schätzen
lernen, etwa dann, wenn die Nummer der Kommandozeile in der
Befehlsgeschichte zu Zeilenbeginn angegeben wird.

Auf unseren Bildschirmen erscheint der C Shell Prompt als %. Auf
Ihrem System kann dem Promptzeichen die aktuelle Nummer der
Befehlsgeschichte bereits vorangestellt sein. Fragen Sie in diesem
Fall Ihre *prompt* Variable ab, erhalten Sie:

```
5 % echo $prompt
! %
6 %
```

Bild 7.47: Abfragen der prompt Variablen

Die C Shell ersetzt das Ausrufezeichen (siehe Kapitel 3) durch die   Mitzählen
aktuelle **history**-Befehlsnummer.

Wollen Sie Ihre Befehlszeilen auch numerieren, tasten Sie ein:

```
% set prompt = \! %\
8 % echo $prompt
! %
9 %
```

Bild 7.48: Setzen der Kommandozeilen-Numerierung

Schützen Sie das Ausrufezeichen »!« und auch das abschließende Leerzeichen mit dem Gegenschrägstrich. Ansonsten könnte die Shell versuchen, die Befehlsgeschichte auf die Kommandozeile anzuwenden.

Sie können auch weitere Zeichenketten in den Shell Prompt einbauen:

```
% set prompt = "Was darf es sein? "
Was darf es sein?
```

Bild 7.49: Zeichenfolge im Shell Prompt

7. 4 Startup-Dateien

So geht's los

Shell Startup-Dateien sind spezielle Shell Scripts, also Programme aus SCO UNIX Kommandofolgen. Sie werden gelesen, wenn eine Benutzeroberfläche startet.

Sie können in diese Dateien Kommandos eintragen, die beim Starten der Shell automatisch ausgeführt werden sollen, wie Befehle, die die Eigenschaften Ihrer Shell und Ihrer Benutzerumgebung verändern.

Die C Shell kennt zwei Startup-Dateien:

- *.login*
- *.cshrc*

Wozu zwei Startdateien?

Die *.login* Datei wird nur einmal, direkt nach dem erfolgreichen Einloggen, ausgeführt. Kommandos, die in *.cshrc* stehen, werden hingegen jedesmal gelesen, wenn Sie eine Shell (also auch Sub-Shells) aus Programmen oder von Ihrer Login Shell aufrufen. Sub-Shells haben Sie bisher schon aus **vi**, **mail** und **write** gestartet.

Sie können mit den Befehlen **csh** bzw. **sh** jederzeit von der Shell-Ebene aus neue Benutzeroberflächen öffnen. Haben Sie mehrere zeichenorientierte Shells übereinander gelagert, zeigt Ihnen die Prozeßliste (Abschnitt 7.5.3) an, wie tief Sie Shells geschachtelt haben. Sub-Shells beenden Sie genauso wie Ihre Login-Shell.

In *.login* finden Sie im Gegensatz zu *.cshrc* nur Kommandos, von denen Sie möchten, daß sie nur einmal, nämlich nach dem Einloggen ausgeführt werden.

Arbeiten Sie auf der Bourne Shell, brauchen Sie sich nur um eine Startup Datei namens *.profile* zu kümmern.

Auf der Korn Shell gibt es zusätzlich zur Datei *.profile* die Datei *.kshrc.*

Ihnen ist sicherlich schon der Punkt vor den Dateinamen aufgefallen. Der Punkt zu Beginn des Dateinamens versteckt die Dateien, d.h. sie werden nicht über **ls** angezeigt und sind vor versehentlichem Löschen besser geschützt. Wenn Sie die Einträge zu Ihren Startup-Dateien sehen möchten, benutzen Sie zusätzlich die Option **a** zu **ls**. Die Startup-Dateien stehen im Login- Verzeichnis jedes Benutzers:

```
% ls -al ~
total 14
drwx------  2 fritz ic    96  Jul 30  20:49  .
drwxrwxr-x 12 root  auth 192  Jul 22  17:48  ..
-rw-------  1 fritz ic   771  Jul 01  15:45  .cshrc
-rw-------  1 fritz ic   554  Jul 01  15:45  .login
-rw-------  1 fritz ic    98  Jul 26  19:30  logprot
-rw-------  1 fritz ic   124  Jul 26  21:12  textdatei
drw-------  5 fritz ic   340  Okt 20  18:58  uebung
%
```

Bild 7.50: Anzeigen der versteckten Startup Dateien

Sehen Sie sich die voreingestellten Inhalte dieser Einträge mit dem **more** Befehl seitenweise an (Bild 7.51):

```
% more .cshrc
:::::::::::::::::::
.cshrc
:::::::::::::::::::
# .cshrc  --    commands executed by the C shell each time it runs
#
# @ (#) cshrc 3.1 89/06/02
#
# Copyright(c) 1985-1989, The Santa Cruz Operation, Inc.
# All rights reserved.
# This module contains Proprietary Information of the Santa Cruz
# Operation, Inc., and should be treated as Confidential
set history = 20             # save last 20 commands
if ($?prompt) then
    set prompt = "\! % "    # set prompt string

# some BSD lookalikes that maintain a directory stack
    if (! $_d) set _d = ()
    alias   flipd    'pushd .; swapd ; popd'
    alias   popd     'cd $_d[1]; echo ${_d[1]}:;shift_d'
    alias   pushd    'set _d = ('pwd' $_d); cd !*'
    alias   swapd    'set _d = ($_d[2] $_d[1] $_d[3])'
endif
alias   print    'pr -n !:*  | lp'    # print command alias
```

```
% more .login
:::::::::::::::::::
.login
:::::::::::::::::::
# .login       --       commands executed by a login C shell
#
# @ (#) login 5.1 89/08/09
#
# Copyright(c) 1985-1989, The Santa Cruz Operation, Inc.
# All rights reserved.
#

setenv SHELL /bin/csh

set ignoreeof           # don't let control-d logout
set path = ($path $home/bin .)      # execution search path

set noglob
set term = ('tset -m ansi: ansi -m :\?ansi -r -S -Q')
if ( $status == 0 ) then
    setenv TERM "$term"
endif

unset term noglob
%
```

Bild 7.51: Inhalt der C Shell Startup-Dateien

Was beinhalten die Startup-Dateien?

In beiden Dateien finden Sie zahlreiche Kommentarzeilen, die mit   Kommentare
»#« beginnen. Die Zeichen, die dem Kommentarzeichen folgen,
werden von der Shell nicht beachtet.

Die darauf folgenden Kommandos bestimmen die Eigenschaften
Ihrer Benutzeroberfläche. Einige Befehle haben Sie bereits kennengelernt, z.B. das Setzen von Variablen mit den **set** und **setenv**
Kommandos. In *.cshrc* tauchen außerdem **alias** Kommandos auf,
mit denen Befehlsnamen ersetzt werden. Die C Shell Befehlsnamen-Ersetzung lernen Sie im Abschnitt 7.8 kennen. Einen ersten
Eindruck geben Ihnen diese Dateien auch über die Shell-Programmiersprache (hier: **if** - Verzweigungen), die wir in Kapitel 10
besprechen.

Möchten Sie Ihre Oberfläche durch Shell Variablen mit jedem
Einloggen anpassen, ergänzen Sie Ihre Startup-Dateien. Fügen Sie
hierzu mit einem Texteditor (z.B. **vi**) am Ende von *.login* oder
.cshrc die Kommandozeilen so ein, wie Sie diese dialogorientiert
auf der Shell-Ebene eingetastet hätten. Diese Variablen sind dann
automatisch nach dem Einloggen initialisiert.

Selbstverständlich können Sie in die Startup-Dateien auch andere
SCO UNIX-Kommandos schreiben. Setzen Sie in die *.login* Datei
das **who** Kommando, wird Ihnen nach dem Einloggen angezeigt,
welche Benutzer mit Ihnen am System arbeiten.

7. 5 Prozeßverwaltung

7. 5 .1 Was ist ein Prozeß

Mit **Prozeß** wird (sehr vereinfacht) ein Programm während der
Bearbeitung bezeichnet. Jedesmal, wenn Sie ein Kommando an
Ihr System absetzen, startet ein Prozeß.

Sie können ein Programm als Datei von einem Programm als   Programme
Prozeß unterscheiden. Die Datei, in der das Programm im Datei-   und Prozesse
system abgelegt ist, ist dann ein unveränderliches, ruhendes Gerüst, wohingegen der Prozeß, die Abarbeitung eines Programms,
ein beweglicher, veränderlicher Vorgang mit Anfangs- und End-

punkt ist. Zu einem Prozeß gehört aber mehr als ausschließlich Programmdaten. Ein Prozeß umfaßt einen Speicher- und Datenbereich, eine Prozeßumgebung (z.B. mit Shell Variablen), Informationen über das aktuelle Arbeitsverzeichnis, über Dateien, die für Eingaben und Ausgaben geöffnet wurden und ggf. über geöffnete Zwischenspeicher.

Da Sie auf einem Multiuser- und Multitasking-Betriebssystem arbeiten, können im Routinebetrieb zahlreiche Prozesse vieler Benutzer ungestört nebeneinander ablaufen. Zur eindeutigen Identifikation ist jedem Prozeß eine Kenn-Nummer (engl.: process id, kurz: **PID**) zugeordnet.

Übersicht

Im Abschnitt 7.5 erwartet Sie folgendes:

Hintergrundausführung

Bisher haben wir alle Kommandos als Vordergrundprozesse ablaufen lassen. Damit Sie Ihre Benutzerschnittstelle für andere Aufgaben freihalten, zeigen wir Ihnen, wie Sie Kommandos im „Hintergrund" ausführen.

Kontrolle über Prozesse

Dieser Abschnitt behandelt das Verwalten von Prozessen. Als Benutzer haben Sie die Kontrolle über Ihre Prozesse. Sie werden sich darüber informieren, welche Prozesse auf Ihrem System laufen und welche von Ihnen stammen. Wir zeigen Ihnen auch, wie Sie aus der Bahn geratene Prozesse „abschießen".

7. 5 .2 Hintergrund und Vordergrund

Bisher haben Sie nach dem Programmstart stets bis zum Programmende gewartet, bevor Sie ein neues Kommando absetzen konnten. Ihr Endgerät wurde durch die Ausführung eines Befehls für andere Kommandos blockiert. Hier werden Sie lernen, **Kommandos im Hintergrund** zu starten, so daß Sie im Vordergrund weiterarbeiten können.

vorne

Als **Vordergrundprozeß** bezeichnen wir das Programm, dessen Ausführung auf dem Bildschirm Ihres Endgerätes gesehen werden kann. Häufig beschränkt sich das „Sehen" jedoch darauf, daß auf das Eingabe-Aufforderungszeichen, und damit auf die erneute Bereitmeldung der Shell, gewartet wird. Ihre Eingaben über Tastatur oder Maus können immer nur den Vordergrundprozeß erreichen.

Nach dem Starten eines **Hintergrundprozesses** hingegen meldet
sich die Shell sofort bei Ihnen zurück. So können Sie weiterhin im
Vordergrund arbeiten, ohne auf das Ende des gestarteten Programms warten zu müssen. Es ist oftmals sinnvoll, Programme
als Hintergrundprozesse laufen zu lassen, wenn diese

- die Zentraleinheit länger beanspruchen,

- keinerlei Tastatureingaben für das Programm erforderlich
  sind und

- weitere Aufgaben durchzuführen sind, aber kein weiteres
  Endgerät verfügbar ist, auf dem diese durchgeführt werden
  könnten.

Bitte beachten Sie, daß auch Hintergrundprozesse Ihre Ausgaben im Standard-
fall auf Ihren Bildschirm schreiben. Das kann zu Störungen bei der Arbeit im
Vordergrund führen und die Ergebnisse des Hintergrundprozesses ungenieß-
bar machen. Die Lösung: Lenken Sie die Standard-Ausgabe-Kanäle von Hin-
tergrundprozessen, die Ausgaben liefern, in eine Datei um.

Sie sagen einem Kommando, daß es im Hintergrund laufen soll,
indem Sie ein »&«-Zeichen ans Ende der Kommandozeile setzen:

kommando &

Wir werden jetzt mit dem Zählkommando **wc** im Hintergrund
die Wörter in einer Datei *langerText* zählen:

```
% wc -w langerText > wortzahl &
5678
%
```

Bild 7.52: Starten des Zählkommandos wc im Hintergrund

Die Ausgabe der Berechnung wird in die Datei *wortzahl* geschrieben.

Das System bestätigt die Annahme des Hintergrundkommandos,
indem es die PID (die Identifikationnummer des Prozesses), hier
5678, zurückliefert. Die PID wird benötigt, wenn Sie z.B. den
Prozeß vorzeitig abbrechen möchten. Diese Zahl müssen Sie aber
nicht schriftlich festhalten oder sich gar merken. Wenn Sie diese
Zahl benötigen, können Sie sie abfragen (siehe 7.5.3).

Setzt sich Ihre Kommandozeile aus mehreren über »;« oder » | « verknüpften Kommandos zusammen, sollten Sie den gesamten Ausdruck klammern:

(*befehl1* | *befehl2* > *ausgabeDatei*) &

Wenn die Klammer vergessen wird, startet nur das Kommando im Hintergrund, das dem »&«-Zeichen direkt voran geht. Andere Kommandos werden als Vordergrundprozesse ausgeführt. In Klammern hingegen wird der gesamte Ausdruck (wie in Bild 7.53) von einer neuen Sub-Shell im Hintergrund bearbeitet.

Sehen Sie sich das mal an:

```
% (cat textdatei logprot /etc/termcap | sort > ausgabe.sort) &
6435
%
```

Bild 7.53: Hintergrundausführung einer Sub-Shell

7. 5 .3 Prozeßkontrolle

Wir zeigen jetzt, wie Sie

- sich einen Überblick über Ihre Prozesse verschaffen und
- fehllaufende und außer Kontrolle geratene Prozesse vorzeitig beenden.

Sie benötigen diese Kenntnisse, um Ihre Hintergrundprozesse zu beobachten und um sich von Programmen zu befreien, die Ihr Endgerät blockieren.

Prozeßliste anzeigen

Was läuft?   Sie zeigen sich die Prozeßliste mit dem **ps** Kommando an. **ps** arbeitet mit zahlreichen Optionen, die bestimmen über welche und wie ausführlich Sie über Prozesse informiert werden.

Das Kommando **ps** ohne Optionen liefert Ihnen einen Prozeßstatusbericht (Bild 7.54). Diese Liste zeigt Informationen über Ihre aktuell bearbeiteten Prozesse (hier 3) an.

```
% ps
   PID  TTY   TIME COMMAND
   349  02    1:47 csh
   682  02    0:03 sort
   1123 02    0:00 ps
%
```

Bild 7.54: Anzeigen der Prozeßliste

In der zweiten Ausgabezeile stehen Angaben zu Ihrem Shell-Programm **csh**. Das **sort** Programm läuft weiterhin im Hintergrund, und auch die Ausführung des **ps** Kommandos wird angezeigt. Die einzelnen Spalten der Ausgabe liefern Ihnen folgende Informationen:

- *PID* - die Prozeßnummer des Prozesses. Sie benötigen diese Kenn-Nummer, wenn Sie einen Prozeß unterbrechen möchten.

- *TTY* - gibt die Endgeräte-Nummer an, mit der der Prozeß verbunden ist. Ist ein Prozeß keinem Endgerät zugeordnet, wird ein »?« ausgegeben.

- *TIME* - zeigt Ihnen, seit wieviel Stunden und Minuten der Prozeß in der Zentraleinheit bearbeitet wird.

- *COMMAND* - liefert den Namen des bearbeiteten Programms.

Das **ps** Kommando können Sie um die Optionen **e** und **f** erweitern, um sich über alle zur Zeit auf dem System laufenden Prozesse zu informieren. Die Option **f** (aus engl.: full) zeigt Ihnen ausführliche Informationen (Bild 7.55). Angaben zu allen Prozessen

```
% ps -ef | more
UID        PID    PPID  C  STIME      TTY   TIME   COMMAND
root       0      0     0  13:00:53   ?     0:00   sched
root       1      0     0  13:00:53   ?     0:03   /etc/init -a
root       2      0     0  13:00:53   ?     0:00   vhand
root       3      0     0  13:00:53   ?     0:00   bdflush
root       276    1     2  22:42:51   01    0:03   -sh
fritz      277    1     5  22:42:52   02    0:05   -csh
202        278    1     0  22:42:52   03    0:03   -sh
root       221    1     0  22:42:52   ?     0:00   /etc/cron
root       359    1     0  22:53:25   04    0:01   login claudia
root       172    1     0  22:42:21   ?     0:00   /etc/logger
/dev/error /usr/adm/messages /usr/adm/hwconfig
root       229    1     0  22:42:34   ?     0:01   /usr/lib/sched
mmdf       250    1     0  22:42:39   ?     0:00   /usr/mmdf/bin/delive
root       280    1     0  22:42:53   05    0:01   /etc/getty tty05 m
root       281    1     0  22:42:53   06    0:01   /etc/getty tty06 m
 .
 .
 .
root       349    276   0  22:52:34   01    0:01 /usr/lib/sysadm/
sysadm.menu
root       306    1     0  22:43:07   007   0:01 /etc/getty tty007 m
202        361    278   21 22:54:50   03    0:04 /usr/bin/word.pr
fritz      371    277   15 22:55:03   02    0:00 ps -ef
root       303    1     0  22:43:05   004   0:01 /etc/getty tty004 m
fritz      372    277   4  22:55:03   02    0:00 more
%
```

Bild 7.55: Anzeigen aller Prozesse

Mit diesen Informationen können Sie sich schnell darüber informieren, was die anderen Benutzer zur Zeit machen. Zusätzlich
haben Sie in dieser Liste die Angabe des Benutzers (*UID*), dem
der Prozeß gehört und unter *PPID* (aus engl.: Parent PID) die
Kenn-Nummer des Prozesses, aus dem das Programm gestartet
wurde.

Sind Sie nur an Informationen über ein spezielles Endgerät interessiert, hilft der Befehl **ps -t** mit der entsprechenden Endgeräte-Nummer. Zum Beispiel:

Prozesse zu einem Endgerät anzeigen

```
% ps -t03
    PID   TTY   TIME COMMAND
    284   03    0:03 sh
%
```

Bild 7.56: Anzeigen aller Prozesse auf einem Endgerät

In vielen Fällen sind nur die Informationen zu Prozessen, die einem Benutzer zugeordnet sind, von Interesse. „Streikt" Bernds Endgerät, läßt sich der Systemverwalter zunächst Bernds Prozesse anzeigen:

Prozesse eines Benutzers anzeigen

```
% ps -u bernd
    PID   TTY   TIME COMMAND
    284   03    0:03 sh
%
```

Bild 7.57: Anzeigen aller Prozesse zu einem speziellen Benutzer

Die Informationen von **ps** liefern die Kenn-Nummer des Prozesses, der vorzeitig beendet werden soll. Wenn ein Prozeß nicht mehr selbständig „terminiert", müssen Sie den Prozeß abbrechen. Ein Programm kann in einer Endlosschleife festhängen oder Ihr Endgerät vollständig „blockieren". In diesen Fällen gibt es je nach Art des zu stoppenden Prozesses verschiedene Vorgehensweisen.

Prozesse vorzeitig beenden

Bitte beachten Sie: Um einen Prozeß beenden zu können, müssen Sie unter Ihrer Benutzer-Kennung den Prozeß gestartet haben oder Systemverwalter-Rechte besitzen. Prozesse anderer System-Benutzer können Sie als Benutzer nicht vorzeitig unterbrechen.

Und so beenden Sie Vordergrundprozesse vorzeitig

Ein Programm, das im Vordergrund läuft, spricht im Normalfall auf Steuersignale an, die Sie über die Tastatur eingeben. Daher können Sie mit der (Entfernen)-Taste das Abbruchsignal *TERM* an ein Kommando senden.

Mit diesem Signal senden Sie eine Aufforderung an den Vordergrundprozeß Ihres Endgerätes, sich zu beenden.

Und so beenden Sie Hintergrundprozesse vorzeitig

Gnadenschuß Da Hintergrundprozesse nicht für Ihre Tastatureingaben zugänglich sind, müssen Sie hier das **kill** Kommando mit der entsprechenden Prozeßkennnummer verwenden, um das *TERM*-Signal an ein Kommando (hier: **wc**) zu geben:

```
ps -u fritz
  PID    TTY    TIME  COMMAND
  387    02     0:03  csh
  621    02     0:00  wc
  622    02     0:00  ps
% kill 621
621:wc:Terminated
% ps -u fritz
  PID    TTY    TIME  COMMAND
  387    02     0:03  csh
  635    02     0:00  ps
%
```

Bild 7.58: Abbrechen eines Hintergrundprozesses

Sie erhalten als erfolgreiche Rückmeldung »*Terminated*« - Beendet. Auch aus der Prozeßliste ist der Befehl **wc** verschwunden. Dies ist das Zeichen dafür, daß der Prozeß beendet ist.

Die Shell führt die Variable *$!*. In dieser Variablen ist die Prozeßnummer des zuletzt gestarteten Hintergrundprozesses abgelegt. Möchten Sie den letzten Hintergrundprozeß abbrechen, benötigen Sie somit nicht unbedingt die Prozeßnummer. Sie geben einfach den Befehl:

```
% kill $!
kill 621
621:wc:Terminated
%
```

Bild 7.59: Abbrechen des zuletzt gestarteten Hintergrundprozesses

Und so beende ich widerspenstige Prozesse

Nicht alle Programme - im Vordergrund wie im Hintergrund -
reagieren auf die Bitte, sich zu beenden. Vielfach werden Sie
stärkere Signale senden müssen, um einen Prozeß **unter allen
Umständen zu „killen"**.

Dieses Mittel ist das *KILL*-Signal mit der Signalnummer 9. Sie   „Panzerfaust"
sagen dem **kill** Kommando, daß es dieses Signal an einen Ihrer
Prozesse absetzen soll, indem Sie die Signalnummer als Option
an den Befehlsnamen anhängen. Um das **kill -9** Kommando zu
testen, starten Sie eine Sub-Shell und versuchen, diese zunächst
mit dem einfachen **kill** zu beenden. Daß dies nicht funktioniert,
zeigt das **ps** Kommando. Anschließend beenden Sie den Shell-
Prozeß mit **kill -9**:

```
% csh
% ps
    PID   TTY   TIME  COMMAND
    387   02    0:03  csh
    628   02    0:00  csh
% kill 628
% ps
    PID   TTY   TIME  COMMAND
    387   02    0:03  csh
    628   02    0:00  csh
% kill -9 628
Killed
%
```

Bild 7.60: unbedingtes Beenden eines Prozesses mit kill -9

Als Rückmeldung erhalten Sie bei dieser Option »*Killed*« - Getötet.
Dieses Signal wird von keinem Prozeß abgefangen. Ein Programm, auf das dieses Signal angewendet wurde, kann sich aber
auch nicht ordnungsgemäß beenden. Offene Dateien werden
nicht mehr geschrieben und Daten können verloren gehen.

Um das **kill** Kommando auf Vordergrundprozesse anwenden zu   
können, muß Ihre Benutzeroberfläche Befehle entgegennehmen
können. Das zu stoppende Programm blockiert aber Ihre Shell

und läßt Sie von diesem Endgerät kein **kill** Kommando absetzen. Um ein **kill -9** Kommando aufrufen zu können, müssen Sie sich daher an einem freien Endgerät erneut anmelden. Ist Ihr Endgerät Multiscreen-fähig, dann können Sie auf einen freien Login-Bildschirm umschalten und den Prozeß „killen".

Shell abschießen

Meldet sich Ihre Benutzeroberfläche nach dem Abbruch eines unkontrollierten Prozesses nicht mehr wieder, müssen Sie auch Ihren „Shell-Prozeß" abschießen. In der Prozeßliste wird Ihre Start-Shell an oberster Stelle geführt und ist für die C Shell mit **csh** gekennzeichnet.

Wenn Sie Ihren Shell-Prozeß auf dem Endgerät, mit dem Sie gerade arbeiten, beenden möchten, benötigen Sie nicht unbedingt die dazugehörige Prozeßnummer. Setzen Sie das Sonderzeichen **$$** hinter das **kill** Kommando, so erweitert die Shell dieses zur Prozeßnummer des Shell-Prozesses auf dem Endgerät, mit dem Sie arbeiten.

7. 6 Kommandos ohne aktiven Benutzer

In diesem Abschnitt werden wir Ihnen zeigen, wie Sie Programme zeitversetzt starten können, ohne aktiv am System arbeiten zu müssen.

Die Programme, die Ihnen SCO UNIX hierfür zur Verfügung stellt, sind

- **at**
- **batch**

Beide Programme ermöglichen Ihnen, Programme zeitversetzt auszuführen.

at

Mittels **at** können Sie die einmalige Durchführung eines Programms zu einem bestimmten Zeitpunkt festlegen. Programme können dann z.B. nachts laufen, wenn Ihr System gar nicht oder nur wenig von Benutzern beansprucht wird.

batch

batch ermöglicht Ihnen, Programme erst dann bearbeiten zu lassen, wenn die Auslastung des Systems niedrig ist. Mit **batch**

erreichen Sie, daß der Rechner rechenzeitintensive Aufgaben erst nach der „Hauptarbeitszeit" durchführt.

Bitte beachten Sie: Der Zugang zu den Diensten at und batch ist von der Zustimmung Ihres Systemverwalters abhängig. Der Systemverwalter legt fest, welche Benutzer diese Programme nutzen dürfen.

Dem **at** Programm geben Sie zunächst an, zu welcher Zeit und ggf. zu welchem Datum die Bearbeitung starten soll. Das Kommandoformat sieht dann so aus:

zeitversetztes Programm-Ausführen

> **at *zeit* [*datum*] [*zaehler*]**

Die Zeit kann im Format

Zeit

> *stunden:minuten*

angegeben werden. Erlaubte Zeitangaben sind z.B. 23:30 oder 1:15.

Geben Sie nur eine ein- oder zweistellige Zahl an, liest **at** dies als Minutenzahl. **at** erkennt auch die Wörter **now** (jetzt), **noon** (12:00) und **midnight** (0:00).

Als Datum können Sie einen Monatsnamen (englisch!) oder dessen Abkürzung (z.B.: Jan, Feb, Mar) und den Tag im Monat angeben. Sie können auch nur einen Wochentag wie Monday oder Mon wählen. Außerdem kennt at die Bedeutung der Wörter **today** (heute) und **tomorrow** (morgen). Erlaubte Daten sind z.B. May 30 oder Thu.

Datum

Zeit und Datum können mit einem Zähler (+*zahl* oder **next**) ergänzt werden. Als Bezugseinheit sind möglich:

* minute(s), hour(s), day(s), week(s), month(s) oder year(s)

Sie können dann Zeitangaben wie **now next year** oder **23:30 +2 weeks** oder **43 +1 hour** angeben.

Haben Sie den Befehlsnamen **at** und eine Zeitangabe eingetastet, bestätigen Sie mit der (Eingabe) -Taste. Das Kommando liest nun von der Standard-Eingabe, d.h. Sie können im folgenden die Befehle aufführen, die zeitversetzt ausgeführt werden sollen. Ist Ihre Befehlsliste komplett, geben Sie das Eingabe-Endesignal mit der Tastenkombination (STRG) + (d) (Bild 7.61).

```
% at now +5 minute
echo "Hallo hier bin ich am" > test.at
date >> test.at
echo "Es sind" >> test.at
ls | wc -l >> test.at
echo "Dateien im Verzeichnis" >> test.at

job 134543816.a at Di, 13 Okt 1990 18:25:00 CET
%
```

STRG+d
drücken

Bild 7.61: zeitversetztes Ausführen von Kommandofolgen starten

Als Quittung erhalten Sie eine Job-Nummer und das Datum der Ausführung zurückgeliefert. Die Endung *a* hinter der Nummer zeigt Ihnen, daß es sich um einen Job handelt, der von **at** ausgeführt wird.

Liefert ein Kommando Ausgaben, sollten Sie diese immer in eine Datei umlenken. Ansonsten erhalten Sie die Ergebnisse und ggf. Fehlermeldungen über das Postsystem **mail** zugesandt.

Übersicht über zeitversetzte Programme

Möchten Sie einen Überblick über die Programme bekommen, die Sie zeitversetzt ausführen werden, benutzen Sie den **at -l** Befehl. Dieser zeigt Ihnen die Jobs an, die in der Warteschlange stehen:

```
% at -l
134543816.a at Di, 13 Okt 1990 18:25:00 CET
```

Bild 7.62: Anzeigen der vordatierten Kommandos in Warteschlange

Um einen **at** Job vor seiner Ausführung zurückzunehmen, benutzen Sie das **at -r** Kommando mit der entsprechenden Job-Nummer:

```
% at -r 134543816.a
%
```

Bild 7.63: Löschen eines at Auftrags

Und so lesen at/batch Befehle aus Dateien

Die Programme **at** und **batch** können selbstverständlich die Kommandos, die zeitversetzt oder auslastungsabhängig ausgeführt

werden, auch aus Dateien lesen. Sie lenken einfach die Eingabe
aus der Datei mit den zu bearbeitenden Kommandofolgen her:

```
% at now +5 minute < befehle
job 134543818.a at Di, 13 Okt 1990 18:30:00 CET
%
```

Bild 7.64: zeitversetzte Ausführung eines Shell Scripts

Der **at** Befehl findet auch in Pipelines und Shell Scripts Verwendung (siehe Kapitel 10 - Einführung in die Shell Programmierung).

Das **batch** Programm benutzen Sie wie **at**. **batch** übergeben Sie auslastungs-
jedoch keine Parameter und damit auch keine Zeitangabe. Sie abhängige
haben auch hier die Möglichkeit, mehrere Kommandofolgen an- Ausführung
zugeben. Das Programm liest solange von Ihrer Tastatur, bis Sie von Program-
die Eingabe mit (STRG) + (d) beenden. Wollen Sie nur einen Befehl men
ausführen lassen, können Sie diesen auch gleich hinter den **batch**
Befehl schreiben. Bestätigen Sie dann mit der (Eingabe) -Taste
und geben in der nächsten Zeile mit (STRG) + (d) das Abbruchsignal:

```
% batch sort buchindex > index.sort

134543816.b at Di, 13 Okt 1990 18:25:00 CET
%
```

Bild 7.65: auslastungsabhängige Kommandoausführung mit batch

7. 7 Endgeräte-Eigenschaften ändern

Die Parameter Ihres Anschlusses bestimmen das Verhalten Ihres
Endgerätes. Durch Verändern der Parameterwerte ändern Sie das
Verhalten Ihres Endgeräte-Anschlusses, d.h. der Verbindung
zwischen Tastatur/Bildschirm und dem SCO UNIX System.

Sie sollten daher auch lernen

- wie Sie die Parameter Ihres Endgeräte-Anschlusses abfragen

- wie Sie Parameter neu setzen.

stty   Mit dem **stty** Befehl (aus engl.: set teletype - setze Endgerät) fragen Sie die aktuellen Endgeräte-Eigenschaften ab (Bild 7.66):

```
% stty
speed 9600 baud; ispeed 9600 baud; ospeed 9600 baud;
-parity hupcl
swtch = ^@; susp = ^@;
brkint -inpck -istrip icrnl onlcr
echo echoe echok
%
```

Bild 7.66: Abfragen der Endgeräte-Einstellungen

Die Einstellungen an Ihrem Endgeräte-Anschluß hängen natürlich von Ihrer Hardware-Konfiguration und Ihrer UNIX-Installation ab.

Im Bild 7.67 liefert Ihnen **stty** u.a. Angaben zu

* *speed* - der Übertragungsgeschwindigkeit (gemessen in baud) zwischen Endgerät und UNIX-Rechner (hier: 9600)

* *parity* - ist hier ausgeschaltet (-*parity*), d.h. die Fehlerfreiheit der Übertragung wird nicht überwacht

* *echo* - echot jedes Zeichen auf den Bildschirm

Parameter   Das **stty** Kommando nutzen Sie auch, um Parameter zu ändern.
ändern   Das kann z.B. notwendig werden, wenn ein Programm unkontrolliert beendet wird und dadurch die Endgeräte-Einstellungen für die *ERASE*- und *KILL*-Zeichen verändert wurden. Über diese Bearbeitungszeichen löschen Sie einzelne Zeichen (Standard-Einstellung: (Rückschritt), (STRG) + (h)) bzw. ganze Zeilen (Standard-Einstellung: (STRG) + (u)).

Wenn Sie diese Eigenschaften auf die Standardwerte zurücksetzen möchten, haben Sie drei Wahlmöglichkeiten

* Sie übergeben an **stty** die entsprechende Einstellung mit dem neuem Wert.

* Sie benutzen die Kurzschreibweise zum Zurücksetzen bestimmter Einstellungen oder

* Sie setzen mit dem Argument **sane** sämtliche Einstellungen auf die voreingestellten Werte zurück.

Setzen Sie mit **stty** zunächst die *ERASE*- und *KILL*-Zeichen zurück, indem Sie die Standardwerte hinter die Einstellungen schreiben (Bild 7.67):

```
% stty erase ^h kill ^u
%
```

Bild 7.67: Zurücksetzen der ERASE- und KILL-Zeichen

Die Eingabe der Zeichenfolge »^h« und »^u« erreichen Sie durch Betätigen und Halten der (STRG) -Taste und Drücken der entsprechenden Buchstaben-Taste. Im Fall von »^h« können Sie auch einfach die (Rückschritt) -Taste betätigen.

Da diese Handlung häufiger notwendig sein kann, bietet Ihnen SCO UNIX eine Kurzschreibweise, die das gleiche Ergebnis liefert:

```
% stty ek
%
```

Bild 7.68: Kurschreibweise zum Zurücksetzen von ERASE und KILL

Möchten Sie sämtliche Parameter auf Standardwerte zurücksetzen, sagen Sie **stty sane**. Zurück zum Standard

Über **stty** können Sie zahlreiche andere Eigenschaften steuern. Ausführliche Angaben zu **stty** bietet Ihnen der Manualeintrag. Wir möchten Ihnen hier nur zeigen, wie Sie das *INTERRUPT*-Steuerzeichen beeinflussen. Dieses Zeichen liegt standardmäßig auf der (Entfernen) -Taste. Betätigen Sie diese, bricht der laufende Vordergrundprozeß im Regelfall ab. Wir werden nun diese Funktion an das Doppelkreuz »#« übertragen:

```
% stty intr #
%
```

Bild 7.69: Umbelegen des INTERRUPT Zeichens

Möchten Sie jetzt einen Vordergrundprozeß abbrechen, können Sie die »#« Taste betätigen.

7. 8 Befehlsnamen-Ersetzung der C Shell

eigene
Namen
wählen

Beim Arbeiten auf der C Shell können Sie mit der **Befehlsnamen-Ersetzung** für UNIX-Kommandozeilen eigene Befehlsnamen vergeben.

Sie können

- Kurzschreibweisen für lange, häufig benutzte Kommandozeilen einrichten,

- vertraute Namen für SCO UNIX Kommandos wählen (z.B. Namen von DOS-Kommandos auf entsprechende UNIX-Befehle übertragen),

- mit einprägsamen Namen Kommandofolgen vereinfachen.

Voreinstellung

Befehlsnamen ersetzen Sie mit dem C Shell-Befehl **alias**. Über **alias** können Sie sich zunächst anzeigen lassen, welche Befehle standardmäßig ersetzt sind:

```
% alias
flipd   pushd .; swapd ; popd
popd    cd $_d[1]; echo ${_d[1]}:;shift_d
print   pr -n !:* | lp
pushd   set _d = ('pwd' $_d); cd !*
swapd   set _d = ($_d[2] $_d[1] $_d[3])
%
```

Bild 7.70: Anzeigen der gesetzten Befehlsnamen-Ersetzungen

Im Bild 7.70 sind mit den Kommandos **flipd, popd, print, pushd, swapd** fünf recht komplexe Kommandozeilen vereinfacht worden. Für UNIX-Einsteiger ist zunächst nur das **print** Kommando interessant. Mit **print** werden Dateien mit Zeilennummer ausgedruckt.

Neue Befehlsnamen-Ersetzungen richten Sie in diesem Kommandoformat ein:

alias *neuerName vorhandene_Kommandozeile*

Für DOSsies

Als DOS-Anwender möchten Sie vielleicht auf Ihrer Shell einen **dir** Befehl einrichten, der das **ls** Kommando ausführt:

```
% alias dir ls
%
```

Bild 7.71: alias: dir zeigt Verzeichniseinträge

Lassen Sie sich die **alias**-Liste erneut anzeigen:

```
% alias
dir     ls
flipd   pushd .; swapd ; popd
popd    cd $_d[1]; echo ${_d[1]}:;shift_d
print   pr -n !:*  | lp
pushd   set _d = ('pwd' $_d); cd !*
swapd   set _d = ($_d[2] $_d[1] $_d[3])
%
```

Bild 7.72: Anzeigen der neuen Befehlsnamen-Ersetzungen

Das **dir** Kommando erscheint als neuer Eintrag.

Wenn Sie jetzt **dir** eintasten, wandelt die Shell dies in einen Aufruf dir anstatt ls des **ls** Kommandos um:

```
% dir ../bernd
bericht
mail
buchprojekt
typeset
anwend
%
```

Bild 7.73: Arbeiten mit dir

Richten Sie zur Übung eine Befehlsnamen-Ersetzung namens Trainings-**type** ein, die wie der **cat** Befehl arbeitet.   vorschlag

Mit einem **alias** Befehl können Sie vorhandene Befehle auch überschreiben. Sie können den Löschbefehl **rm** so ersetzen, daß dieser immer interaktiv (mit der Option i) arbeitet:

```
% alias rm rm -i
% rm logprot
logprot: n
%
```

Bild 7.74: interaktives Löschen wird voreingestellt

Bevor Sie nun eine Datei löschen, werden Sie gefragt, ob es sich dabei auch wirklich um die gewünschte Datei handelt.

Aufgepaßt bei Sonderzeichen

Im folgenden Beispiel ersetzen wir etwas längere Kommandozeilen, mit der Sie das Verzeichnis wechseln und sich dort die Verzeichnisinhalte anzeigen lassen. Wir setzen die zu ersetzende Kommandozeile in Anführungszeichen, um zu verhindern, daß die Shell Sonderzeichen interpretiert. Ohne Anführungszeichen würde das Semikolon als Kommandotrenner interpretiert. Das Kommando hinter dem »;« würde gesondert ausgeführt und nicht als Teil der zu ersetzenden Kommandofolge erkannt:

```
% alias cdl 'cd $1 ; ls -l'
% alias
cdl     cd $1 ; ls -l
dir     ls
flipd   pushd .; swapd ; popd
popd    cd $_d[1]; echo ${_d[1]}:;shift_d
print   pr -n !:* | lp
pushd   set _d = ('pwd' $_d); cd !*
rm      rm -i
swapd   set _d = ($_d[2] $_d[1] $_d[3])
% cdl /usr/fritz/texte
total 2
-rw------- 1 fritz ic   70  Jul 26  19:30  logprot
-rw------- 1 fritz ic  130  Jul 26  21:12  textdatei
%
```

Bild 7.75: cdl: Verzeichnis wechseln und Einträge anzeigen

Befehlsnamen-Ersetzungen machen Sie mit dem **unalias** Befehl wieder rückgängig. Hinter **unalias** setzen Sie einfach den Befehl, der aus der **alias**-Liste entfernt werden soll:

unalias *neuerName*

Probieren Sie das am **cdl** Befehl aus:

```
% unalias cdl
% cdl /etc
cdl: command not found
%
```

Bild 7.76: Befehlsnamen-Ersetzung aufheben

Die Ersetzungen, die Sie auf Ihrer C Shell vorgenommen haben, gelten nur auf der aktuellen Benutzeroberfläche. Starten Sie eine weitere C Shell oder loggen sich erneut ein, sind die neuen Alias-Befehle nicht mehr bekannt.

Automatisieren Sie mit Ihrer Startup-Datei *.cshrc* das Setzen der neuen Befehlsnamen. Diese Datei wird von jeder startenden C Shell gelesen. Hier tragen Sie die **alias** Kommandozeilen ein, so wie Sie sie bisher eingetastet haben. Am besten fügen Sie die Ersetzungen vor dem Dateiende ein. — Immer ersetzen

Wir haben uns im Abschnitt 7.4 die Startup Dateien aus der Nähe angesehen.

7. 9 Befehlsgeschichte für Profis

Im Kapitel 3 haben Sie die Befehlsgeschichte **history** kennengelernt. Mit **history** können Sie zuvor eingetastete Kommandozeilen mit dem Ausrufezeichen »!« wiederholen.

history bietet aber mehr als einfache Wiederholmöglichkeiten. Sie können zusätzlich

- einfach die Kommandozeile korrigieren,

- einzelne Argumente aus Kommandozeilen herausziehen und in neue Kommandos einbauen und

- Kommandozeilen, die auf ein bestimmtes Muster am Zeilenanfang passen, anzeigen,

Sie lernen, einzelne Argumente aus der vorangegangenen Kommandozeile anzusprechen. Mit den folgenden Metazeichen können Sie sich auf Teile der letzten Kommandozeile beziehen: — Argumente wiederverwenden.

- erstes Argument: !^
- letztes Argument: !$
- Argument an n'ter Stelle: !:n
- alle Argumente: !*

Datenreise   Wir werden Ihnen an einen Beispiel (Bild 7.77) zeigen, wie Sie diese Eigenschaften nutzen können:

```
% cp logprot logprot.sik
% cat !* > logprot.all
cat logprot logprot.sik > logprot.all
% cat !$
cat logprot.all
    1      set history = 20
    2      id
    3      who
    4      history
    5      who
    6      who
    7      history
    8      id
    9      history > logprot

    1      set history = 20
    2      id
    3      who
    4      history
    5      who
    6      who
    7      history
    8      id
    9      history > logprot
% rm !^
rm logprot.all
%
```

Bild 7.77: history: Argumente wiederverwenden

Zunächst erstellen wir ein Duplikat *logprot.sik* der Datei *logprot*. Dann fassen wir beide Dateien mittels **cat** in *logprot.all* zusammen. Hierzu benutzen wir das Sonderzeichen »!*«.

Über das Sonderzeichen »!$« übergeben wir *logprot.all* an **cat**, das die Datei auf den Bildschirm bringt. Zuletzt löschen wir *logprot.all* wieder, indem wir das entsprechende Argument mit »!^« in Verbindung mit **rm** ansprechen.

Haben Sie schon mit dem Editor **vi** und dem **grep** Kommando gearbeitet, erinnern Sie sich, daß die Zeichen »^« und »$« für diese Programme ähnliche Aufgaben erfüllen. Bei der Suche nach Zeichenketten steht das »^«-Zeichen für den Zeilenanfang und das »$«-Zeichen für das Zeilenende. Das »*«-Zeichen bewirkt hier das gleiche wie der Positionsparameter »$*«.

Sie nutzen den **history** Befehl, um sich die komplette Befehlsgeschichte anzuzeigen. Sie können aber auch ausgewählte Kommandozeilen ausgeben.

Kommandozeilen anzeigen

Setzen Sie hierzu hinter das **history** Metazeichen »!« die Zeichenkette, mit der die gesuchten Kommandos beginnen und dahinter »:p« (aus engl.: print - drucke).

   !*zeilenbeginn*:p

Format

Die Kommandozeilen, auf die das Suchmuster paßt, werden angezeigt, nicht ausgeführt.

Mit diesem Befehl prüfen Sie, ob ein gesuchtes Kommando über dieses Suchmuster aus der Befehlsgeschichte startbar ist.

Auf unserer Datenreise suchen wir jetzt den Befehl **cat**, mit dem wir in Kapitel 7 die Datei *logprot.all* erstellt haben. Im ersten Moment denken wir daran, den Befehl über **!c** anzusprechen. Da wir aber nicht mehr wissen, ob nicht nachfolgende Kommandos mit dem Buchstaben *c* begonnen haben, lassen wir uns die Kommandozeilen anzeigen, auf die das Muster *c* paßt (Bild 7.78).

Datenreise

```
% !c:p
    8    cp logprot logprot.sik
    9    cat logprot logprot.sik > logprot.all
   10    cat logprot.all
%
```

Bild 7.78: history: ausgewählte Kommandozeilen anzeigen

Die Befehlsliste zeigt uns, daß der Aufruf !c nicht das gewünschte Kommando gestartet hätte. Die Shell hätte vielmehr versucht, die Kommandozeile 10 auszuführen, dabei die bereits gelöschte Datei *logprot.all* aber nicht gefunden.

Korrigieren mit history

Im Aufruf eines Kommandos aus der Befehlsgeschichte können Sie Schreibfehler korrigieren.

Zu unterscheiden sind

- Änderungen in der vorangegangenen Kommandozeile von
- Änderungen in weiter zurückliegenden Befehlen

Wir üben nur, die vorangegangene Kommandozeile zu ändern. Informationen zu weiteren Änderungen mit **history** finden Sie im Manual Eintrag zu **csh**.

Und so korrigieren Sie das letzte Kommando

Bisher mußten Sie eine fehlerhafte Befehlszeile neu eintasten, wenn Sie mit der (Eingabe)-Taste bestätigt hatten. Nun zeigen wir Ihnen, wie Sie falsche Zeichen aus der vorangegangenen Kommandozeile auswechseln können.

Starten Sie die korrigierte letzte Kommandozeile, indem Sie die alte, zu ersetzende Zeichenkette und die neue, ersetzende Zeichenkette mit »^« Zeichen begrenzen:

*^zuersetzendeZeichenkette^neueZeichenkette^*

Die letzte Kommandozeile wird mit diesem Befehl wiederholt. Jedoch ist dabei die '*zuersetzendenZeichenkette*' durch die '*neueZeichenkette*' ausgetauscht.

Datenreise

Im folgendem Bild 7.79 haben wir uns vertippt: Anstelle des Dateinamens *logprot* haben wir *logrpot* eingetastet. Den Tippfehler beseitigen wir mit der **history**-Korrektur sofort, indem wir die fehlerhaften Zeichen »rp« durch die richtigen Zeichen »pr« ersetzen:

```
% cat logrpot
cat: logrpot not found
% ^rp^pr^
cat logprot
    1       set history = 20
    2       id
    3       who
    4       history
    5       who
    6       who
    7       history
    8       id
    9       history > logprot
%
```

Bild 7.79: history: Rechtschreibkorrektur der letzten Eingabe

Sie sehen, daß Sie nicht einmal das ganze Wort eintasten müssen. Eindeutige Hier reichen die beiden vertauschten Zeichen. Achten Sie aber Zeichenfolge darauf, zumindest so viele Zeichen anzugeben, daß die Stelle, an der korrigiert werden soll, eindeutig ist.

Das abschließende »^«-Zeichen am Zeilenende dürfen Sie vergessen, wenn das Kommando nach dem letzten Zeichen enden soll:

```
% cat logprote
cat: logprote not found
% ^e^
cat logprot
    1       set history = 20
    2       id
    3       who
    4       history
    5       who
    6       who
    7       history
    8       id
    9       history > logprot
```

Bild 7.80: history: Rechtschreibkorrektur der letzten Eingabe, Teil 2

1 Zu Anfang
2 SCO UNIX Merkmale
3 Erste Schritte
4 SCO UNIX Dienstleistungen
5 Dateien und Verzeichnisse
6 Ordnen und Aufbewahren von Informationen
7 Auf der Benutzeroberfläche
8 Kommunikations-anwendungen
9 Büroanwendungen
10 Einstieg in die Shell-Programmierung
11 SCO UNIX Werkzeuge
12 Daten sichern
13 DOS und UNIX
14 Systemverwaltung
Anhang

Abschnittsübersicht

8

Kommunikations-anwendungen

8. Kommunikationsanwendungen

8.1 Kommunikationsformen

In diesem Kapitel lesen Sie, wie Sie von einem SCO UNIX-Endgerät mit anderen Rechnern kommunizieren können.

Kapitelüberblick

Die Kommunikationsmöglichkeiten kennen kaum Grenzen:

- UNIX-Anwender können mit anderen Anwendern, die auf dem gleichen UNIX-Rechner oder vernetzten Rechnern arbeiten, zeitgleich und zeitversetzt mit den Befehlen **write** und **mail** kommunizieren (s. Kapitel 4.2 (Chatten) und Kapitel 4.3 (Postsystem)).

  write / mail

- Beliebige Computer können Sie mit dem Befehl **cu** (aus engl.: *call unix*, wähle UNIX an), über Direktleitungen oder Modem-Wählverbindungen erreichen. Hier stellen Sie in Konfigurationsdateien im Verzeichnis */usr/lib/uucp* die Parameter für die Leitung und den Kommunikationspartner ein und wählen mit dem Befehl **cu** Ihren Partner an.

  cu / uucp

- Anwender, die nicht so gern in zeilenorientierten Befehlen Parameter einstellen, werden lieber mit bequemen Kommunikationsprogrammen arbeiten. Hier können Sie aus Menüs und Listen alle Übertragungsparameter und die Kommunikationsform auswählen. Wir zeigen hier mit einem Kommunikationsprogramm (BLAST von US Robotics), wie Sie Übertragungsparameter einstellen und typische Kommunikationsformen wählen:

  Kommunikationsprogramm

  > Chatten mit einem beliebigen Terminal / Rechner

  > Mitschnitt

  > Verbinden mit einem elektronischen Dienst

  > Dateitransfer mit einem beliebigen entfernten Rechner

Das Kommunikationsprogramm BLAST ist nicht im Lieferumfang von SCO UNIX enthalten.

- Mit dem UNIX-Programmpaket **uucp** können Sie UNIX-Rechner zu einem Netz verbinden. In einem solchen UNIX-Netz können Sie z.B.

  > Dateien versenden/empfangen (**uucp/uupick/uuto**)

  > auf entfernten Rechnern Befehle ausführen (**uux**) und

  > Post mit den Anwendern auf den vernetzten Rechnern austauschen (mit **mail**).

  > **uucp** ist keine Terminal-Emulation, mit der Sie sich auf einem fremden Rechner einloggen könnten. Hierzu nehmen Sie **cu** oder ein Kommunikationsprogramm (siehe Kapitel 13).

- Natürlich sind hiermit die Kommunikationsformen nicht erschöpft. Sie können auf Ihrem UNIX-Rechner z.B. auch Telefaxe oder Telexe senden und empfangen, sich an Großrechner anbinden oder andere Rechner fernbedienen.

8. 2 Kommunikationsparameter einstellen

Kommuni-
kations-
programme

Das Einstellen von Kommunikationsparametern mit dem mit SCO UNIX mitgelieferten **cu/uucp** empfinden menüverwöhnte Anwender als mühsam und zeitraubend. Büroanwender ziehen Kommunikationsprogramme mit menü- und listenorientierten Oberflächen vor. Wir zeigen hier mit dem Kommunikationsprogramm BLAST, wie Sie Kommunikationsparameter passend zu einer DOS/Windows Gegenstelle einstellen.

Einzustellen sind unter anderem

- die Art der Leitung (z.B. serielle Direktverbindung, telefonische Wählverbindung),
- Übertragungsparameter (Geschwindigkeit, Zeichenbreite, Stop- und Paritätsbits)
- Darstellungsform (Terminal-Emulation, Zeilenumbruch, Zeichenecho)
- Telefonwahlsystem und Anschlußnummer/Name des anzuwählenden Systems.

Wir haben hier einen DOS-PC mit dem Microsoft Windows-Pro- **Direkt-**
gramm **Terminal** über eine serielles „Nullmodem"-Kabel (engl.: **verbindung**
reversed cable) mit einer seriellen Schnittstelle des UNIX-Systems
verbunden.

Die Verbindung über Modem und Telefon-Wählleitungen zeigen wir im Kapitel 8.5. Den Anschluß eines PCs als UNIX-Terminal finden Sie im Kapitel 13.2.
Im Anhang C beschreiben wir außerdem die Übertragungsparameter.

Im folgenden Bild sehen Sie, wie die Übertragungsparameter **Parameter**
unter BLAST eingestellt werden: **einstellen**

```
BLAST     Offline              ChattenUN  /usr/fritz                    MENU
Select  New  Modify  Write  Remove  Local  lEarn  Online
... switch to the ONLINE menu
                                                    ?-help---- ESC-exit-
  --- Setup for:- ChattenUNIX-DOS
        Description: Chatten> UNIX-Nutzer und Endgeraet______
       Phone Number: ________________________________________
        System Type: Slave___
             Userid: root___________           Attention Key: ^K_
           Password: XXXXXXXXXXXXXXX
         Connection: /dev/tty000_______            Emulation: VT320...
     Connection T/O: 60_                         Full Screen: YES
   Originate/Answer: ORIGINATE                    Local Echo: NO
         Modem Type: Hardwire                      AutoLF In: NO
          Baud Rate: 9600                         AutoLF Out: NO
             Parity: NONE                      Wait for Echo: NO
     Data/Stop Bits: 8/1                        Prompt Char: NONE
    XON/XOFF Pacing: YES                          Char Delay: 0__
     RTS/CTS Pacing: NO                           Line Delay: 0__
      Keyboard File: __________________
        Script File: __________________           Protocol: BLAST...
           Log File: __________________        Packet Size: 128_
     Translate File: __________________
```

Bild 8.1: Einstellen der Übertragungsparameter mit BLAST

Damit beide Kommunikationspartner einheitliche Parameter haben, stellen wir anschließend die Übertragungsparameter des MS
Windows Terminal-Programms ein. Den Einstellbildschirm finden Sie im Windows-Terminalprogramm unter »**Einstellungen**«
⇒ »**Datenübertragung**« (Bild 8.2).

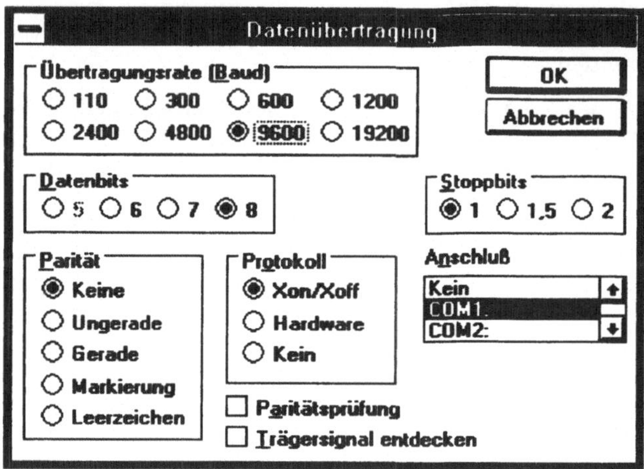

Bild 8.2: Übertragungsparameter einstellen
unter Windows/Terminal

8. 3   Chatten und Mitschneiden

Chatten mit
Fremd-
rechnern

Im Kapitel 4.2 haben an einem UNIX-System eingeloggte Benutzer miteinander „gesprochen", oder neudeutsch „gechattet".
Hier chattet ein UNIX-Benutzer mit einem Partner an einem
beliebigen Endgerät. Dieser Partner ist hier kein Nutzer des
UNIX-Systems.

Die Verbindung wird z.B. über eine serielle Direktleitung oder
eine telefonische Wählverbindung aufgebaut.

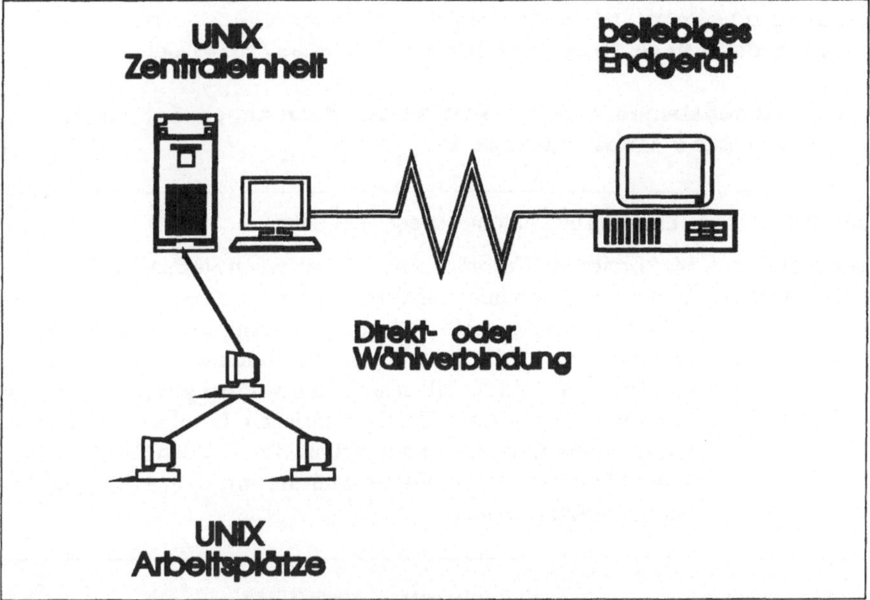

Bild 8.3: Kommunikation UNIX-Endgerät und Fremdrechner

Das Gespräch kann erfolgreich geführt werden, wenn alle Übertragungsparameter passend eingestellt sind. Unter BLAST wählen Sie hierzu den Menüpunkt »**Modify**«, um die Übertragungsparameter einzutragen. Mit der Menüauswahlfolge »**Online**« ⇒ »**Terminal**« bauen Sie von BLAST aus die Verbindung auf.

Auf den folgenden beiden Bildschirmen sehen Sie ein Gespräch zwischen einem Benutzer des UNIX-Systems und einem DOS-Benutzer im Terminal-Programm von MS Windows:

```
Hallo DOS Welt, hier ist das SCO UNIX System
```

Bild 8.4: Chatten: Senden eines Textes von UNIX nach DOS

```
Hallo DOS Welt, hier ist das SCO UNIX System
Hallo UNIX Welt, hier ist DOS mit Windows/Terminal


Die eingegebenen Zeichen werden nur dann angezeigt, wenn
lokales Echo eingeschaltet ist!
```

Bild 8.5: Chatten: Empfang und Antwort auf der DOS-Seite

Gespräch
mitschneiden

Sie können ein Gespräch aufzeichnen, wenn Sie das Geschriebene später nachlesen oder weiterbearbeiten möchten. Auf der UNIX-Seite starten Sie unter BLAST mit dem Menüpunkt »**Capture**« den Abfangmodus. Alle Zeichen, die Ihr Gesprächspartner sendet, erscheinen auf Ihrem Bildschirm und werden gleichzeitig in die von Ihnen angegebene Datei geschrieben. In Bild 8.6 sehen Sie, wie der Abfangmodus eingeschaltet wird. Wählen Sie den »**Capture**«-Menüpunkt ein zweites Mal an, um den Abfangmodus wieder auszuschalten:

```
BLAST      Online                      default      /usr/fritz
enter capture filename: _
... capture incoming text to a file
                                                  ?-help — ESC-exit
```

Bild 8.6: Chatten: Antworten mitschneiden

Zurück auf der Shell sehen wir uns an, was das Kommunikationsprogramm aufgezeichnet hat:

```
% more mitschnitt
Hallo UNIX Welt, hier ist DOS mit Windows/Terminal


Die eingegebenen Zeichen werden nur dann angezeigt, wenn
lokales Echo eingeschaltet ist!
%
```

Bild 8.7: Gesprächsmitschnitt anzeigen

8. 4 Dateitransfer

Zwischen Ihrem UNIX-System und einem beliebigen anderen Computer oder elektronischen Dienst können Sie mit **cu/uucp** oder einem Kommunikationsprogramm Dateien austauschen. Wir schicken hier mit dem Kommunikationsprogramm BLAST eine Textdatei von unserem UNIX-System auf einen DOS/Windows PC.

Datei von UNIX-Rechner an DOS-Rechner senden

UNIX kennzeichnet das Zeilenende von Textdateien anders als DOS. Unter UNIX sind Textzeilen durch den Zeilenumbruch gekennzeichnet, während bei DOS Textzeilen mit den Zeichen Zeilenumbruch und Zeilenvorschub abschliessen. Aus diesem Grund muß das Kommunikationsprogramm auf der DOS Seite den Text zeilenweise empfangen und hinter jede Zeile das Steuerzeichen Zeilenvorschub (engl.: linefeed, LF) setzen. Diese Einstellungen nehmen Sie mit Windows/Terminal im Menü »Einstellungen« ⇒ »Terminal-Einstellungen« vor:

Zeilenende bei DOS und UNIX

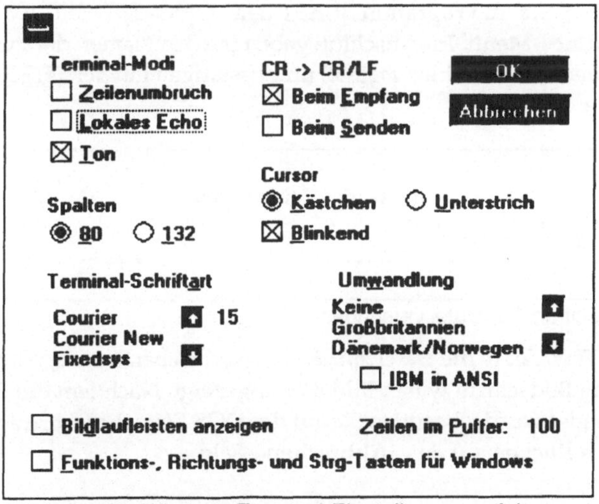

Bild 8.8: Windows Terminal-Einstellungen auf den Dateiempfang vorbereiten

Anschließend melden Sie sich unter Windows mit »Übertragung« ⇒ »**Textdatei empfangen**« empfangsbereit und geben den

DOS: Empfangsbereit

Namen (hier: *unixdat.txt*) an, unter dem die ankommende Datei auf dem DOS-Rechner gespeichert werden soll:

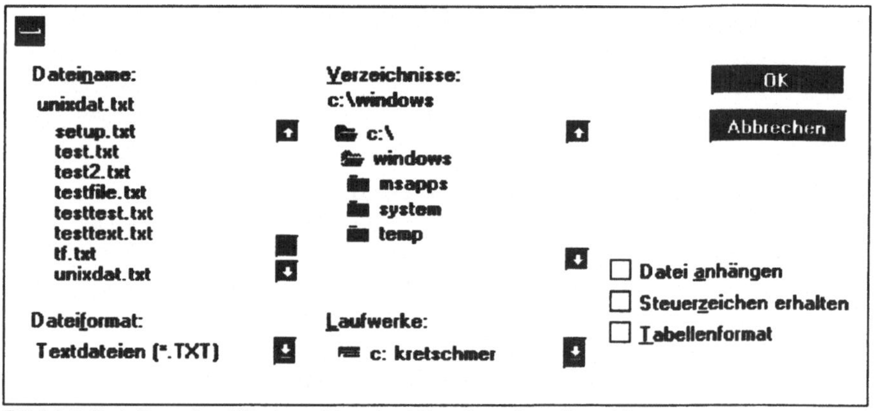

Bild 8.9: Dateitransfer: Windows Terminal Empfangsbereit melden

UNIX: Datei senden
Wenn der DOS-Rechner empfangsbereit ist, wählen Sie auf der UNIX-Seite im Programm BLAST den »**Upload**«-Befehl aus dem »**Online**«-Menü. Im Anschluß geben Sie den Namen der zu sendenden Datei an (hier: *logprot*) und bestätigen mit der (Eingabe) - Taste:

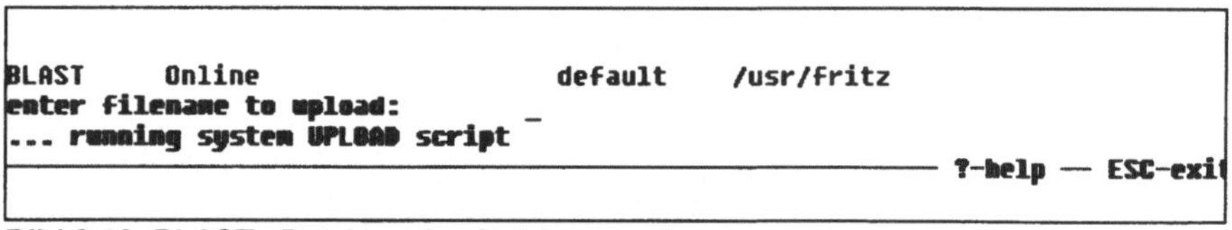

Bild 8.10: BLAST - Dateitransfer: Datei versenden

DOS: Empfangsdatei sichten
Der Text, der in die Datei *unixdat.txt* geschrieben wurde, wird auf Ihrem Bildschirm wie in Bild 8.11 angezeigt. Nachdem die Datei gesendet wurde, beenden Sie auf der DOS-Seite die Übertragung durch Klicken auf das »**Abbrechen**«-Feld.

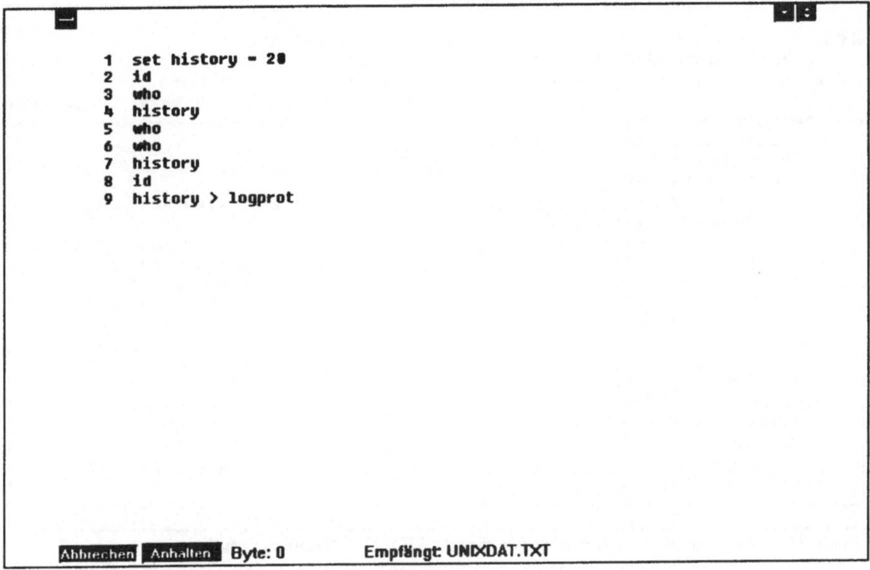

Bild 8.11: Dateitransfer: Datei wird empfangen

8. 5 Anwahl eines Rechners oder elektronischen Diensts

Über Telefonleitungen können Sie mit **cu** oder einem Kommunikationsprogramm wie BLAST elektronische Dienste wie DATEX-J/BTX, DATEX-P, Datenbanken oder Mailboxen anwählen. Voraussetzung hierfür ist, daß Sie über ein Modem Ihren UNIX-Rechner an eine Telefonleitung angeschlossen haben.

Wir zeigen Ihnen mit der folgenden Datenreise den Verbindungsaufbau mit BLAST zum DATEX-P Knoten Hannover.

DATEX-P
anwählen

Am einfachsten stellen wir hierzu in BLAST in einem Einstellbildschirm die Schnittstelle zum Modem und die Kommunikationsparameter ein. (Bild 8.12).

```
BLAST      Offline                 testbk     /usr/fritz
... ^E-up ^X-down ^R-first ^C-last ^T-clear <ESC>-exit
... press <SPACE>-next, <BACKSPACE>-previous, or <Enter>-submenu...
                                                    ?-help — ESC-exit
    — Setup for: testbk ——————————————————————————————————
        Description: Datex-P anwaehlen______________________
       Phone Number: ________________________________________
        System Type: PC______
             Userid: ________________        Attention Key: ^K_
           Password: XXXXXXXXXXXXXXXXX
         Connection: /dev/tty001____________      Emulation: VT100...
     Connection T/O: 60_                         Full Screen: YES
   Originate/Answer: ORIGINATE                    Local Echo: NO
         Modem Type: AT______                      AutoLF In: NO
          Baud Rate: 2400                         AutoLF Out: NO
             Parity: NONE                       Wait for Echo: NO
     Data/Stop Bits: 8/1                         Prompt Char: NONE
    XON/XOFF Pacing: YES                          Char Delay: 0__
    RTS/CTS Pacing: NO                            Line Delay: 0__
      Keyboard File: ______________________
        Script File: ________________________
           Log File: ________________________     Protocol: X
     Translate File: ______________________    Packet Size: 256_
```

Bild 8.12: Übertragungsparameter für die DATEX-P-Anwahl einstellen

Dann wählen wir im »**Online**«-Menü den Terminal-Modus. Jetzt können wir direkt mit dem Modem arbeiten. Nun geben wir den Anwahlbefehl **at dp** und die Telefonnummer des DATEX-P Knoten Hannover ein:

```
ATE1V1Q0X2
OK
at dp 0511 54 81 81
CONNECT 2400

_
```

Bild 8.13: DATEX-P anwählen

Das Modem wählt den Anschluß des Datex P Knotens an. Sobald dieser sich mit *Connect 2400* meldet, tasten Sie einen Punkt ein und bestätigen mit der (Eingabe)-Taste. Der Datex P Knoten antwortet mit seiner DATEX-P Anschlußnummer (hier 44 5110 49141) und erwartet die Eingabe Ihrer **Netzwerk Benutzer Identifikation** (NUI) und des Paßworts (Bild 8.14).

```
ATE1V1Q0X2
OK
at dp 0511 54 81 81
CONNECT 2400
DATEX-P: 44 5110 19944
nui DBKNIO
DATEX-P: Passwort
XXXXXX


DATEX-P: Teilnehmerkennung DBKNIO aktiv
```

Bild 8.14: DATEX-P NUI und Paßwort eingeben

Sobald Sie in DATEX-P eingeloggt sind , können Sie einen Teilnehmer über seine Netzwerk User Adresse (NUA) anwählen. Die Nutzungsmöglichkeiten richten sich dann nach den von Ihnen angewählten Dienst.

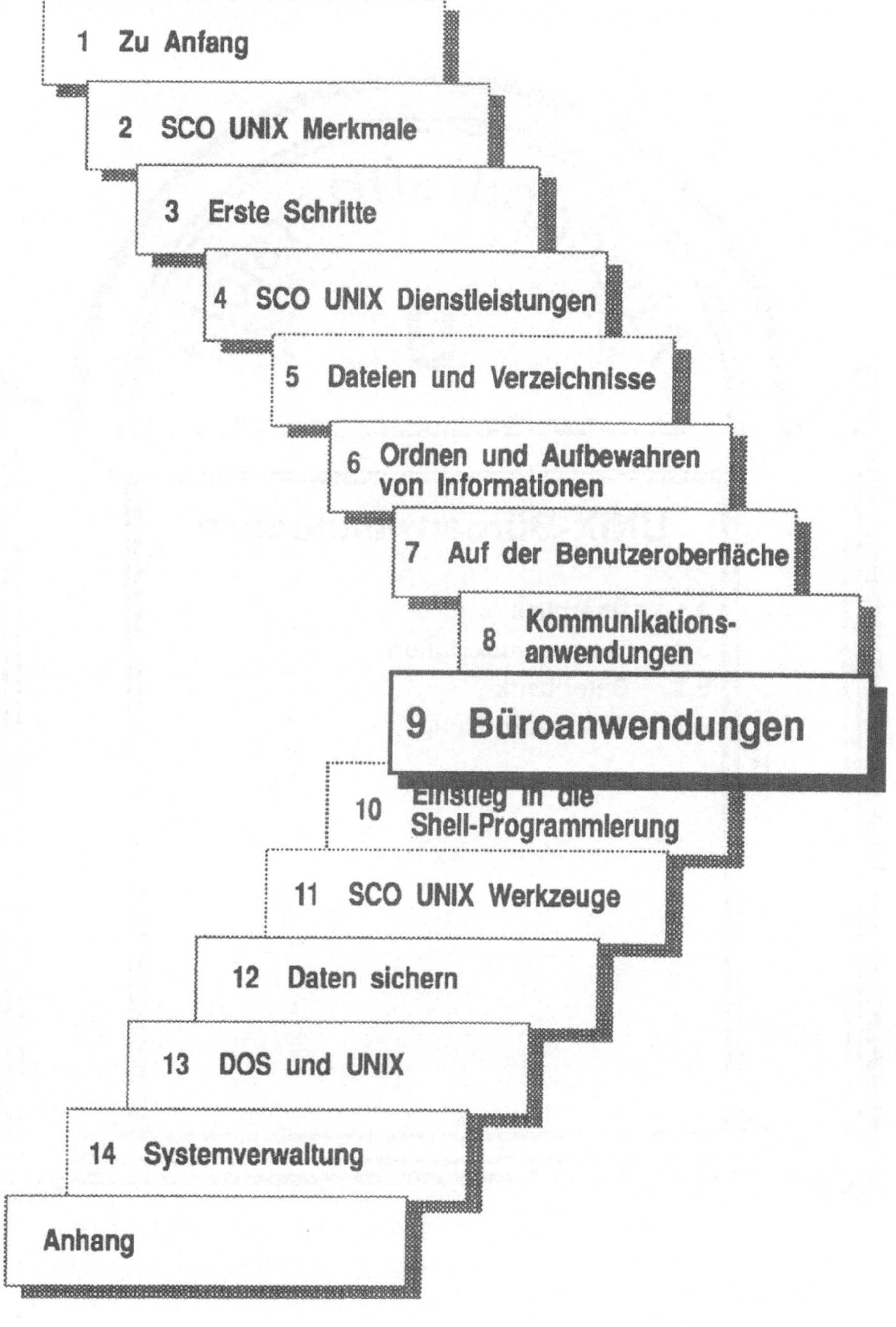

1 Zu Anfang
2 SCO UNIX Merkmale
3 Erste Schritte
4 SCO UNIX Dienstleistungen
5 Dateien und Verzeichnisse
6 Ordnen und Aufbewahren von Informationen
7 Auf der Benutzeroberfläche
8 Kommunikations-anwendungen
9 Büroanwendungen
10 Einstieg in die Shell-Programmierung
11 SCO UNIX Werkzeuge
12 Daten sichern
13 DOS und UNIX
14 Systemverwaltung
Anhang

UNIX-Büroanwendungen

9. UNIX-Büroanwendungen

9. 1 Überblick

Unter UNIX stehen Ihnen für kaufmännische Anwendungen Ware für
zahlreiche Anwendungspakete zur Verfügung. Mit zeichenorien- Kaufleute
tierter oder grafischer Oberfläche finden Sie z.B. Textsysteme,
Tabellenkalkulationsprogramme, Datenbanken, Zeitwirtschafts-
programme, Warenwirtschaftssysteme und Buchführungspro-
gramme als Einzelprogramme oder als integrierte
Anwendungspakete mit einheitlicher Datenbasis und Oberfläche.
Wir möchten Ihnen an Einzelprogrammen zur Tabellenkalkulation, Datenbankverwaltung und Textverarbeitung das Arbeiten
im Mehrbenutzer-Betrieb, das Zusammenwirken der Programme
und die voreingestellten Zugriffs-Berechtigungen bei den hier
erstellten Dateien zeigen.

Dazu erstellen wir mit einem Tabellenkalkulationsprogramm ei- Datenreise
ne einfache Statistik. Die Tabelle verwenden wir in einem Textprogramm. Mit einem Datenbankprogramm erfassen wir eine
Adreßdatei. Einen Text bauen wir mit der Adreßdatei zu einem
Serienbrief aus.

9. 2 Tabellenkalkulation

Zur Tabellenkalkulation unter UNIX stehen Ihnen zahlreiche
Programme wie SCO Professional, Multiplan, 20/20, Wingz oder
Lotus 1-2-3 zur Verfügung. Wir erstellen mit Lotus 1-2-3 eine
einfache Umsatzstatistik, speichern sie als 1-2-3-Datei und als
Textdatei. Im Abschnitt Textverarbeitung bearbeiten wir die als
Textdatei gespeicherte Version weiter.

1-2-3 wird als Einbenutzer-Lizenz oder Mehrbenutzer-Lizenz vertrieben. Die
Anzahl der weiteren Benutzer können Sie durch Zusatzlizenzen erweitern. Wir
zeigen hier das Arbeiten mit der Einbenutzer-Lizenz. Die Lotus 1-2-3 Einbenutzer-Lizenz wird auf einen Benutzernamen eingerichtet. Versucht ein anderer Benutzer, 1-2-3 zu starten, so erhält er die Meldung *123: Benutzername nicht
identisch mit Lizenz.*

1-2-3 verwendet einen eigenen Dateischutz. Sie können Dateien 1-2-3
zusätzlich zu den UNIX-Zugriffs-Berechtigungen bei der laufen- Dateischutz

den Arbeit für Ihren Arbeitsplatz exklusiv reservieren und Dateien mit einem Paßwort „versiegeln". Dies schützt Dateien nur innerhalb von 1-2-3, nicht aber gegen Dateimanipulationen von der UNIX-Benutzeroberfläche oder anderen Anwendungsprogrammen.

Der Benutzer Fritz erfaßt den Monatsumsatz eines Reisebüros wie im Bild 9.1 und speichert die Tabelle unter dem Namen *Umsatz.wk3* im 1-2-3-Format und unter dem Namen *Umsatz.txt* im Textformat (1-2-3 nennt dies Extrahieren von Werten) (Bilder 9.2 und 9.3). Hierzu rufen Sie »**Output**« ⇒ »**ASCII Datei**« auf.

```
A:B8:  +B4+B5+B6+B7                                          BEREIT

        A                B        C        D        E        F        G
 1  Umsatzauswertung
 2  Erstellt am:                                    Uhr
 3                   Januar   Februar  Maerz    Summe
 4  Bahnreisen          3000     4000     5000    12000
 5  Busreisen          10000    13000    12000    35000
 6  Flugreisen          6000     4000     7000    17000
 7  Seereisen           8000     3000     1000    12000
 8  Summe              27000    24000    25000    76000
 9
10
11
12
13
14
15
16
17
18
19
Umsatz.wk3           NUM
```

Bild 9.1: Umsatztabelle mit 1-2-3 für UNIX System V

```
A:B8:  +B4+B5+B6+B7                                            EDIT
Name der zu speichernden Datei: /usr/fritz/Umsatz.wk3
```

Bild 9.2: Speichern im 1-2-3-Format

```
A:B8: +B4+B5+B6+B7                                            [ DI
Name der Bestimmungsdatei: /usr/fritz/Umsatz.txt█
```

Bild 9.3: Extrahieren von Werten

Wenn Sie das Lotus 1-2-3-Programmpaket und 1-2-3-Arbeitsblät- **Mehr-**
ter in einer UNIX-Mehrbenutzer-Umgebung nutzen, können Sie **benutzer-**
verhindern, daß Unbefugte 1-2-3 Dateien verändern oder mehre- **Umgebung**
re Benutzer gleichzeitig ein Arbeitsblatt beschreiben.

Betrachten wir zunächst die Zugriffs-Berechtigungen, die UNIX
standardmäßig für 1-2-3 Arbeitsblätter einstellt (Bild 9.4). Nur der
Eigentümer darf die Datei lesen und beschreiben, andere Gruppenmitglieder dürfen die Datei nur lesen.

```
% ls -l Umsatz*
-rw-r----- 1 fritz   inncons    480 Mär  07 14:30 Umsatz.txt
-rw-r----- 1 fritz   inncons   1202 Mär  07 15:05 Umsatz.wk3
%
```

Bild 9.4: Standard-Zugriffs-Berechtigungen für 1-2-3 Arbeitsblätter.

Die UNIX-Zugriffs-Berechtigungen können Sie, wie im Abschnitt **Zugriffs-Be-**
5.8 beschrieben, ändern, um beispielsweise Mitgliedern Ihrer Be- **rechtigungen**
nutzer-Gruppe das Ändern Ihrer Arbeitsblätter zu ermöglichen. **auf 1-2-3 Ar-**
Um Ihre Dateien vor Manipulation und Löschen von der Shell- **beitsblätter**
Ebene zu schützen, nehmen Sie anderen Benutzern die Schreib-
Rechte auf Dateien und Verzeichnis. Achten Sie darauf, daß Sie
dem Eigentümer der Datei nicht die Zugriffs-Berechtigungen
nehmen, da 1-2-3 sonst beim Laden der Datei *Zugriff abgelehnt*
meldet.

Arbeiten Sie mit Lotus 1-2-3 in einer Mehrbenutzer-Umgebung,
müssen Sie sicherstellen, daß niemand außer Ihnen Ihr aktuelles
Arbeitsblatt bearbeitet. Verändern mehrere Benutzer gleichzeitig
dasselbe Arbeitsblatt, überschreiben Sie beim Speichern der Datei
die Arbeitsergebnisse der anderen. Aus diesem Grund sollten Sie
gemeinsam benutzte Dateien für sich exklusiv reservieren. Um
ein Arbeitsblatt während der Bearbeitung zu reservieren, wählen
Sie »**Transfer**« ⇒ »**Admin**« ⇒ »**Zugriff**« ⇒ »**Reservieren**«.

Zugriffs-Be-
rechtigungen
und 1-2-3
Dateischutz

Die UNIX-Zugriffs-Berechtigungen haben Vorrang gegenüber dem 1-2-3 Dateischutz: Ohne UNIX-Schreib-Rechte kann weder der Zugriff auf ein Arbeitsblatt reserviert werden noch die geänderte Datei gespeichert werden.

9.3 Datenbank

Wir erfassen mit dBASE eine Datenbankstruktur für eine Adreßdatei, erfassen Testdaten und speichern die Datei. Wir zeigen Ihnen, welche Zugriffs-Berechtigungen dabei standardmäßig eingestellt werden.

Datenbank
anlegen

Wählen Sie aus dem dBASE Menüsystem das Anlegen einer Datenbank oder geben Sie dBASE den Befehl **create**.

Erfassen Sie eine Datenbankstruktur wie im Bild 9.5 und Datensätze wie im Bild 9.6.

```
 Layout     Verwaltung     Hinzufügen     Suchen     Ende

                                                        Byte frei:    3770
  +------+------------+------------+--------+-----+----------+
  | Num  | Feldname   | Feldtyp    | L nge  | Dez | Index    |
  +------+------------+------------+--------+-----+----------+
  |   1  | NACHNAME   | Zeichen    |   30   |     |   J      |
  |   2  | VORNAME    | Zeichen    |   30   |     |   J      |
  |   3  | ANREDE     | Zeichen    |   20   |     |   N      |
  |   4  | BEGRUESSUN | Zeichen    |   50   |     |   N      |
  |   5  | STRASSE    | Zeichen    |   30   |     |   N      |
  |   6  | LANDCODE   | Zeichen    |    4   |     |   N      |
  |   7  | ZIPCODE    | Zeichen    |    6   |     |   N      |
  |   8  | ORT        | Zeichen    |   30   |     |   N      |
  |   9  | LAND       | Zeichen    |   30   |     |   N      |
  +------+------------+------------+--------+-----+----------+

 dB-Datei                            Feld 1               E kl  r
       Geben Sie den Feldnamen ein - Feld einfügen/l schen: Kctl-N/Kctl-U
 Feldnamen müssen mit Buchstaben beginnen und können Ziffern/Unterstr. enthalten
```

Bild 9.5: Datenbankstruktur

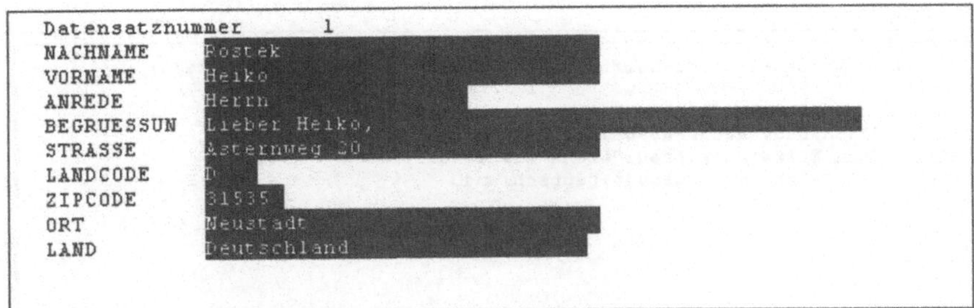

Bild 9.6: Beispiel-Datensatz

Exportieren Sie die Datenbank als Textdatei mit dem dBASE-Befehl **copy to gesword.dcx.** In dieser Textdatei, die wir im Abschnitt 9.4 wieder benötigen, sind die Felder durch Komma getrennt. In Word müssen wir für die Serienbrief-Funktion später jedes Komma durch ein Semikolon ersetzen und Felder, in denen eine Leerstelle auftritt, mit Anführungszeichen klammern.

Datenbank als Textdatei speichern

Verlassen wir dBASE und schauen uns die Zugriffs-Berechtigungen an, die dBASE für unsere Dateien voreingestellt hat (Bild 9.7). dBASE hat für den Eigentümer Lese- und Schreib-Rechte und für alle anderen Benutzer nur Lese-Rechte eingestellt.

```
% ls -l gesword.dcx
-rw-r----- 1 fritz   inncons    254 Apr 02 10:51 gesword.dcx
%
```

Bild 9.7: Zugriffs-Berechtigungen bei dBASE Dateien

9. 4   Textverarbeitung

Wir erstellen in diesem Abschnitt mit MS Word 5.0 einen kurzen Bericht mit Anschreiben, laden die Umsatztabelle in den Brief und erstellen mit der Serienbrief-Funktion unter der Verwendung der dBASE-Adreßdatei mehrere „individuelle" Berichte.

Vorab laden wir die Adreßdatei *gesword.dcx* und ersetzen mit dem Befehl »**Wechseln**« jedes Komma durch ein Semikolon. Ferner ergänzen wir vor dem ersten Datensatz eine Liste mit den Feldnamen, die wir später im Serienbrief einsetzen wollen (Bild 9.8).

Adreßdatei vorbereiten

```
Nachname;Vorname;Anrede;Begrüßung;Straße;LänderKode;ZIPKode;Stadt;
Land
Rostek;Heiko;Herrn;"Lieber Heiko";"Asternweg
20";D;31535;Neustadt;Deutschland
Musterfrau;Erika-Anja;Frau;"Liebe Eri";"Vorbildweg
13";D;01234;Dresden-Neustadt;Deutschland□

                                                        gesword.dcx
BEFEHL: Ausschnitt Bibliothek Druck Einfügen Format Gehezu Hilfe Kopie
        Löschen Muster Quitt Rückgängig Suchen Übertragen Wechseln Zusätze
Bearbeiten Sie bitte Ihren Text oder unterbrechen Sie zum Hauptbefehlsmenü!
Sel Sp19          (")                                   Microsoft Word
```

Bild 9.8: Adreßdatei mit Feldnamen

Umsatztabelle einfügen

Wir speichern diese Datei und erstellen als neue Datei ein Anschreiben. In dieses Anschreiben fügen wir mit dem Befehl »**Übertragen**« ⇒ »**Zusammenführen**« die Lotus-Umsatzdatei im Textformat *Umsatz.txt* ein (Bild 9.9).

```
                                                        11.04.99
   Umsatzentwicklung 1.Quartal


   in der folgenden Tabelle informieren wir Sie über die Entwicklung
   des Umsatzes nach Sparten und Monaten:


      Umsatzauswertung
      Erstellt am: 11.04.99                    12.00 Uhr
                    Januar    Februar   Maerz      Summe
      Bahnreisen      3000      4000     5000      12000
      Busreisen      10000     13000    12000      35000
      Flugreisen      6000      4000     7000      17000
      Seereisen       8000      3000     1000      12000
      Summe          27000     24000    25000      76000

   Mit freundlichen Grüßen
                                                        umsatz.dcx
BEFEHL: Ausschnitt Bibliothek Druck Einfügen Format Gehezu Hilfe Kopie
        Löschen Muster Quitt Rückgängig Suchen Übertragen Wechseln Zusätze
Bearbeiten Sie bitte Ihren Text oder unterbrechen Sie zum Hauptbefehlsmenü!
Sel Sp1           ( )                                   Microsoft Word
```

Bild 9.9: Anschreiben mit 1-2-3-Umsatztabelle

Mit wenigen Änderungen machen wir daraus eine Serientextda-   Feldnamen
tei: Wir fügen in der ersten Zeile den Namen der Steuerdatei ein einfügen
und ersetzen einige feste Texte durch die entsprechenden Feldnamen (Bild 9.10).

```
«STEUERDATEI gesword.dcx»
«Anrede»
«Vorname» «Nachname»
«Straße»
«LänderKode» «ZIPKode» «Stadt»
«Land»


                                              11.04.99

Umsatzentwicklung 1.Quartal


«Begrüßung»,

in der folgenden Tabelle informieren wir Sie über die Entwicklung
des Umsatzes nach Sparten und Monaten:
                                                      umsatz.dcx
BEFEHL: Ausschnitt Bibliothek Druck Einfügen Format Gehezu Hilfe Kopie
        Löschen Muster Quitt Rückgängig Suchen Übertragen Wechseln Zusätze
Bearbeiten Sie bitte Ihren Text oder unterbrechen Sie zum Hauptbefehlsmenü!
Sel Sp53          (2)                                 Microsoft Word
```

Bild 9.10: Feldnamen im Anschreiben

Wenn wir mit der Befehlsfolge »**Druck**« ⇒ »**Serienbrief**« ⇒ Serienbrief
»**Drucker**« oder »**Druck**« ⇒ »**Serienbrief**« ⇒ »**Testdatei**« die drucken
Steuerdatei mit dem Anschreiben verbinden, ersetzt Word die
Feldnamen Datensatz für Datensatz durch die jeweils aktuellen
Feldinhalte (Bild 9.11).

Für die Textdatei *umsatz.dcx* hat Word Zugriffs-Berechtigungen
wie in Bild 9.12 eingestellt. Lese- und Schreibzugriff auf den Text
hat nur den Eigentümer, die Gruppenmitglieder und Andere
dürfen den Text lesen.

```
 ┌─────────────────────────────────────────────────────────────────────────┐
 │                                                                           │
 │     Herrn                                                                 │
 │     Heiko Rostek                                                          │
 │     Asternweg 20                                                          │
 │     31535 Neustadt                                                        │
 │     Deutschland                                                           │
 │                                                                           │
 │                                                                           │
 │                                              11.04.99                     │
 │                                                                           │
 │     Umsatzentwicklung 1.Quartal                                           │
 │                                                                           │
 │                                                                           │
 │     Lieber Heiko,                                                         │
 │                                                                           │
 │     in der folgenden Tabelle informieren wir Sie über die Entwicklung     │
 │     des Umsatzes nach Sparten und Monaten:                                │
 │                                                              serien.dcx    │
 │ BEFEHL: Ausschnitt Bibliothek Druck Einfügen Format Gehezu Hilfe Kopie    │
 │         Löschen Muster Quitt Rückgängig Suchen Übertragen Wechseln Zusätze │
 │ Bearbeiten Sie bitte Ihren Text oder unterbrechen Sie zum Hauptbefehlsmenü!│
 │ Sel Sp51           (2)                 D                   Microsoft Word  │
 └─────────────────────────────────────────────────────────────────────────┘
```

Bild 9.11: Serienbrief als Testdatei

Für die Textdatei *umsatz.dcx* hat Word Zugriffs-Berechtigungen wie in Bild 9.12 eingestellt. Lese- und Schreibzugriff auf den Text hat nur den Eigentümer, die Gruppenmitglieder und Andere dürfen den Text lesen.

```
% ls -l umsatz.dcx
-rw-r--r--  1 fritz   inncons  2048 Apr 02 10:59 umsatz.dcx
%
```

Bild 9.12: Zugriffs-Berechtigungen auf Word Textdatei

Übungsaufgabe

Speichern Sie die Testdatei als ASCII-Datei mit Zeilenumbrüchen. Zerlegen Sie anschließend die Testdatei in einzelne Anschreiben und versenden Sie die Berichte mit **mail** an lokale Benutzer und mit einem Kommunikationsprogramm über Modem oder ISDN an einen entfernten Rechner.

1 Zu Anfang
2 SCO UNIX Merkmale
3 Erste Schritte
4 SCO UNIX Dienstleistungen
5 Dateien und Verzeichnisse
6 Ordnen und Aufbewahren von Informationen
7 Auf der Benutzeroberfläche
8 Kommunikations-anwendungen
9 Büroanwendungen
10 Einstieg in die Shell-Programmierung
11 SCO UNIX Werkzeuge
12 Daten sichern
13 DOS und UNIX
14 Systemverwaltung
Anhang

10. Einführung in die Shell-Programmierung

In diesem Kapitel werden Sie die Eigenschaften Ihrer Benutzer-oberfläche als Programmierumgebung nutzen lernen. Sie werden Shell Scripts im Batchbetrieb arbeiten lassen. Shell Scripts sind ausführbare Dateien, die SCO UNIX-Kommandofolgen enthalten. Sie lernen Shell Scripts

- zu schreiben,
- ausführbar zu machen,
- geordnet zu speichern und
- Programmiertechniken zur Ablaufkontrolle zu nutzen.

10. 1 Wozu Shell Scripts?

Shell Scripts sind Programme, die vorhandene SCO UNIX-Kommandofolgen zusammenfügen. Auf diese Weise können Sie umfangreiche, häufig auftretende Anweisungsfolgen zu einem Kommando zusammenfassen.

Um mit der Shell-Sprache zu programmieren, brauchen Sie keine umfangreichen Programmierkenntnisse:

- Shell Scripts sind einfach zu erstellen und zu pflegen,
- Shell Scripts sparen Schreib- und Lernaufwand. Sie ersetzen lange Kommandofolgen,
- Shell Scripts können vorhandene Systemkommandos benutzerfreundlicher und benutzungssicherer machen. Sie setzen anstelle des „reinen" Kommandos ein Script, das den eigentlichen Kommandoaufruf um Rückfrageoptionen und Sicherheitskontrollen ergänzt.
- Shell Scripts erfordern kein Erzeugen, Zusammenbinden und Warten von Objektdateien aus dem Quell-Code wie prozedurale Programmiersprachen. Um Shell-Scripts auszuführen, benötigen Sie keine Übersetzung (Compilierung).
- Shell Scripts sind in den meisten Fällen so kurz, daß sie überschaubar und verständlich sind.

10. 2   Wie schreibe ich Shell Scripts?

Arbeitsschritte   Shell-Programmierung verläuft in sechs Arbeitsschritten:

1. Entwurf des Shell Scripts

2. Schreiben der Kommandofolgen in eine Datei

3. Setzen des Ausführ-Rechts für das Shell Script

4. Ablegen des Scripts in einem individuellen Befehlsverzeichnis, das im Suchpfad eingetragen ist

5. Ausführen des Shell Scripts

6. ggf. Fehlersuche und Korrektur

Nun zu den einzelnen Teilschritten:

Entwurf   Vor dem Schreiben werden Sie sicherlich den Ablauf planen und vielleicht sogar graphisch darstellen.

Text erfassen   Da Shell Scripts in Textdateien stehen, können Sie ein Script im einfachsten Fall durch Ausgabe-Umlenkung erzeugen. Bequemer geht's aber mit einem Editor. Sie rufen zunächst den Editor (z.B. den **vi**) mit dem gewünschten Script Namen wie in Bild 10.1 auf:

```
% vi script1.sh
~
~
~
~
~
script1.sh [new file]
```

Bild 10.1: Starten des vi zum Schreiben eines Scripts

Wir verwenden das Namenskürzel *sh*, um auch in Zukunft auf den ersten Blick zu erkennen, daß diese Datei ein Shell Script enthält. Ihnen steht es frei, beliebige andere Dateinamen zu wählen.

Im Editor erfassen Sie nun die Kommandofolgen, so wie Sie sie von der Shell-Ebene aus aufrufen würden.

Die Shell Scripts, die wir schreiben werden, sollen alle auf der Bourne Shell laufen, die am häufigsten für Scripts eingesetzt wird.

Egal auf welcher Shell sie arbeiten, das erste Zeichen im Text Ihres Scripts bestimmt, auf welcher Shell Ihr Shell-Script ausgeführt wird. Beginnen Sie eine Datei mit dem Doppelkreuz »#«, wird Ihr Shell Script von einer C Shell ausgeführt. Bei allen anderen Anfangszeichen startet für die Bearbeitung der Datei eine Bourne Shell.

Bourne Shell oder C Shell

Das Doppelkreuz benutzen Sie auf der Bourne Shell als Kommentarzeichen. Alles, was Sie auf der Zeile hinter das Kommentarzeichen schreiben, wird von der Shell nicht beachtet. Häufig werden Sie ein Shell Script mit einem Kommentar beginnen, in dem die Funktion des Programms genannt wird. Um zu verhindern, daß wegen der Kommentarzeile als Programmanfang ein Bourne Shell Script von einer C Shell ausgeführt wird, sollten Sie jedes Script mit einem Doppelpunkt beginnen. Der Doppelpunkt steht für das sogenannte „null" Kommando, das Sie auch als Kommentarzeichen verwenden können.

Kommentare

Bei den ersten Shell Programmen spielt es noch keine Rolle, ob Sie eine Bourne, C oder Korn Shell starten. Spätestens bei der Benutzung von Strukturen zur Ablaufsteuerung (Schleifen, Verzweigungen etc.) werden die Unterschiede zwischen den Shells deutlich. Sie müssen bei jeder Shell selbstverständlich darauf achten, daß Sie nicht falsche shelleingebaute Kommandos verwenden (siehe in Kapitel 7 die Benutzung von **setenv** auf der C Shell im Gegensatz zu **set** und **export** auf der Bourne Shell).

Vorsicht bei shelleingebauten Kommandos

Zurück zum Editor, der darauf wartet, daß wir unser erstes Shell Script eintasten. Wir möchten ein einfaches Shell Script schreiben, das das aktuelle Datum, die eingeloggten Benutzer und die Einträge des aktuellen Verzeichnisses ausgibt. Mit dem **echo** Kommando sollen die Ausgaben auf dem Bildschirm erläutert werden:

Datenreise

```
:
# script1.sh - gibt Zeit, angemeldete Benutzer und
# Verzeichniseinträge des Arbeitsverzeichnisses aus
echo "Die aktuelle Zeit ist: "
date
echo "Am System arbeiten: "
who
echo "Im Arbeitsverzeichnis stehen folgende Eintraege: "
ls -l .
```

Bild 10.2: Das erste Shell Script

Sie speichern ab und verlassen den **vi** (z.B. mit **:x**).

10. 3 Ausführbar machen und speichern

Im nächsten Schritt setzen Sie die Zugriffs-Berechtigungen auf die
script1.sh Datei so, daß zumindest Sie als Benutzer die Datei
ausführen können:

```
% chmod u+x script1.sh
%
```

Bild 10.3: Ausführ-Rechte des Shell Scripts setzen

Befehls-
verzeichnis
einrichten

Es wäre nun bestimmt kein guter Gedanke, dieses und alle weiteren Shell Scripts im Login-Verzeichnis stehen zu lassen. Die
Übersicht, die insbesondere Ihr Heimat-Verzeichnis aufweisen
sollte, wäre nach kurzer Zeit verloren. Richten Sie wie in Bild 10.4
ein Verzeichnis namens *bin* unterhalb Ihres Login-Verzeichnisses
ein, das Ihre eigenen Programmdateien aufnimmt. Im Anschluß
stellen Sie auch gleich sicher, daß dieses Verzeichnis innerhalb
des Suchpfades Ihrer Benutzer-Umgebung liegt (siehe Abschnitt
7.3 - Oberflächenanpassung durch Shell Variablen):

```
% cd
% mkdir bin
% mv script1.sh bin
% env
HOME=/usr/fritz
PATH=/bin:/usr/bin:/usr/fritz/bin:
LOGNAME=fritz
TERM=wy60
HZ=60
TZ=CET-1
SHELL=/bin/csh
MAIL=/usr/spool/mail/fritz
%
```

Bild 10.4: Einrichten des Verzeichnisses für private Shell Scripts

Ihr erstes Shell Script ist komplett. Sie können es über den Pro-   Script starten
grammnamen **script1.sh** starten:

```
% script1.sh
Die aktuelle Zeit ist:
Fri, 20 Mar 1992 13:11:31 CET
Am System arbeiten:
fritz    tty01   Mar 20 13:00
bernd    ttyla   Mar 20 13:05
Im Arbeitsverzeichnis stehen folgende Eintraege:
script1.sh
%
```

Bild 10.5: Ausführen des ersten Shell Scripts

Die Shell behandelt Ihre Scripts gleichberechtigt wie Systemkommandos. Alle Aktivitäten, die die Shell mit Kommandozeilen
durchführt, gelten auch für **script1.sh** (z.B. Hintergrundausführung, vorzeitiger Prozeßabbruch, Ausgabe-Umlenkung).

10. 4   Fehlersuche in Shell Scripts

Steckt in Ihrem Shell Script ein Fehler? Dann nutzen Sie die Möglichkeit, ein Script ausdrücklich von einer Shell **sh** bearbeiten zu lassen und starten diese mit der Option **v** (aus engl.: verbose). Sie erhalten dadurch die Kontrolle über den Ablauf eines Scripts.

Format   **sh -v *shell_script***

Jede Kommandozeile wird vor deren Ausführung angezeigt:

```
% sh -v script1.sh
:
# script1.sh - gibt Zeit, angemeldete Benutzer und
# Verzeichniseinträge des Arbeitsverzeichnisses aus
echo "Die aktuelle Zeit ist: "
Die aktuelle Zeit ist:
date
Fri, 20 Mar 1992 13:11:31 CET
echo "Am System arbeiten: "
Am System arbeiten:
who
fritz    tty01   Mar 20 13:00
bernd    tty1a   Mar 20 13:05
echo "Im Arbeitsverzeichnis stehen folgende Eintraege: "
Im Arbeitsverzeichnis stehen folgende Eintraege:
ls -l .
script1.sh
%
```

Bild 10.6: kontrollierbare Ausführung des Scripts

Im Unterschied zum Aufruf des Kommandonamens *script1.sh* startet durch diesen Befehl zunächst eine neue Subshell, von der dann das Shell Script aufgerufen wird.

Wenn Sie ein Shell Script mit dem Befehl **sh** ausführen, ist es egal, ob das Script das Ausführ-Recht hat oder nicht.

10. 5 Per Script ausführbar machen

Wir schreiben ein Script, mit dem Sie das Setzten des Ausführ-Rechts »x« für Programme, vereinfachen.

Das Programm **mex.sh** (für engl.: **make executable**) wendet den entsprechenden **chmod** Befehl auf die Dateien an, die Sie als Parameter dem Shell Script übergeben. Tasten Sie nun das Programm im **vi** Editor ein:

Ausführ-Rechte für Scripts setzen lassen

```
:
# mex.sh - setzt die Ausführ-Rechte des
Benutzers
# für die als Parameter angeführten Dateien
chmod u+x $*
```

Bild 10.7: mex.sh macht Scripts ausführbar

In Kapitel 7 haben wir Ihnen die Sondervariable $* vorgestellt, mit der Sie alle Parameter zu einem Kommando ansprechen können.

Das Script **mex.sh** müssen Sie noch wie gewohnt ausführbar machen. In Zukunft können Sie dann die Ausführ-Rechte für Dateien im Arbeitsverzeichnis in dieser Form setzen:

> **mex.sh** *shell_script1 shell_script2*

Wechseln Sie in Ihr privates *bin* Verzeichnis, um diesen Befehl auf die dort gespeicherten Scripts anzuwenden.

10. 6 Variablen in Shell Scripts

Dieses Kapitel zeigt Ihnen, wie Sie Shell Variablen, mit denen wir Sie in Kapitel 7 bekannt gemacht haben, in Shell Scripts anwenden. Sie lernen

Überblick

- shelldefinierte Variablen zu nutzen und
- benutzerdefinierbare Variablen in Shell Scripts zu setzen und anzusprechen.

10. 6 .1 Positionsparameter in Shell Scripts

$0 bis $9

Positionsparameter haben Sie im Abschnitt 7.3.4 -Shelldefinierte Variablen- kennengelernt. Diese shelldefinierten Variablen numerieren die Argumente einer Kommandozeile von $0 bis $9. In Shell Scripts können Sie sich über sie auf Argumente beziehen, die Sie zu einem Kommandoaufruf angegeben haben.

Datenreise

Wir schreiben ein Script, mit dem Sie prüfen können, wie oft ein Benutzer am System eingeloggt ist. Der zu prüfende Benutzername wird als Parameter hinter den Script-Aufruf angehängt.

Positions-
parameter
ausgeben

Sie greifen mehrfach auf shelldefinierte Positionsparameter zu. Über $0 lassen wir den **echo** Befehl zunächst den Namen des Scripts ausgeben. Dann nutzen wir wiederum **echo**, um anzuzeigen, auf welchen Benutzernamen das Programm angewendet wird. Der als Argument angehängte Benutzernamen ist über den Positionsparameter $1 verfügbar, da er beim Programmaufruf direkt hinter den Scriptnamen gesetzt werden soll. Wir ergänzen den **echo** Befehl um die Option **n**, damit die Schreibmarke nach der Mitteilung nicht in die nächste Zeile springt, sondern die folgende Berechnung unmittelbar angehängt wird. Alle diese Schritte machen das Programm benutzerfreundlich. Die eigentliche Aufgabe des Scripts führt die abschliessende Pipeline durch:

- wir rufen über **who** die Liste der aktiven Benutzer ab und

- übergeben diese Ausgabe an den **grep** Befehl. Dieser filtert die Zeilen heraus, die Einträge des angegebenen Benutzers sind.

- dann zählt **wc -l** die an diesen Befehl weitergereichten Zeilen, von denen jede für ein Endgerät steht, an dem der Benutzer arbeitet.

Als Ergebnis erhalten Sie, falls der Benutzer tatsächlich aktiv ist, die Zahl der von ihm belegten Endgeräte. Erstellen Sie nun das Script:

```
:
# logZahl.sh - liefert die Anzahl, wie oft ein Benutzer
# zur Zeit am System angemeldet ist.
echo "Shell Prozedur: "$0
echo -n "Der Benutzer $1 ist so oft angemeldet: "
who | grep $1 | wc -l
```

Bild 10.8: Wie oft ist ein Benutzer eingeloggt?

Setzen Sie das Ausführ-Recht für **logZahl.sh** mit dem **mex.sh** Script:

```
% mex.sh logZahl.sh
%
```

Bild 10.9: logZahl.sh ausführbar machen

Dann können Sie Ihr neues Script mit Ihrem Benutzernamen Testen ausprobieren:

```
% logZahl.sh fritz
Shell Prozedur: logZahl.sh
Der Benutzer fritz ist sooft angemeldet:     1
%
```

Bild 10.10: logZahl.sh prüft, wie oft Fritz eingeloggt ist

Die Shell hat in diesem Bildschirmfoto *$1* durch die Zeichenkette *fritz* ersetzt und an **echo** und **grep** weitergereicht.

Dieses einfache Programm weist noch kleine Schwachstellen auf, die wir mit weiteren Kenntnissen noch ausbügeln werden. Geben Sie beispielsweise eine Benutzer-Kennung an, unter der zur Zeit nicht gearbeitet wird, so erhalten Sie keine sehr sinnvolle Ausgabe: Schwach-stellen

```
% logZahl.sh tom
Shell Prozedur: logZahl.sh
Der Benutzer tom ist sooft angemeldet:     0
%
```

Bild 10.11: logZahl.sh: sinnlose Ausgabe?

Auch wenn Sie sich vertippen, versucht das Script, den vermeintlichen Benutzernamen in der **who** Liste zu zählen. Es fehlen also noch Strukturen zur Fehlerbehandlung, die Sie ab Abschnitt 10.7 kennenlernen.

Fehlt das Argument in Ihrem Scriptaufruf, erhalten Sie:

```
% logZahl.sh
Shell Prozedur: logZahl.sh
Der Benutzer  ist sooft angemeldet: Usage: grep -bchilnsvy
[-expr] [-f expr_file] pattern file
%
```

Bild 10.12: logZahl.sh: Eingabefehler werden (noch) nicht abgefangen

10. 6 .2 Benutzerdefinierbare Variablen und Sondervariablen in Shell Scripts

Datenreise

Im nächsten Script (Bild 10.13) **argecho.sh** werden wir die shelldefinierten Variablen $$, $# und $* nutzen. In $$ wird die Prozeßnummer des Shell Scripts bereitgehalten, mit deren Hilfe Sie einzigartige Dateinamen erstellen können. Mit $# erhalten Sie die Anzahl der übergebenen Parameter, und $* liefert alle Parameter des aufgerufenen Scripts. Außerdem definieren wir im Script zwei benutzerdefinierbare Variablen, die wir über den **echo** Befehl anzeigen.

Verwenden Sie beim Definieren der Variablen die Bourne Shell-Schreibweise, da Ihr Script auf der Bourne Shell läuft.

Die Prozeßnummer des Shell Scripts fangen Sie in einer Datei ab, deren Namen mit *tmp* beginnt und mit der Prozeßnummer (hier: 486) endet. Sehen Sie sich neben der Datei auch an, wie die Shell mit dem Positionsparameter $4 umgeht, der, obwohl er nicht belegt ist, abgefragt wird. Sie erhalten keine Fehlermeldung. Nicht besetzte Positionsparameter sind immer definiert, ggf. über die leere Zeichenkette.

```
cat argecho.sh
:
# argecho.sh - echot angegebene benutzerdefinierbare und
# shelldefinierten Variablen, liefert die PID des Scripts
echo "Prozeßnummer des Shell Scripts: $$" > $HOME/tmp$$
echo "Anzahl der übergebenen Parameter: "$#
name=$LOGNAME
datum='date'
echo
echo "Benutzer: $name führt dieses Script am $datum aus."
echo
echo "Parameter 1: "$1
echo "Parameter 2: "$2
echp "Parameter 3: "$3
echo "Parameter 4: "$4
echo "Alle Parameter: "$*
% mex.sh argecho.sh
% argecho.sh a 123 hallo
Anzahl der übergebenen Parameter: 3

Benutzer: fritz führt dieses Script am Fr, 20 Mar 1993
13:15:56 CET aus.

Parameter 1: a
Parameter 2: 123
Parameter 3: hallo
Parameter 4:
Alle Parameter: a 123 hallo
% ls tmp*
tmp486
% cat tmp486
Prozeßnummer des Shell Scripts: 486
%
```

Bild 10.13: Benutzerdefinierbare und Sondervariablen in Shell Scripts

10. 6 .3 Eingabe in Shell Scripts

Neben der Parameterübergabe gibt es eine weitere Möglichkeit, Eingaben an Shell Scripts zu übergeben. Sie können während Ausführung des Scripts Benutzer-Eingaben einlesen. Der **read** Befehl weist Variablen die Benutzer-Eingabe zu. Das Format dieses Befehls ist:

Format   **read** *variable*

Mit *$variable* (siehe Abschnitt 7.3) können Sie sich im Script auf die Benutzer-Eingabe beziehen. Jede Eingabe muß der Benutzer mit der (Eingabe) -Taste abschliessen.

Datenreise   Wir nutzen den **read** Befehl im Script **listdir.sh,** um vom Benutzer das Verzeichnis abzufragen, ab dem die Einträge gelistet werden sollen. Das Script wechselt bei seiner Ausführung in das angegebene Verzeichnis, beginnend mit dem eingelesenen Startverzeichnis, und gibt alle eingetragenen Dateien und Unterverzeichnisse seitenweise aus. Sie verwenden hierfür das Kommando **ls -R,** das rekursiv die Unterverzeichnisse durchläuft und ausgibt. Wir wechseln mit **cd** in das Startverzeichnis; wir setzen den entsprechenden Verzeichnispfad nicht hinter **ls -R,** weil diese Kommandofolge schneller arbeitet. In Bild 10.14 haben wir das Programm eingetastet:

```
:
# listdir.sh - gibt den Verzeichnisbaum beginnend mit dem
# vom Benutzer abgefragten Verzeichnis aus
echo -n "Startverzeichnis (mit Pfadnamen) angeben "
read verz
cd $verz
ls -R . | more
```

Bild 10.14: rekursive Ausgabe des Verzeichnisasts

Trifft die Shell während des Script-Ablaufs auf die **read** Anweisung, stoppt der Programmablauf. Die angegebene Variable *var* wird eingelesen und kann dann über den Variablenwert genutzt werden. Probieren Sie Ihr Script, nachdem Sie es ausführbar gemacht und in Ihrem Befehlsverzeichnis abgelegt haben:

```
% listdir.sh
Startverzeichnis (mit Pfadnamen) angeben ..
benutzer.sort
datenfile1
linkprot
logprot
textdatei
texte
uebung
werarbeitet

./texte
bericht
datenfile0

./uebung
kapitel5
kapitel6
kapitel7

.
.
.
```

Bild 10.15: Ausgabe von listdir.sh

Mit den Sonderzeichen »..« sprechen wir das hierarchisch übergeordnete Verzeichnis an.

Das **listdir.sh** Script weist, wie auch die früheren Scripts, keine Fehlerbehandlung auf. Geben Sie einen nicht vorhandenen Namen, z.B. *moechtegern* als Verzeichnispfad ein, so scheitert der folgende **cd** Befehl und Sie erhalten die Fehlermeldung *listdir.sh: moechtergern does not exist - moechtegern* gibt es nicht!

Um Ihre Shell Programme benutzungssicherer zu machen, bauen wir im folgenden Abschnitt die Bedingungsabfrage **test** ein. Diese kann u.a. testen, ob ein Verzeichnisname überhaupt vorhanden ist.

10. 7 Bedingungsabfrage - test

Den Befehl **test** nutzen Sie in der Shell Programmierung, um Ausdrücke auszuwerten. In Kontrollstrukturen und Vergleichen prüfen Sie mit **test**-Anweisungen Dateien, Zeichenketten und Zahlenwerte.

Beendigungs-
code

Als Ergebnis einer **test** Anweisung erhalten Sie über den **Beendigungscode** die Wahrheitswerte wahr (Code: 0) oder falsch (Code: ungleich 0). Beendigungscodes werden von **test**, wie von den meisten anderen UNIX Kommandos auch, ähnlich Funktionswerten oder Wahrheitswerten zurückgeliefert und können von Kommandos zur Ablaufsteuerung (siehe Abschnitt 10.8) genutzt werden. Die Rückgabe des Beendigungscodes nach einer Bedingungsprüfung ist die einzige Aufgabe des **test** Kommandos.

Datenreise

Im Script **listdir.sh** können Sie das **test** Kommando verwenden, um zu prüfen, ob das vom Benutzer angegebene Verzeichnis überhaupt existiert. Hierzu verzweigen Sie über den Beendigungscode des **test** Befehls je nach Ergebnis der Prüfung des Verzeichnisnamens den Programmablauf in alternative Kommandofolgen. So können Sie bei existierendem Verzeichnis den Verzeichnisbaum ausgeben lassen und im Fall eines falschen Namens eine Fehlermeldung anzeigen und die Variable neu einlesen.

Das **test** Kommando besitzt folgende Formate:

Format (1)   **test [-rwxsdf] *datei***

um zu prüfen, ob Dateien existieren, lesbar (r), beschreibbar (w) oder ausführbar (x) sind, oder ob eine Datei ein Verzeichnis (d) ist oder mehr als null Zeichen enthält (s),

Format (2)   **test [-zn] *zeichenkette***

um zu prüfen, ob Zeichenketten nicht leer (nicht vorhanden) sind oder die Länge der Zeichenkette größer null ist,

Format (3)   **test *zeichenkette1* = *zeichenkette2***
                      test *zeichenkette1* != *zeichenkette2*

um zu prüfen, ob Zeichenketten gleich (=) oder voneinander abweichend (!=) sind,

test *zahl1* -eq/-ne/-lt/-le/-gt/-ge *zahl2*   Format (4)

um zu prüfen, ob ein Zahl gleich (eq), ungleich (ne), kleiner (gleich) (lt bzw. le) oder größer (gleich) (gt bzw. ge) einer zweiten Zahl ist.

Sie lesen in Tabelle 10.1, welche Optionen und Parameter zu **test** Sie bei der Bewertung folgender Fragen anwenden:

Kommando	zur Bewertung der Frage
test *datei*	existiert die Datei?
test -r *datei*	existiert die Datei und ist lesbar?
test -w *datei*	existiert die Datei und ist schreibbar?
test -x *datei*	existiert die Datei und ist ausführbar?
test -s *datei*	existiert die Datei und enthält (mehr als 0) Zeichen?
test -d *datei*	existiert die Datei und ist ein Verzeichnis?
test -f *datei*	existiert die Datei und ist eine „normale" Datei?
test *zeichen*	ist die Zeichenkette nicht leer (nicht ein „null string")?
test -n *zeichen*	ist Länge der Zeichenkette ungleich null?
test -z *zeichen*	ist die Länge der Zeichenkette gleich null?
test "*zk1*" = "*zk2*"	sind erste und zweite Zeichenkette gleich?
test *zahl1* -eq *zahl2*	sind erste und zweite Zahl algebraisch gleich?
test *zahl1* -ne *zahl2*	sind erste und zweite Zahl algebraisch ungleich?
test *zahl1* -lt *zahl2*	ist die erste kleiner als die zweite Zahl?
test *zahl1* -le *zahl2*	ist die erste kleiner gleich der zweiten Zahl?
test *zahl1* -gt *zahl2*	ist die erste größer als die zweite Zahl?
test *zahl1* -ge *zahl2*	ist die erste größer gleich der zweiten Zahl?

Tabelle 10.1: Befehlsformate des test Kommandos

Bedingungen
verknüfen

Sie können mehrere Bedingungsabfragen miteinander verknüpfen, um gemeinsam gültige Bedingungen zu verknüpfen. Hierzu verbinden Sie zu bewertende Fragen durch die Optionen **a** oder **o** in folgendem Format:

Format

test *bewertung1* -o *bewertung2* ...
test *bewertung* -a *bewertung2* ...

Die beiden Optionen unterscheiden sich in der Art, wie sie die Bewertungen kombinieren:

Und

a   aus engl.: **and** - Und-Verknüpfung. Die Bewertung wird wahr, wenn jeder der Teilausdrücke wahr ist.

Oder

o   aus engl.: **or** - Oder-Verbindung. Die Bewertung wird wahr, wenn mindestens einer der Teilausdrücke wahr ist.

Verneinung

Zusätzlich können Sie die Verneinung eines vergleichenden Ausdruck testen. Sie stellen hierzu dem Gleichheitszeichen ein Ausrufezeichen voran:

Format

test "*zeichenkette1*" != "*zeichenkette2*"

Dieser Ausdruck prüft, ob erste und zweite Zeichenkette **nicht** identisch sind.

Die folgenden Beispiele sollen Ihnen die Nutzung des **test** Befehls verdeutlichen, da dieser eine zentrale Rolle in vielen Shell Scripts spielt. Wir nennen Ihnen jeweils eine **test** Kommandozeile und beschreiben dann die Leistung des Befehls:

Dateien
prüfen:

test -r logprot   • prüft, ob die Datei *logprot* existiert und lesbar ist

test -s logprot   • prüft, ob in *logprot* Zeichen, z.B. Text oder Kommandos abgelegt sind

test -r texte -a -d texte   • prüft, ob die Datei *texte* lesbar und ein Verzeichnis ist

Zeichenket-
ten prüfen

test "$ein"= "J" -o "$ein" = "j"   • prüft, ob in die Variable *ein* die Zeichenkette *J* oder *j* eingelesen wurde

test -n $ein   • prüft, ob in die Variable *ein* überhaupt Zeichen eingelesen wurden (*$ein* nicht leer ist)

test "$#" -lt "3"   • prüft, ob die Anzahl der Parameter auf   Zahlen prüfen
                                der Kommandozeile kleiner als zwei
                                ist

Wenn Sie Zeichenketten und Zahlen vergleichen, müssen Sie darauf achten,
die Wörter bzw. Werte in Anführungszeichen zu setzen.

In unserem Beispiel **listdir.sh** werden wir im nächsten Abschnitt
die Anweisung **test -d** in eine Verzweigung einbauen. Verläuft
die Prüfung auf einen angegebenen Verzeichnisnamen erfolgreich, wird wahr (Beendigungscode 0) zurückgeliefert, ansonsten
erhält das Script den Rückgabewert falsch (Beendigungscode
ungleich 0).

10. 8   Fallunterscheidung

Bisher bestanden Ihre Shell Scripts aus einer Folge von Anwei-   Überblick
sungen, die der Reihe nach abgearbeitet wurden. Wie jede höhere
Programmiersprache stellen Ihnen auch die UNIX Shells Anweisungen zur Verfügung, mit denen Sie die Abfolge von Kommandos beeinflussen können. Hierzu gehören:

• Verzweigungen mit **if** (Abschnitt 10.8.1)

• verschachtelte Verzweigungen mit **if .. elif** (Abschnitt 10.8.2)

• Mehrfach-Verzweigungen mit **case** (Abschnitt 10.8.3)

10. 8 .1   Verzweigungen - if

Über die if Verzweigung können Sie den Script-Ablauf in alternative Kommandofolgen aufteilen, je nach Ergebnis (Beendigungscode) der Bedingungsprüfung zu Beginn der if Klausel.
Hierdurch können Sie den Script-Ablauf in Abhängigkeit von
aktuellen Bedingungen steuern.

Die if Anweisung wird in diesem Format genutzt:

```
if bedingungskommando                                    Format
   then kommandofolge2
   [ else kommandofolge3 ]
fi
```

Datenreise Auf das *listdir.sh* Beispiel angewendet heißt das:

- **Wenn** (engl.: if) die vom Benutzer angegebene Datei existiert und ein Verzeichnis ist,
- **dann** (engl.: then) gib den Verzeichnisbaum unterhalb dieses Verzeichnisses rekursiv und seitenweise aus,
- **ansonsten** (engl.: else) drucke eine Fehlermeldung und
- **beende** die if Verzweigung (fi - umgekehrtes if).

Die **else** Aussage steht in unserem Befehlsformat in eckigen Klammern, weil sie wahlweise (optional) anzugeben ist. Sie müssen also nicht unbedingt eine alternative Kommandofolge angeben für den Fall, daß eine Bedingung nicht erfüllt ist. Lassen Sie den else Teil weg, setzt die Ausführung des Scripts erst hinter der Verzweigung wieder ein. Bitte achten Sie darauf, die **if** Anweisung durch den **fi** Befehl zu beenden.

Sie sollten, wenn Sie Anweisungen zur Ablaufsteuerung nutzen, möglichst strukturiert schreiben, indem Sie die Kommandofolgen (ggf. mehrfach) einrücken, die innerhalb von Verzweigungen und Schleifen liegen.

Wenden Sie diese Kenntnisse nun am Script **listdir.sh** an:

```
:
# listdir.sh - gibt den Verzeichnisbaum beginnend mit dem
# vom Benutzer abgefragten Verzeichnis aus
echo -n "Startverzeichnis (ggf. mit Pfadnamen) angeben "
read verz
if test -d $verz
   then cd $verz
        ls -R . | more
   else echo "Fehler: $verz existiert nicht als Verzeichnis"
fi
```

Bild 10.16: if Verzweigung in listdir.sh

Sehen Sie sich an, was jetzt passiert, wenn der von Ihnen angegebene Verzeichnisname nicht existiert:

```
listdir.sh moechtegern
Fehler: moechtegern existiert nicht als Verzeichnis
```

Bild 10.17: listdir.sh: Aufruf mit fehlerhaftem Argument

10. 8 .2 Verschachtelte Verzweigungen - if .. elif

Wenn notwendig, können Sie if Verzweigungen ineinander ver-   Schachteln
schachteln. Sie nutzen diese Möglichkeit, wenn Sie im then oder
else Teil weitere Bedingungen prüfen möchten, bevor Sie Kommandofolgen ausführen lassen.

Für den Fall, daß Sie mit der else Anweisung weitere if Bedingungen prüfen möchten, nutzen Sie die in die if Struktur geschach-
telte elif Verzweigung. Das Kommando elif steht als Kurzform
für else if mit folgendem Kommandoformat (1):

```
if bedingungskommando
    then kommandofolge2
    elif bedingungskommando
        then kommandofolge4
    [ else kommandofolge5 ]
fi
```
Format (1)

Den elif Teil beenden Sie nicht mit der fi Anweisung. elif endet,
wenn der else Teil oder die fi Anweisung der if Verzweigung
auftreten.

Anstelle der mehrfachen Bedingungsprüfung mit elif können Sie
auch einfache if Bedingungen ineinander schachteln. Das folgende Kommandoformat (2) können Sie alternativ zum vorangegangenen Kommandoformat (1) nutzen:

```
if bedingungskommando
    then kommandofolge2
    else if bedingungskommando
        then kommandofolge4
        [ else kommandofolge 5 ]
    fi
    [ else kommandofolge6 ]
fi
```
Format (2)

Die Mehrfach-Verzweigungen, die Sie auf diese Weise erhalten,
können Sie durch weitere elif und if Verzweigungen beliebig tief
ausbauen. Von Übersichtlichkeit solcher Strukturen kann aber
keine Rede mehr sein. Wenn Sie mehr als zwei Fälle haben, auf
die Sie eine Bedingung prüfen möchten, nutzen Sie besser das
case Kommando, das wir im folgenden Abschnitt vorstellen.

10. 8 .3 Mehrfach-Verzweigungen - case

Das **case** Kommando nutzen Sie, um übersichtliche Mehrfach-Verzweigungen in Shell Scripts zu programmieren. In **case** Strukturen prüfen Sie, auf welches Muster eine angegebene Zeichenkette paßt. Ausgeführt wird die Kommandofolge, die dem übereinstimmenden Muster zugeordnet ist. Nach Durchführung dieser Kommandofolge wird das Script hinter der **case** Verzweigung fortgesetzt, sofern weitere Kommandos folgen. **case** Verzweigungen können folgendes Format haben:

Format

```
case zeichenkette in
    muster1 ) kommandofolge1 ;;
    muster2 ) kommandofolge2 ;;
    muster3 ) kommandofolge3 ;;
    ...
esac
```

Ein Muster mit zugehöriger Kommandofolge beenden Sie durch zweifaches Semikolon; Muster und Kommandos werden durch die schließende Klammer »)« voneinander getrennt. Die **case** Struktur schließen Sie mit dem **esac** Befehl (case rückwärts).

Sonderzeichen im Muster

Sie können innerhalb des zu prüfenden Musters die Sonderzeichen *, ?, [ ] verwenden, so wie in den Kapiteln 6 und 7 zur Dateinamen-Erweiterung. In die Position der Zeichenkette können Sie eine Variable setzen, die Sie mit Zeichen belegt haben.

Wir werden uns auf der folgenden Datenreise das Script **menue.sh** ansehen, in dem eine **case** Verzweigung auftritt. Wir nutzen **case**, um ein Menü zu programmieren. Der Benutzer erhält die Möglichkeit, aus diesen Menüpunkten auszuwählen:

- Anzeigen des aktuellen Datums
- Starten des Editors vi mit einer Textdatei
- Anzeigen einer Datei
- Auflisten der Einträge eines Verzeichnisses
- Verlassen und Beenden des Menüs

Zunächst wird mit **clear** der Bildschirm geleert, dann wird dem Benutzer über **echo** die Menüauswahl angezeigt. Im Anschluß liest der **read** Befehl die Antwort des Benutzers in die Variable *menue* ein. In der **case** Verzweigung wird der eingelesene Wert mit den Mustern jeder Menüauswahl verglichen und bei Übereinstimmung die Kommandofolge zu einem Menüpunkt gestartet. Tasten Sie das in Bild 10.18 gezeigte Script unter dem Namen **menue.sh** im **vi** Editor ein:

```
:
# menue.sh - einfache Menueauswahl, die dem Benutzer das
# Abfragen des Datums, Starten des vi Editors, Anzeigen von
# Dateien, Auflisten von Verzeichnissen und Verlassen des
# Menues ermöglicht.
clear      # Bildschirm loeschen
echo "---------- M E N U E A U S W A H L -----------------"
echo
echo " 1     -     Anzeigen des aktuellen Datums"
echo " 2     -     Texteditor"
echo " 3     -     Anzeigen von Dateiinhalten"
echo " 4     -     Auflisten von Verzeichnisseintraegen"
echo " 5     -     Beenden des Menüs
echo
"---------------------------------------------------"
echo -n "Bitte Eingabe: "
read menue
case $menue in
   1 ) echo "Datum und Uhrzeit: `date`" ;;
   2 ) echo -n "Bitte Dateinamen eingeben: "
       read $datei
       vi $datei ;;
   3 ) echo -n "Bitte Dateinamen eingeben: "
       read $datei
       if test -f $datei
          then more $datei
          else echo "Fehler: Ungültiger Dateiname!"
       fi ;;
   4 ) echo -n "Bitte Verzeichnisnamen eingeben: "
       read $verz
       if test -d $datei
          then ls -l $verz | more
          else echo "Fehler: Ungültiger Dateiname"
       fi ;;
   5 | q ) exit ;;
   * ) echo "Fehlerhafte Eingabe" ;;
esac
```

Bild 10.18: menue.sh mit Mehrfach-Verzweigungen

Im Menüpunkt 5 vergleichen wir die Zeichenkette in *menue* mit zwei Mustern, mit »5« und »q«. Das »|«-Zeichen arbeitet als Oder-Trennzeichen. Die Muster auf beiden Seiten des »|« werden mit der Benutzer-Eingabe verglichen. Paßt eines der Zeichen, wird das Kommando **exit** ausgeführt, das die Menüauswahl abbricht. **exit** sehen Sie sich im Abschnitt 10.9 genauer an.

Erläuterung zum Programm

Als abschließendes Muster wählen wir das Joker-Sonderzeichen »*«. Das »*« Muster paßt auf jede beliebige (auch keine) Zeichenkette und wird daher benutzt, um eine Fehlermeldung anzuzeigen, falls keine der vorangegangenen Muster mit der Benutzer-Eingabe übereinstimmt. Das »*« Zeichen muß immer am Ende Ihrer Liste möglicher Verzweigungen stehen, ansonsten würden nachfolgende Muster nicht mehr berücksichtigt. In Bild 10.19 testen wir unser **menue.sh**, nachdem wir es ausführbar gemacht haben:

```
% menue.sh
---------------- M E N U E A U S W A H L -----------------

1    -    Anzeigen des aktuellen Datums
2    -    Texteditor
3    -    Anzeigen von Dateiinhalten
4    -    Auflisten von Verzeichnisseintraegen
5    -    Beenden des Menüs
-----------------------------------------------------------

Bitte Eingabe: 3
Bitte Dateinamen eingeben: /usr/fritz/texte/textdatei
Der vi ist eine wichtige UNIX-Dienstleistung. Mit dem
Editor können Sie einfach Texte erstellen und bearbeiten.
Eingabefehler im Eingabemodus können Sie durch Betätigen
der [Rückschritt]-Taste korrigieren. Die gleiche Funktion
wie [Rückschritt] erfüllt der Steuercode STRG+h.
% menue.sh
---------------- M E N U E A U S W A H L -----------------

1    -    Anzeigen des aktuellen Datums
2    -    Texteditor
3    -    Anzeigen von Dateiinhalten
4    -    Auflisten von Verzeichnisseintraegen
5    -    Beenden des Menüs
-----------------------------------------------------------

Bitte Eingabe: 4
Bitte Verzeichnisnamen eingeben: moechtegern
Fehler: Ungültiger Dateiname
%
```

Bild 10.19: Ausführen des menue.sh Programms

Sie werden feststellen, daß das Menü nach einmaligem Durchlauf   Aus und
immer endet. Wir benötigen daher jetzt Wiederholungsstruktu-   vorbei
ren, mit denen wir Programmteile mehrfach ausführen können.

10. 9 Wiederholungsstrukturen

Möchten Sie Programmteile mehrfach ausführen, benötigen Sie   Grund-
Wiederholungen in Ihren Shell Scripts. Wiederholungsschleifen legendes
setzen sich aus drei Bestandteilen zusammen:

Schleifenaufruf	• **while**, **until** oder **for**; mit Gültigkeits- bzw. Abbruchbedingung
Schleifenklammerung	• **do** .. **done**; umschließt den Schleifenkörper
Schleifenkörper	• enthält die ggf. mehrfach auszuführenden Kommandos

In Shell Scripts können Sie je nach Problemstellung drei unter-   verschiedene
schiedliche Schleifen programmieren. Diese Schleifen unterschei- Schleifen
den sich im Schleifenaufruf:

- **while**
- **until**
- **for**

while und **until** sind **bedingungsabhängige Schleifen**. Vor jedem Schleifendurchlauf wird geprüft, ob die Eingangsbedingung
erfüllt (bei **while**) bzw. nicht erfüllt (bei **until**) ist.

Bei **for** Schleifen ist die Zahl der Schleifendurchläufe abhängig
von der Anzahl der übergebenen Parameter.

10. 9 .1 Bedingte Schleifen - while und until

Bedingte Schleifen nutzen Sie, wenn Programmteile so oft wiederholt werden sollen, bis aufgeführte Bedingungen eintreffen
oder ausbleiben.

Eine **while** Schleife wird solange durchlaufen, bis die Prüfung des   while
im Schleifenaufruf stehenden Bedingungskommandos einen

Beendigungscode ungleich null (falsch) ergibt, d.h. die Bedingung nicht mehr erfüllt ist. Sie schreiben **while** Schleifen in folgendem Format:

Format

while *bedingungskommando*
do
    kommandofolge
done

Die zu wiederholenden Kommandofolgen kennzeichnen Sie durch die Schleifenklammerung, die mit dem Wort **do** beginnt und mit **done** endet.

until

until Schleifen kehren die Arbeitsweise der **while** Schleifen um: Der Schleifenkörper wir solange ausgeführt, wie die Bedingungsprüfung falsch ergibt. Wird vom Bedingungskommando der Status null (wahr) zurückgeliefert, bricht die Schleife ab.

Das Format einer **until** Schleife wird analog zu **while** gebildet:

Format

until *bedingungskommando*
do
    kommandofolge
done

Häufig werden bedingte Schleifen eingesetzt, um Benutzer-Eingaben zu prüfen und diese solange einzulesen, bis bestimmte Eingaben erfolgen.

Datenreise

Die folgende **while** Schleife liest Benutzer-Eingaben mittels **read** in die Variable *eingabe* ein und schreibt diese auf die Standard-Ausgabe zurück. Die Schleife wird dabei solange wiederholt, wie vom **read** Kommando der Beendigungsstatus wahr (0) zurückkommt. Das ist solange der Fall, wie der Benutzer Zeichen eintastet. Erst wenn das EOF-Zeichen mit (STRG) + (d) eingetastet wird, schlägt das **read** Kommando fehl und liefert »falsch« an **while** zurück. (STRG) + (d) wird damit zum Abbruchsignal für die Schleife. Sie können auf Bild 10.20 sehen, wie eine solche Wiederholung geschrieben wird:

```
while read eingabe
do
    echo $eingabe
done
```

Bild 10.20: Eingaben in einer while Schleife einlesen

Sie können das Shell Script **menue.sh** aus dem vorhergehenden Abschnitt in eine bedingte Schleife einschließen. Hierdurch erreichen Sie, daß die Menüauswahl mehrfach durchgeführt werden kann, bis der Benutzer das Script ausdrücklich mit der Menüauswahl »5« oder »q« abbricht. Auch bei fehlerhaften Eingaben kann die Menüauswahl dann solange wiederholt werden, bis der Benutzer mit sinnvollen Eingaben antwortet.

Hierzu benötigen wir die Kommandos **true** und **false**. Die Aufgabe dieser Befehle ist es lediglich, einen entsprechenden Beendigungsstatus zurückzuliefern (true - 0, false - ungleich 0). Mit diesen Kommandos können Sie bedingte Schleifen programmieren, bei denen der Beendigungsstatus des Bedingungskommandos von Beginn an festliegt.

true und false

Die Wiederholungsschleife können Sie

- brutal über einen Sprung aus der Wiederholung beenden oder

- sanft über eine Variable steuern.

menue.sh haben wir in Bild 10.21 ganz frech mit einer Endlosschleife (**while true**) umgeben, die der Benutzer nur über den Menüpunkt 5 verlassen kann. Bei dieser Auswahl bricht der **exit** Befehl das Shell Script ab. Falls Ihnen das zu radikal ist, steuern Sie den Schleifenabbruch wie in Bild 10.22 über eine Variable (hier *WIEDERHOLEN*). Diese Variable wird vor der Schleife mit **true** initialisiert. Die Schleife läuft solange, bis die Variable *WIEDERHOLEN* den Wert **false** hat. Diesen Wert erhält *WIEDERHOLEN* genau dann, wenn der Menüpunkt 5 (Beenden des Menüs) angewählt wird.

brutal oder sanft?

Bitte ergänzen Sie Ihr **menue.sh** Script um Anfangs- und Endzeilen wie in Bild 10.21 oder Bild 10.22.

```
:
# menue.sh - einfache Menueauswahl, die dem Benutzer das Abfragen des Datums,
# Starten des vi Editors, Anzeigen von Dateien, Auflisten von Verzeichnissen und Verlassen des
# Menues ermöglicht.
clear      # Bildschirm loeschen
while true
do
  echo "------------ M E N U E A U S W A H L ----------------"
  echo " 1     -      Anzeigen des aktuellen Datums"
  echo " 2     -      Texteditor"
  echo " 3     -      Anzeigen von Dateiinhalten"
  echo " 4     -      Auflisten von Verzeichnisseintraegen"
  echo " 5     -      Beenden des Menüs
  echo
"------------------------------------------------------------"
   echo -n "Bitte Eingabe: "
  read menue
  case $menue in
    1 ) echo "Datum und Uhrzeit: `date`" ;;
    2 ) echo -n "Bitte Dateinamen eingeben: "
        read $datei
        vi $datei ;;
    3 ) echo -n "Bitte Dateinamen eingeben: "
        read $datei
        if test -f $datei
           then more $datei
           else echo "Fehler: Ungültiger Dateiname!"
        fi ;;
    4 ) echo -n "Bitte Verzeichnisnamen eingeben: "
        read $verz
        if test -d $datei
           then ls -l $verz | more
           else echo "Fehler: Ungültiger Dateiname"
        fi ;;
    5 | q ) exit ;;
    * ) echo "Fehlerhafte Eingabe" ;;
  esac
done
```

Bild 10.21: Einbetten von menue.sh in eine Endlosschleife

```
...
WIEDERHOLEN=true
while WIEDERHOLEN
do
...
  case $menue in
    ...
    5 | q ) WIEDERHOLEN=false ;;
    ...
  esac
done
```

Bild 10.22: Ausschnitt aus menue.sh mit Schleifensteuerung

10. 9 .2 Parameterbegrenzte Schleifen - for

Über **for** Kommandozeilen können Sie Kommandofolgen wiederholt auf die angegebenen Parameter anwenden.

for Schleifen sind parameterabhängig. Eine **for** Schleife wird solange abgelaufen, wie Parameter vorhanden sind, die an eine Variable übergeben werden können. Den aktuellen Wert der Variablen können Sie dann im Schleifenkörper ansprechen.

Sie haben zwei Möglichkeiten, Parameter an eine **for** Schleife zu übergeben:

- über die Positionsparameter auf der Kommandozeile
- als Argumente zum Schleifenaufruf.

Die Parameter werden der Reihe nach in die **for** Schleife eingesetzt. Die Variable springt nach jedem Durchlauf auf das nächste Wort in der Parameterliste.

Wenn Sie Parameter als Positionsparameter auf der Kommandozeile übergeben, sieht das Kommandoformat so aus:

<table>
<tr><td>for variable</td><td>Format (1)</td></tr>
<tr><td>do</td><td></td></tr>
<tr><td>   kommandofolge</td><td></td></tr>
<tr><td>done</td><td></td></tr>
</table>

Das Format des Schleifenaufrufs ändert sich, wenn Sie die Parameter als Wortliste an die Schleife anhängen:

Format (2)

```
for variable in wortliste
do
    kommandofolge
done
```

Datenreise

Um die Arbeitsweise von for Schleifen zu testen, werden wir die Scripts **argecho2.sh** und **argecho3.sh** schreiben. Beide schreiben wie **argecho.sh** aus Abschnitt 10.6.2 die angegebenen Argumente auf die Standard-Ausgabe. Während **argecho.sh** als **while** Schleife programmiert wurde, in der die Argumente eingelesen werden, nutzen die beiden neuen Scripts **for** Schleifen, die solange laufen, bis die übergebenen Argumente ausgehen.

- **argecho2.sh** erhält die Argumente über die Positionsparameter auf der Kommandozeile

- in **argecho3.sh** sind die Parameter als Wortliste an den Schleifenaufruf angehängt.

Erstellen Sie zunächst **argecho2.sh** mit folgenden Kommandozeilen:

```
for argu
do
    echo $argu
done
```

Bild 10.22: argecho2.sh: Parameterbegrenzte Schleife

Tasten Sie **argecho3.sh** entsprechend Bild 10.23 ein:

```
for argu in Wortliste aus vier Parametern
do
    echo $argu
done
```

Bild 10.23: argecho3.sh: Parameter hinter dem Schleifenaufruf

Probieren Sie dann die ausführbar gemachten Dateien:

```
% argecho2.sh Fünf Parameter auf der Kommandozeile
Fünf
Parameter
auf
der
Kommandozeile
% argecho3.sh
Wortliste
aus
vier
Parametern
%
```

Bild 10.24: Ausführen von argecho2.sh und argecho3.sh

Ein sehr nützlicher Schleifenaufruf ist

for *variable* **in ***   Format

Das Sonderzeichen »*« wird auch in **for** Schleifen zu allen Dateinamen im Arbeitsverzeichnis erweitert. So können Sie Schleifen
programmieren, in denen Kommandofolgen auf alle Einträge im
Arbeitsverzeichnis angewendet werden.

Diese Technik nutzt das **outfile.sh** Script. Sie erstellen ein Pro-   Datenreise
gramm, das für alle Dateien prüft, ob es sich um anzeigbare
Textdateien, Verzeichnisse oder andere Dateien handelt und ggf.
entsprechende Ausgaben (**more** bei Textdateien, **ls -l** bei Verzeichnissen) startet.

Sie betten alle Kommandofolgen in eine **for** Schleife. Mit *$datei*
können Sie der Reihe nach mit jedem Durchlauf einen Dateinamen im Arbeitsverzeichnis ansprechen. Über **if** Verzweigungen
mit **test** Abfragen und **file** Klassifikationen werden die Fallunterscheidungen nach Dateiarten durchgeführt und im Anschluß
more bzw. **ls -l** Befehle aufgerufen. Kann eine Datei nicht einwandfrei einem Typ zugeordnet werden, auf den eine dieser
Aktionen anwendbar ist, wird die Meldung *»ist keine normale
Textdatei oder Verzeichnis«* und die **file** Klassifikation angezeigt.

 Das **file** Kommando finden Sie im Abschnitt 5.10 erklärt.

Folgende Kommandozeilen des Scripts sollten Sie besonders beachten:

- **for $datei in *** - über diesen Schleifenaufruf werden zu allen Einträgen im Arbeitsverzeichnis die nachfolgenden Kommandos ausgeführt
- **typ='file $datei'** - schreibt in die Variable *typ* die Klassifikation, die das file Kommando zum Eintrag *$datei* ermittelt
- **test ! -r $datei** - testet die Verneinung »!« einer Bedingung. In diesem Fall prüft test, ob der Eintrag $datei **nicht** lesbar ist.
- **test "$typ" = "ascii text" -o "$typ" = "English text"** - hier werden mehrere Bedingungsabfragen zu **test** über die Oder-Option **o** verknüpft. Ist eine der Bedingungen wahr, ist der Beendigungsstatus des **test** Kommandos 0.

Die einzelnen Kommandozeilen des Scripts erläutern wir ausführlich im Bild 10.25 (hinter Abschnitt 10.9.3).

10. 9 .3 Schleifensteuerung - break und continue

Innerhalb der Shell Programmierung haben Sie zwei Befehle zur Verfügung, mit denen die Wiederholung von Schleifen gesteuert werden kann:

- **continue** - beendet den aktuellen Schleifendurchlauf und springt an den Anfang des nächsten Durchlaufs,
- **break** - verläßt die zur Zeit innerste Schleife und springt ggf. zum ersten Kommando im Anschluß an die Schleife.

Bitte beachten Sie, daß diese Kommandos nur innerhalb eines durch **do** und **done** begrenzten Schleifenkörpers arbeiten.

```
:
# outfile.sh - klassifiziert alle Dateien im Arbeitsver-
# zeichnis und gibt jede Datei, wenn möglich, entsprechend
# ihres Typs mit more oder ls -l aus. Ist das nicht
# möglich, erhält der Benutzer entsprechende Meldungen.
#
clear          # Bildschirm löschen

for $datei in *          # über alle Dateien im Verzeichnis
do                       # führe folgende Befehle durch

  echo                   # Leerzeile
  typ=`file $datei`      # lege Typ des Dateiinhalts in typ ab

  # ist Datei nicht lesbar?
  if test ! -r $datei
     then echo "$datei ist nicht lesbar"

     # prüfe, ob Datei ein Verzeichnis ist
     elif test -d $datei
        then echo "$datei ist Verzeichnis"
          ls -l $datei | more  # zeige Verzeichniseinträge an

     # prüfe ob Datei Text enthält; "-o" ist entweder-oder
     # Bedingungstrenner des test Kommandos
     elif test "$typ" = "ascii text" -o "$typ" = "English
          text" -o "$typ" = "commands text"
        then echo "$datei ist normale Datei, vom Typ $typ"
           more $datei  # zeige Dateiinhalt an

     # in allen anderen Fällen zeige Meldung und file
     # Klassifikation an
     else echo "$datei ist keine normale Textdatei oder
              Verzeichnis"
        echo "file - Klassifikation $typ"

  fi                       # Ende if Verzweigung
done                       # Ende for Schleife
```

Bild 10.25: outfile.sh: Das test Kommando

10. 9 .4 Scriptabbruch - exit

Jedes Shell Script endet, wenn die Dateiendemarke (EOF) erreicht Und Tschüß!
wird. Unter Umständen möchten Sie schon bei zuvor eintreten-
den Bedingungen die Programmausführung beenden. Dann set-

zen Sie an diese Stellen den **exit** Befehl, der wie das EOF-Zeichen wirkt.

Wir haben den **exit** Befehl bereits im Shell Script **menue.sh** im Abschnitt 10.9.1 verwendet, um eine gewollte Endlosschleife abrupt verlassen zu können. Wenn in der **for** Schleife im **menue.sh** Script an keiner Stelle ein **exit** Befehl stehen würde, könnte nie eine Dateiendemarke erreicht und das Script regulär beendet werden.

10. 9 .5   Ablaufpause - sleep

Ein weiteres nützliches Kommando in der Shell Programmierung ist **sleep**, mit dem Sie Ihr Script für ein angegebenes Zeitintervall „schlafen legen" können. Das Format dieses Befehls ist

Format   **sleep** *sekunden*

Sie können die Arbeitsweise von **sleep** auf Ihrer Benutzeroberfläche testen, indem Sie **sleep 20; date** eintasten. Erst nach 20 Sekunden Pause erscheint die Datumsanzeige und im Anschluß Ihr Shell Prompt.

Dieser Befehl kann eingesetzt werden, um einem Benutzer eine bestimmte Zeitspanne zu geben, während der Meldungen gelesen werden können, bevor andere Aktionen den Bildschirm neu beschreiben. Filtern Sie Ausgaben durch **more**, muß der Benutzer die Weiterbearbeitung durch Tastendruck auslösen. Arbeiten Sie hingegen mit **sleep**, sind Sie nicht darauf angewiesen, daß ein Benutzer tatsächlich eine Taste drückt.

10. 10   Ein nützliches Script

Anstelle von Übungsaufgaben finden Sie am Ende dieses Kapitels ein Beispiel-Script. Sie können Ihre Kenntnisse in Shell Programmierung prüfen und vertiefen, indem Sie sich die Funktionalität des Scripts auf eigene Faust erschließen und dann versuchen, jede Kommandofolge zu erklären.

Telefonnum-   Das einfache Script **telnr.sh** hilft Ihnen, häufig benutzte Telefon-
mern-Abfrage   nummern wiederzufinden. Die Telefonnummern und die Namen

der dazugehörigen Personen werden in Datei *telnr.list* in Ihrem Login-Verzeichnis abgelegt und lassen sich mit jedem Editor ergänzen, bearbeiten und ggf. wieder entfernen.

telnr.sh durchsucht die Telefonnummern-Liste nach der Kennung, die Sie als Argument an den Kommandoaufruf anhängen. In der Liste sind Vorname, Nachname, falls vorhanden auch Spitznamen und Telefonnummern zu jedem Eintrag abgelegt. Jedes dieser Merkmale können Sie nutzen, um eine Telefonnummer abzufragen.

Zunächst erstellen Sie die Telefonnummern-Liste *telnr.list* in der Form wie in Bild 10.26:

```
hans peter schmitz "hape"     -tel- 01234 / 2 34 56
tom kreuzbacher               -tel- 069 / 67 38 94
tom kreuzbacher               -fax- 069 / 89 62 17
petra schöller                -tel- 0521 / 7 83 90
peter gregor                  -fax- 089 / 12 34 56 78
"hansi" möller                -tel- 0511 / 57 13 24
andre meier                   -tel- 0428 / 78 56 34
andrea kreuzbach              -tel- 0228 / 63 45 78
```

Bild 10.26: Das Telefonnummern-Verzeichnis

Mit dieser Datei kann das folgende **telnr.sh** Script arbeiten:

```
:
# telnr.sh - durchsucht telnr.list nach Einträgen zu
# Namen, die als Parameter dem Scriptnamen angehängt sind.
if test $# -lt "1"
  then echo "$0:Suchmuster zur Telefonnummern-Suche fehlt !"
  elif test -r $HOME/telnr.list
  then echo "$0: Telefonliste ist nicht im Login-Verzeichnis !"
  else echo "Name           fax/tel          Nummer"
      grep -y "$1" $HOME/telnr.list
fi
```

Bild 10.27: telnr.sh findet Telefonnummern in telnr.list

Testen Sie das Programm wie im Bild 10.28.

```
% telnr.sh "andre meier"
andre meier             -tel- 0428 / 78 56 34
% telnr.sh andre
andre meier             -tel- 0428 / 78 56 34
andrea kreuzbach        -tel- 0228 / 63 45 78
% telnr.sh 0521
petra schöller          -tel- 0521 / 7 83 90
% telnr.sh "-fax-"
tom kreuzbacher         -fax- 069 / 89 62 17
peter gregor            -fax- 089 / 12 34 56 78
% telnr.sh "kreuz*"
tom kreuzbacher         -tel- 069 / 67 38 94
tom kreuzbacher         -fax- 069 / 89 62 17
andrea kreuzbach        -tel- 0228 / 63 45 78
```

Bild 10.28: Arbeiten mit telnr.sh

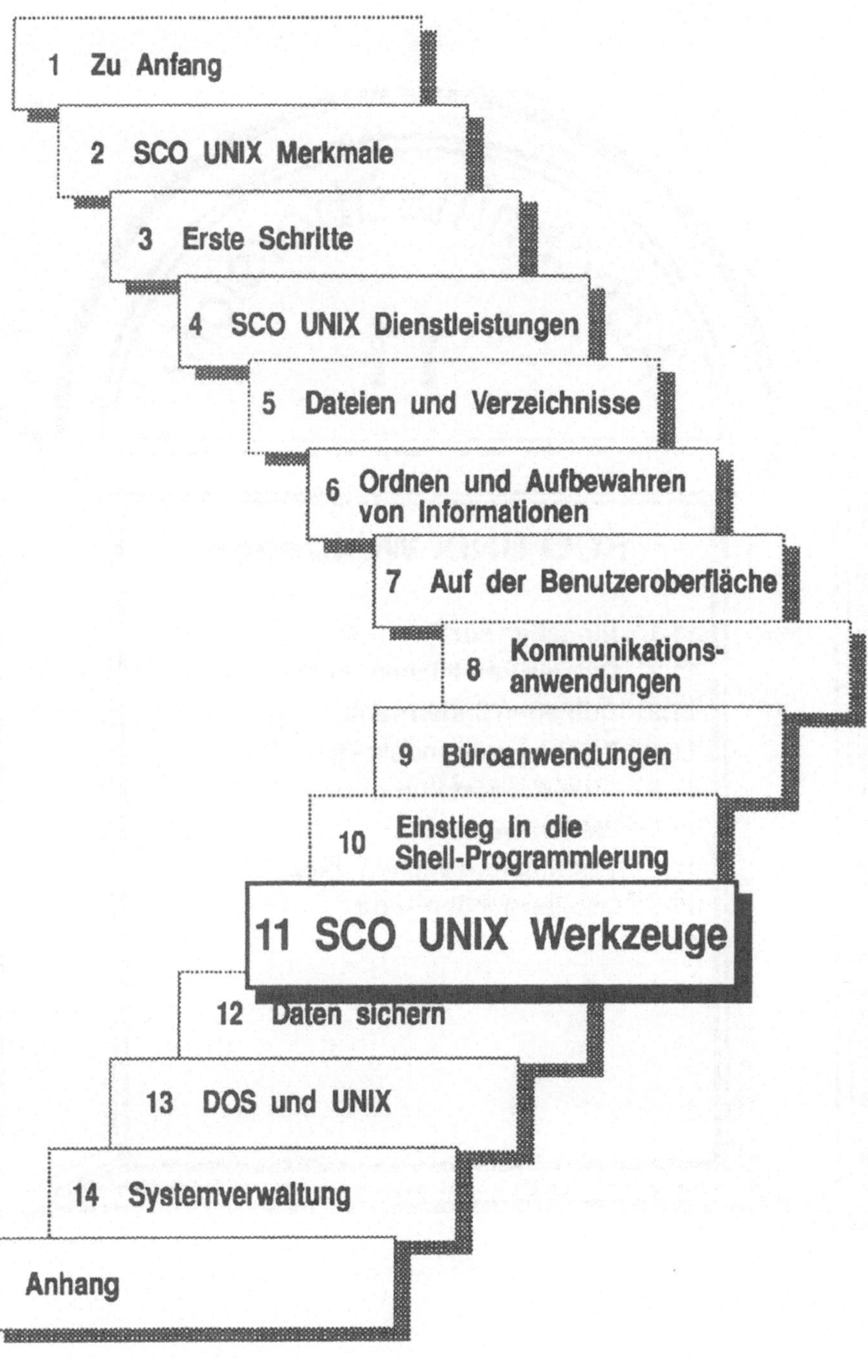

1 Zu Anfang
2 SCO UNIX Merkmale
3 Erste Schritte
4 SCO UNIX Dienstleistungen
5 Dateien und Verzeichnisse
6 Ordnen und Aufbewahren von Informationen
7 Auf der Benutzeroberfläche
8 Kommunikationsanwendungen
9 Büroanwendungen
10 Einstieg in die Shell-Programmierung
11 SCO UNIX Werkzeuge
12 Daten sichern
13 DOS und UNIX
14 Systemverwaltung
Anhang

Abschnittsübersicht

11

SCO UNIX Werkzeuge

11. SCO UNIX Werkzeuge

Das Betriebssystem SCO UNIX umfaßt zahlreiche Filter-Werkzeuge. Filter-Werkzeuge benötigen eine Quelldatei und eine Zieldatei; geben Sie keine an, lesen Sie von der Standard-Eingabe und schreiben auf die Standard-Ausgabe. Die Programme, die Sie in diesem Kapitel kennenlernen, werden als Werkzeuge bezeichnet, weil Sie in vielfältiger Weise Eingabedaten bearbeiten.

Sie haben bereits einige Werkzeuge kurz kennengelernt:

- In Kapitel 3 haben Sie **grep** nach Textmustern in Dateien suchen lassen.

- In Kapitel 6 haben Sie in Pipelines mit dem **sort** Programm Eingabezeilen sortiert. Das Zählwerkzeug **wc** mit der Option l ermittelte im Abschnitt 6.3 die Anzahl der Eingabezeilen.

In diesem Kapitel werden wir uns diese drei Programme ausführlicher ansehen und außerdem die folgenden Werkzeuge nutzen: Übersicht

- **comm** - zeigt gemeinsame und unterschiedliche Zeilen zweier Dateien
- **uniq** - findet gleiche, einander folgende Zeilen in (sortierten) Dateien
- **tr** - übersetzt ausgewählte Zeichen in andere (auch keine!) Zeichen
- **pr** - liest Eingaben und gibt diese formatiert mit Seitenzähler aus
- **find** - findet Dateien, die unterhalb eines angegebenen Startverzeichnisses stehen und bestimmten Suchkriterien entsprechen, und führt Aktionen auf diesen Dateien aus.

11. 1 Eingaben sortieren - sort

Um mit **sort** zu sortieren, wählen Sie bestimmte Sortierschlüssel und Kriterien aus. Wir zeigen Ihnen in diesem Abschnitt

- wie Sie Dateien sortieren,
- wie Sie **sort** als Filter in Pipelines nutzen.

Standardmäßig liest **sort** als Sortierschlüssel die vollständige Eingabezeile und schreibt diese Zeilen alphabetisch (nach ASCII-Zeichensatz) geordnet auf die Standard-Ausgabe. Sie können aber auch bestimmte Sortierfelder in der Eingabe als Sortierschlüssel festlegen. Feld bezeichnet hier eine Zeichenkette, die von anderen Feldern durch Feldtrenner (meist Leerstellen, Tabulatoren) getrennt ist. **sort** kann zum Beispiel das erste numerische Feld heraussuchen und die Zeilen entsprechend der Werte im numerischen Feld ordnen.

Datenreise

Wir arbeiten in den folgenden Datenreisen mit der Datei *mitarbeiter*. In dieser Datei stehen für alle Mitarbeiter einer Firma folgende, in Feldern angeordnete, Personaldaten:

- Vorname des Mitarbeiters
- Nachname des Mitarbeiters
- Jahr des Eintritts in die Firma
- Abteilung
- Monatsgehalt

Bitte erstellen Sie, wenn Sie die folgenden Beispiele ausprobieren möchten, mit einem Textprogramm die Datei *mitarbeiter*, die Einträge wie in Bild 11.1 enthält:

```
Klaus Waltersheim 1989 Verkauf 2800
Rolf Claasen 1987 Ankauf 3200
Angelika Heinstedt 1991 Verkauf 840
Klaus Becker 1988 Kundendienst 3000
Ralf Eiler 1987 Lager 3200
Lisa Wanderstedt 1988 Buchhaltung 2750
Thomas Becker 1987 Kundendienst 3800
```

Bild 11.1: Die Mitarbeiter-Datei

11. 1 .1 sort und Dateien

Wir werden nun das **sort** Kommando die Datei *mitarbeiter* sortieren lassen. In Bild 11.2 nutzen wir das **sort** Kommando ohne Optionen:

```
% sort mitarbeiter
Angelika Heinstedt 1991 Verkauf 840
Klaus Becker 1988 Kundendienst 3000
Klaus Waltersheim 1989 Verkauf 2800
Lisa Wanderstedt 1988 Buchhaltung 2750
Ralf Eiler 1987 Lager 3200
Rolf Claasen 1987 Ankauf 3200
Thomas Becker 1987 Kundendienst 3800
%
```

Bild 11.2: alphabetisches Sortieren der Mitarbeiter

Sie erhalten als Ergebnis Ihre Personaldaten nach Vornamen sortiert. **sort** hat in jede Zeile gesehen und vom Zeilenbeginn, also von den Vornamen ausgehend, die Einträge sortiert. Bei den Einträgen von Ralf Eiler und Rolf Claasen sind die Anfangsbuchstaben der Vornamen gleich. In diesem Fall vergleicht **sort** das folgende und wenn nötig weitere Zeichen, um die Zeilen zu ordnen.

Sind zwei Vornamen gleich (hier: Klaus), geht das Sortierprogramm zum nächsten Wort der entsprechenden Zeilen vor und vergleicht dessen Zeichen, bis ein Unterschied zwischen den Zeilen auftritt.

Sie möchten nun Ihre Mitarbeiter nicht nach Vornamen, sondern nach Nachnamen ordnen. Hierzu sagen Sie mit der Option +1, daß **sort** das erste Feld jeder Zeile überspringen soll und anhand des zweiten Wortes, dem Nachnamen, sortieren soll. Jedes Wort stellt in unserer Datei ein Feld dar, denn der voreingestellte Feldtrenner ist das Leerzeichen. Mit einer entsprechenden Nummer hinter dem »+«-Zeichen können Sie jedes gewünschte Feld ansprechen. Probieren Sie das Kommando **sort +1 mitarbeiter** (Bild 11.3).

Sortieren nach Nachnamen

```
% sort +1 mitarbeiter
Thomas Becker 1987 Kundendienst 3800
Klaus Becker 1988 Kundendienst 3000
Rolf Claasen 1987 Ankauf 3200
Ralf Eiler 1987 Lager 3200
Angelika Heinstedt 1991 Verkauf 840
Klaus Waltersheim 1989 Verkauf 2800
Lisa Wanderstedt 1988 Buchhaltung 2750
%
```

Bild 11.3: Sortieren der Mitarbeiter nach Nachnamen

Probleme

Probleme treten mit diesem Kommandoaufruf auf, wenn ein Mitarbeiter einen Doppel-Vornamen wie „Klaus Dieter" ohne Bindestrich hat. Existiert ein entsprechender Eintrag, vergleicht **sort** den zweiten Teil des Vornamens mit den Nachnamen der übrigen Mitarbeiter. In unserem Modell können auch Schwierigkeiten auftreten, wenn Felder nicht besetzt sind und der Feldzähler thematisch unterschiedliche Felder vergleicht. Mögliche Lösungen:

- Verbinden Sie durch Leerzeichen getrennte Wortteile durch Unterstriche »_«.

- Führen Sie „Dummy"-Werte ein, um alle Felder zu belegen.

- Arbeiten Sie mit Feldtrennern wie dem Doppelpunkt anstelle von Leerzeichen. Im Abschnitt 11.4 zeigen wir Ihnen, wie Sie mit dem **tr** Kommando die bisherigen Feldtrenner in die neuen Trennsymbole übersetzen können. Ergänzen Sie den Kommandoaufruf um die Option t und um ein Trennzeichen, um einen neuen Feldtrenner für **sort** festzulegen.

Ende des Sortierbereichs festlegen

In Bild 11.3 wird nur das Startfeld des Sortierbereichs angegeben. Bei gleichen Nachnamen (wie hier: Becker) vergleicht **sort** auch die weiteren Zeichen in Richtung Zeichenende. Bei den beiden Beckers wird die Ausgabereihenfolge erst durch das Eintrittsdatum festgelegt. Möchten Sie nun, daß ausschließlich der Nachname als Sortierkriterium genutzt wird, geben Sie auch das Ende des Sortierbereichs an. Hierzu ergänzen Sie den Kommandoaufruf um die Option -3 vor dem Dateinamen und sagen somit **sort**, daß die Zeichen ab dem dritten Feld nicht beachtet werden sollen.

Das allgemeine Kommandoformat mit eingegrenztem Sortierbereich sieht so aus:

sort +*startfeld* -*endefeld* [*datei*]   Format

startfeld und *endefeld* sind hierbei die entsprechenden Feldnummern in jeder Zeile.

Auf unserer Datenreise möchten wir die Mitarbeiter nun in einer   Numerisch
weiterer Sortierreihenfolge ordnen. Die Einträge sollen nach Ab-   sortieren
teilungen gruppiert und innerhalb der Abteilungen nach Eintrittsdaten sortiert sein. Das funktioniert, indem Sie jedes Sortierfeld anführen. Außerdem sagen Sie **sort** mit der Option **n**, daß es sich bei den Eintrittsdaten um Zahlenwerte handelt, die nicht alphabetisch, sondern nach numerischem Wert geordnet werden sollen. In Bild 11.4 testen wir die komplette Kommandozeile:

```
% sort +4 +3n mitarbeiter
Rolf Claasen 1987 Ankauf 3200
Lisa Wanderstedt 1988 Buchhaltung 2750
Thomas Becker 1987 Kundendienst 3800
Klaus Becker 1988 Kundendienst 3000
Ralf Eiler 1987 Lager 3200
Klaus Waltersheim 1989 Verkauf 2800
Angelika Heinstedt 1991 Verkauf 840
%
```

Bild 11.4: Abteilungsweise nach Eintrittsdatum sortieren

In diesem Beispiel sind bestimmte Optionen (hier **n**) einzelnen Sortierfeldern zugeordnet. Setzen Sie Optionen vor den Sortierbereich, so gelten Sie für alle aufgeführten Felder.

Im nächsten Schritt werden wir unsere Mitarbeiterliste nach Gehältern sortieren. Damit der Eintrag mit dem höchstem Wert an erster Stelle erscheint, kehren wir die Sortierreihenfolge mit der Option **r** um. Mit dem Befehl **sort -nr +5 mitarbeiter** werden die Daten nach Einkommen absteigend angezeigt (Bild 11.5).

```
% sort -nr +5 mitarbeiter
Thomas Becker 1987 Kundendienst 3800
Rolf Claasen 1987 Ankauf 3200
Ralf Eiler 1987 Lager 3200
Klaus Becker 1988 Kundendienst 3000
Klaus Waltersheim 1989 Verkauf 2800
Lisa Wanderstedt 1988 Buchhaltung 2750
Angelika Heinstedt 1991 Verkauf 840
%
```

Bild 11.5: Sortieren nach Einkommen

Optionen

Das Sortierprogramm arbeitet mit weiteren nützlichen Optionen:

u • mehrfach auftretende gleiche Zeilen werden nur einfach angezeigt

b • vorangehende Leerzeichen werden nicht berücksichtigt

d • nur Buchstaben, Ziffern und Leerzeichen bei der Sortierung beachten

o *ausgabedatei* • gibt die Datei an, in die die sortierte Ausgabe geschrieben werden soll; kann mit dem Namen einer Eingabedatei identisch sein. Bitte beachten Sie: Öffnen Sie eine Datei gleichzeitig zum Lesen und Schreiben (z.B. durch Ausgabe-Umlenkung), werden die Dateiinhalte gelöscht. Möchten Sie Ihre Sortierergebnisse in die Datei schreiben, in der zuvor die ungeordneten Einträge standen, nutzen Sie deshalb diese Option.

f • keine Unterscheidung zwischen Groß- und Kleinschreibung: Ohne diese Optionen kommen die Großbuchstaben vor den Kleinbuchstaben aufgrund ihrer Anordnung im ASCII-Code.

Sortieren Sie wie in Bild 11.6 die Datei *unixnamen*, in der die folgenden drei Zeilen stehen mit und ohne f Option.

```
unix
UNIX
Unix
```

```
% sort unixnamen
UNIX
Unix
unix
% sort -f unixnamen
unix
UNIX
Unix
%
```

Bild 11.6: sort: Unterscheidung zwischen Groß- und Kleinbuchstaben

11. 1 .2 sort in Pipelines

Als Filter kann **sort** auch in Pipelines eingesetzt werden. Das Daten Werkzeugprogramm sortiert die Eingabezeilen entsprechend übergeben den angegebenen Optionen und schreibt die sortierten Zeilen auf die Standard-Ausgabe.

who | sort zeigt uns eine alphabetisch sortierte Liste aller aktiven System-Benutzer an.

```
% who | sort
fritz      tty007      Apr 01 11:27
root       tty01       Apr 01 06:47
stefan     tty001      Apr 01 10:13
```

Bild 11.7: Alphabetisch sortierte Benutzer-Liste

Auch in Pipelines können Sie das Sortierfeld in den Eingabezeilen festlegen. Im Bild 11.8 übergeben wir an **sort** eine ausführliche Liste der Einträge im Arbeitsverzeichnis. Diese zeilenweisen Einträge sollen nach der Dateigröße sortiert werden. Hierzu teilen wir **sort** mit, die ersten vier Felder zu überspringen und dann nach dem Feld »Dateigröße in Blocks« numerisch zu ordnen. Damit der größte Eintrag an erster Stelle erscheint, muß die Ausgabereihenfolge mit der Option r umgekehrt werden. Das Ergebnis soll dann durch eine Pipe an das **more** Kommando übergeben werden. **more** zeigt die Einträge seitenweise an.

```
% ls -l | sort -nr +4 | more
-rw-r--r--    1 fritz ic 141  Okt 20 06:21    logprot
-rw-r--r--    1 fritz ic 136  Okt 20 06:21    textdatei
drwxr-xr-x    1 fritz ic  64  Okt 20 06:21    probe
.
.
.
```

Bild 11.8: Verzeichniseinträge nach Größe sortieren

11. 2 Dateien vergleichen - comm

Wo ist der Unterschied?

Das Werkzeugprogramm **comm** nutzen Sie, um festzustellen, in welchen Zeilen sich zwei Dateien unterscheiden und in welchen sie übereinstimmen. Das Kommandoformat zu **comm** sieht so aus:

Format

comm *datei1 datei2*

Voraussetzung ist, daß beide Dateien einheitlich sortiert sind. **comm** liest Eingaben von der Standard-Eingabe oder öffnet die angegebenen Dateien. Als Ausgabe erhalten Sie standardmäßig eine dreispaltige Tabelle:

- In Spalte 1 beginnen die Zeilen, die nur in der ersten Datei zu finden sind,

- in Spalte 2 beginnen die Zeilen, die nur in der zweiten Datei stehen und

- in Spalte 3 beginnen die Zeilen, die in beiden Dateien gleich sind.

Um **comm** zu testen, benötigen wir eine Datei, die Ihrer Datei *mitarbeiter* ähnlich ist. Kopieren Sie zunächst die Datei *mitarbeiter* Datei in den Namen *kollegen* (**cp mitarbeiter kollegen**). Dann laden Sie *kollegen* in **vi** und löschen die Einträge von Klaus Waltersheim und Angelika Heinstedt. Sie fügen nun in diese Datei einen weiteren Eintrag für Anja Klein ein und erhalten dann eine Datei wie in Bild 11.9.

```
Anja Klein 1987 Verkauf 2900
Rolf Claasen 1987 Ankauf 3200
Klaus Becker 1988 Kundendienst 3000
Ralf Eiler 1987 Lager 3200
Lisa Wanderstedt 1988 Buchhaltung 2750
Thomas Becker 1987 Kundendienst 3800
```

Bild 11.9: comm: Arbeitsdatei kollegen

In diesen beiden Dateien, *mitarbeiter* und *kollegen*, lassen wir **comm** nun Gemeinsamkeiten und Unterschiede suchen. Da das **comm** Programm davon ausgeht, daß seine Dateien einheitlich sortiert sind, müssen wir zuvor mit dem **sort** Kommando geordnete Versionen der Dateien erzeugen. Hierzu tasten Sie die Kommandos **sort mitarbeiter > mitarbeit.sort; sort kollegen > kollegen.sort** ein und vergleichen dann mit **comm mitarbeit.sort kollegen.sort** die Dateien:

Gemeinsamkeiten und Unterschiede finden

```
% sort mitarbeiter > mitarbeit.sort
% sort kollegen > kollegen.sort
% comm mitarbeit.sort kollegen.sort
Angelika Heinstedt 1991 Verkauf 840
    Anja Klein 1987 Verkauf 2900
        Klaus Becker 1988 Kundendienst 3000
Klaus Waltersheim 1989 Verkauf 2800
        Lisa Wanderstedt 1988 Buchhaltung 2750
        Ralf Eiler 1987 Lager 3200
        Rolf Claasen 1987 Ankauf 3200
        Thomas Becker 1987 Kundendienst 3800
%
```

Bild 11.10: comm: Unterschiede zwischen Dateien anzeigen

Sie sehen eine dreispaltige Ausgabe. In der ersten Spalte beginnen die Einträge zu Klaus Waltersheim und Angelika Heinstedt, die nur noch in der Datei *mitarbeiter* stehen. In Spalte zwei beginnt die in *kollegen* neu eingefügte Zeile zu Anja Klein. Während die ersten beiden Spalten die Unterschiede anzeigen, liefert die dritte Spalte die gemeinsamen Einträge.

So lesen Sie die Ausgabe!

Möchten Sie nur die Einträge sehen, die in beiden Dateien gleich sind, schalten Sie mit der Option **-12** die ersten beiden Spalten aus:

Nur Gemeinsamkeiten

```
comm -12 mitarbeit.sort kollegen.sort
Klaus Becker 1988 Kundendienst 3000
Lisa Wanderstedt 1988 Buchhaltung 2750
Ralf Eiler 1987 Lager 3200
Rolf Claasen 1987 Ankauf 3200
Thomas Becker 1987 Kundendienst 3800
```

Bild 11.11: comm: Nur gleiche Textzeilen anzeigen

Nur Unter-
schiede
zeigen

Ebenso gehen Sie vor, wenn Sie nur Unterschiede zwischen zwei
Dateien interessieren. Sie schalten in diesen Fällen mit **-3** die
Ausgabe der gemeinsamen Zeilen ab.

11. 3 Dubletten finden - uniq

uniq findet gleiche Zeilen in einer Datei bzw. in der Standard-
Eingabe. Bedingung hierfür ist, daß die gleichen Zeilen unmittelbar aufeinander folgen, d.h. daß die Datei einheitlich sortiert ist.

Als Ergebnis liefert **uniq** den Dateiinhalt, in dem alle Zeilen, auch
die zuvor mehrfach vorhandenen, nur einfach auftreten. Die
Duplikate von Eingabezeilen werden beim Kommandoaufruf
ohne Parameter entfernt.

Das Kommandoformat sieht so aus:

Format

**uniq   [-optionen] [-feldzähler] [+zeichenzähler]
[eingabedatei [ausgabedatei]]**

Datenreise

Um **uniq** ausprobieren zu können, müssen Sie in die Datei *mitarbeiter* einige Dubletten eintragen. Mit einem Textprogramm oder
dem **vi** Editor können Sie Duplikate vorhandener Zeilen erstellen.
Sind Sie im Umgang mit dem **vi** noch ungeübt, vollziehen Sie am
einfachsten die folgenden Arbeitsschritte nach:

Und so ändern Sie die *mitarbeiter* Datei

Dubletten
einbauen

- Im **vi** positionieren Sie die Schreibmarke auf einer ausgewählten Textzeile (z.B. durch Betätigen der Richtungs-Tasten).

- Tasten Sie den Befehl **yy** ein.

- Bewegen Sie die Schreibmarke auf eine andere Zeile.

*   Geben Sie mit der **p** Taste das put-Kommando, damit die ausgewählte Textzeile unterhalb der Zeile erscheint, auf der Ihre Schreibmarke stand.

Auf unserer Datenreise haben wir die Arbeitsschritte zweimal, nämlich mit den Einträgen „Rolf Claasen" und „Lisa Wanderstedt", durchgeführt. Die neue Datei *mitarbeiter* sieht dann so aus:

```
Klaus Waltersheim 1989 Verkauf 2800
Rolf Claasen 1987 Ankauf 3200
Angelika Heinstedt 1991 Verkauf 840
Rolf Claasen 1987 Ankauf 3200
Klaus Becker 1988 Kundendienst 3000
Ralf Eiler 1987 Lager 3200
Lisa Wanderstedt 1988 Buchhaltung 2750
Lisa Wanderstedt 1988 Buchhaltung 2750
Thomas Becker 1987 Kundendienst 3800
```

Bild 11.12: Die Datei mitarbeiter mit doppelten Einträgen

Mit **uniq** wollen wir jetzt die übereinstimmenden Einträge in unserer Datei finden und die Duplikate entfernen. Zunächst lassen wir **sort** die Zeilen sortieren und schicken das Ergebnis dann mittels Pipeline an **uniq**. Die „bereinigte" Datei fangen wir über Ausgabe-Umlenkung in der Datei *mitarb.einzig* auf:

```
% sort mitarbeiter | uniq > mitarb.einzig
% cat mitarb.einzig
Angelika Heinstedt 1991 Verkauf 840
Klaus Becker 1988 Kundendienst 3000
Klaus Waltersheim 1989 Verkauf 2800
Lisa Wanderstedt 1988 Buchhaltung 2750
Ralf Eiler 1987 Lager 3200
Rolf Claasen 1987 Ankauf 3200
Thomas Becker 1987 Kundendienst 3800
%
```

Bild 11.13: Herausfiltern übereinstimmender Zeilen aus mitarbeiter

Mit *mitarb.einzig* haben Sie die ursprüngliche Dateiversion zurück.

Die folgenden Optionen ändern die Arbeitsweise des Kommandos **uniq**:

Dubletten
anzeigen

Setzen Sie hinter den Kommandoaufruf die Option **d**, um nur die Zeilen auszugeben, die mehrfach übereinstimmend in einer Datei auftreten.

Unikate
anzeigen

Mit der Option **u** zu **uniq** können Sie die Textzeilen einer Datei anzeigen, die nur einfach vorkommen.

Wiederholun-
gen zählen

Die **c** Option zu **uniq** ermittelt die Häufigkeit, mit der jede Zeile einer Datei auftritt. Den entsprechenden Wert erhalten Sie vor Beginn der Zeilen angezeigt. Eine Zeile, die nur einfach vorkommt, wird mit einer »1« versehen. Mehrfach auftretende gleiche Zeilen erscheinen in der Ausgabe nur einfach und beginnen mit der Anzahl der Wiederholungen.

11. 4 Zeichen umwandeln - tr

Mit **tr** (aus engl.: translate - übersetzen) können Sie einzelne ausgewählte Zeichen in andere Zeichen umwandeln oder diese aus der Eingabe entfernen. Auch Sonderzeichen, die sich nur mühsam mit einem Editor aus einem Text entfernen oder in einen Text einfügen lassen, kann das Umwandlungsprogramm **tr** handhaben.

Als notwendige Argumente müssen Sie (standardmäßig) zwei Zeichenketten angeben. Jedes Zeichen in der ersten Zeichenkette wird in das entsprechende Zeichen in der zweiten Zeichenkette umgewandelt. Wenn Sie Sonderzeichen in den Zeichenketten verwenden, müssen die Zeichenketten in Anführungszeichen gefaßt werden, um zu verhindern, daß Metazeichen vorzeitig von der Shell interpretiert werden. Sie sollten darauf achten, daß in der zweiten Zeichenkette zumindest soviele Zeichen wie in der ersten, zu ersetzenden, Zeichenkette stehen. Ansonsten bleiben die Zeichen, die ohne Entsprechung in der ersetzenden Zeichenkette sind, unverändert.

tr ist so vollständig als Filter-Programm realisiert, daß es von selbst keine Dateien öffnen kann, sondern nur die Standard-Eingabe liest. Eingabedaten können Sie somit durch Eingabe-Umlenkung oder über eine Pipeline an **tr** übergeben. Die Befehlsformate hierzu sind:

tr *zeichenkette1 zeichenkette2* **<** *eingabe* **[>** *ausgabe***]**   Umlenk-Format

kommando_mit_ausgabe | **tr** *zeichenkette1 zeichenkette2*   Pipeline-Format

Das Umwandlungsergebnis von **tr** können Sie dann an eine weitere Pipeline übergeben oder in eine Datei schreiben.

Bitte nehmen Sie jetzt die Datei *textdatei*, die wir in Kapitel 4   Datenreise
erstellt haben, und ersetzen dort die Zeichen »e« in »E« und »i«
in »I«. Hierzu tasten Sie den Befehl **cat textdatei | tr ei EI** ein, der
den umgewandelten Text auf die Standard-Ausgabe schreibt:

```
% cat textdatei | tr ei EI
DEr vI Ist EInE wIchtIgE UNIX-DIEnstlEIstung.
MIt dEm EdItor koEnnEn SIE EInfach TExtE
ErstEllEn und bEarbEItEn. EIngabEfEhlEr Im
EIngabEmodus koEnnEn SIE durch BEtaEtIgEn dEr
[RuEckschrItt] TastE korrIgIErEn. DIE glEIchE
FunktIon wIE RuEckschrItt ErfuEllt dEr
StEuErkodE STRG+h.
%
```

Bild 11.14: Umwandeln einzelner Zeichen mit tr

Bereiche und Wiederholungen von Zeichen, die ersetzen oder ersetzt werden sollen, können Sie mit **tr** abkürzen. Entsprechende Bereiche geben Sie in eckigen Klammern an und schützen sie auf der Kommandozeile durch Anführungszeichen vor der Shell. Hierzu einige Beispiele:

[A-Z]   • steht für jeden Großbuchstaben

[a]*   • steht für beliebig viele »a«

*[a*5]*   • steht für fünf Wiederholungen des Zeichens
                »a« (also »aaaaa«. Die Zahl legt hierbei die
                Anzahl der Wiederholungen fest.

Datenreise

Auf folgendem Bildschirmfoto wandeln wir mit Hilfe dieser abgekürzten Schreibweise im Befehl **cat textdatei | tr "[a-z]" "[A-Z]"** alle Kleinbuchstaben in Großbuchstaben um:

```
% cat textdatei | tr "[a-z]" "[A-Z]"
DER VI IST EINE WICHTIGE UNIX-DIENSTLEISTUNG.
MIT DEM EDITOR KOENNEN SIE EINFACH TEXTE
ERSTELLEN UND BEARBEITEN. EINGABEFEHLER IM
EINGABEMODUS KOENNEN SIE DURCH BETAETIGEN DER
[RUECKSCHRITT]-TASTE KORRIGIEREN. DIE GLEICHE
FUNKTION WIE [RUECKSCHRITT] ERFUELLT DER
STEUERKODE STRG+H.
%
```

Bild 11.15: tr: Kleinbuchstaben in Großbuchstaben umwandeln

Möchten Sie mehrere Zeichen durch ein- und dasselbe Zeichen ersetzen, können Sie die Kurzschreibweise für Wiederholungen benutzen.

Datenreise

Im Abschnitt 11.1 haben wir im Umgang mit **sort** angedeutet, daß in der Personaldatendatei *mitarbeiter* der Doppelpunkt »:« Felder sicherer trennt sind als das Leerzeichen. Der Zeitaufwand beim „manuellen" Ändern einer längeren Mitarbeiterdatei ist recht groß. Daher lassen Sie **tr** jedes Leerzeichen in einen Doppelpunkt umwandeln und fangen das Ergebnis mittels Ausgabe-Umlenkung in der Datei *mitarbeiter2* auf:

```
% tr " " \:  mitarbeiter > mitarbeiter2
% cat mitarbeiter2
Klaus:Waltersheim:1989:Verkauf:2800
Rolf:Claasen:1987:Ankauf:3200
Angelika:Heinstedt:1991:Verkauf:840
Klaus:Becker:1988:Kundendienst:3000
Ralf:Eiler:1987:Lager:3200
Lisa:Wanderstedt:1988:Buchhaltung:2750
Thomas:Becker:1987:Kundendienst:3800
%
```

Bild 11.16: Umwandeln des Feldtrenners mit tr

Ungewünschte Feldeinteilungen in der Datei *mitarbeiter* treten Optionen zu tr
auf, wenn Sie versehentlich mehr als ein Leerzeichen zwischen
Feldern eingetastet haben. Hier hilft die Option **s** (aus engl.:
squeeze) zu **tr**. Nutzen Sie diese Option, werden alle unmittelbar
hintereinander ersetzten gleichen Zeichen zu einer einzigen Ersetzung zusammengezogen.

Wir zeigen diese Option, ohne eine Quelle für die Standard-Eingabe anzugeben. **tr** liest daher von unserer Tastatur solange, bis
Sie mit dem Steuercode (STRG) + (d) die Eingabe beenden. Dabei
tasten wir jedes Zeichen (auch die Leerzeichen) in Kleinschrift
und doppelt ein. Der Befehl **tr -s "[a-z]" [A-Z]"** wandelt jedes
Zeichen in Großschrift um und zieht jede Verdoppelung (aufgrund der s Option) zu einem Zeichen zusammen:

```
% tr -s "[a-z]" [A-Z]"
iinn  ddeerr  eeiinnggaabbee iisstt
jjeeddeess  zzeeiicchheenn
kklleeiinn  uunndd  ddooppppeelltt
ggeesscchhrriieebbeen

IN DER EINGABE IST JEDES ZEICHEN KLEIN UND
DOPELT GESCHRIEBEN

%
```

STRG+d

Bild 11.17: tr: Umwandeln und Zeichenwiederholungen entfernen

In diesem Beispiel erscheinen auch Buchstaben, die tatsächlich
doppelt auftreten müßten, nur einmal, denn **tr -s** zieht auch die
vierfach wiederholten Zeichen zu einem einzelnen Zeichen zusammen.

11. 5 Ausgabegestaltung - pr

Mit **pr** gestalten Sie die Druckausgabe Ihrer Dokumente. Sie
können Texte paginieren und formatieren und jede Druckseite
um Kopfzeilen, Überschriften, Seiten- und Zeilen-Nummern ergänzen.

pr ist als Filter-Programm geschrieben, so daß es beim Fehlen von Dateinamen von der Standard-Eingabe liest und auf die Standard-Ausgabe schreibt. Wenn Sie Text mit pr gestaltet haben, geben Sie ihn über eine Pipeline an das Druckprogramm lp weiter, um eine Druckausgabe zu erhalten.

Das allgemeine Kommandoformat von pr sieht so aus:

Format

    pr [*-optionen*] [*datei(en)*]

Möchten Sie mit *pr* die Druckausgabe einer Datei gestalten, nutzen Sie das Kommando im Pipeline-Format:

Pipeline-Format

    pr *datei(en)* | **lp**

Bei diesem Kommandoaufruf sind folgende Seitenmerkmale voreingestellt:

- Die Ausgabe wird in einzelne Seiten zerlegt.
- Die Seiten sind 66 Zeilen lang.
- Die Zeilen sind 72 Zeichen lang.
- Jede Seite beginnt mit fünf Kopfzeilen, in denen die Seitennummer, das Änderungsdatum und der Name der Ausgabedatei angegeben sind.
- Am Ende jeder Seite werden fünf Leerzeilen als Seitenende eingefügt.

US-Letter-Standard

In den übrigen 56 Zeilen steht der Inhalt der Ausgabedatei. Die Seitenmerkmale sind auf die US-amerikanischen Papiernorm eingestellt, die fast einen Zoll kürzer ist als eine DIN A4 Seite.

Im Bild 11.18 geben wir eine mit **pr** gestaltete *textdatei* auf dem Bildschirm aus:

```
% pr textdatei | more
Okt 20 06:21 1992 logprot Page 1


    1 set history = 20
    2 id
    3 who
    4 history
    5 who
    6 who
    7 history
    8 id
    9 history > logprot


.
.
.
```

Bild 11.18: Paginierung der *textdatei*

11. 5 .1   Formatierungsmerkmale zu pr

Über zahlreiche Optionen können Sie mit **pr** Texte gestalten: Optionen

n
* Mit der Option **n** werden die Ausgabezeilen numeriert. Der Befehl **pr -n mitarbeiter | lp** gibt die Datei *mitarbeiter* auf dem Drucker aus und numeriert dabei die die Einträge zu den Mitarbeitern fortlaufend:

```
% pr -n mitarbeiter | lp
%
```

Bild 11.19: Druckausgabe mit Zeilennumerierung

l
* Die Option l setzt die Anzahl der Zeilen pro Seite auf einen neuen Wert. Mit **pr -l72 /etc/passwd | lp** drucken Sie die Datei *passwd* mit 72 Zeilen je Seite auf unseren 12 Zoll-Endlosformularen.

spaltenzahl
- Sie können Dateiinhalte auch mehrspaltig ausgeben. Hierzu setzen Sie hinter den Kommandoaufruf als Option die gewünschte Spaltenzahl. Der Befehl **pr -3 textdatei** gibt die Textdatei dreispaltig aus.

h
- Seitenüberschriften werden anstelle des Dateinamens mit der Option **h** (aus engl.: header - Kopfzeile) eingesetzt. Hinter der Option lassen Sie unbedingt eine Leerstelle und schreiben dann als Argument den Text, der als Seitenüberschrift erscheinen soll. Besteht dieser Text aus mehreren Wörtern, die durch Leerzeichen getrennt sind, sollten Sie das komplette Argument mit Anführungszeichen klammern.

Überschrift setzen
Sie können wie im Bild 11.20 die Überschrift „Anmerkungen zu UNIX" über den Dateiinhalt der *textdatei* setzen:

```
% pr -h "Anmerkungen zu UNIX" textdatei

Okt 20 07:49 1993  Anmerkungen zu Unix Page 1

Der vi ist eine wichtige UNIX-Dienstleistung.
Mit dem Editor koennen Sie einfach Texte
erstellen und bearbeiten. Eingabefehler im
Eingabemodus koennen Sie durch Betaetigen der
[Rueckschritt]-Taste korrigieren. Die gleiche
Funktion wie [Rueckschritt] erfuellt der
Steuerkode STRG+h.
```

Bild 11.20: Seitenüberschriften mit pr

In Tabelle 11.1 haben wir alle wichtigen Optionen des Programms **pr** zur Ausgabegestaltung zusammengefaßt.

Option	Funktion
+*seitenzahl*	gibt den Dateiinhalt ab der angegebenen Seite aus. Die vor der angegebenen Seitenzahl liegenden Seiten werden übersprungen.
-*spaltenzahl*	erzeugt mehrspaltige Ausgabe. Die Anzahl der Ausgabespalten wird durch die Zahlenangabe festgelegt.
-t	druckt keine Kopf- und Fußzeilen
-h *text*	druckt den angegebenen Text als Überschrift jeder Ausgabeseite anstelle des Dateinamens
-l *zeilenzahl*	legt die Anzahl der Zeilen pro Seite auf den angegebenen Wert fest (US-Standard: 66, in Deutschland gebräuchlich: 72)
-w *zeichenzahl*	legt die Anzahl der Zeichen pro Zeile auf den angegebenen Wert fest (Standard: 72)
-o *zähler*	legt fest, um wieviele Zeichen vom linken Rand der Text eingerückt werden soll (Fachbegriff: Offset, Standard: 0)
-n	schaltet die Zeilen-Numerierung ein
-d	doppelte Leerstellen
-r	keine Fehlermeldungen, wenn Dateien von **pr** nicht gefunden oder nicht gelesen werden konnten
-m	druckt alle angegebenen Dateien gleichzeitig; jede Datei in einer eigenen Spalte.

Tabelle 11.1: Optionen zu pr

11. 6 Zählen - wc

Das UNIX-Zählprogramm **wc** ermittelt die Anzahl der Zeichen, Wörter und Zeilen in den angegegeben Dateien oder in der Standard-Eingabe. **wc** wird häufig dazu genutzt, Statistiken über Eingabedaten zu erstellen, die von anderen Werkzeugen wie **grep** oder **uniq** erstellt werden.

Das Kommandoformat mit Dateinamen lautet:

Format

wc [-cwl] *datei(en)*

Geben Sie mehr als eine Datei an, so liefert **wc** zunächst für jede Datei einzelne Werte und gibt dann in der »total«-Zeile Gesamtwerte an.

In Pipelines finden Sie **wc** am Pipeline-Ausgang, um die Eingabedaten in der angegebenen Form zu zählen:

Pipeline-Format

kommando(s) | **wc [-cwl]**

Über Optionen können Sie festlegen, daß nur Zeichen, Wörter und/oder Zeilen gezählt werden:

-c   • nur Zeichen zählen

-w   • nur Wörter zählen

-l   • nur Zeilen zählen

Diese Optionen können Sie beliebig miteinander kombinieren. Mit **wc -cwl** erreichen Sie dasselbe wie mit dem optionslosen Kommandoaufruf.

Als Wort erkennt **wc** eine Folge von Zeichen, die am Anfang und am Ende durch Leerzeichen, Tabulatoren oder Zeilenendezeichen (nur Wortende) begrenzt wird.

In Bild 11.21 zählen wir zunächst die Zeilen der Datei *mitarbeiter.*

```
% wc -l mitarbeiter
    7 mitarbeiter
```

Bild 11.21: Zeilen der mitarbeiter Datei zählen

Noch ein
Beispiel

Das Bild 11.22 zeigt eine vollständige Statistik für die drei Dateien *mitarbeiter, logprot* und *textdatei.* Pro Datei gibt **wc** in einer eigenen Zeile die Anzahl der Zeilen, Wörter und Zeichen an. Danach folgt eine Zeile mit der Summe der Einzelwerte aller Dateien, die mit »total« bezeichnet ist.

```
% wc mitarbeiter logprot textdatei
    7    35    241 mitarbeiter
    9    23    141 logprot
    1    35    283 textdatei
   17    93    665 total
```

Bild 11.22: wc: Statistiken für logprot, mitarbeiter und textdatei

In den Dateinamen zu **wc** können Sie auch Metazeichen nutzen, um Dateinamen abzukürzen oder Gruppen von Dateinamen anzusprechen. Mit dem Kommando **wc *.txt** erhalten wir Statistiken zu allen Dateien im aktuellen Arbeitsverzeichnis, die mit der Zeichenfolge *.txt* enden (Bild 11.23):

Sonderzeichen und wc

```
% wc *.txt
    38    335    640 alles_text.txt
    15     83    338 my.txt
    18     96    450 my_neu.txt
    71    514   1428 total
```

Bild 11.23: wc: Statistiken über alle Textdateien auf .txt

Sie können **wc** am Ende einer Pipeline einsetzen, um Statistiken über den Datenfluß durch die Pipeline zu ermitteln.

An wievielen Endgeräten am System gearbeitet wird, erfahren Sie mit **who | wc -l** (Bild 11.24):

```
% who | wc -l
7
```

Bild 11.24: Benutzen des wc Kommandos in einer Pipeline

Die Standard-Ausgabe des Programms **who**, das alle aktiven Benutzer des Systems anzeigt, wird über die Pipeline an die Eingabe des Zählprogramms **wc** weitergeleitet. Da in der Ausgabe des **who** Befehls jedem Endgerät, an dem ein Benutzer arbeitet, genau eine Ausgabezeile entspricht, muß **wc** nur die Zeilen zählen, die es als Eingabe erhält, um die Anzahl aktiver Endgeräte zu ermitteln.

11. 7 Textmuster suchen - grep

noch mal

Das Kommando **grep** kennen Sie bereits aus Kapitel 3. Mit diesem Werkzeug können Sie Textmuster und damit bestimmte Textstellen in Dateien auffinden. Hierzu liest **grep** zeilenweise die angegebenen Dateien und vergleicht jede Zeile mit dem aufgeführten Textmuster. Jede Zeile, in der **grep** das Textmuster findet, wird auf die Standard-Ausgabe geschrieben. Das Kommandoformat zu **grep** sieht so aus:

Format

grep *textmuster dateien*

Ohne Angabe eines Dateinamen liest **grep** von der Standard-Eingabe. In diesem Fall werden Ihre Eingabezeilen nach dem Textmuster durchgesehen.

Sie können **grep** vielfältig innerhalb Pipelines einsetzen. Wenn Sie einen Dateinamen angeben, kann **grep** aber nur am Eingang einer Pipeline stehen.

Datenreise

Auf der ersten Datenreise lassen wir **grep** in unserer Mitarbeiterdatei alle Zeilen suchen, in denen der Name Becker auftritt. Tasten Sie hierzu die Kommandozeile **grep Becker mitarbeiter** ein:

```
% grep Becker mitarbeiter
Klaus Becker 1988 Kundendienst 3000
Thomas Becker 1987 Kundendienst 3800
```

Bild 11.25: grep sucht den Namen Becker

Geben Sie **grep** mehrere zu durchsuchende Dateien an, so wird vor jeder passenden Zeile der Name der zugehörigen Datei ausgegeben:

```
% grep Becker mitarb*
mitarbeit.sort: Klaus Becker 1988 Kundendienst 3000
mitarbeit.sort: Thomas Becker 1987 Kundendienst 3800
mitarbeiter: Klaus Becker 1988 Kundendienst 3000
mitarbeiter: Thomas Becker 1987 Kundendienst 3800
%
```

Bild 11.26: grep: Suche über mehrere Dateien

Wenn Sie ein Textmuster abkürzen möchten oder mehrere ähnliche Textmuster suchen, können Sie Metazeichen in der zu suchenden Zeichenkette verwenden. Selbstverständlich schließen Sie das Textmuster in einfache Anführungszeichen »' '« ein, damit nicht schon die Shell die Metazeichen erweitert. Ihnen steht mit **grep** ein Teil der Sonderzeichen zur Verfügung, die wir bereits im Abschnitt 4.1.8 -Zeichenketten suchen- für den **vi** beschrieben haben. Einen Überblick über diese Metazeichen finden Sie in Tabelle 4.6.

Im folgenden Beispiel nutzen wir das Metazeichen »^«. Hiermit teilen wir **grep** mit, daß das gesuchte Textmuster unmittelbar am Zeilenanfang stehen soll. Das Kommando **grep '^Klaus' mitarbeiter** liefert Ihnen nur die Einträge zu Mitarbeitern, deren Vorname Klaus ist oder mit Klaus beginnt. Mitarbeiter mit dem Nachnamen Klaus werden durch diesen Kommandoaufruf ausgeschlossen.

In dieser Variante findet **grep** auch Zeilen, in denen das Suchmuster Teil eines längeren Wortes ist. Um das Suchmuster auf genau ein einzelnes Wort zu beschränken, setzen Sie an Ende des Wortes ein Leerzeichen.

```
% grep '^Klaus ' mitarbeiter
Klaus:Becker:1988:Kundendienst:3000
Klaus:Waltersheim:1989:Verkauf:2800
%
```

Bild 11.27: Metazeichen und grep

In der folgenden Tabelle finden Sie die wichtigsten Optionen zu **grep**

n	• jede gefundene Zeile wird mit der Zeilennummer, die ihre Position in der durchsuchten Datei angibt, ausgeben
v	• alle Zeilen anzeigen, auf die das Textmuster nicht paßt
c	• nur die Gesamtzahl an gefundenen Zeilen ausgeben

Sonderzeichen und grep

l   • nur die Namen der Dateien ausgeben, in denen das Textmuster gefunden wurde

s   • keine Fehlermeldungen, wenn angegebene Dateien nicht existieren oder nicht lesbar sind

y   • Unterscheidung zwischen Klein- und Großbuchstaben ausschalten

Trainingsvorschlag

Testen Sie diese Optionen an der Datei *mitarbeiter*. Ermitteln Sie, wieviele Mitarbeiter im Kundendienst arbeiten, ohne dabei das **wc** Kommando zu verwenden. Welche Zeilennummern sind den Einträgen dieser Mitarbeiter zugeordnet?

In vielen Fällen setzen Sie **grep** nicht zum Bearbeiten von Dateien, sondern in Pipelines zum Herausfiltern bestimmter Zeilen aus der Eingabe ein. Das Pipeline Kommandoformat sieht so aus:

Pipeline-Format

kommando | **grep** *textmuster*

Datenreise

In dieser Form können Sie **grep** nutzen, um nur die Einträge zu Unterverzeichnissen anzuzeigen. Hierzu tasten Sie ls -l | **grep** '^**d**' ein:

```
% ls -l | grep '^d'
drwx-r-xr-x    4 fritz     innocons    112 Okt 20 1992 texte
drwx-r-xr-x    2 fritz     innocons     64 Okt 23 1992 probe
%
```

Bild 11.28: Nur Verzeichniseinträge anzeigen

Alle Einträge zu Verzeichnissen beginnen mit dem Zeichen »d«, normale Dateien mit »-«. **grep** filtert aus der Liste der Einträge genau diejenigen Zeilen heraus, die mit einem »d« beginnen.

Zwei nahe Verwandte von **grep** sind die Werkzeuge **egrep** und **fgrep**. In der erweiterten Version **egrep** ist die komplette Metazeichen-Ersetzung für Textmuster verfügbar. **fgrep** hingegen ist ein abgemagertes Suchkommando, mit dem nur einfach aufgebaute Textmuster gefunden werden können. Nähere Informationen zu diesen Kommandos finden Sie in den Manualseiten Ihres Systems.

11. 8 Dateien suchen - find

Im Leben jedes UNIX Benutzers tritt der Tag ein, an dem er/sie   Wo ist Sie
eine bestimmte Datei sucht, sich aber nicht mehr erinnern kann,   denn?
in welchem der unzähligen Verzeichnisse diese eingetragen ist.
Für solche Tage wurde das **find** Kommando geschrieben. **find**
durchsucht einen angegebenen Verzeichnisast nach Dateien, die
bestimmten Suchkriterien entsprechen, und führt, wenn ge-
wünscht, Aktionen auf diesen Dateien durch.

Als Suchkriterien können Sie an **find** übergeben: Parameter

- den Namen der gesuchten Datei

- die Zugriffs-Berechtigungen auf die gesuchte Datei

- die Größe der gesuchten Datei (in Blöcken)

- die Anzahl der Zeichen in der gesuchten Datei

- den Typ der gesuchten Datei (z.B. Verzeichnis oder Gerätedatei)

- den Benutzer-Namen, dem die gesuchte Datei zugeordnet ist

- den Gruppen-Namen, dem die gesuchte Datei zugeordnet ist

- die Inode-Nummer der gesuchten Datei

- die Zeitpunkte des letzten Zugriffs bzw. der letzten Veränderung der gesuchten Datei

Mögliche Aktionen sind: Was tun?

- die Ausgabe des kompletten Pfadnamens zu der gefundenen
  Datei

- die Anwendung von UNIX-Kommandos auf die gefunde-
  ne(n) Datei(en)

So vielfältig die Möglichkeiten mit diesem Kommando sind, so
umfangreich ist das Kommandoformat zu **find**:

> **find** *startverzeichnis suchkriterien aktionen*

Hinter dem Kommandonamen geben Sie zunächst den Pfadnamen des Verzeichnisses an, unterhalb dessen gesucht werden soll.
Die Suche erstreckt sich auf das Startverzeichnis und auf alle seine
Unterverzeichnisse. Suchen Sie in Verzeichnissen, in die Sie nicht
hineinwechseln oder die Sie nicht lesen dürfen, zeigt **find** Fehler-

meldungen an. Für Benutzer ist das Startverzeichnis meistens das eigene Login-Verzeichnis. Dieses können Sie mit dem Sonderzeichen »~« abkürzen (siehe Kapitel 5). Möchten Sie unterhalb des aktuellen Arbeitsverzeichnisses nach Dateien fahnden, setzen Sie als Kürzel das ».«-Zeichen. Geben Sie mehrere Startverzeichnisse an, werden diese zusammen mit ihren Unterverzeichnissen der Reihe nach durchlaufen.

Wir zeigen Ihnen nun, wie Sie per Optionen die Suchkriterien und Aktionen zu **find** angeben. Jedes Suchkriterium und jede Aktion hat eine eigene Option. Es ist möglich, mehrere Suchkriterien und Aktionen anzugeben.

11. 8 .1 Suche nach Dateinamen

Wenn Sie den Namen der gesuchten Datei, nicht aber den Pfadnamen zur Datei wissen, nutzen Sie **find** im Format:

Format   **find** *startverzeichnis* **-name** *dateiname* **-print**

Das Suchkriterium setzen Sie im Anschluß an die Option **name** ein. Die **print** Option gibt alle gefundenen Pfadnamen zu den Dateien, die dem Suchkriterium entsprechen, auf Ihrem Bildschirm aus.

Wir durchsuchen im Bild 11.29 unser Login-Verzeichnis und den darunterliegenden Verzeichnisast nach der Datei *logprot*:

```
% find ~ -name logprot -print
~/logprot
~/texte/logprot
```

Bild 11.29: Auf der Suche nach logprot

Durchsuchen Sie tiefe Verzeichnisäste mit einer großen Anzahl an Dateien, müssen Sie etwas länger warten, bis der Suchbefehl vollständig ausgeführt wurde.

Metazeichen   Sie können innerhalb des oder der gesuchten Dateinamen selbstund find   verständlich wieder Metazeichen zur Dateinamen-Erweiterung verwenden, um nach Gruppen von Dateien mit ähnlichen Namen zu suchen oder um Dateinamen abzukürzen.

Bitte achten Sie aber besonders darauf, diese Metazeichen durch den Gegenschrägstrich oder einfache Anführungszeichen vor Interpretation durch die Shell zu schützen. Vergessen Sie dies, ersetzt bereits die Shell die Sonderzeichen und die Metazeichen werden nicht unverändert an **find** übergeben.

Sie sehen im Bild 11.30, wie **find** Kommandos mit Metazeichen aufgebaut sein sollten. Der Befehl **find ~/texte -name *txt -print** zeigt alle Dateinamen an, die mit der Zeichenkette *txt* enden und mit einer beliebigen (auch leeren) Zeichenfolge beginnen, und die in oder unterhalb Ihres Verzeichnisses *texte* eingetragen sind.

```
% find ~/texte -name *.txt -print
~/texte/alles_text.txt
~/texte/my.txt
~/texte/my_neu.txt
%
```

Bild 11.30: find und Metazeichen

11. 8 .2 Weitere Suchkriterien

find hilft Ihnen auch Dateien zu ermitteln, über deren Namen Sie nichts wissen, die aber anderen Suchkriterien entsprechen. Die wichtigsten weiteren Suchkriterien lernen Sie in den folgenden Datenreisen kennen.

Stellen Sie sich vor, Ihr Systemverwalter bittet Sie Dateien zu löschen, um Speicherplatz freizugeben. Wie finden Sie nun schnell die Dateien, die sich im Laufe der Zeit als unnützer Datenmüll angesammelt haben? **find** kann jetzt helfen: **find** ermittelt die Dateien, die seit einer bestimmten Zeit unberührt und daher unter Umständen entbehrlich sind.

Hierzu tasten Sie **find ~ -atime +30 -print** ein. Als Suchkriterium geben Sie mit der Option *atime* die Zugriffszeit (engl.: access time) an. Auf Ihrem Bildschirm erhalten Sie die Pfadnamen zu allen Ihren Dateien angezeigt, mit denen nicht innerhalb des letzten Monats (30 Tage) gearbeitet wurde. Überprüfen Sie, ob Sie diese Dateien weiterhin benötigen oder sie löschen können.

Haben Sie auf diese Weise noch nicht genug Plattenplatz freigemacht, können Sie die Dateien anzeigen, die am meisten Platz beanspruchen. Hierbei hilft die Option *size*. Mit dem Kommando-format

Format   **find** *startverzeichnis* **-size** *+blockzahl* **-print**

finden Sie die Dateien, die sich über mehr als die angegebene Blockzahl (ein Block à 512 Bytes) ausbreiten.

Mittels *size* finden Sie auch Dateien, die mehr als eine bestimmte Anzahl Zeichen (engl.: characters) enthalten. Hierzu setzen Sie direkt hinter den Zahlenwert ein c. **find** erkennt dann, daß Sie nicht nach Dateien mit einer angegebenen Blockgröße suchen, sondern nach Texten, die eine bestimmte Länge überschreiten.

Die verschiedenen Suchkriterien können kombiniert werden. Mit dem Kommandoaufruf **find . -size +10000c -atime +7 -print** finden Sie die Dateien unterhalb des Arbeitsverzeichnisses, die mehr als 10000 Zeichen lang sind und die sich seit über sieben Tagen niemand mehr angesehen hat.

In der folgenden Übersicht finden Sie nützliche Optionen zu **find**:

-name *datei*
- findet alle Dateien im durchsuchten Verzeichnisast, die auf den angegebenen Dateinamen passen,
  der angegebene Dateiname kann durch Metazeichen ergänzt werden

-user *benutzer*
- findet alle Dateien des angegebenen Eigentümers im durchsuchten Verzeichnisast.
  Hierzu setzen Sie im Anschluß an die Option **user** die Login Kennung des Benutzers, dessen Dateien Sie finden möchten. Der Name des Benutzers muß genau so wie in der Datei */etc/passwd* geschrieben sein.

-perm *oktale_ Zugriffs-Rechte*
- findet alle Dateien im durchsuchten Verzeichnisast mit den angegebenen Zugriffs-Berechtigungen.
  Die Zugriffs-Berechtigungen müssen hierzu in oktaler Schreibweise angegeben sein. Jeder der drei Parteien Benutzer, Gruppe und Andere Benutzer ist eine Oktalzahl zugeordnet, in der

die jeweiligen Zugriffs-, Lese- und Schreib-
Rechte verschlüsselt sind.

-type *dateityp* • findet alle Dateien im durchsuchten Verzeichnisast, die zu dem angegebenen Dateityp gehö-
ren
Mögliche Angaben des Dateityps sind u.a.
f - normale Datei (z.B. Text, Programmdatei)
d - Verzeichnis
c - zeichenorientiert arbeitende Gerätedatei
b - blockorientiert arbeitende Gerätedatei

-inum *zahl* • findet die Einträge zu einer Datei, die der angegebenen Inode-Nummer zugeordnet sind

-newer *datei* • findet alle Dateien im durchsuchten Verzeichnisast, die später als die Datei verändert wur-
den

Die folgenden Optionen für Suchkriterien nehmen als Argument **Optionen mit**
einen Zahlenwert an. Dieser Zahlenwert stellt eine Anzahl an **Zahlenwert**
Tagen, an Speicherblöcken oder an Namenseinträgen dar. Setzen
Sie vor den Zahlenwert ein +, bedeutet dies „mehr als der angegebene Wert". Ein *-zahl* steht für „weniger als die angegebene
Zahl". Ohne Vorzeichen suchen Sie Dateien, die genau dem angegebenen Wert entsprechen:

-atime[+/-]*zahl* • findet alle Dateien im durchsuchten Verzeichnisast, auf die entsprechend der angegebenen
Anzahl an Tagen **zuletzt zugegriffen** wurde
(engl.: access time)

  • **-atime** +*zahl* - auf die gesuchte Datei wurde
zuletzt **vor** *zahl* Tagen **oder früher** zugegriffen

  • **-atime** -*zahl* - auf die gesuchte Datei wurde
innerhalb der letzten *zahl* Tage zugegriffen

  • **-atime** *zahl* - auf die gesuchte Datei wurde
genau vor *zahl* Tage zugegriffen

-mtime[+/-]*zahl*• findet alle Dateien im durchsuchten Verzeichnisast, die entsprechend der angegebenen An-
zahl an Tagen **zuletzt verändert** wurden (engl.:

modification time)
siehe auch atime

-size[+/-]*zahl*[c] • findet alle Dateien, die genau die angegebene Zahl an Speicherblöcken auf dem Plattenspeicher belegen; bei **+***zahl*: die angegebene Zahl an Blöcken oder mehr; bei **-***zahl*: weniger als die angegebene Zahl an Blöcken
Größenangabe endet mit c: die angegebene Größe bezieht sich auf Zeichen in der Datei

-links [+/-]*zahl* • findet alle Dateien im durchsuchten Verzeichnisast, die eine entsprechende Anzahl an Namenseinträgen (engl.: links) besitzen

Oder-Verknüpfungen

Zu Beginn dieses Abschnitts haben wir Ihnen gezeigt, daß Suchkriterien so miteinander verknüpft werden können, daß alle Bedingungen erfüllt sein müssen (logische Und-Verknüpfung). Aber auch die Oder-Verknüpfung von Kriterien ist möglich. Sie verbinden die möglichen Alternativen mit der Option **-o**. Mit dem Kommandoaufruf **find . -mtime 2 -print -o -mtime 3 -print** können Sie die Dateien heraussuchen, die zuletzt vor genau zwei oder genau drei Tagen verändert wurden.

Im Bild 11.31 nutzen wir die Oder-Verknüpfung, um im Unterverzeichnis *./texte* die Dateien zu finden, die mit der Zeichenkette *txt* oder *doc* enden:

```
% find ./texte -name '*txt' -print -o -name '*doc' -print
./texte/d1.txt
./texte/file.txt
./texte/myfile.doc
./texte/z_test.doc
%
```

Bild 11.31: Oder-Verknüpfung von Suchanfragen

11. 8 .3 Aktionen auf gefundenen Dateien

Hat **find** eine oder mehrere Dateien gefunden, können darüber Aktionen gestartet werden. Bei allen bisherigen **find** Kommandos haben wir die **print** Option angehängt. **print** bewirkt, daß der

Pfadname jeder gefundenen Datei ausgegeben wird. Vergessen
Sie, eine Ausgabe-Option anzugeben, sehen Sie nicht, ob der **find**
Befehl erfolgreich war.

Neben der Ausgabemöglichkeit mittels **print** können Sie mit der Was tun?
Option **exec** beliebige Kommandos mit den gefundenen Dateien
ausführen lassen. Das Kommandoformat zu dieser Option ist
recht umfangreich:

find *startverzeichnis suchkriterien* **-exec** *kommando* **'{}' \;**   Format

Für *kommando* können Sie jedes Ihnen zur Verfügung stehende
System-Kommando (z.B. Löschbefehle) einsetzen. An die Stelle,
an die Sie die geschweiften Klammern (sicherheitshalber in Anführungszeichen) schreiben, werden vom **find** Kommando automatisch die gefundenen Dateinamen eingesetzt. Auf diese
Dateien wird dann das angegebene Kommando angewendet.

Achten Sie darauf, daß das von Ihnen gewählte UNIX Kommando die gefundenen Dateinamen auch als Argumente annehmen kann. Die Kommandozeile
müssen Sie mit einem Semikolon abschliessen. Auch das Semikolon muß durch
Gegenschrägstrich oder Klammerung vor einer Interpretation durch die Shell
geschützt werden.

Möchten Sie beispielsweise alle regulären Dateien in Ihrem Verzeichnisast, die seit mehr als drei Monaten nicht mehr beachtet
wurden, anzeigen und dann interaktiv löschen, dann tasten Sie
die Kommandozeile
find ~ -atime +30 -type r -print -exec rm '{}' \; ein.

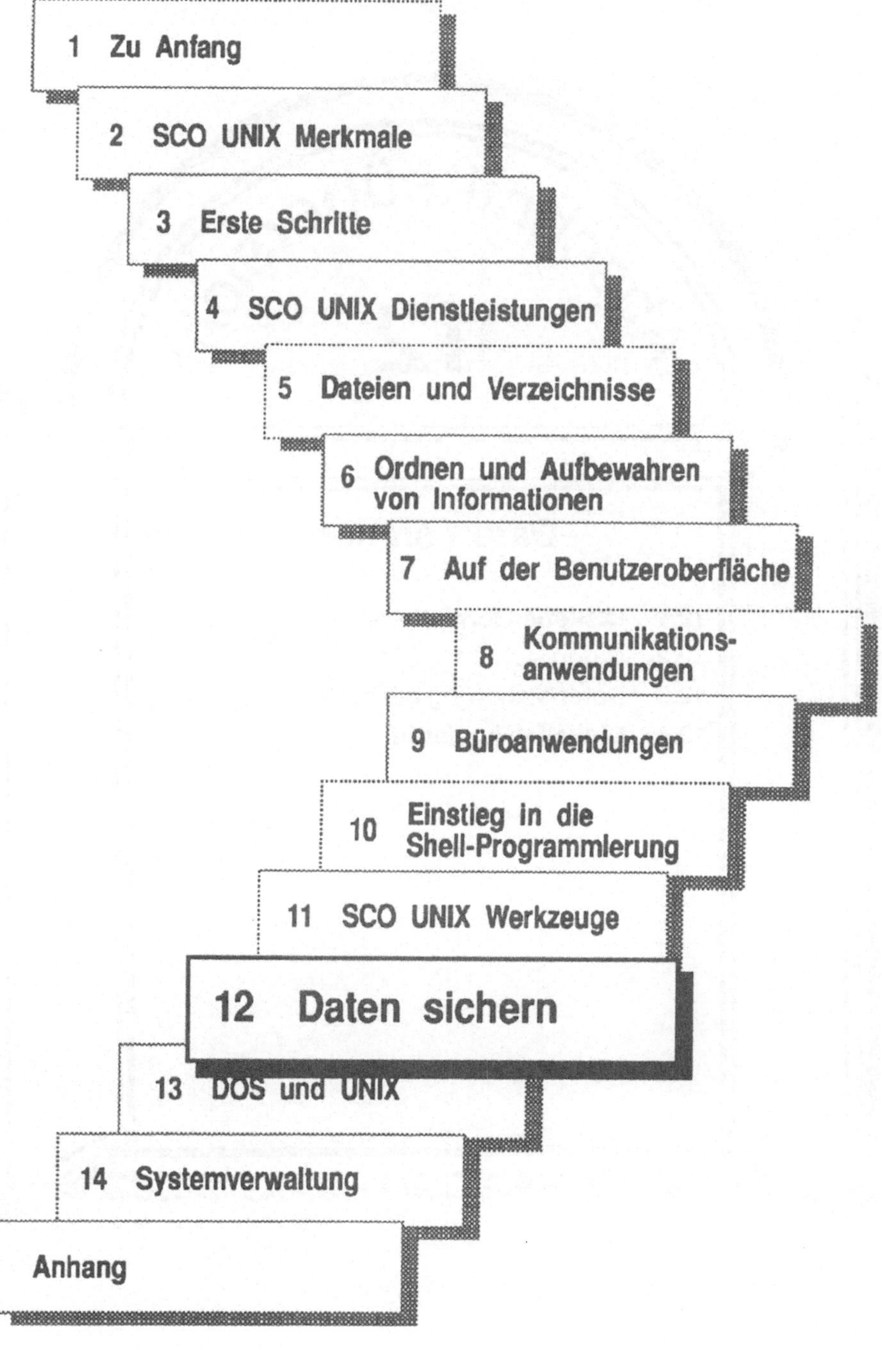
1 Zu Anfang
2 SCO UNIX Merkmale
3 Erste Schritte
4 SCO UNIX Dienstleistungen
5 Dateien und Verzeichnisse
6 Ordnen und Aufbewahren von Informationen
7 Auf der Benutzeroberfläche
8 Kommunikations-anwendungen
9 Büroanwendungen
10 Einstieg in die Shell-Programmierung
11 SCO UNIX Werkzeuge
12 Daten sichern
13 DOS und UNIX
14 Systemverwaltung
Anhang

Daten sichern

12. Daten sichern

In den vorhergehenden Kapiteln haben Sie zahlreiche Dateien erzeugt und bearbeitet, in denen für Sie wichtige Daten abgelegt sind. Auf Ihrem UNIX-System befinden sich viele für Sie wichtige und schützenswerte Informationen in Dateien auf Festplatten

Diese Daten möchten Sie vor Verlust schützen. Die Gefahr, Daten zu verlieren, beginnt beim versehentlichen Löschen von Dateien und geht über technische Defekte auf Festplatten bis zu äußeren Einwirkungen wie Feuer, mutwillige Zerstörung oder Computerviren in Ihrem Computersystem. Im Einsatz von Computersystemen sind die möglichen Schäden an der Hardware relativ unbedeutend gegenüber dem drohenden Informationsverlust im »Unglücksfall«.

Aus diesem Grund werden Dateien in regelmäßigen Abständen

- auf Speichermedien kopiert (= gesichert) oder
- auf andere Platten oder Rechner gespielt,

um Sie bei Datenunfällen wieder ins System einzuspielen und damit lückenlos rekonstruieren zu können. Die Intervalle und der Umfang der Datensicherung hängen von der Wichtigkeit der Daten, der Anzahl von regelmäßig modifizierten Dateien, der Anzahl aktiver Benutzer und dem möglichen Zeit- und Personaleinsatz für Systemverwaltungs-Arbeiten ab.

Tragen Sie alle Sicherungsläufe in ein Logbuch ein, um im Schadensfall einen Überblick über die Rettungsmöglichkeiten zu haben.

Die auf PC's gebräuchlichsten Speichermedien zur Datensicherung sind:

- Disketten
- Streamer-Tapes
- entfernbare Wechsel-Festplatten

Der Systemverwalter hat regelmäßig die Datensicherung für größere Teile des Dateisystems durchzuführen. Wenn Sie als Benutzer Zugang zu Band- oder Disketten-Laufwerken Ihres UNIX-Systems haben, können Sie Ihre privaten Daten selbst durch Sicherheitskopien schützen. In diesem Kapitel lernen Sie deshalb

- Disketten zur Aufnahme von Informationen vorzubereiten
- Duplikate von Disketten zu erstellen
- Dateien auf entfernbaren Speichermedien zu sichern
- Dateien von Speichermedien einzulesen
- angepaßte Sicherungskonzepte zu entwickeln und durchzuführen.

Programme zur Datensicherung

Mit SCO UNIX stehen Ihnen verschiedene Datensicherungs-Programme zur Verfügung. Welches Kommando Sie auswählen, hängt vom Umfang der zu sichernden Daten und von Ihrer Sicherungsstrategie ab:

- **tar** (aus engl: *tape archiver* - Archivprogramm) kopiert Verzeichnisse samt Dateien oder ausgewählte Dateien auf Speichermedien, wie Disketten oder Band. **tar** kann von jedem Benutzer zum Erstellen privater Sicherungen eingesetzt werden.

- **cpio** (aus engl: *copy input to output* - kopiere die Eingabe in Richtung Ausgabe) erstellt Sicherungskopien großer, ausgewählter Datenbestände. **cpio** ist das Standard-Sicherungsprogramm. Wir zeigen Ihnen,

  > wie Sie von der SCO Shell mit **cpio** ausgewählte Dateien sichern

  > wie Sie mit der Systemverwalter Shell vollständige oder aufeinander aufbauende Sicherungskopien von Dateisystemen erstellen.

Sowohl **tar** als auch **cpio** erzeugen sogenannte Archive auf dem Speichermedium. Diese enthalten neben dem Dateiinhalt (den Daten) auch Informationen über die Dateien und die Verzeichnisstruktur, aus der sie stammen. Neben **tar** und **cpio** gibt es Kommandos, die nur die Daten unabhängig von der ursprünglichen Verzeichnisstruktur sichern. Ein solches Kommando ist **dd**, das die reinen Daten, d.h. die entsprechenden Datenblöcke, sichert.

Als Benutzer sind für Sie die Kommandos **tar** (Abschnitt 12.2) und **cpio** (Abschnitt 12.3) am schnellsten und bequemsten zu bedienen. In diesem Kapitel lesen Sie, wie Sie die Datensicherungs-Programme von zeichenorientierten Shells wie auch von menüorientierten Shells bedienen. Im **tar** Abschnitt (12.2) beschreiben wir, wie Sie sowohl **tar** als auch **cpio** von der SCO Shell aus steuern.

12. 1 Disketten formatieren

Um Daten mit einem UNIX-Programm auf Disketten zu sichern, müssen Sie zunächst die benötigten Disketten unter UNIX **formatieren**, d.h. zur Aufnahme von Daten vorbereiten. Bitte achten Sie darauf, die Disketten auf Ihrem oder einem vergleichbaren UNIX System zu formatieren. Haben Sie Disketten, mit denen zuvor unter einem anderen Betriebssystem gearbeitet wurde, müssen Sie diese erneut formatieren. Einmal unter SCO UNIX formatierte Disketten können Sie ohne erneutes Formatieren wieder benutzen.

DOS-Disketten können Sie zur Datensicherung nutzen, wenn Sie hierfür die Programme im DOS-Werkzeugkasten nutzen. Im Kapitel 13 erfahren Sie, wie Sie unter UNIX mit DOS-Disketten arbeiten.

Sind auf Ihrem System mehrere Diskettenlaufwerke verfügbar, so ist eines dieser Laufwerke das **Standard-Laufwerk**.

Standard-Laufwerk

Das Standard-Laufwerk ist im Regelfall das Laufwerk, von dem Ihr System installiert wurde. Ist Ihr System mittels 5.25" Disketten aufgespielt worden, so ist dieses 5.25" Laufwerk Ihr Standard-Laufwerk. Diesem Laufwerk ist die Laufwerkskennzeichnung 0 zugeordnet.

Und so formatieren Sie von   zeichenorientierten Shell

Sie benötigen für den **format** Befehl die Information darüber, welches Laufwerk Ihr Standard-Laufwerk ist. Möchten Sie eine Diskette im Standard-Laufwerk formatieren, geben Sie den **format** Befehl ohne Parameter ein:

```
% format
Insert floppy in drive: press <Return> when ready

formatting /dev/rfd096ds15
   track 01 0
%
```

Bild 12.1: Diskette im Standard-Laufwerk formatieren

Spätestens jetzt müssen Sie die zu formatierende Diskette ins Laufwerk schieben und die (Eingabe)-Taste betätigen. Die Diskette wird nun mit den Parametern formatiert, die für das Standard-Laufwerk eingetragen sind. Die voreingestellten Parameter für das erste 5.25" Laufwerk heißen *rfd096ds15*. Diese Angaben bedeuten:

- **r** - Zugriffs-Methode (ist immer r für Diskettenlaufwerke!)
- **fd0** - Diskettenlaufwerk 0 (entsprechend fd1, fd2),
- **96** - Anzahl der Spuren pro Zeile, engl.: »tracks per inch« (tpi) (96 bei 5.25" Laufwerken mit 1.2 MB Kapazität, 48 bei 5.25" Laufwerken mit 360 KB)
- **ds** - doppelseitig (entsprechend ss - einseitig)
- **15** - Anzahl der Sektoren pro Track (entsprechend 8 und 9).

Prüfen der formatierten Disketten

Diese Einstellungen für das Standard-Laufwerk sind in der Datei */etc/default/format* eingetragen. Sie können in diese Datei auch den Eintrag **VERIFY=Y** schreiben, damit das Programm nach dem Formatieren prüft, ob die Diskette vollständig lesbar ist. Auf der Kommandozeile können Sie die Verify-Option mit **format -y** anschalten. Bei voreingestellter Verify-Option schaltet **format -n** die Überprüfung aus.

Wenn Sie eine Diskette in einem anderen Laufwerk formatieren möchten, müssen Sie die zugehörigen Angaben als Parameter an den **format** Befehl anhängen. Für ein weiteres 3.5" Laufwerk mit 1,44 MB Kapazität (Diskettenlaufwerk 2) tasten Sie **format /dev/rfd1135/ds18** ein.

Vom Standard-Laufwerk unterscheidet sich dieses Laufwerk durch die Laufwerkskennung *rfd1*, die Anzahl der Spuren (hier: 135) und die Zahl der Sektoren (hier: 18). Achten Sie darauf, daß

Sie als Parameter den kompletten Pfadnamen zur entsprechenden Gerätedatei, also */dev/...*, angeben. Im Verzeichnis */dev* sind alle Geräte eingetragen (vgl. Abschnitt 5.6).

Bitte beachten Sie:

- *rfd0* = erstes Diskettenlaufwerk

- *rfd1* = zweites Diskettenlaufwerk

Laufwerksnamen für Streamer Cartridge Bänder beginnen mit der Laufwerkskennung *rct*.

In der folgenden Übersicht haben wir verschiedene Laufwerks- Gerätedateien
konfigurationen zusammengestellt. Die Laufwerke sind dabei jeweils als erstes Diskettenlaufwerk, d.h. mit der Kennzeichnung 0, aufgeführt. Diesen Wert müssen Sie verändern, wenn dieses Laufwerk auf Ihrem System als zweites oder folgendes Laufwerk (z.B. *rfd1*, *rfd2*) eingebunden ist:

/dev/rfd048ds9	**5.25", 360 KB**
/dev/rfd096ds9	**5.25", 720 KB**
/dev/rfd096ds15	**5.25", 1.2 MB**
/dev/rfd0135ds9	**3.5", 720 KB**
/dev/rfd0135ds18	**3.5", 1.44 MB**

Sie können schnell ein kurzes Shell Script schreiben, wenn Sie öfter im Nicht-Standard-Laufwerk formatieren wollen.

Und so geht's von der SCO Systemverwalter Shell

Arbeiten Sie mit Systemverwalter Shell **sysadmsh**, wählen Sie zunächst den Menüpunkt »**Media**«. Von diesem Untermenü aus können Sie

- Disketten formatieren,

- Daten auf Disketten aufspielen,

- Daten von Diskette zurücklesen,

- Disketten vergleichen und

- Disketten kopieren

Bewegen Sie die Markierung im »**Media**«-Menü auf die Option »**Format**« und bestätigen diese Auswahl mit der (Eingabe)-Taste. Sie können im »*Format Floppy*«-Fenster das anzusprechende Laufwerk direkt eingeben oder mit der Funktions-Taste (F3) ein

Listenfeld öffnen, aus dem Sie das gewünschte Laufwerk wählen (Bild 12.2):

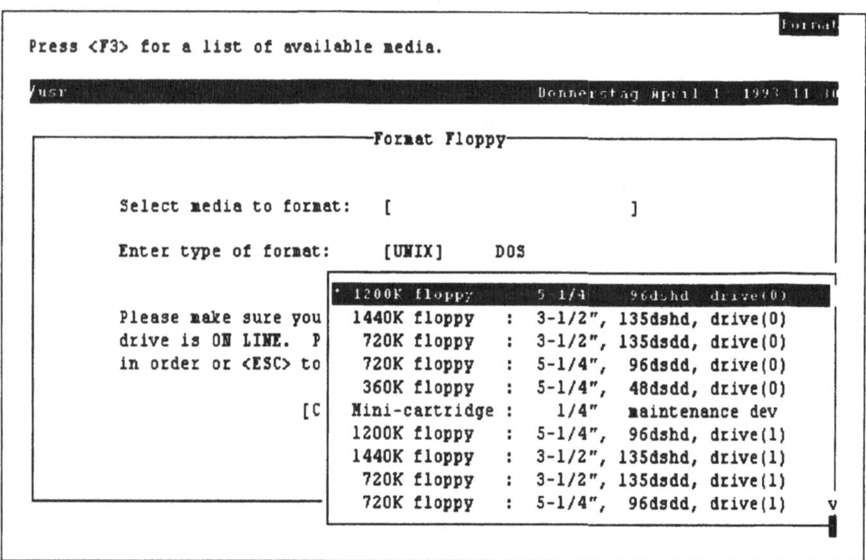

Bild 12.2: Formatieren von der Systemverwalter Shell

Und so formatieren Sie von der SCO Shell

Passend zum Sicherungsformat müssen Sie zunächst entscheiden, ob Sie die Diskette

- im UNIX-Format (**tar** oder **cpio**) oder
- im DOS-Format

formatieren möchten. Im **DOS**-Format können nur einzelne Dateien gesichert werden, die Sie dann auf DOS-Betriebssystemen wieder einlesen können. Wählen Sie die DOS-Option, können Sie keine vollständigen Verzeichnisse sichern.

DOS oder UNIX Format? Zum Wählen des Archivierungsformats und zum Formatieren von Disketten wechseln Sie ins »**Manager**« ⇒ »**Archive**«-Menü. Zunächst wählen Sie den Auswahlpunkt »**Type**« an. Hier werden die drei möglichen Archivierungsformate **tar**, **cpio** und **DOS** angezeigt (Bild 12.3). Das gerade angewählte Format ist invers dargestellt. Mit der ⌐Leer⌐ -Taste zeigen Sie auf ein anderes Sicherungsprogramm. Im Regelfall wählen Sie zwischen **tar** und **cpio**.

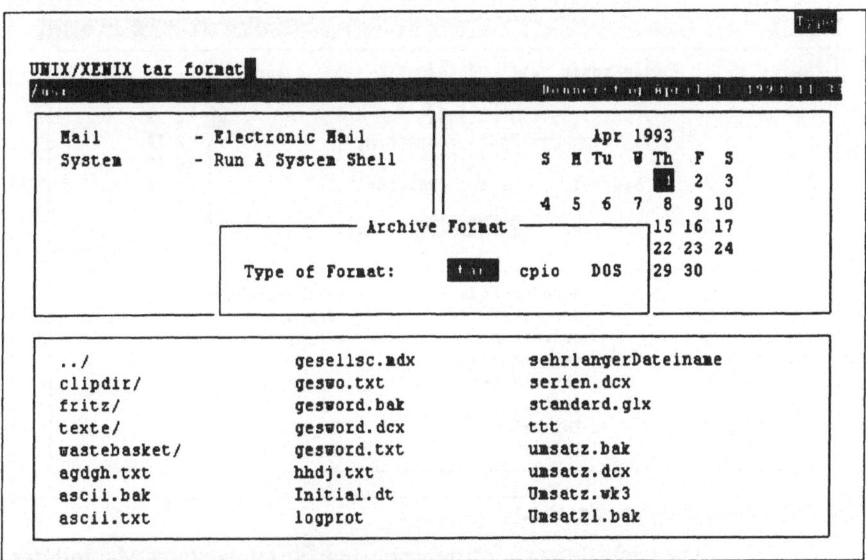

Bild 12.3: Formatieren von der SCO Shell, Teil 1

Im Anschluß wählen Sie aus dem »**Manager**« ⇒ »**Archive**«-Menü die »**Format**« Option. Sie sehen im Bild 12.4 den Auswahlbildschirm. Mit der ⌐Eingabe⌐ -Taste bestätigen Sie, wenn Sie eine Diskette im Standard-Laufwerk formatieren möchten, ansonsten tragen Sie die entsprechende Gerätedatei ein oder rufen mit der Funktions-Taste ⌐F3⌐ ein Auswahlfenster auf, aus dem Sie ein Laufwerk auswählen können (siehe oben). Das Standard-Laufwerk wird für jede angewählte Aktion genutzt, solange Sie kein anderes Speichermedium angeben. Zu Beginn dieses Abschnitts beschreiben wir das Konzept des Standard-Laufwerks und zeigen Ihnen eine Aufstellung, aus der Sie andere Laufwerke entnehmen können.

Format-Option wählen

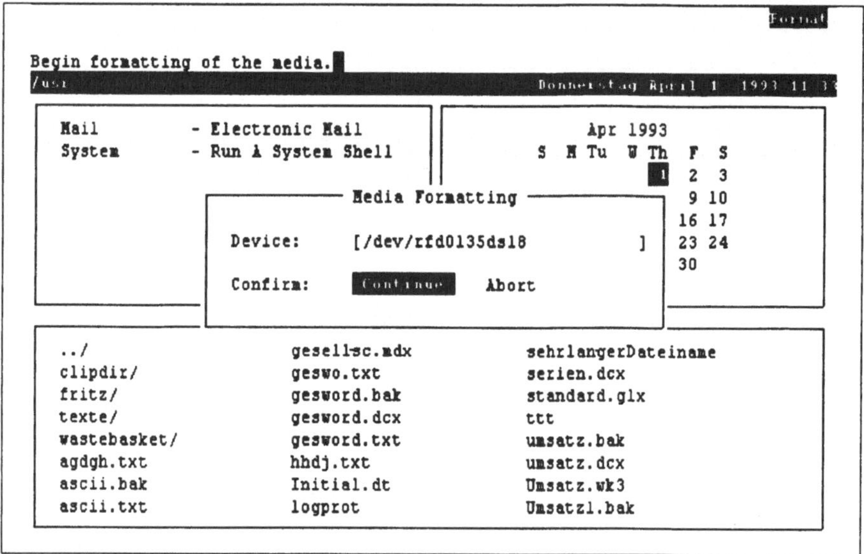

Bild 12.4: Formatieren von der SCO Shell, Teil2

Die Diskette wird formatiert, wenn Sie ein weiteres Mal mit der
(Eingabe) -Taste auf dem »**Continue**« Feld bestätigen. Möchten
Sie doch lieber abbrechen, wählen Sie »**Abort**« und bestätigen.

Bitte denken Sie jedoch daran, daß wir hier von den Laufwerken der Zentral-
einheit sprechen, die unmittelbar mit dem UNIX-Rechner verbunden sind.
Arbeiten Sie auf einem Endgerät mit lokalen Diskettenlaufwerken, ist der
Zugriff auf diese nur über spezielle Kommunikationssoftware möglich.

12. 2 Dateien sichern mit tar

Das **tar** Kommando nutzen Sie, um Dateien (und Verzeichnisse)
auf Datensicherungs-Medien wie Disketten oder Band zu schreiben oder wieder einzulesen. Geben Sie als Dateinamen ein Verzeichnis an, so sichern Sie die gesamte Dateistruktur unterhalb
dieses Verzeichnisses, da **tar** den gesamten Verzeichnisast durchläuft.

Das Befehlsformat vor **tar** sieht auf einer zeichenorientierten Shells so aus:

tar [schlüssel] [datei(en)]

Nach dem angegebenen Schlüssel entscheidet **tar**, welche Opera- Schlüssel
tionen mit den angegebenen Dateien durchgeführt werden. Eine **tar** Kommandozeile muß genau einen Schlüssel enthalten. Mit diesen Schlüsseln sagen Sie **tar**, was zu tun ist:

- **c** - Erstellen einer neuen Datensicherung auf dem Datenträger; ggf. vorhandene Dateien werden überschrieben

- **u** - Hinzufügen von Dateien zu einer vorhandenen Datensicherung, falls diese noch nicht oder nur in einer alten Fassung dort gespeichert sind

- **x** - Zurücklesen der Dateien von einem Speichermedium

- **t** - Auflisten der auf einem Speichermedium gesicherten Dateien

Zusätzlich zu diesen Schlüsseln können Sie wahlweise folgende Optionen
Optionen angeben:

- **v** - Anzeigen jedes Dateinamens, der gelesen oder geschrieben wird

- **f** [*gerätedatei*] oder *Laufwerksnummer* - Anlegen der Datensicherung auf dem aufgeführten Laufwerk

Auch **tar** arbeitet wie **format** mit einem Standard-Laufwerk, auf das geschrieben oder von dem gelesen wird. **tar** nutzt dieses Laufwerk, solange Sie nicht über die Option **f** oder eine Laufwerksnummer ein anderes Laufwerk ansprechen. In der Datei */etc/default/tar* finden Sie das Standard-Sicherungslaufwerk und die Numerierung der übrigen Laufwerke. Diese Datei können Sie z.B. mit **more /etc/default/tar** einsehen (Bild 12.5).

```
% more /etc/default/tar
#       @(#) def96.src 22.1 89/11/14
#          device              block       size        tape
archive0=/dev/rfd048ds9        18          360         n
archive1=/dev/rfd148ds9        18          360         n
archive2=/dev/rfd096ds15       10          1200        n
archive3=/dev/rfd196ds15       10          1200        n
archive4=/dev/rfd096ds9        18          720         n
archive5=/dev/rfd196ds9        18          720         n
archive6=/dev/rfd0135ds18      18          1440        n
archive7=/dev/rfd1135ds18      18          1440        n
archive8=/dev/rct0             20          0           y
archive9=/dev/rctmini          20          0           y
# The default archive in the absence of a numeric or
# "-f device" argument
archive=/dev/rfd096ds15        10          1200        n
#
#
%
```

Bild 12.5: tar: Laufwerksnumerierung und Standard-Laufwerk

Standard-Laufwerk und Laufwerks-Numerierung

Sie sehen mehrere Zeilen, die jeweils mit *archive* beginnen. Nach *archive* folgt unmittelbar die Laufwerksnummer, mit der das **tar** Kommando arbeitet. In der letzten Zeile ist ein *archive*-Eintrag, dem diese Nummer fehlt: Dies ist das Standard-Laufwerk für **tar**. In unserem Fall arbeitet **tar** standardmäßig mit dem ersten Diskettenlaufwerk (5.25", 1.2MB). Dieses Laufwerk wird mit der Gerätedatei */dev/rfd096ds15* angesprochen. Der Systemverwalter kann die Datei */etc/default/tar* verändern, wenn er möchte, daß im Regelfall auf einen anderen Datenträger gesichert wird.

Die Laufwerksnumerierung von **tar** bedeutet nicht, daß alle angeführten Datenträger auf Ihrem System verfügbar sind. Wir beschreiben Ihnen hier das Arbeiten mit Diskettenlaufwerken, das Sichern auf Bandlaufwerke funktioniert entsprechend.

12. 2 .1 Dateien auf Disketten sichern

In diesem Abschnitt zeigen wir Ihnen, wie Sie mit **tar** die Dateien Ihres Login-Verzeichnisses und aller darunterliegender Verzeichnisse auf einem Datenträger sichern. Geben Sie die Befehle zum Sichern von Daten am besten auf einem Arbeitsplatz in Reichweite der Laufwerke der Zentraleinheit ein, um bequem Disketten wechseln zu können.

Und so geht's von zeichenorientierten Shells

Zunächst wechseln Sie mit **cd** in Ihr Login-Verzeichnis. Als Sicherungsmedium nutzen wir zunächst das Standard-Laufwerk für **tar**. Bitte sehen Sie sich die Datei */etc/default/tar* an und entnehmen dieser Datei das Standard-Laufwerk für **tar**. Im Anschluß zeigen wir Ihnen, wie Sie über die Laufwerksnumerierung von **tar** andere Laufwerke ansprechen. Die für Ihr System gültige Laufwerksnumerierung können Sie ebenfalls */etc/default/tar* entnehmen. Bitte notieren Sie sich, welches Laufwerk Ihres Systems welcher Nummer zugeordnet ist.

Im Anschluß sollten Sie feststellen, welchen Umfang die gewünschte Datensicherung beansprucht, damit Sie wissen, wieviele Disketten oder Bänder und welcher Zeitaufwand notwendig sind. Erfragen Sie mit dem Befehl **du -s .** die Anzahl der belegten Speicherblöcke a 512 Byte. Der Punkt ».« steht hierbei für Ihr aktuelles Arbeitsverzeichnis. Eine entsprechende Kapazität an Speicherblöcken müssen Sie mindestens auf Disketten bereitstellen, um Ihre Daten sichern zu können:

Wieviele Datenträger brauche ich?

```
% du -s .
76
%
```

Bild 12.6: Kapazitätsbedarf der Datensicherung ermitteln

In unserem Beispiel nimmt das Login-Verzeichnis 76 Speicherblöcke ein. Wir benötigen also ungefähr 38 KB Speicherplatz, um alle Daten zu sichern. Das Standard-Laufwerk unseres Systems ist ein 5.25" 1.2 MB Laufwerk. Somit müssen wir nur eine Diskette mit **format** formatieren und können dann beginnen, mit **tar cv** diesen Verzeichnisast auf Diskette zu sichern (Bild 12.7).

```
% tar cv .
Volume ends at 1199K, blocking factor = 5K
tar: cannot open: ./.login
tar: cannot open: ./.cshrc
seek = 0K        a ./.lastlogin 0K
seek = 1K        a ./logprot 1K
seek = 3K        a ./textdatei 2K
seek = 5K        a ./texte /textdatei 2K
...
```

Bild 12.7: tar: Sichern des Login-Verzeichnisses auf Diskette

Der Schlüssel **c** sagt dem **tar** Befehl, daß Sie eine neue Datensicherung starten und gegebenenfalls auf der Diskette vorhandene Dateien überschreiben möchten. Im Anschluß setzen Sie die Option **v**, damit Sie alle Dateinamen sehen, die auf den Datenträger geschrieben werden. In unserem Beispiel berücksichtigt **tar** auch alle Unterverzeichnisse (hier: *texte*) und sichert deren Dateien samt Pfad. Dateien, die **tar** nicht sichern kann, weil Ihnen als Benutzer die Zugriffs-Berechtigungen hierfür fehlen, werden mit *tar cannot open <dateiname>* angezeigt.

Benötigt eine Datensicherung mehr Kapazität als auf einer Diskette zur Verfügung steht, werden Sie vom System aufgefordert, eine weitere Diskette einzulegen (»*insert next volume*«) und mit der Eingabe -Taste zu bestätigen. Die Daten sind vollständig gesichert, wenn sich Ihr Prompt wieder meldet.

Ausgewählte Dateien sichern

Mit **tar** können Sie auch einzelne Dateien auf Disketten kopieren. Hierzu setzen Sie an die Stelle von ».« den Namen der zu kopierenden Datei ein. Die Datei sollte dabei immer mit absolutem oder relativem Pfad angegeben werden. Einem Dateinamen im aktuellen Arbeitsverzeichnis sollte also der relative Pfad »./« vorangestellt werden. Im Bild 12.8 sichern wir die Datei *logprot* mit dem Kommando **tar cv ./logprot** auf eine Diskette im Standard-Laufwerk. Dabei werden evtl. vorhandene Dateien auf der Sicherungsdiskette überschrieben.

```
% tar cv ./logprot
Volume ends at 1199K, blocking factor = 5K
seek = 0K        a ./logprot 1K
%
```

Bild 12.8: tar: Sichern einer einzelnen Datei

Möchten Sie die Datei *logprot* an eine bestehende Sicherungsdiskette anfügen, tasten Sie den Befehl **tar uv ./logprot** ein. Bereits auf dem Datenträger gesicherte Dateien werden durch diesen Befehl nicht überschrieben.

Dateien an eine Sicherung anhängen

Nun möchte der Benutzer Bernd eine Sicherung seines *texte* Verzeichnisses durchführen. Bernd arbeitet im Moment im Verzeichnis */staff/project* und will für diese Sicherung nicht das Verzeichnis wechseln. Daher muß er das zu sichernde Verzeichnis mit einem (hier: absoluten) Pfad angeben. Außerdem möchte er auf 3.5" Disketten sichern. Daher muß er über die **tar** Laufwerksnumerierung das 3.5" Laufwerk ansprechen. Auf unserem System ist in */etc/default/tar* diesem Laufwerk die Nummer 7 zugeordnet. Diese Nummer wird direkt hinter Schlüssel (und Option) angefügt. Der Kommandoaufruf lautet **tar cv7 /usr/bernd/texte**.

Sichern mit absolutem Pfad zur Datei

```
% tar cv7 /usr/bernd/texte
Volume ends at 1439K, blocking factor = 9K
seek = 0K       a /usr/bernd/texte/kap8.doc 78K
seek = 234      a /usr/bernd/texte/kap11.doc 156K
%
```

Bild 12.9: tar: Dateien mit absolutem Pfad auf einem Nicht-Standard-Laufwerk sichern

Die **tar** Laufwerksnumerierung ist eine zeitsparende Kurzschreibweise für Gerätedateien. Anstelle von Gerätedateien setzen Sie einfach die Nummer ein, die **tar** jedem Laufwerk zuordnet. Kennen Sie diese Numerierung nicht, können Sie mit der Option f und dem Namen der gewünschten Gerätedatei das Laufwerk direkt ansprechen. Eine Übersicht über die Gerätedateien von Diskettenlaufwerken finden Sie oben im Abschnitt 12.1 - Disketten formatieren.

Laufwerksnumerierung

Bernd kann seinen Sicherungsbefehl also auch in der Form **tar cvf /dev/rfd1135ds18 /usr/bernd/texte** eingeben. Die Option **f** sagt **tar**, daß als nächstes Argument der Pfad der Gerätedatei folgt, auf die geschrieben werden soll. In diesem Fall ist dies das zweite Laufwerk des Systems (*rfd1*) mit 135tpi und 18 Sektoren (3.5", 1.44 MB).

Und so geht's von der SCO Shell

Von der SCO Shell starten Sie alle Sicherungsbefehle aus dem **»Manager«** ⇒ **»Archive«**-Untermenü. Von hier aus können Sie

- Speichermedien formatieren,
- auswählen, welches Programm zur Datensicherung Sie benutzen möchten (**tar**, **cpio** oder **DOS** Datei-Format),
- das Speichermedium aussuchen, auf das Sie schreiben oder von dem Sie lesen möchten,
- Dateien aus Ihrem Arbeitsverzeichnis auf einem Datenträger sichern,
- die in einem Verzeichnis eines Datenträgers vorhandenen Dateien ansehen,
- Dateien vom Speichermedium in Ihr Arbeitsverzeichnis einlesen.

Wie Sie Disketten für Ihren Datensicherungs-Befehl formatieren, finden Sie oben im Abschnitt 12.1. In diesem Abschnitt lernen Sie die einzelnen Optionen des **»Archive«**-Menüs für den **tar** Befehl kennen. Die Beschreibung dieses Menüs gilt sowohl für den **tar** wie für den **cpio** Befehl.

voreingestell-
ter Siche-
rungsbefehl

Zunächst sollten Sie feststellen, welcher Sicherungsbefehl voreingestellt ist. Hierzu wählen Sie im **»Archive«**-Menü die Option **»Type«**:

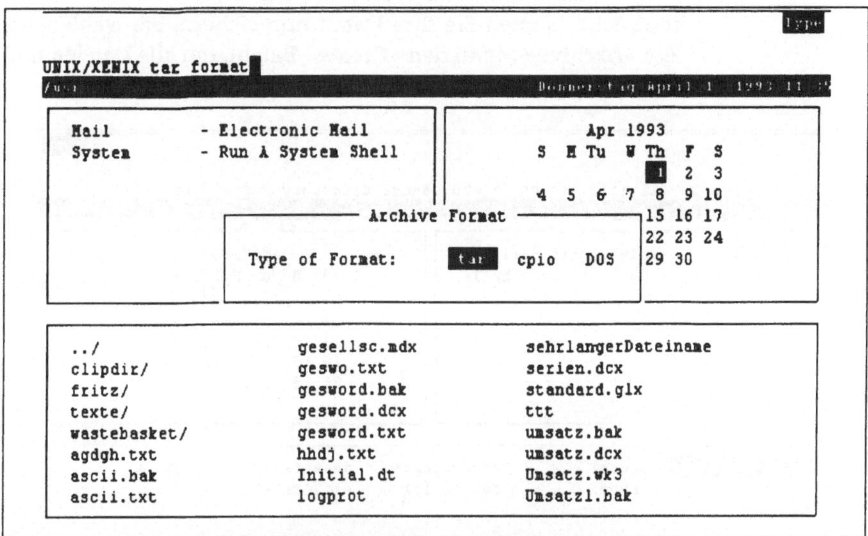

Bild 12.10: SCO Shell: Auswählen des Sicherungsbefehls

Setzen Sie, falls notwendig, die Markierung auf **tar** (oder **cpio**). Die Datensicherung von der SCO Shell erfolgt dann mit dem so ausgewählten Programm.

Nun sollten Sie prüfen, welches Laufwerk als Standard-Laufwerk eingestellt ist. Hierzu wählen Sie aus dem »**Archive**«-Menü die »**Device**«-Option. Im »*Archive Device*« Fenster wird die Gerätedatei angezeigt, auf die oder von der standardmäßig Daten gesichert oder gelesen werden. Bestätigen Sie mit der (Eingabe)-Taste, wenn Sie dieses Standard-Laufwerk bestätigen möchten. Um ein anderes Laufwerk vorzugeben, können Sie

Welches Laufwerk ist voreingestellt?

* die entsprechende Gerätedatei direkt eingeben oder

* mit der Funktions-Taste (F3) eine Auswahlliste aufrufen, in der alle möglichen Disketten- und Bandlaufwerke eingetragen sind. Aus diesem Fenster wählen Sie das gewünschte Laufwerk, indem Sie die Markierung in die entsprechende Zeile bewegen. Betätigen Sie dann die (Eingabe)-Taste.

Im Abschnitt 12.1 haben wir Sie informiert, welchem Laufwerk welche Gerätedatei zugeordnet ist.

Haben Sie die richtigen Werte vor der ersten Datensicherung eingestellt, können Sie Ihre Daten nun sichern. Sie wählen aus dem »**Archive**«-Menü den »**Create**«-Befehl, um alle Dateien und Verzeichnisse des aktuellen Arbeitsverzeichnisses zu sehen.

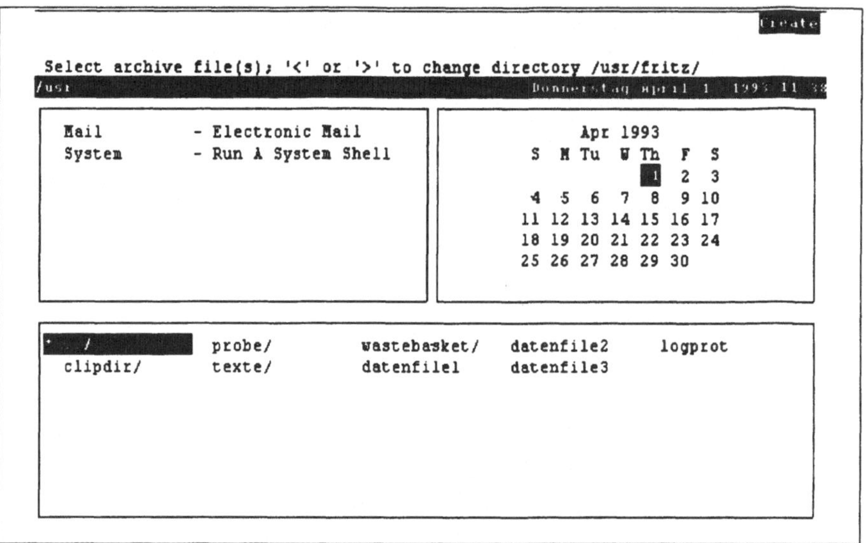

Bild 12.11: SCO Shell: Auswählen der zu sichernden Dateien

Dateien auswählen

Markieren Sie die gewünschten Dateien oder Verzeichnisse, indem Sie mit den Richtungs-Tasten die Markierung auf jeden Eintrag bewegen, dann die (Leer)-Taste betätigen und dann den nächsten gewünschten Eintrag ansteuern. Nachdem Sie die zu sichernden Dateien ausgewählt haben, werden diese nach Bestätigen mit der (Eingabe)-Taste auf dem Datenträger gesichert. Haben Sie auch Verzeichnisse ausgewählt, so werden deren Einträge, samt Unterverzeichnissen und deren Einträgen, gesichert.

Haben Sie die Sicherungsmethode **DOS** eingestellt, können Sie nur einzelne Dateien sichern, aber keine Verzeichnisse samt Inhalt.

Erreicht die Datensicherung die maximale Kapazität des Datenträgers, fordert Sie das System auf, einen weiteren Datenträger einzulegen. Bitte denken Sie daran, daß eventuell auf dem Datenträger vorhandene Sicherungen von **tar** und **cpio** überschrieben

werden. Sichern Sie mit der **DOS**-Methode, werden nur gleichnamige Dateien auf der Diskette durch die zu sichernden Dateien
überschrieben.

sysadmsh-Benutzer wählen »**Media**« ⇒ »**Archive**«. Die weitere
Vorgehensweise entspricht der Beschreibung zur SCO Shell.

12. 2 .2 Gesicherte Dateien anzeigen

Haben Sie eine Daten gesichert, werden Sie später überprüfen Inhalt sehen
wollen, welche Dateien zu welchen Zeitpunkten auf Diskette oder
Band geschrieben wurden.

Hierzu lassen Sie sich auf einer zeichenorientierten Shell mit **tar**
und dem Schlüssel **t** das Inhaltsverzeichnis eines Sicherungsmediums anzeigen. Das Kommando **tar tv** zeigt alle Einträge, die mit
tar auf einer Diskette im Standard-Laufwerk gespeichert wurden:

```
% tar tv
rw-r--r--200/100    141 Sep 08 11:58 1992 ./logprot
%
```

Bild 12.12: tar: Anzeigen einer auf Diskette gesicherten Datei

Den Inhalt von Disketten außerhalb des Standard-Laufwerks
können Sie wie oben beschrieben über die **tar**-Laufwerksnume-
rierung oder über die Option **f** (plus Gerätedatei) für das gewünschte Laufwerk ansehen.

Arbeiten Sie auf der SCO Shell, wählen Sie »**Manager**« ⇒ »**Archive**« ⇒ »**List**«. Wählen Sie zunächst das Laufwerk aus, in dem der
zu prüfende Datenträger liegt, oder bestätigen Sie das voreingestellte Standard-Laufwerk (Bild 12.13).

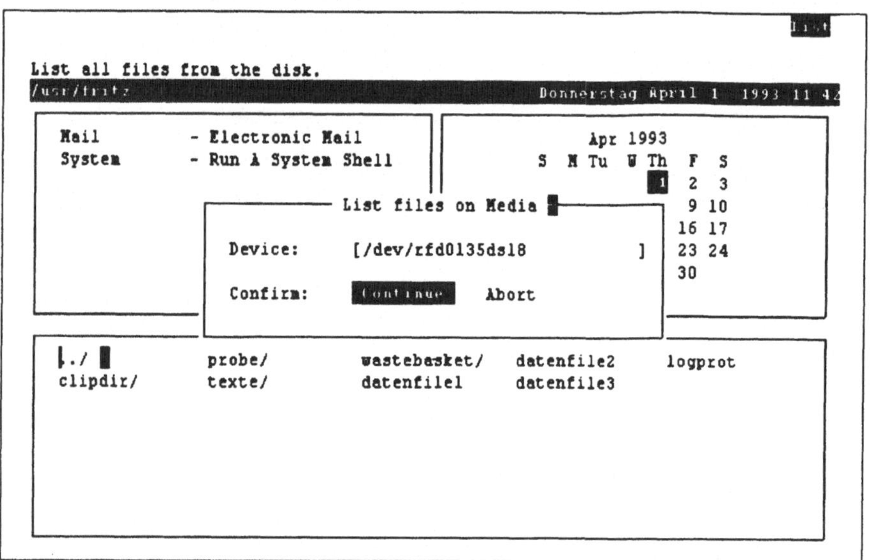

Bild 12.13: Auswahl des Sicherungsmediums

Anschließend sehen Sie wie im Bild 12.14 die Liste der auf dem Datenträger gesicherten Dateien. Ist die Liste länger als eine Bildschirmseite, können Sie mit den Richtungs-Tasten den Bildschirmausschnitt verschieben. Folgen gesicherte Dateien auf weiteren Datenträgern, werden Sie aufgefordert, die nächste Diskette (oder das nächste Band) einzulegen.

Wenn Sie Dateien von diesem Datenträger wieder ins System zurücksichern möchten, sollten Sie sich zunächst mit Hilfe dieser Option die gesuchten Dateinamen anzeigen lassen. Notieren Sie sich diese dann einschließlich des (absoluten oder relativen) Pfads, mit dem sie gesichert wurden. Im folgenden Abschnitt lesen Sie, wie diese Dateien von der Diskette/Band eingelesen werden.

```
Scan list of files on media

                Arrow keys to scroll window, <esc> when finished
/usr/fritz                                  Donnerstag April  1  1993  11:4
rw-r--r--200/100         0 Feb 01 02:34 1993 ../sehrlangerDateiname
rw-------200/100       126 Apr 01 02:12 1993 ../config.db
rw-r--r--200/100         0 Feb 05 01:19 1993 ../agdgh.txt
rw-r--r--200/100         0 Feb 05 01:19 1993 ../hhdj.txt
rw-r--r--200/100       752 Feb 16 02:27 1993 .../.1123set
rw-r--r--200/100        71 Feb 16 02:44 1993 ../dosenv.def
rw-r-----200/100      1202 Mär 08 01:44 1993 ../Umsatz.wk3
rw-r--r--200/100       953 Mär 08 00:30 1993 ../Umsatz2.txt
rw-r--r--200/100       260 Apr 01 01:57 1993 ../mw.ini
rw-r--r--200/100       824 Mär 08 00:38 1993 ../Umsatzl.bak
rw-r--r--200/100       412 Mär 08 00:39 1993 ../Umsatzl.txt
rw-------200/100       878 Jan 01 01:11 1980 ../.profile
rw-r--r--200/100       122 Mär 09 00:12 1992 ../MP.INI
rw-r--r--200/100       438 Apr 01 01:48 1993 ../catalog.cat
rw-r--r--200/100       438 Apr 01 05:26 1993 ../xyz.cat
rw-r--r--200/100      6144 Mär 01 09:46 1993 ../gesellsc.mdx
rw-r--r--200/100       783 Mär 01 09:46 1993 ../gesellsc.dbf
rw-r--r--200/100       203 Mär 01 09:47 1993 ../gesword.txt
rw-r--r--200/100       248 Apr 01 01:32 1993 ../gesword.bak
rw-r--r--200/100       203 Mär 01 09:52 1993 ../geswo.txt
```

Bild 12.14: Anzeigen der Datensicherung

Haben Sie den Datenträger gesichtet, betätigen Sie die (ESC) -Taste, um zurück ins »**Manager**«-Menü zu kommen.

Und so geht's von der SCO Systemverwalter Shell

Benutzer auf der Systemverwalter Shell wählen »**Media**« ⇒ »**List**«. Die weitere Vorgehensweise entspricht der Beschreibung zur SCO Shell.

12. 2 .3 Dateien von Diskette einlesen

In diesem Abschnitt werden Sie Dateien von einer Diskette auf die Festplatte zurückschreiben. Dieser Schritt ist notwendig, wenn die Dateien auf der Festplatte gelöscht oder unbrauchbar geworden sind.

Bitte beachten Sie, daß Sie durch die Rücksicherung gleichnamige Dateien auf der Festplatte überschreiben und damit verlieren! 

Vorarbeiten

Bevor Sie daher eine Sicherungskopie einlesen, überzeugen Sie sich, daß

- tatsächlich die richtigen Dateien auf der Sicherungsdiskette zu finden sind,

- Sie die letzte Sicherung der Dateien und keine Uralt-Versionen aufspielen,

- Sie im richtigen Verzeichnis stehen, in das eingelesen werden soll,

- Sie die Dateinamen angeben, die eingelesen werden sollen, wenn auf der Sicherungsdiskette noch weitere Dateien abgelegt sind.

Wollen Sie auf Nummer sicher gehen, richten Sie ein neues Verzeichnis ein, in das Sie die Dateien von der Sicherungsdiskette einlesen. Sind die entsprechenden Dateien in dieses Verzeichnis geschrieben, prüfen Sie die Datei und verschieben diese dann ggf. mit **mv** in das endgültige Ziel-Verzeichnis. So stellen Sie sicher, daß durch den Einlesevorgang nicht unbeabsichtigt Dateien überschrieben werden.

Und so geht's von einer zeichenorientierten Shell

Einlesen vom
Standard-
Laufwerk

Im folgenden Beispiel lesen Sie, wie Sie eine vollständige Sicherung mit dem Kommando **tar xv** vom Standard-Laufwerk in das aktuelle Verzeichnis einlesen. Der Schlüssel **x** zeigt **tar**, daß von einem Laufwerk gelesen werden soll. Mittels der Option **v** sehen Sie die Dateinamen, die zurückgesichert werden:

```
% tar xv
x ./lastlogin, 0 bytes, OK
x ./logprot, 141 bytes, 1K
x ./textdatei, 1793 bytes, 2K
x ./texte/textdatei, 1793 bytes, 2K
...
```

Bild 12.15: tar: Einlesen einer Sicherung ins aktuelle Verzeichnis

ausgewählte
Dateien
einlesen

Sollen nur ausgewählte Dateien von einer Sicherungsdiskette gelesen werden, setzen Sie die gewünschten Dateinamen an das Ende der Kommandozeile. Dabei müssen Sie darauf achten, Dateinamen in genau der Form einzugeben, wie diese gesichert wurden. Im Abschnitt 12.2 haben wir die Datei *logprot* mit vorangestelltem relativen Pfadnamen für das aktuelle Verzeichnis (also *./logprot*) gesichert. Um diese Datei wieder einzulesen, muß der Kommandoaufruf genau **tar xv ./logprot** lauten. Dateien hingegen, die mit absolutem Pfadnamen gesichert wurden, müssen auch mit absolutem Pfad angegeben werden. Haben Sie eine Datensicherung mit relativen Dateinamen erstellt, werden die Dateien beim Einlesen relativ zum aktuellen Arbeitsverzeichnis eingetragen. In Bild 12.16 lesen wir die Datei *logprot* von der **tar** Sicherungsdiskette in unser aktuelles Arbeitsverzeichnis ein:

```
% tar xv ./logprot
x ./logprot, 141 bytes, 1K
%
```

Bild 12.16: tar: Einlesen einer einzelnen Datei

Können Sie sich nicht daran erinnern, mit welchem Pfad Sie eine Datensicherung durchgeführt haben, lassen Sie sich ein Inhaltsverzeichnis der Sicherungsdiskette anzeigen (siehe Abschnitt 12.2.2). In der Form, in der die Dateien samt vorangestelltem Pfad angezeigt werden, können sie auch wieder eingelesen werden.

Pfad vergessen?

Und so geht's von der SCO Shell

Als SCO Shell Benutzer können Sie Dateien von einem Datenträger einlesen, wenn Sie die »**Extract**«-Option aus dem »**Manager**« ⇒ »**Archive**«-Menü anwählen. Auf Ihrem Bildschirm erscheint das »*Media Extraction*«-Fenster.

Zunächst können Sie, wenn erforderlich, ein vom Standard-Laufwerk abweichendes Laufwerk eingeben oder mit der `Eingabe` - Taste bestätigen, wenn Ihre Diskette im Standard-Laufwerk liegt. Dann entscheiden Sie sich in der »Extract«-Zeile, ob Sie sämtliche (»**all files**«) oder nur ausgewählte (»**selected files**«) Dateien einlesen möchten (Bild 12.17).

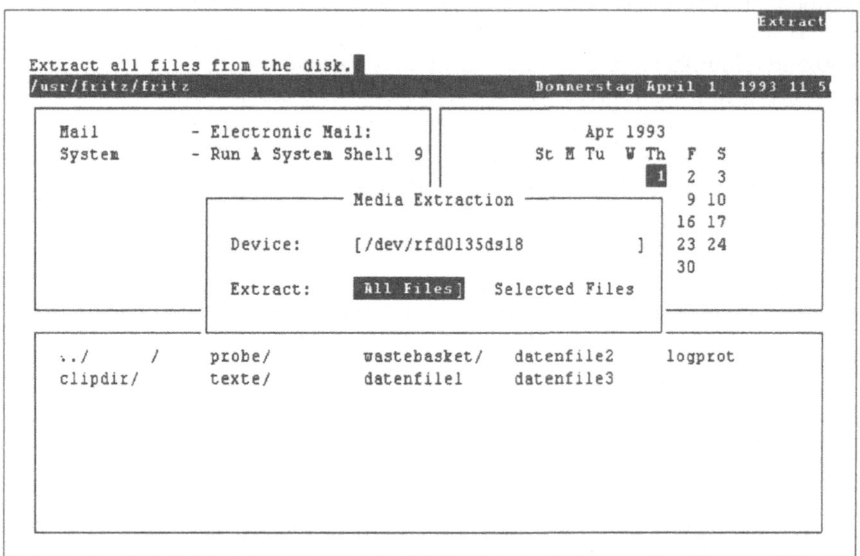

Bild 12.17: Auswahlbildschirm bei der Datenrücksicherung

Alles	Wenn Sie die »**all files**« Option wählen und mit der (Eingabe) -Taste bestätigen, wird die eingelegte Sicherungsdiskette unmittelbar eingelesen. Umfaßt die Sicherung mehr als eine Diskette, fordert das System nach jeder eingelesenen Diskette die nächste an. Nach erfolgreichem Einlesen sind Sie zurück im »**Manager**«-Menü.
Nicht alles	Möchten Sie aber nur bestimmte Dateien vom Datenträger einlesen, dann bewegen Sie die Markierung auf »**selected files**« und betätigen die (Eingabe) -Taste. Auf Ihrem Bildschirm werden nun die auf der Diskette abgelegten Dateien angezeigt. Sie bewegen die Markierung mit den Richtungs-Tasten auf den einzulesenden Eintrag und bestätigen dann mit der (Eingabe) -Taste. Möchten Sie mehrere Dateien einlesen, dann steuern Sie die Einträge der Reihe nach an und betätigen bei jedem einzulesenden Eintrag die (Leer) -Taste. Die Einträge, die vom Datenträger zurückgesichert werden, sind nun durch ein »*«-Zeichen vor dem Namen markiert.

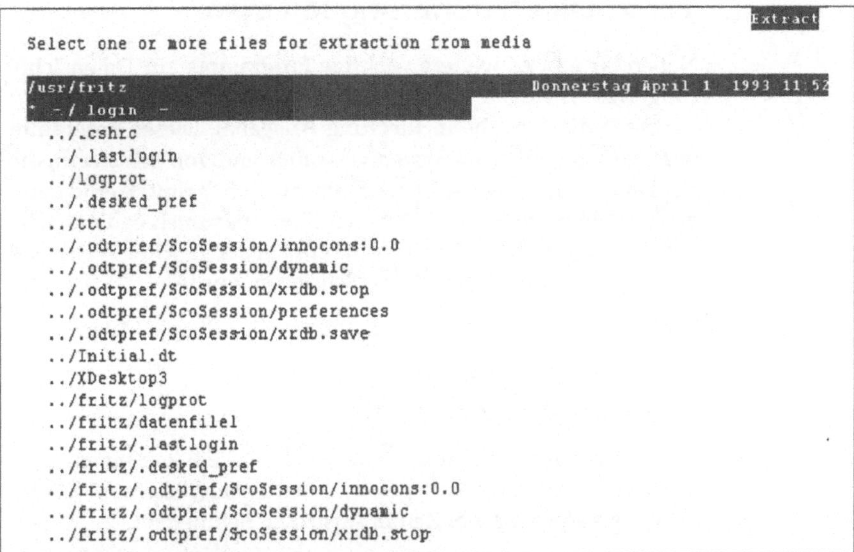

Bild 12.18: Auswählen der einzulesenden Dateien

Wenn Sie nach der Auswahl die (Eingabe) -Taste betätigen, werden die markierten Dateien in das aktuelle Arbeitsverzeichnis (bei relativem Pfad: ./) oder in das angegebene Verzeichnis (bei absolutem Pfad) eingespielt. Das Ziel-Verzeichnis ist davon abhängig, mit welchem Pfad eine Datei gesichert wurde. Sind Sie sich nicht sicher, mit welcher Pfadangabe eine Sicherung erstellt wurde, können Sie sich vor dem Einlesen der Dateien ein Inhaltsverzeichnis des Datenträgers anzeigen lassen (siehe Abschnitt 12.2.2).

Und so geht's von der SCO Systemverwalter Shell

Benutzer der Systemverwalter Shell wählen »**Media**« ⇒ »**Extract**«. Die weitere Vorgehensweise ist wie auf der SCO Shell.

12. 3   Datensicherung mit cpio

Neben **tar** gibt es weitere wichtige Programme zur Datensicherung. Das wichtigste hierunter ist **cpio** (engl.: *copy input to output* - kopiere die Eingabe in Richtung Ausgabe). Dieses Programm wird vorwiegend vom Systemverwalter und von Benutzern, die mit Datensicherungs-Aufgaben betraut sind, genutzt. **cpio** kann bequem über die Systemverwalter Shell **sysadmsh** bedient werden. Von der SCO Shell nutzen Sie **cpio** in der gleichen Weise wie dies im Abschnitt 12.2 für **tar** beschrieben wurde.

Von der Systemverwalter Shell können Sie mit cpio Daten

- mit Sicherungsplan und

- ohne Sicherungsplan sichern.

Ohne Sicherungsplan können Sie jederzeit - z.B. vor einem Umbau der Hardware - das gesamte Dateisystem sichern. Dieser Vorgang kann sehr viel Zeit in Anspruch nehmen.

Sichern eines vollständigen Dateisystems

Wir beschreiben in diesem Abschnitt zunächst, wie über die Systemverwalter Shell eine **vollständige Sicherung eines Dateisystems** über eine unplanmäßige Sicherung erstellt wird. Diese Sicherung sollten Sie im System-Maintenance-Modus (Einzelbenutzer-Modus) durchführen, so daß außer Ihnen kein anderer Benutzer am System arbeitet.

Im täglichen Betrieb sollten Sie aber ein planmäßiges, aufeinander aufbauendes Sicherungssystem verwenden. Hierzu werden

- Sicherungsebenen mit abnehmendem Sicherungsumfang und

- festen Sicherungsterminen

vereinbart. Ziel dieses Systems ist es, daß auf tieferen Sicherungsebenen nur noch die Dateien gesichert werden müssen, die seit der letzen übergeordneten Sicherung verändert wurden. Ein Sicherungsplan für Ihr System ist in der Datei */usr/lib/sysadmin/schedule* voreingestellt (Bild 12.19). Die Termine der Sicherungsebenen, die in dieser Datei festgelegt sind, kann der Systemverwalter verändern.

```
# Backup Descriptor Table
# Backup Vol.   Save for    Vitality            Label
# level  size   how long    (importance)        marker
    0      -     "1 year"    critical           "a red sticker"
    1      -     "4 months"  necessary          "a yellow sticker"
    2      -     "3 weeks"   useful             "a blue sticker"
    3      -     "1 week"    precautionary       none


# Schedule table
#              12345 67890 12345 67890
# Filesystem  MTWTF MTWTF MTWTF MTWTF    Method
  /dev/rroot  03333 23333 13333 23333    cpio
```

Bild 12.19: Sicherungsplan /usr/lib/sysadmin/schedule

Die Sicherungsebene 0 ist eine Gesamtsicherung, 1 die Monatssicherung, 2 die Wochensicherung und 3 die tägliche Datensicherung. Markieren Sie die Sicherungsmedien für jede Ebene in unterschiedlichen Farben. Gesichert wird auf jeder Ebene nur das, was sich gegenüber der letzten höheren Ebene verändert hat. *Sicherungsebenen, Sicherungsumfang*

Im Schadensfall müssen dann die vier Ebenen in der Reihenfolge 0 bis 3 wieder aufgespielt werden.

Und so sichern Sie ein komplettes Dateisystem

1. Starten Sie die **sysadmsh**.

2. Wählen Sie »**Backups**« ⇒ »**Create**« ⇒ »**Unscheduled**«. Sie sehen ein Menü wie in Bild 12.20.

3. Sie können in der Zeile »*Filesystem to archive*« den Namen des Dateisystems eintragen, das Sie sichern möchten. Tragen Sie */dev/root* ein, um das root-Dateisystem zu sichern. Mit der Funktions-Taste (F3) können Sie ein Auswahlfenster öffnen, in dem die auf Ihrem System eingerichteten Dateisysteme angezeigt werden. Diese Liste wird aus den Einträgen in der Datei */etc/default/filesys* zusammengestellt. Bewegen Sie die Markierung an die gewünschte Stelle und bestätigen dann mit der (Eingabe) -Taste. Das so ausgewählte Dateisystem ist dann im Auswahlmenü eingetragen.

4. Nun geben Sie das Speichermedium an, auf das gesichert werden soll. Auch hier können Sie direkt die gewünschte Gerätedatei eintragen oder über die Funktions-Taste (F3) aus einer Liste auswählen (bitte denken Sie daran, daß das erste Diskettenlaufwerk mit *rfd0* beginnt, das zweite mit *rfd1*. Eine Übersicht zu Gerätedateien finden Sie im Abschnitt 12.1 - Disketten formatieren). Blockgröße und Speicherkapazität des Speichermediums werden automatisch bestimmt.

5. Sie können nun entscheiden, ob jede Diskette vor deren Benutzung formatiert werden soll. Setzen Sie die Auswahl auf »**Yes**«, müssen Sie Ihre Disketten nicht vor-formatieren.

6. Legen Sie nun die erste Diskette ein und bestätigen dann die Auswahl mit der (Eingabe) -Taste. Während des Sicherungslaufs werden laufend die Dateinamen angezeigt, die auf das Speichermedium geschrieben werden.

7. Ist der Datenträger voll, fordert das System den nächsten Datenträger an. Denken Sie daran, die Diskettenetiketten fortlaufend zu beschriften. Bestätigen Sie mit der (Eingabe) -Taste, wenn Sie eine neue Diskette eingelegt haben.

```
                                                              Unscheduled
  Press <F3> to choose from a list of filesystems

 /usr/fritz                                 Donnerstag April 1  1993 11:5

                        ─────Archive Filesystem─────

       Filesystem to archive  :   [                              ]

       Media                  :   [                              ]

       Block size in Bytes    :   [10240   ]

       Volume size in Kbytes  :   [        ]

       Format a floppy        :   [Yes]        No


       Press <Return> to backup the filesystem or <ESC> to abandon

                          [Archive]
```

Bild 12.20: Auswahlbildschirm bei der Sicherung eines Dateisystems

Je nach Größe des Dateisystems wird dieser Schritt mehrfach wiederholt. Wenn das vollständige Dateisystem auf Diskette oder Band ist, meldet das System mit »*DONE*« die erfolgreiche Sicherung.

Um eine planmäßige, aufeinander aufbauende Sicherung zu starten, wählen Sie »**Backups**« ⇒ »**Create**« ⇒ »**Scheduled**«. Prüfen Sie die vorgeschlagene Sicherungsebene und bestätigen Sie mit der ⓜ -Taste. Alles weitere ist wie beim unplanmäßigen Sichern.

planmäßige
Sicherung

12. 3 .1 Datensicherung überprüfen

Prüfen Sie danach, ob alle Dateien fehlerfrei auf die Datenträger geschrieben und im Schadensfall wieder einlesbar sind.

Hierzu wählen Sie auf der Systemverwalter Shell »**Backups**« ⇒ »**Integrity**«. Sie sehen nun folgenden Auswahlbildschirm:

```
                                                              Integrity

   Press <F3> to choose from a list of available media

 /usr/fritz                              Freitag April 2  1993 12.02


                        ─Verify Integrity of a Backup─

         Media               :  [                              ]

         Filesystem          :  [                              ]

         Block size in Bytes  :  [10240   ]


         Press <Return> to check the integrity of the backup
                  or press <ESC> to abandon
              (This command may take a long time.)

                        [Check Integrity]

```

Bild 12.21: Auswahlbildschirm vor der Überprüfung

Geben Sie nun das Laufwerk ein oder suchen Sie dieses nach Betätigen der ⓕ③ Funktions-Taste aus der Auswahlliste heraus. Im Anschluß sehen Sie die Aufforderung, die erste Diskette ins Laufwerk zu legen (Bild 12.22).

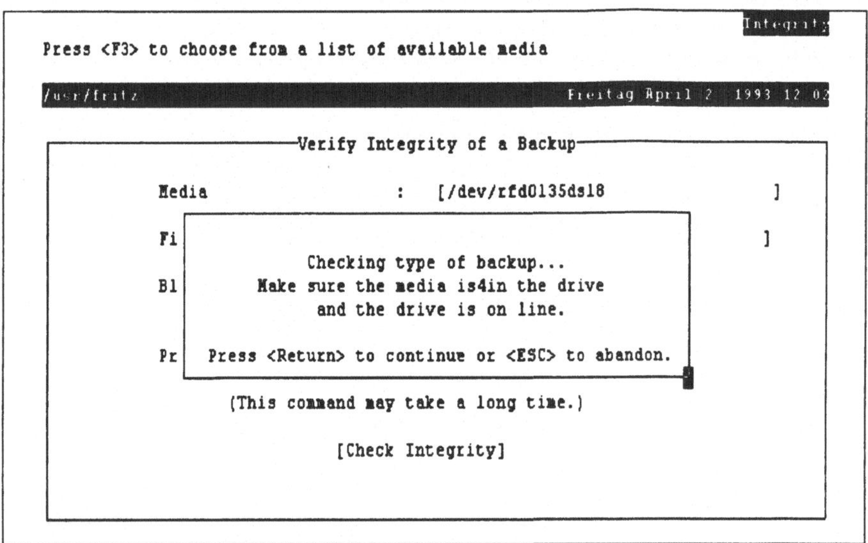

Bild 12.22: Datensicherung überprüfen

Übernehmen Sie die voreingestellte Speicherblock-Größe und starten die Prüfung, indem Sie mit der Markierung auf der »**Check Integrity**« Schaltfläche die (Eingabe) -Taste betätigen.

Das System wird nun der Reihe nach alle Sicherungsdatenträger anfordern und diese auf Lesefehler überprüfen.

12. 3 .2 Inhalte einer Datensicherung einsehen

Was ist wirklich gesichert? Nachdem Sie eine Datensicherung durchgeführt haben, können Sie von der Systemverwalter Shell prüfen, welche Dateien gesichert wurden. So listen Sie die gesicherten Dateien auf:

1. Wählen Sie auf der Systemverwalter Shell »**Backups**« ⇒ »**View**«.

2. Im folgenden Bild müssen Sie den Laufwerkstyp einstellen. Sie können wie zuvor beschrieben die entsprechende Gerätedatei direkt eintragen oder aus der Auswahlliste (mit (F3)) heraus suchen.

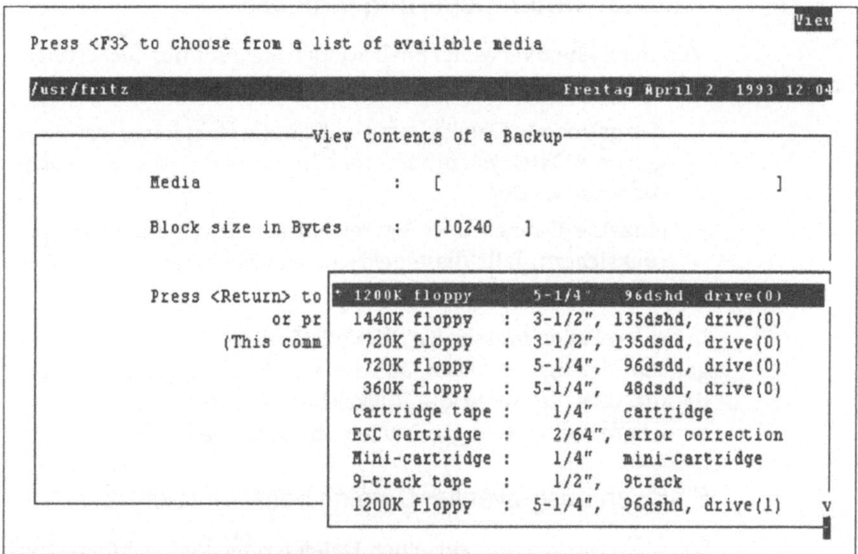

Bild 12.23: Auswahl des Sicherungsmediums

3. Sie werden nun aufgefordert, die erste Sicherungsdiskette einzulegen. Bestätigen Sie die angezeigte Speicherblock-Größe und den »**View**«-Befehl mit der (Eingabe)-Taste. Nachdem die Inhalte der ersten Diskette eingelesen wurden, müssen Sie die weiteren Disketten, in der richtigen Reihenfolge, einlegen.

4. Nachdem alle Disketten gesichtet wurden, erhalten Sie ein Inhaltsverzeichnis Ihrer Datensicherung angezeigt. Über die Richtungs-Tasten können Sie den angezeigten Bildausschnitt verschieben. Das Inhaltsverzeichnis einer Diskette informiert Sie über

> Was zeigt das Inhaltsverzeichnis?

> den Besitzer (zweite Spalte),

> die Dateigröße (dritte Spalte),

> den Zeitpunkt des Erstellens oder letzten Änderung der Datei (vierte Spalte) und

> den Dateinamen (letzte Spalte).

12. 3 .3 Datensicherung einlesen

Im
Schadensfall

Von der Systemverwalter Shell können Sie mit Ihren Sicherungsdisketten

- das gesicherte Dateisystems vollständig einspielen, wenn das
  gesamte Dateisystem auf Ihrer Platte zerstört oder unbrauchbar wurde, oder

- einzelne Dateien oder Verzeichnisse auf die Festplatte zurücksichern, falls diese gelöscht wurden oder unbrauchbar
  geworden sind.

In beiden Fällen müssen Sie den vollständigen Satz der Datenträger zur Verfügung haben, auf die gesichert wurde. Achten Sie
darauf, daß Sie durch die Rücksicherung nicht unbeabsichtigt
aktuellere, unbeschädigte Dateien überschreiben!

Einlesen ausgewählter Dateien oder Verzeichnisse

So gehen Sie vor, um einzelnen Dateien oder Verzeichnisse von
Ihrer Dateisystem-Sicherung ins System zurückzuschreiben:

1. Rufen Sie auf der Systemverwalter Shell »**Backups**« ⇒ »**Restore**« auf. Dort wählen Sie die Option »**Partial**«. Es erscheint
   ein Auswahlfenster wie in Bild 12.24.

2. In die »*Media*«-Zeile tragen Sie das Laufwerk ein, von dem
   gelesen werden soll, oder entnehmen dieses mit der Funktions-Taste F3 einer Laufwerksliste. Das System fordert Sie
   anschließend auf, die erste Sicherungsdiskette einzulegen und
   mit der Eingabe -Taste zu bestätigen (Bild 12.25).

3. Konnte das Sicherungsprogramm die erste Sicherungsdiskette
   im Laufwerk finden, kehren Sie zurück ins Auswahlfenster.
   Dort tragen Sie nach »*File to archive*« den Datei- oder Verzeichnisnamen ein, den Sie von Diskette einspielen möchten.

   Sie müssen die einzulesende Datei mit vollem Pfadnamen
   angeben, dabei das vorangestellte »/«-Zeichen (für das Wurzelverzeichnis) aber weglassen. Möchten Sie beispielsweise
   die Datei */bin/cat* zurücksichern, tragen Sie **bin/cat** ein.

4. Ins Feld »*Directory to restore to*« tragen Sie das Verzeichnis ein, in das die zurückgesicherte Datei (oder Verzeichnis) geschrieben werden soll.

   Geben Sie hier ein Verzeichnis an, in dem diese Datei bereits eingetragen ist, so überschreibt die Datei von Diskette die Datei auf der Festplatte! Sicherheitshalber können Sie daher zunächst die Datei ins Verzeichnis */tmp* schreiben lassen. Dort prüfen Sie, ob die zurückgesicherte Datei in der gewünschten, funktionsfähigen Version vorliegt und schieben erst dann die Datei mit **mv** in das eigentliche Ziel-Verzeichnis.

5. Ihre Sicherungsdisketten werden nun nach der angegebenen Datei (oder dem Verzeichnis) abgesucht. Kann die Datei gelesen und auf Platte geschrieben werden, wird der Name auf dem Bildschirm wiederholt. Sie müssen weitere Sicherungsdisketten (in der richtigen Reihenfolge) einlegen, wenn das System Sie hierzu auffordert. Grundsätzlich wird die Datensicherung bis zur letzten Sicherungsdiskette nach weiteren Versionen der gesuchten Datei durchgesehen. Wenn Sie sicher sind, daß bereits die gesuchte Datei gefunden wurde, können Sie mit der (Entfernen) -Taste die Suche vorzeitig abbrechen.

```
                                                          Partial
 Press <F3> to choose from a list of available media

 /usr/fritz                                  Freitag April 2  1993 12 06

 ┌─────────────────────── Restore File ────────────────────────┐
 │                                                              │
 │      Media              :  [                             ]   │
 │                                                              │
 │      File to restore    :  [                             ]   │
 │                                                              │
 │      Directory to restore to :  [                         ] │
 │                                                              │
 │      Block size in Bytes    :  [10240   ]                    │
 │                                                              │
 │                                                              │
 │      Press <Return> to restore the file or <ESC> to abandon  │
 │                                                              │
 │                                                              │
 │                         [Restore]                            │
 │                                                              │
 └──────────────────────────────────────────────────────────────┘
```

Bild 12.24: Auswahl des Speichermediums

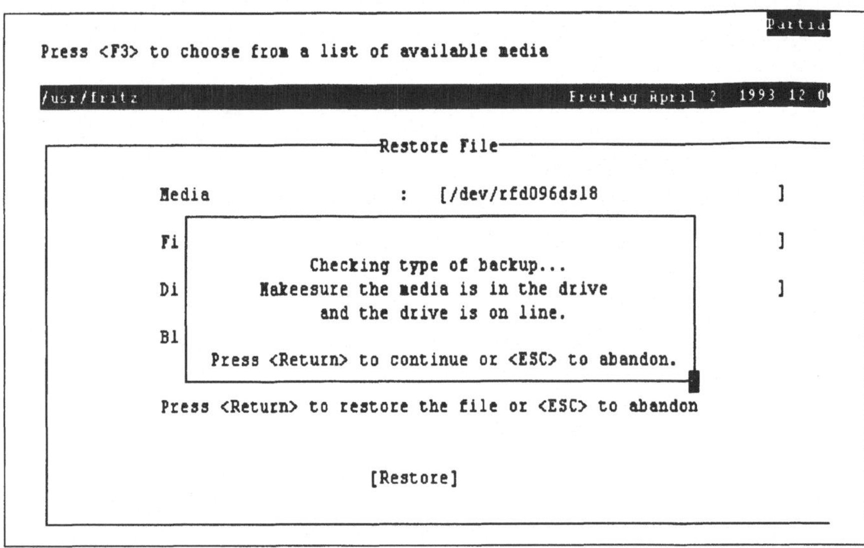

Bild 12.25: Zurücklesen bestätigen

Einlesen der vollständigen Dateisystem-Sicherung

Alles
reparieren

Um das vollständige Dateisystem von den Sicherungsdisketten wiederherzustellen, führen Sie diese Arbeitsschritte durch:

1. Auf der Systemverwalter Shell wählen Sie »**Backups**« ⇒ »**Restore**« ⇒ »**Full**«.

2. Sie sehen einen Auswahlbildschirm wie in Bild 12.26, auf dem Sie eintragen, welches Dateisystem (*/dev/root* für das root-Dateisystem) Sie rücksichern möchten. Mit der Funktions-Taste F3 können Sie eine Auswahlliste aufrufen, in der Sie eines der eingerichteten Dateisysteme markieren können, oder Sie tragen den Dateisystem-Namen direkt ins »*Filesystem to restore*«-Feld ein.

3. Im nächsten Schritt wählen Sie das Laufwerk aus, von dem gelesen werden soll. Auch hier können Sie das Laufwerk direkt über die zugehörige Gerätedatei eintragen oder aus der Auswahlliste heraussuchen. Bestätigen Sie mit der (Eingabe) - Taste, wenn Sie die erste Sicherungsdiskette eingelegt haben und die Sicherung tatsächlich einlesen wollen (Bild 12.27).

4. Die zurückgesicherten Dateien werden auf Ihrem Bildschirm angezeigt. Nachdem die Diskette vollständig gelesen wurde, werden Sie aufgefordert, die folgende Diskette einzulegen, solange bis alle gesicherten Dateien wiederhergestellt sind.

5. Ist die Rücksicherung beendet, wird die Gesamtzahl der von der Diskette zurückgeschriebenen Speicherblöcke angezeigt.

```
                                                               Full

  Press <F3> to choose from a list of filesystems

 /usr/fritz                                Freitag April 2  1993 12 08


 ┌─────────────────────────Restore Filesystem───────────────────────┐
 │                                                                   │
 │       Filesystem to restore  :  [/dev/root                 ]      │
 │                                                                   │
 │       Media                  :  [                          ]      │
 │                                                                   │
 │       Block size in Bytes    :  [10240   ]                        │
 │                                                                   │
 │                                                                   │
 │       Press <Return> to restore the filesystem or <ESC> to abandon│
 │                                                                   │
 │                                                                   │
 │                       [Restore]                                   │
 │                                                                   │
 │                                                                   │
 └───────────────────────────────────────────────────────────────────┘
```

Bild 12.26: Zurücklesen des root Dateisystems

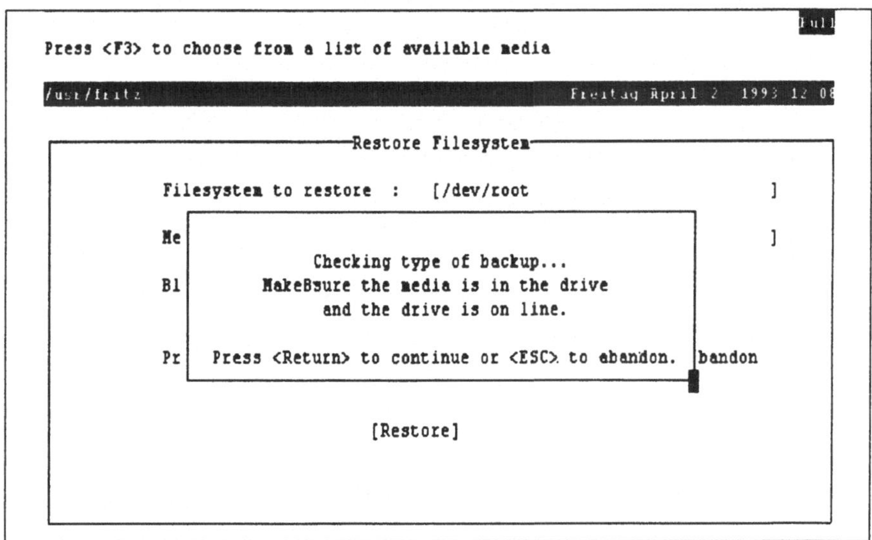

Bild 12.27: Zurücklesen bestätigen

12. 4 Disketten kopieren

Sicherungs-
kopien für
Ihre Software

Nicht nur Dateien auf der Festplatten müssen gesichert werden, auch von Ihrer auf Disketten vorliegender Software sollten Sicherungskopien vorhanden sein. Diese Sicherungsdisketten sollten vor der Installation der Software erstellt und die Installation von diesen Sicherungsdisketten aus durchgeführt werden.

Mit dem Kommando **diskcp** sichern Sie Daten, die auf Disketten gespeichert sind. Zur Sicherheit sollten Sie die Quell-Disketten, die Sie kopieren wollen, immer schreibschützen. Bei 5.25" Disketten kleben Sie hierzu die Kerbe zu. 3.5" Disketten schreibschützen Sie durch Öffnen des Schiebers am Diskettenrand.

Disketten
spiegeln

Sie lesen jetzt, wie Sie auf einem System mit zwei gleichen Diskettenlaufwerken Disketten kopieren. Dann beschreiben wir den Kopiervorgang mit nur einem Diskettenlaufwerk.

Sicherungskopien mit 2 Diskettenlaufwerken

1. Legen Sie die Quell-Diskette, also die Original-Diskette, deren Daten gesichert werden sollen, in das erste Diskettenlaufwerk (im Beispiel 5.25", 1.2 MB) Ihres Systems.

2. Die Ziel-Diskette, auf der die Daten gesichert werden soll, schieben Sie in das zweite Laufwerk. Alle Daten, die sich auf dieser bereits befinden, werden durch **diskcp** überschrieben!

3. Sie kopieren die Dateien der Quell-Diskette auf die formatierte Ziel-Diskette mit dem Kommando **diskcp -d**. Die Option **d** sagt **diskcp**, daß der Kopiervorgang zwischen zwei Laufwerken ablaufen soll. Wenn die Ziel-Diskette noch nicht formatiert ist, kann das vor dem Kopiervorgang geschehen, wenn Sie die Kommandozeile **diskcp -d -f** eingeben.

4. Nachdem Sie bestätigen, daß Sie Quell- und Ziel-Diskette eingelegt haben, wird eine Sicherheitskopie erstellt.

```
% diskcp -d

Please insert the source disk in drive 0.
Press <Return> to proceed or type q to quit:


Please insert the target disk in drive 1.
Press <Return> to proceed or type q to quit:
```

Bild 12.28: diskcp: Disketten kopieren (bei zwei gleichen Laufwerken)

Und So gehen Sie vor, wenn Sie nur ein Laufwerk haben

Haben Sie nur ein Diskettenlaufwerk oder möchten Sie eine Sicherungskopie im gleichen Diskettenformat, nutzen Sie **diskcp** ohne die Option **d**. Die Daten der Quell-Diskette werden auf der Festplatte zwischengespeichert und nach Einlegen der Ziel-Diskette zurückgeschrieben. So gehen Sie im einzelnen vor:

1. Legen Sie die Quell-Diskette ins Standard-Laufwerk.

2. Tasten Sie **diskcp** ein, wenn die Ziel-Diskette bereits formatiert ist oder **diskcp -f**, wenn diese vor dem Beschreiben noch formatiert werden muß.

3. Ist die Quell-Diskette eingelesen, tauschen Sie diese gegen die Ziel-Diskette aus.

Alles Ok?   Möchten Sie überprüfen, ob der **diskcp** Befehl einwandfrei gearbeitet hat, lassen Sie sich mittels **tar tv** ein Inhaltsverzeichnis der Sicherungsdiskette anzeigen.

Und so geht's von der SCO Systemverwalter Shell

Möchten Sie mit Hilfe einer Menüoberfläche Sicherungskopien von Disketten anlegen, starten Sie mit **sysadmsh** die Systemverwalter Shell. Dann gehen Sie so vor:

- im »**Media**«-Menü wählen Sie die Option »**Duplicate**«

- bei zwei (oder mehr) gleichen Diskettenlaufwerken: legen Sie die Quell-Diskette ins erste Laufwerk, die Ziel-Diskette ins zweite und betätigen dann die (Eingabe) -Taste.

- bei einem Diskettenlaufwerk: legen Sie die Quell-Diskette ins Laufwerk und betätigen Sie die (Eingabe) -Taste. Nachdem die Quell-Diskette eingelesen ist, werden Sie vom System aufgefordert, die Ziel-Diskette einzulegen und anschließend mit der (Eingabe) -Taste erneut fortzufahren.

Bitte denken Sie daran, daß alle Informationen auf der Ziel-Diskette durch diesen Vorgang überschrieben werden!

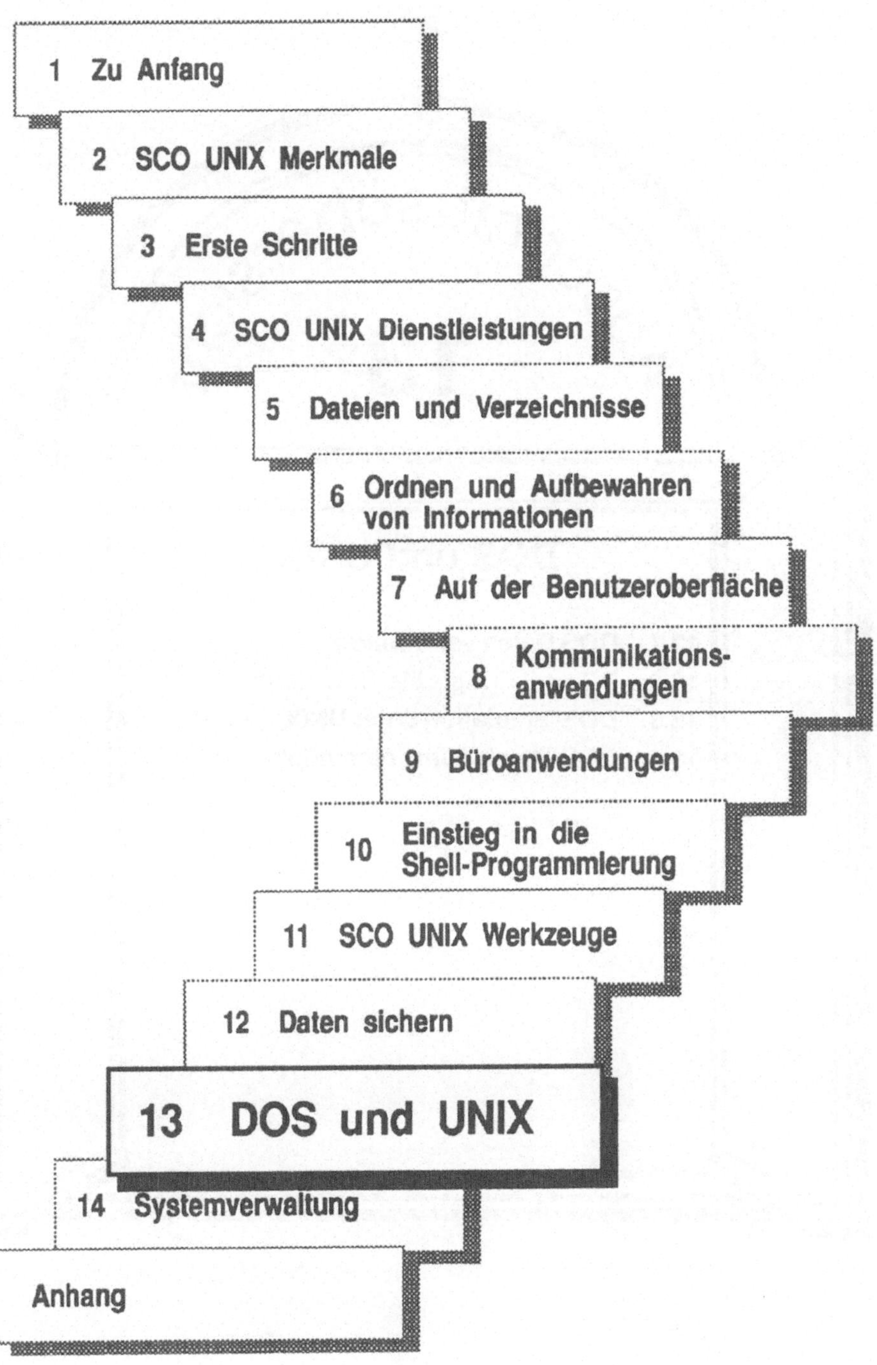
1 Zu Anfang
2 SCO UNIX Merkmale
3 Erste Schritte
4 SCO UNIX Dienstleistungen
5 Dateien und Verzeichnisse
6 Ordnen und Aufbewahren von Informationen
7 Auf der Benutzeroberfläche
8 Kommunikations- anwendungen
9 Büroanwendungen
10 Einstieg in die Shell-Programmierung
11 SCO UNIX Werkzeuge
12 Daten sichern
13 DOS und UNIX
14 Systemverwaltung
Anhang

DOS und UNIX

13. DOS und UNIX

In diesem Kapitel geben wir Ihnen einen Überblick, wie SCO UNIX mit dem Betriebssystem DOS zusammenarbeitet. Viele UNIX-Benutzer arbeiten auch mit DOS Systemen oder mit Kollegen, die DOS anwenden. Wir zeigen Ihnen einige Möglichkeiten, die DOS- und UNIX-Welten miteinander zu verbinden:

- Im Abschnitt 13.1 lesen Sie, wie Sie auf DOS-Daten von UNIX aus zugreifen. Die DOS-Daten können dabei auf einer DOS-Partition der Festplatte, auf der auch SCO UNIX installiert ist, oder auf DOS-Disketten liegen.   Daten

- Wie Sie einen DOS-Rechner als UNIX-Endgerät anschließen, erfahren Sie im Abschnitt 13.2. Hierzu benötigen Sie auf dem DOS-Rechner eine Terminal-Emulation.   Endgeräte

- Abschnitt 13.3 zeigt Ihnen, wie Sie DOS-Programme unter SCO UNIX ausführen. Hierzu benötigen Sie eine DOS-Emulation. DOS-Emulationen sind Programmpakete, mit denen Sie unter SCO UNIX wie unter DOS arbeiten, und somit auch Ihre DOS-Software weiternutzen können. Im Abschnitt 13.3 lernen Sie die DOS-Emulation Merge 386 kennen, die zum Lieferumfang von SCO ODT gehört.   DOS-Programme

- Der letzte Abschnitt dieses Kapitels, 13.4, zeigt Ihnen, wie Sie DOS-Dateisysteme, die in Ihr UNIX-Dateisystem eingehängt werden, nutzen.   Dateisystem

13. 1 DOS-Daten verarbeiten

Zum Programmpaket SCO UNIX gehört der DOS-Werkzeugkasten. Mit den Befehlen aus diesem Werkzeugkasten können Sie Daten zwischen DOS und UNIX austauschen.

DOS-Daten können sowohl auf einer Partition der Festplatte liegen, auf der auch SCO UNIX untergebracht ist, oder auf DOS-Disketten in einem Laufwerk Ihres UNIX-Rechners gespeichert sein.

Mit den DOS-Werkzeugen ist es aber nicht möglich, DOS-Anwendungen unter SCO UNIX laufen zu lassen. Hierzu benötigen Sie eine DOS-Emulation, die wir   X im Abschnitt 13.3 beschreiben. Wenn Sie wissen möchten, wie DOS und UNIX auf einer Festplatte eingerichtet werden, sehen Sie sich die Installations-Prüfliste im Anhang E an.

Überblick

In diesem Abschnitt lesen Sie, wie Sie unter SCO UNIX

- Die Einträge in einem DOS- Verzeichnis auflisten
- den Inhalt von Dateien in DOS-Laufwerken anzeigen,
- Dateien zwischen DOS- und UNIX-Systemen bewegen,
- Disketten im DOS-Format formatieren,
- Dateien im DOS-Laufwerk löschen und
- Verzeichnisse im DOS-Laufwerk einrichten und entfernen.

13. 1 .1 Auflisten der Einträge eines DOS-Verzeichnisses

Inhalt auflisten

Der DOS-Werkzeugkasten enthält die Befehle **dosls** und **dosdir**, mit denen die Einträge in einem DOS-Verzeichnis angezeigt werden.

- **dosls** listet die Einträge im UNIX **ls**-Format
- **dosdir** listet die Einträge im DOS **dir**-Format

In den Bildern 13.1, 13.2 und 13.3 zeigen wir, wie Sie sich mit **dosdir** und **dosls** die Einträge einer DOS-Diskette anzeigen. Hinter **dosdir** und **dosls** setzen Sie die gewünschte Laufwerksbezeichnung. Diese können Sie sowohl in DOS-Schreibweise (z.B. *A:*) als auch in der UNIX-Schreibweise (z.B. */dev/fd096ds15*) angeben:

```
% dosls a:
UMSATZ.TXT
UMSATZ.WK1
GESWO.DOC
COMMAND.COM
%
```

Bild 13.1: dosls: Anzeigen der Dateien auf einer DOS Diskette

Ebenso sehen Sie die Einträge auf der DOS-Partition Ihrer Festplatte. Als Laufwerksbezeichnung für die primäre DOS-Partition setzen Sie die DOS-Kennzeichnung C: oder die UNIX-Gerätedatei */dev/hd0d* ein:

```
% dosdir /dev/hd0d


 Volume in drive /dev/hd0d is MS-DOS_5
 Directory of /dev/hd0d:/


 COMMAND  COM       50031      6-11-91  12:00p
 DOS               <DIR>      11-02-91   5:19p
 WINA20   386        9349      6-11-91  12:00p
 AUTOEXEC BAT         181     10-22-91   1:12p
 CONFIG   SYS         147     10-22-91   1:12p
 SI       EXE      158034     10-11-91   7:10p
 ARJ      EXE      104614      1-21-92  10:09p
          7 File(s)    5619712 bytes free
%
```

Bild 13.2: dosdir: Anzeigen der DOS Partition

Möchten Sie ein bestimmtes Verzeichnis oder bestimmte Dateien auf einem DOS-Laufwerk sehen, ergänzen Sie die Laufwerkskennzeichnung um den Pfad zum entsprechenden Verzeichnis. Laufwerkskennzeichnung und Pfad werden in folgendem Format geschrieben:

    dosdir *laufwerk:pfad*   Format
    dosls *laufwerk:pfad*

Mit dem DOS-Laufwerksbuchstaben (hier C:) kann der Pfad in der DOS-Schreibweise (z.B. *texte**bernd*) oder in der UNIX-Schreibweise (*/texte/bernd*) angegeben werden. Setzen Sie einen Pfad hinter die UNIX-Laufwerkskennzeichnung, dann müssen Laufwerk und Pfad durch einen Doppelpunkt getrennt werden und der Pfad in der UNIX-Schreibweise angegeben sein.

Im Bild 13.3 zeigen wir Ihnen mit **dosls** die Einträge im Verzeichnis *C:/texte/ida* bzw. *C:\\texte\\ida* der DOS-Partition.

```
% dosls C:/texte/ida
BERICHT.TXT
BERICHT1.TXT
PETER09.TXT
UNIX_IP.DOC
% dosls C:\texte\ida
BERICHT.TXT
BERICHT1.TXT
PETER09.TXT
UNIX_IP.DOC
%
```

Bild 13.3: Verzeichnispfade hinter dosls

13. 1 .2 Inhalt einer DOS-Datei anzeigen

Was ist drin?   Mit **doscat** können Sie die Inhalte einer oder mehrerer DOS-Dateien auf Ausgabegeräten anzeigen. Sie setzen hinter **doscat** einfach die Pfadnamen zu den auszugebenden Dateien:

```
% doscat c:autoexec.bat

@ECHO OFF

PROMPT $p$g
PATH C:\DOS
SET TEMP=C:\DOS

MODE CON CODEPAGE PREPARE=((850) C:\DOS\EGA.CPI)
MODE CON CODEPAGE SELECT=850
KEYB GR,,C:\DOS\KEYBOARD.SYS

C:\DOS\DOSSHELL
%
```

Bild 13.4: doscat: Inhalt einer DOS Datei einsehen

13. 1 .3 Dateien zwischen DOS und UNIX bewegen

Um DOS-Dateien in das UNIX-Dateisystem oder von UNIX nach hin und her
DOS zu kopieren, nutzen Sie das Kommando **doscp**. Mit **doscp**
sind folgende Kommandoformate möglich:

doscp *quelldatei zieldatei*   Formate

doscp *datei(en) verzeichnis*

Je nach Pfadangabe der Ziel-Datei oder des Verzeichnisses
wird/werden die angegebene(n) Datei(en) in ein UNIX- oder in
ein DOS-Dateisystem geschrieben.

Im folgenden Beispiel kopieren wir mit dem Befehl **doscp a:/um-** Datenreise
satz.txt /usr/ida/umsatzberichte die Datei *umsatz.txt* von einer
DOS-Diskette im ersten Laufwerk in das Verzeichnis */usr/ida/um-*
satzberichte des UNIX-Dateisystems:

```
% doscp a:/umsatz.txt /usr/ida/umsatzberichte
%
```

Bild 13.5: doscp: DOS-Dateien ins UNIX Dateisystem kopieren

Nachdem Ida die Datei bearbeitet hat, kopiert Sie sie zurück auf
die DOS-Diskette. Hierzu kann sie in das Verzeichnis */usr/ida/um-*
satzberichte wechseln und dann die Datei mit dem Befehl **doscp**
umsatz.txt a: zurückkopieren:

```
% cd /usr/ida/umsatzberichte
% doscp umsatz.txt a:
%
```

Bild 13.6: doscp: DOS-Dateien zurück auf die DOS-Partition kopieren

Mit **doscp** können Sie auch UNIX-Dateien auf eine DOS-Partition Datenreise
oder eine DOS-Diskette kopieren. Möchten Sie die Datei *logprot*
wie in Bild 13.7 aus Ihrem Login-Verzeichnis auch auf der DOS-
Partition speichern, dann kopieren Sie die Datei mit dem Kommando **doscp ~/logprot c:\texte** aus Ihrem Login-Verzeichnis ins
Verzeichnis *texte* der DOS-Partition. Das Sonderzeichen »~« ist

hierbei die Kurzschreibweise für den Pfad zu Ihrem Login-Verzeichnis:

```
% doscp ~/logprot c:\texte
%
```

Bild 13.7: UNIX-Dateien auf die DOS-Partition kopieren

13. 1 .4 DOS- und UNIX-Textdateien anpassen

Grundsätzlich gilt für **doscp**: Alle Dateien, denen keine Laufwerkskennzeichnung vorangeht, sind UNIX-Dateien. Das ist wichtig, denn um UNIX-Dateien in Richtung DOS zu kopieren, müssen einige Umwandlungen durchgeführt werden:

Namen
- UNIX-Dateinamen, die länger als acht Zeichen sind, müssen gekürzt werden. Die maximale Länge von Dateinamen unter DOS beträgt acht Zeichen.

Erweiterung
- Dateinamen-Erweiterungen (der Teil, der nach einem ».« dem Dateinamen folgt) werden, wenn notwendig, auf drei Zeichen gekürzt.

Zeichen
- Bestimmte Zeichen in UNIX-Dateinamen sind unter DOS nicht erlaubt. Diese Zeichen werden beim Kopieren herausgeschnitten.

Muß **doscp** Dateinamen umwandeln, erhalten Sie die Mitteilung *Warning: renaming filename: orginal_name to konvertierter_name.* Im Bild 13.8 werden wir mit **touch sehrlangerDateiname** einen Dateinamen erzeugen, der deutlich länger als acht Buchstaben ist. Im nächsten Schritt kopieren wir diese Datei mit **doscp sehrlangerDateiname a:** auf eine DOS-Diskette. Die Meldung beim Kopieren zeigt Ihnen, daß der Dateiname zu *SEHRLANG* gekürzt wurde:

```
% touch sehrlangerDateiname
% doscp sehrlangerDateiname a:
Warning: renaming filename
sehrlangerDateiname to SEHRLANG
%
```

Bild 13.8: doscp: Kürzen des Dateinamens

Möchten Sie verhindern, daß das System Dateinamen einfach abschneidet und dadurch ggf. identische Dateinamen erzeugt, die einander überschreiben, dann geben Sie einen eigenen Namen für die Ziel-Datei vor.

Im Bild 13.9 schaffen wir unter UNIX zwei Dateien: *sehrlangerDateiname1* und *sehrlangerDateiname2*. Im Anschluß kopieren wir beide mittels **doscp** auf die Diskette. Die Warnungen zu beiden **doscp** Aufrufen zeigen, daß die unterschiedlichen UNIX-Dateinamen auf einen gemeinsamen DOS-Dateinamen gekürzt worden sind. Das Ergebnis sehen Sie, wenn Sie mit **dosdir** eine Auflistung des Disketteninhalts aufrufen: Auf der Diskette ist nur eine Datei namens *SEHRLANG*.

Datenreise

```
% touch sehrlangerDateiname1
% touch sehrlangerDateiname2
% doscp sehrlangerDateiname1 a:
Warning: renaming filename
sehrlangerDateiname1 to SEHRLANG
% doscp sehrlangerDateiname2 a:
Warning: renaming filename
sehrlangerDateiname2 to SEHRLANG
%
```

Bild 13.9: doscp: Namenskollisionen zwischen DOS und UNIX

Vermeiden Sie, daß Dateinamen doppelt vergeben werden, indem Sie selbst unterschiedliche Ziel-Dateinamen angeben.

Auch im umgekehrten Fall, wenn DOS-Dateien ins UNIX-System kopiert werden, muß umgewandelt werden. Jede Zeile in einer DOS-Textdatei endet mit den Steuerzeichen Zeilenumbruch (engl.: carriage return, **CR**) und Zeilenvorschub (engl.: linefeed, **LF**). Unter UNIX ist das Zeilenende aber nur durch den Zeilenumbruch gekennzeichnet. Aus diesem Grund muß **doscp** (und auch **doscat**) aus jeder Zeile einer DOS-Textdatei das CR Zeichen löschen, wenn diese ins UNIX-System kommt. Wenn Sie in der anderen Richtung eine UNIX-Textdatei nach DOS kopieren, wird das CR vor jedem LF ergänzt.

Zeilentrenner

Die Programme des DOS-Werkzeugkasten wandeln Datenformate automatisch um. Wenn Sie DOS und UNIX-Textdateien einmal

Werkzeuge

selbst umwandeln müssen, stehen Ihnen die Kommandos **unix2dos** (für engl: unix to dos) und **dos2unix** (für engl.: dos to unix) zur Verfügung. **dos2unix** schneidet die CR Zeichen aus Textdateien heraus und **unix2dos** fügt diese an den richtigen Stellen wieder ein (siehe auch Abschnitt 13.3.4 - Arbeiten mit DOS Dateien).

Das DOS-Kopierprogramm **doscp** versteht keine Metazeichen wie »*« oder »?«, so wie Sie es vom UNIX **cp** gewohnt sind. Metazeichen (engl.: wildcards) sind eine sinnvolle Abkürzung, wenn Sie eine Gruppe ähnlich lautender Dateinamen ansprechen möchten.

13. 1 .5 Disketten im DOS-Format formatieren

Formatier-
möglichkeiten

Sie können DOS-Disketten sowohl mit dem Programm **dosformat** aus dem DOS-Werkzeugkasten als auch über die SCO Shell formatieren.

Und so geht's von der SCO Shell

1. Als SCO Shell Benutzer stellen Sie über »**Manager**« ⇒ »**Archive**« ⇒ »**Type**« den Sicherungstyp auf DOS ein.

2. Dann wählen Sie aus dem »**Archive**«-Menü die Option »**Format**«.

3. Dort wird Ihnen in der »**Device**«-Zeile das Standard-Laufwerk vorgeschlagen. Wenn Sie eine Diskette in einem anderen Laufwerk formatieren möchten, geben Sie in dieser Zeile die entsprechende UNIX-Laufwerkskennzeichnung ein (siehe Kapitel 12.1) oder öffnen mit der Funktions-Taste (F3) ein Auswahlfenster, aus dem Sie die richtige Gerätedatei aussuchen.

4. Bestätigen Sie Ihre Eingaben mit der (Eingabe) -Taste, um die Formatierung zu starten:

```
Formatting ....
```

Bild 13.10: Diskette wird formatiert

Von einer zeichenorientierten Oberfläche nutzen Sie zur Formatierung einer Diskette im DOS-Format das Programm **dosformat**. **dosformat** erhält als Parameter die Kennzeichnung des Laufwerks, in dem die neue Diskette liegt. Das Laufwerk können Sie im DOS-Format, z.B. *A:*, oder im UNIX-Format, z.B. */dev/fd096ds15*, angeben. Um eine Diskette im ersten Laufwerk (hier: 5.25", 1.2 MB) im DOS-Format zu formatieren, tasten Sie **dosformat A:** oder **dosformat /dev/fd096ds15** ein und betätigen die (Eingabe)-Taste, wenn die Diskette eingelegt ist:

```
% dosformat /dev/fd0135ds18


Insert new diskette for /dev/fd0135ds18
and press <Return> when ready


Formatting ...
```

Bild 13.11: DOS-Disketten auf der C Shell formatieren

Näheres zum Umgang mit Datenträgern finden Sie im Kapitel 12.

13. 1 .6 DOS-Dateien löschen

Von SCO UNIX aus können Sie sogar Dateien auf einem DOS-Laufwerk löschen. Der Befehl hierzu heißt **dosrm**. Die zu löschenden Dateien erhält **dosrm** als Parameter auf der Kommandozeile. Im folgenden Beispiel löscht **dosrm a:\texte\umsatz.sik** die Datei *umsatz.sik* aus dem Verzeichnis texte auf der Diskette im ersten Laufwerk:

Weg damit

```
% dosls umsatz.sik
UMSATZ.SIK
% dosrm a:\texte\umsatz.sik
```

Bild 13.12: dosrm: DOS-Dateien löschen

13. 1 .7 DOS-Verzeichnisse einrichten
und entfernen

Kopieren Sie mehrere Dateien auf ein DOS-Laufwerk, kann es sinnvoll sein, für diese Dateien ein eigenes Verzeichnis einzurichten, wenn diese thematisch zusammengehören.

DOS-Dateibaum

Mit dem UNIX-Kommando **dosmkdir** ist es möglich, auf einem DOS-Laufwerk ein neues Unterverzeichnis einzurichten. Entsprechend können Sie DOS-Unterverzeichnisse mit **dosrmdir** entfernen, wenn dort keine Dateien mehr eingetragen sind.

Sie sehen nun, wie mit **dosmkdir c:\unix** ein Unterverzeichnis namens *unix* auf der DOS-Partition errichtet wird. In dieses Verzeichnis sichern wir die *textdatei*. Später entscheidet der Benutzer, daß diese Datei auf dem DOS-System nicht mehr benötigt wird und löscht die Datei. Da die *textdatei* die letzte Datei in diesem Verzeichnis ist, entfernen wir anschließend das komplette Unterverzeichnis *unix* mit **dosrmdir c:\unix** vom DOS-Laufwerk:

```
% dosrmdir c:\unix
```

Bild 13.13: dosrmdir: DOS-Verzeichnis löschen

13. 1 .8 Unterschiede zwischen UNIX- und DOS-Dateinamen

Wie heißt Du? Mit dieser Zusammenstellung möchten wir Ihnen die Unterschiede zwischen DOS-Dateinamen und UNIX-Dateinamen zusammenfassen:

- DOS-Dateinamen sind grundsätzlich großgeschrieben. UNIX hingegen unterscheidet Groß- und Kleinschreibung in Dateinamen. Werden UNIX-Dateien nach DOS kopiert, werden alle Zeichen im Dateinamen in Großbuchstaben umgewandelt. Kopieren Sie DOS-Dateien nach UNIX, so erscheinen deren Dateinamen auch unter UNIX in Großschrift.

- DOS kennzeichnet das Wurzelverzeichnis seines Dateisystems und die unterschiedliche Hierarchie-Ebenen im Dateisystem durch »\« (engl.: blackslash, dt.: Gegenschrägstrich), UNIX mit dem Schrägstrich »/«.

- DOS begrenzt die Länge von Dateinamen auf acht Zeichen. Ein Dateiname hat eine bis zu drei Zeichen lange Dateinamen-Erweiterung, die vom Dateinamen durch einen Punkt getrennt ist. Von UNIX-Dateinamen, die länger als acht Zeichen sind, und Namenserweiterungen, die länger als drei Zeichen sind, werden beim Kopieren in die DOS-Welt die überzähligen Zeichen abgeschnitten.

13. 2   PCs mit Endgeräte-Emulation

Wir zeigen Ihnen in diesem Abschnitt, wie Sie einen DOS-PC so
an Ihre SCO UNIX-Zentraleinheit anschließen, daß Sie sich über
den DOS PC am UNIX-Rechner einloggen und unter UNIX arbeiten können.

Um diese Verbindung herzustellen, benötigen Sie folgendes: Verbinden

* die Hardware, um den PC mit dem UNIX-Rechner zu verbinden

* die Software auf der PC-Seite, um die Datenübertragung
  zwischen DOS-PC und UNIX-Zentraleinheit zu steuern.

Wie Sie Ihren DOS PC mit einer UNIX-Zentraleinheit verbinden,
hängt von den lokalen Gegebenheiten ab:

* Arbeitet Ihr UNIX-System bereits in einem lokalen Netz,
  können Sie den DOS-PC in dieses Netz einbinden, wenn Sie
  ihn mit der entsprechenden Netzwerkhardware und Kommunikationssoftware ausstatten.

* Sie verbinden Ihren PC über Modem und Wählleitung mit
  einem entfernten UNIX-Rechner.

* Im einfachsten Fall, den wir im folgenden beschreiben werden, verbinden Sie sie über die seriellen Schnittstellen beider
  Rechner mit einem sogenannten Nullmodem-Kabel.

Um die Verbindung zwischen DOS-Rechner und UNIX-Zentral-   Kommuni-
einheit nutzen zu können, benötigen Sie auf der DOS-Seite ein   kations-
Kommunikations-Programm, das Terminal-Eigenschaften simu-   programm
liert, also eine Terminal-Emulation. In diesem Kapitel werden wir
Ihnen am Beispiel des Terminal-Programms, das zum Lieferum-
fang von Microsoft Windows gehört, zeigen, wie Sie mit einer
Terminal-Emulation arbeiten. Das Terminal-Programm finden
Sie in der »**Zubehör**«-Gruppe von Microsoft Windows.

Wir zeigen Ihnen zuerst, wie Sie die Parameter der Terminal-
Emulation so einstellen, daß über das Nullmodem-Kabel eine
Login-Aufforderung auf Ihrem PC Bildschirm erscheint. Öffnen
Sie dafür in MS Windows die Fenster »**Einstellungen**« ⇒ »**Da-
tenübertragung**«, »**Einstellungen**« ⇒ »**Terminal-Einstellun-
gen**« und »**Einstellungen**« ⇒ »**Terminal- Emulation**«.

Rufen Sie zunächst »**Einstellungen**« ⇒ »**Datenübertragung**« auf. Sie sehen ein Fenster wie in Bild 13.14:

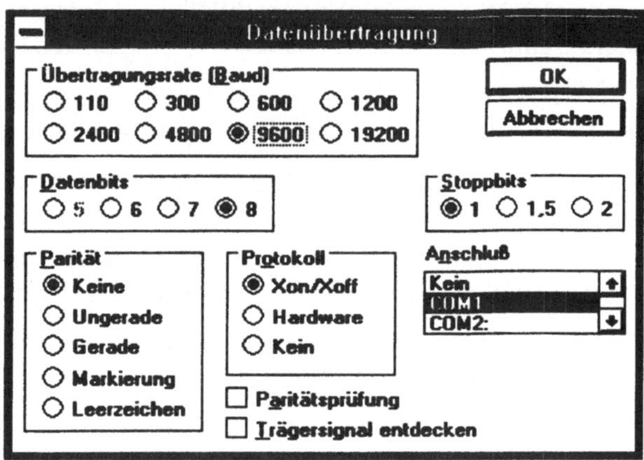

Bild 13.14: Terminal-Einstellung unter
WINDOWS/Terminal

Stellen Sie die Datenübertragungsparameter auf folgende Werte ein:

*   Übertragungsrate: 9600 Baud
*   Datenbits:8
*   Stoppbits: 1
*   Parität: keine
*   Protokoll: XON/XOFF

Außerdem wählen Sie unter Anschluß die serielle Schnittstelle, an der das Nullmodem-Kabel angeschlossen ist. Sind Sie sich nicht sicher, welche COM Schnittstelle frei ist, informieren Sie sich in der Systemsteuerung von MS Windows.

Im Kapitel 8.2 Kommunikationsparameter einstellen beschreiben wir Ihnen die Bedeutung der hier genannten Terminal-Parameter.

Betätigen Sie nun die (Eingabe)-Taste des PCs. Erscheint auf Anhieb der Login-Prompt des UNIX-Systems, nehmen Sie die Feineinstellungen vor, die wir im folgenden beschreiben.

Bleibt Ihr Bildschirm aber leer, lesen Sie jetzt im Abschnitt 14.8, wie Sie auf dem UNIX-Rechner die seriellen Schnittstellen auf den Terminal-Betrieb vorbereiten. Anschließend lesen Sie hier weiter.

Melden Sie sich nach der Login-Aufforderung unter Ihrem Benutzernamen am System an. Gegebenenfalls erscheint jetzt jeder Buchstabe Ihres Benutzernamens doppelt und sogar Ihr Paßwort wird angezeigt. Dieses Verhalten werden wir abstellen, nachdem Sie sich eingeloggt haben. Beim Einloggen werden Sie, bei entsprechender System-Konfiguration, nach Ihrem Endgeräte-Typ gefragt. Geben Sie bitte in diesem Fall in der TERM-Zeile die Emulation **vt100** an. Fragt Sie das System nicht nach diesem Wert, rufen Sie nach dem Einloggen den **env** Befehl auf. Dieser Befehl zeigt Ihnen alle global in Ihrer Benutzer-Umgebung gesetzten Werte. Suchen Sie die Zeile, die mit *TERM* beginnt. Ist der zugehörige Wert *vt100*, dann ist alles in Ordnung. Andernfalls müssen Sie die *TERM* Variable auf diesen Wert einstellen. Je nach Shell geht dies unterschiedlich. Auf der C Shell tasten Sie **setenv TERM vt100** ein und auf der Bourne Shell zunächst **TERM=vt100**, danach **export TERM**. Auf den nächsten beiden Bildern sehen Sie die entsprechenden Kommandofolgen für C Shell und Bourne Shell:

Endgeräte-Eigenschaften setzen

```
% setenv TERM vt100
%
```

Bild 13.15: C Shell: Setzen des Endgeräte-Typs

```
% TERM=vt100
% export TERM
%
```

Bild 13.16: Bourne Shell: Setzen des Endgeräte-Typs

Eine detaillierte Beschreibung der Themen Shell Variablen, Benutzer-Umgebung und die Erklärung des **set** Kommandos finden Sie im Kapitel 7.

Nun stellen Sie Windows/Terminal auf dieselbe Terminal-Emulation ein. Hierzu wählen Sie »Einstellungen« ⇒ »Terminal-Emulation«. Im Fenster »*Terminal-Emulation*« (Bild 13.7) wählen Sie den Schalter »*DEC VT100 (ANSI)*«.

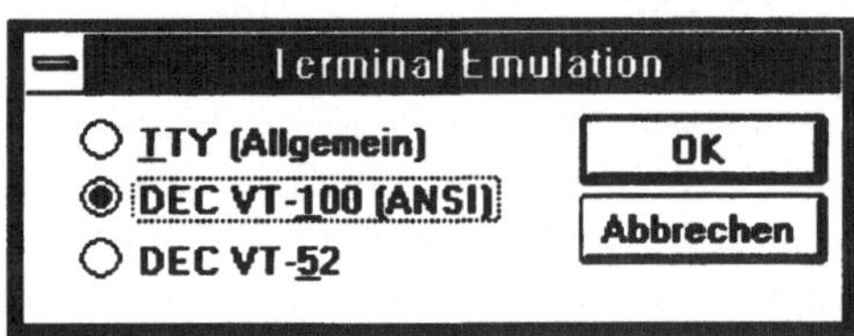

Bild 13.17: Einstellen des Endgeräte-Typs unter WINDOWS/Terminal

Lokales Echo ausschalten

Falls auf Ihrem Bildschirm alle Zeichen doppelt erscheinen, ist Ihre Terminal-Emulation auf lokales Echo eingestellt. Um dieses auszuschalten, wählen Sie in MS Windows-Terminal »**Einstellungen**« ⇒ »**Terminal-Einstellungen**«. In dieser Eingabemaske klicken Sie mit der Maus auf den Schalter »**Lokales Echo**« in der Schalter-Gruppe Terminal-Modi. Außerdem sollten Sie in der Gruppe CR - CR/LF keine Einstellung markieren, um nicht zwischen zwei Kommandozeilen eine Leerzeile zu erhalten. Wenn Sie unter der Terminal-Emulation mit Menüoberflächen, z.B. **sysadmsh** oder **scosh**, arbeiten möchten, müssen Sie zusätzlich im Fenster Umwandlung die Zeile »keine« markieren, da sonst bestimmte Zeichen zur Fensterdarstellung unter UNIX nicht richtig dargestellt werden.

Damit haben Sie die wichtigsten Einstellungen Ihrer Terminal-Emulation durchgeführt und können nun von Ihrem DOS PC auf der UNIX-Zentraleinheit arbeiten. Im Bild 13.18 sehen Sie den Startbildschirm der SCO Shell unter Windows/Terminal:

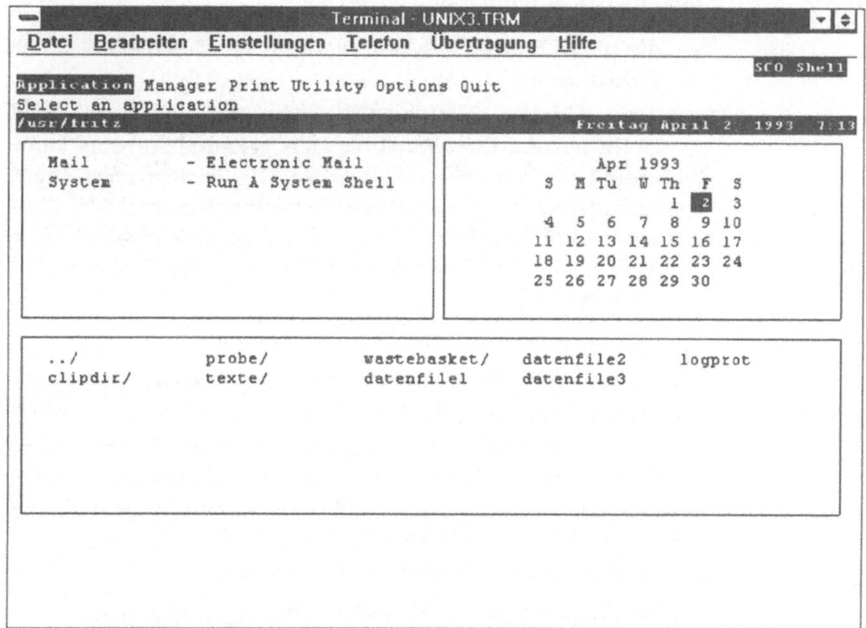

Bild 13.18: Startbildschirm der SCO Shell unter WINDOWS/Terminal

13. 3   DOS-Emulation unter UNIX

Wenn es auch für SCO UNIX für fast alle Anwendungen Software gibt, möchten Sie vielleicht doch mal ein DOS-Programm auf Ihrem UNIX-Endgerät einsetzen.

In diesem Abschnitt lesen Sie daher, wie Sie mit Hilfe einer Merge 386 **DOS-Emulation** an Ihrem UNIX-Endgerät so arbeiten, als säßen Sie an einem Rechner mit DOS-Betriebssystem. Möglich wird dies durch ein Anwendungsprogramm, genannt DOS-Emulation, das DOS-Eigenschaften für Sie zur Verfügung stellt. In diesem Abschnitt beschreiben wir Ihnen den Umgang mit einer DOS-Emulation anhand des Programms **Merge 386**. Diese DOS-Emulation gehört unter dem Namen DOS-Service zum Betriebssystem-Paket SCO ODT. Für SCO UNIX ist es als Betriebssystem-Ergänzung ebenso wie die DOS-Emulation VP/ix erhältlich.

Wozu?   Mit einer DOS-Emulation können Sie

- die im DOS-Betriebssystem verfügbaren Befehle wie unter DOS nutzen
- Anwendungen, die für DOS geschrieben sind, auch unter UNIX nutzen. Die einmal für DOS gekaufte Software kann unter UNIX weiterbenutzt werden. Dies ist allerdings eingeschränkt auf Programme, die auch auf einem Intel 8086 Prozessor lauffähig sind. Programme, die spezielle Eigenschaften der aktuellen Prozessoren Intel 80386 und 80486 nutzen, laufen (noch) nicht.
- die Hardware wie unter DOS ansprechen

Aus diesen Gründen ist die DOS-Emulation Merge vor allem für Benutzer interessant, die von der DOS-Welt in die UNIX-Welt umsteigen und dabei ihre vorhandene Software zunächst weiternutzen möchten. Dadurch, daß man die Hardware wie unter DOS gewohnt ansprechen kann, entfallen auch die Probleme, die für manchen Umsteiger beim Umgang mit Peripheriegeräten (z.B. Diskettenlaufwerken) unter UNIX auftreten.

Darüber hinaus bietet DOS unter UNIX weitere Vorteile:

Multitasking   - auf mehreren (virtuellen) Endgeräten können gleichzeitig verschiedene DOS-Anwendungen laufen

Sicherheit   - erhöhte Sicherheitsvorkehrungen gegenüber koventionellem DOS, so z.B. Zugangskontrolle durch Login und Zugriffs-Berechtigungen auf DOS-Dateien und Programme, die auf einer gemeinsamen UNIX/DOS-Partition liegen

Harmonie   - Zugriff von DOS auf UNIX-Dateien oder Dateien im Netzwerk. Sie benötigen keine gesonderte DOS-Partition auf Ihrer Festplatte. DOS und UNIX-Dateien können gemeinsam auf einer Partition abgelegt sein.

Trotz dieser Vorteile bleibt Merge eine DOS-Emulation. Es ist nicht sinnvoll, UNIX mit Merge zu kaufen, nur um die DOS-Eigenschaften unter UNIX zu nutzen. Programm-Laufzeiten sind unter Merge gegenüber konventionellem DOS deutlich länger.

Sie haben zwei Möglichkeiten, mit Merge zu arbeiten:

1. Sie starten eine DOS-Sitzung, während der Sie wie unter DOS arbeiten oder

2. Sie starten einzelne DOS-Befehle und lassen diese von Merge durchführen. Anschließend sind Sie zurück auf Ihrer UNIX-Shell.

13. 3 .1 Starten einer DOS-Sitzung

Wir zeigen Ihnen in diesem Abschnitt, wie Sie

*   eine DOS-Sitzung starten und wieder beenden,
*   Verzeichnisinhalte auf der UNIX- und ggf. auf der DOS-Partition auflisten
*   Laufwerke und Verzeichnisse wechseln
*   Dateien zwischen UNIX und DOS-Welt austauschen, und was Sie im Hinblick auf DOS-Dateinamen beachten müssen
*   mit DOS-Dateien arbeiten
*   UNIX-Kommandos während der DOS-Sitzung benutzen
*   Ihre DOS-Benutzer-Umgebung konfigurieren
*   DOS und UNIX-Kommandos miteinander verbinden

Sie starten die DOS-Emulation Merge, indem Sie den Befehl **dos** eingeben. Arbeiten Sie mit einer grafischen Oberfläche unter SCO ODT, klicken Sie zweimal auf das DOS-Icon im »**Accessories**«-Fenster. Sie sehen auf Ihrem Bildschirm, wie eine sogenannte virtuelle Maschine in der 8086 Prozessor-Betriebsart gestartet wird. Wenn Ihre DOS-Emulation auf den nationalen Zeichensatz eingestellt ist, erhalten Sie beim Starten der virtuellen Maschine unter SCO ODT folgende Ausgaben:

Wie wird Merge gestartet?

```
Open Desktop DOS

Virtual Bus Mouse Driver installed

C> mode con codepage prepare =((850=c:\usr\dbin\ega.cpi)
MODE prepare code page function completed

C> keyb gr,, c:\usr\dbin\keyboard.sys

C> chcp 850

C>
```

Bild 13.19: Start der DOS-Emulation

In der untersten Ausgabezeile steht der DOS-Prompt C, mit dem Merge sich empfangsbereit für Kommandos meldet.

Sie können die DOS-Sitzung wieder beenden, indem Sie auf der Zeile mit dem DOS-Prompt den Befehl **quit** eingeben:

```
C> quit
%
```

Bild 13.20: Beenden der DOS-Emulation

Nicht verfügbare DOS-Befehle

Merge emuliert MS DOS Version 5.00. Mit dem Befehl ver können Sie sich dieses anzeigen lassen. Nahezu alle Befehle aus MS DOS 5.0 können Sie auf der DOS-Maschine eingeben. Folgende DOS-Befehle sind unter Merge nicht oder nur eingeschränkt verfügbar:

- **fdisk** - Sie können nicht mit DOS **fdisk** die eingerichteten Partitionen einsehen, verändern oder erweitern. Nutzen Sie hierzu den UNIX-Befehl **fdisk**. Dieser Befehl steht nur dem Systemverwalter zur Verfügung.

- **park** - Sie können von der DOS-Maschine kein Programm aufrufen, das Ihre Festplatte parkt

- **chkdsk** - Mit dem Befehl **chkdsk** können Sie nicht die UNIX-Partition überprüfen und einen Statusbericht zur Partition anzeigen lassen

- **mirror** - Mit **mirror** können keine Informationen über die UNIX-Partition aufgezeichnet werden

- **format, unformat, undelete** - Sie können **format, unformat** und **undelete** nicht auf den UNIX-Laufwerken anwenden

- **sys** - Der **sys** Befehl kann keine Systemdateien auf eine UNIX-Partition schreiben

- **time, date** - Die Befehle **time** und **date** haben nur lokal, für die DOS-Maschine, Geltung.

Die Programme, die wir in dieser Ausnahmeliste aufgeführt haben, sind in erster Linie nur dann nicht einsetzbar, wenn sie auf einer UNIX-Partition gestartet werden. Haben Sie neben der UNIX-Partition eine DOS-Partition, so arbeiten diese Programme auf der DOS-Partition in der Regel problemlos.

Für die Merge-Benutzer, die nicht mit DOS vertraut sind, beschreiben wir nun kurz die wichtigsten DOS-Kommandos. Kennen Sie sich mit DOS aus, lernen Sie im folgenden Abschnitt die DOS-Erweiterungen kennen, die mit Merge geliefert werden.

13. 3 .2 Verzeichnisinhalte auflisten

Der **dir** Befehl zeigt die Einträge im aktuellen Arbeitsverzeichnis:

```
C> dir
    Volume in drive C is innocons
    Volume Serial Number is E2FC-FDEC
    Directory of C:\USR\FRITZ
.                <DIR>            20.10.92    6:24
..               <DIR>            02.04.93    0:39
LOGPROT                    141    20.10.92    6:21
DATE'BMP                     0    20.10.92    6:24
TEXTE            <DIR>            01.01.93    0:58
CLIPDIR          <DIR>            20.10.92    3:15
PROBE            <DIR>            20.10.92    3:15
WAST'CS7         <DIR>            01.01.93    0:58
DATE'BMN                     0    20.10.92    6:24
        9 file(s)                  141 bytes
                            23506944 bytes free
C>
```

Bild 13.21: dir: Verzeichnisinhalte anzeigen

Regeln für
Dateinamen

Die Ausgabe entspricht dem typischen DOS-Format. Sie sehen im Bild 13.21 aber einige ungewöhnliche Dateinamen. Dies liegt daran, daß unter DOS Dateinamen maximal acht Zeichen lang sind und bestimmten Regeln entsprechen. Trifft Merge auf Dateinamen, die nicht den DOS-Regeln für Dateinamen entsprechen, werden diese Namen über eine eindeutige Übersetzung in ein gültiges Format umgewandelt. Neudeutsch spricht man davon, daß Dateinamen „gemapt" wurden. Dateinamen werden von Merge immer dann gemapt, wenn

- der Dateiname länger als acht Zeichen ist,
- die Dateinamen-Erweiterung, das ist der Teil des Dateinamens hinter dem ».«-Zeichen, länger als drei Zeichen ist,
- im Dateinamen Zeichen auftreten, die unter DOS nicht in Namen erlaubt sind
- im Dateinamen Großbuchstaben auftreten. Das ist notwendig, damit die unter UNIX verschiedenen Dateinamen *text* und *TEXT* auch unter DOS unterschieden werden können.

Die Übersetzung kürzt den ursprünglichen Dateinamen und erweitert ihn durch einen Index. Dieser Index beginnt immer mit einem Apostroph, dem ein bis drei weitere Zeichen folgen. In unserem Beispiel wird die Datei *sehrlangerDateiname* zu *SEHR'D5T* übersetzt. Die Zuordnung von umgewandeltem DOS-Dateinamen und Original-UNIX-Dateiname ist aufgrund der Übersetzungsstrategie, die Merge verwendet, immer eindeutig.

Wenn Sie während Ihrer DOS-Sitzung auf eine Datei zugreifen möchten, deren Name nicht den DOS-Regeln für Dateinamen entspricht, lassen Sie sich mit **dir** zunächst die übersetzten Namen in einem Inhaltsverzeichnis ausgeben. Dann können Sie die Datei mit dem übersetzten Namen ansprechen.

udir

Neben **dir** gibt es das Kommando **udir**, das ebenfalls Verzeichnisinhalte ausgibt. **udir** liefert als Ausgabe ein Format, das an den Befehl **ls -l** erinnert. Zusätzlich zum übersetzten Dateinamen nennt Ihnen **udir** auch den Original-Dateinamen. Auf folgendem Bildschirm lassen wir **udir** die Einträge im Login-Verzeichnis des Benutzers Fritz anzeigen:

```
C> udir

 Volume in drive C is innocons
 Directory of c:\usr\fritz\texte


 .             .              fritz  drwxr-xr-x  <DIR>              20.10.92  06:24
 ..            ..             fritz  drwxr-xr-x  <DIR>               2.04.93  00:39
 logprot       LOGPROT        fritz  -rw-r--r--            141       20.10.92  06:21
 datenfile1    DATE'BMP       fritz  -rw-r--r--              0       20.10.92  06:24
 clipdir       CLIPDIR        fritz  drwxr-xr-x  <DIR>              20.10.92  03:15
 probe         PROBE          fritz  drwxr-xr-x  <DIR>              20.10.92  03:15
 wastebasket WAT'CS7          fritz  drwxr-xr-x  <DIR>               1.01.93  00:58
 datenfile2  DATE'BL9         fritz  -rw-r--r--              0       20.10.92  06:24
 datenfile3  DATE'BMN         fritz  -rw-r--r--              0       20.10.92  06:24
        9 File(s)          23441408 bytes free
C>
```

Bild 13.22: udir: Verzeichnisinhalte anzeigen

Möchten Sie ein anderes Verzeichnis als das aktuelle Arbeitsverzeichnis einsehen, setzen Sie hinter **dir** oder **udir** den entsprechenden Pfad. Hierbei müssen Sie den Pfad in der DOS-Schreibweise angeben: Das Wurzelverzeichnis und die Trennung der Verzeichnisebenen werden mit dem »\« (Gegenschrägstrich) und nicht durch den UNIX-Schrägstrich angegeben: Um die Verzeichniseinträge im UNIX-Verzeichnis */usr/bernd/texte* anzuzeigen, tasten Sie **udir \usr\bernd\texte** ein.

Den Schrägstrich nutzen Sie bei DOS, um Optionen an einen Befehl anzuhängen. Beispielsweise liefert der Befehl **dir /w** ein mehrspaltiges Listing der Verzeichniseinträge:

```
C> dir /w

 Volume in drive C is innocons
 Volume Serial Number is E2FC-FDEC
 Directory of C:\USR\FRITZ\TEXTE

 [.]          [..]              LOGPROT        DATE'BMP        [CLIPDIR]
 [PROBE]      [WAST'CS7]        DATE'BL9       DATE'BMN
        9 file(s)          141 bytes
                    23506944 bytes free
C>
```

Bild 13.23: dir und Option /w

13. 3 .3 Laufwerke und Verzeichnisse wechseln

Das Kommando zum Wechseln des Arbeitsverzeichnisses unter
DOS heißt genauso wie unter UNIX **cd**. Der Pfad, den Sie hinter
cd schreiben, muß jedoch der DOS-Schreibweise entsprechen. In
Bild 13.24 wechseln wir mit **cd \usr\spool\mail** das Verzeichnis:

```
C> cd \usr\spool\mail
C>
```

Bild 13.24: Verzeichnis wechseln

Nachdem Sie eine DOS-Sitzung gestartet haben, arbeiten Sie
standardmäßig auf dem DOS-Laufwerk C:. Das aktuelle Laufwerk wird als DOS-Prompt angezeigt. Das DOS-Laufwerk C:
entspricht dem vollständigen UNIX-Dateisystem auf der/den
Festplatte(n). Sie können andere Laufwerke ansprechen, als würden Sie auf einem „richtigen" DOS-Rechner arbeiten. In diesem
Absatz beschreiben wir die Voreinstellungen für Laufwerke, die
Merge gesetzt hat.

Die ersten beiden Diskettenlaufwerke werden als **A:** bzw. **B:**
bezeichnet. Möchten Sie auf das erste Diskettenlaufwerk wechseln, in dem eine DOS-Diskette liegen muß, tasten Sie **A:** ein. Das
zweite Laufwerk erreichen Sie mit **B:**. Das UNIX-System läßt aber
nicht zu, daß mehrere Benutzer gleichzeitig auf dasselbe Diskett-
tenlaufwerk zugreifen.

DOS-
Laufwerks-
buchstaben

Die Laufwerke **C:**, **D:** und **J:** entsprechen dem UNIX-Dateisystem.
In diesem Dateisystem müssen aber nicht ausschließlich UNIX-
Dateien liegen, da Sie mit Merge DOS-Dateien zusammen mit
UNIX-Dateien ablegen können. Die Laufwerke **C:**, **D:** und **J:**
unterscheiden sich darin, welches Verzeichnis als Wurzelverzeichnis des Laufwerks gewählt wird. **C:** nimmt das root Verzeichnis als Hauptverzeichnis an, während Sie mit **D:** direkt in
Ihr Login-Verzeichnis kommen. Über das Laufwerk **J:** greifen Sie
auf den Verzeichnisbaum unterhalb des Verzeichnisses */usr/ldbin*
zu.

DOS-Partition   Eine physikalische DOS-Partition auf einer Festplatte sprechen
Sie als **E:** an. Eine DOS-Partition ist ein spezieller Ausschnitt der
Festplatte, der für die Arbeit mit DOS reserviert worden ist. Auf

dieser Partition können keine UNIX-Dateien abgelegt sein. Es ist aber möglich, UNIX-Dateien ins DOS-Format umzuwandeln und diese dann auf dem Laufwerk E: zu speichern. Dateien, die auf der DOS-Partition abgelegt sind, unterliegen keinerlei Zugriffs-Beschränkungen wie im UNIX-Dateisystem. Daher können alle Benutzer des Systems auf Dateien der DOS-Partition zugreifen, diese verändern und auch löschen.

Die Laufwerke F: bis I: nehmen weitere (virtuelle) DOS-Partitionen und Laufwerke auf.

13. 3 .4   Arbeiten mit DOS-Dateien

Im Abschnitt 13.1.4 -DOS und UNIX Textdateien anpassen- haben wir beschrieben, daß UNIX- und DOS-Textdateien unterschiedliche Formate besitzen: Zeilen in DOS-Dateien enden mit den Steuerzeichen Zeilenumbruch (CR) und Zeilenvorschub (LF). In UNIX-Textdateien kennzeichnet nur LF das Zeilenende.

Aus diesem Grund müssen Sie DOS-Textdateien ins UNIX-Format umwandeln, wenn Sie diese unter UNIX bearbeiten möchten. Andersherum wandeln Sie UNIX-Dateien ins DOS-Format, wenn Sie diese in einer DOS-Umgebung nutzen möchten. Sie brauchen Dateien nicht umzuwandeln, wenn diese nur in einer Betriebssystem-Umgebung genutzt werden sollen. Das heißt, daß DOS-Dateien, die grundsätzlich nur unter der DOS-Emulation, aber nie auf einer UNIX-Shell bearbeitet werden, auch nur im DOS-Format gespeichert werden müssen und umgekehrt.

Textdateien umwandeln

Eine Datei, die unter DOS erstellt wurde, können Sie ohne weitere Veränderung unter Merge nutzen. Dabei ist es egal, ob diese DOS-Datei auf der DOS-Partition oder auf einer UNIX-Partition liegt.

Möchten Sie die DOS-Datei nun aber mit UNIX-Werkzeugen bearbeiten, dann muß diese mit dem Kommando **dos2unix** umgewandelt werden. Im nächsten Beispiel nutzen wir **dos2unix**, um die Datei *umsatz.dos* von einer Diskette im Laufwerk A: in das Arbeitsverzeichnis des Laufwerks C: zu kopieren und dabei gleichzeitig ins UNIX-Format umzuwandeln:

dos2unix unix2dos

```
C> dos2unix a:umsatz.dos c:umsatz.unx
C>
```

Bild 13.25: DOS Text-Dateien ins UNIX-Format umwandeln

Die Namenserweiterung *.unx* macht deutlich, daß diese Textdatei das UNIX-Format besitzt.

Mit dem Programm **unix2dos** setzen Sie eine UNIX-Datei ins DOS-Format um. In Bild 13.26 sehen Sie, wie die Datei *umsatz.unx* im DOS-Format zurück auf eine Diskette geschrieben wird:

```
C> unix2dos c:umsatz.unx a:umsatz.dos
C>
```

Bild 13.26: UNIX Text-Dateien ins DOS-Format umwandeln

Die Kommandos **dos2unix** und **unix2dos** sind nicht auf die Nutzung aus der DOS-Emulation eingeschränkt. Beide können auch von jeder UNIX-Shell aufgerufen werden. Wenn Sie von einer UNIX-Shell Dateien zwischen unterschiedlichen DOS und UNIX-Laufwerken kopieren möchten, nutzen Sie am einfachsten das Programm **doscp** (siehe Abschnitt 13.1.3)

Die Programme **unix2dos** und **dos2unix** sollten Sie ausschließlich auf ASCII-Textdateien anwenden. Sie können nicht die gleichen Namen für die Quell-Datei und die Ziel-Datei angeben.

Bei den folgenden DOS-Programme müssen die Dateien, mit denen sie arbeiten, im DOS-Format vorliegen.

Und so sehe ich den Inhalt einer DOS-Datei

type

Den Inhalt einer DOS-Datei sehen Sie mit dem Kommando **type** ein. Als Parameter zu **type** setzen Sie den Namen der auszugebenden Datei ein:

```
C> type umsatz.dos
C>
```

Bild 3.27: Inhalt einer Datei anzeigen

13. 3 .5 DOS-Dateien kopieren

Unter DOS nutzen Sie das **copy** Kommando, um das Duplikat einer Datei im gleichen oder einem anderen Verzeichnis zu erstellen.

copy besitzt folgende Kommandoformate:

> **copy** *quelldatei zieldatei*　　　　　　　　　　　　Formate
> **copy** *quelldatei pfad\zieldatei*
> **copy** *datei verzeichnis*

Im folgenden Beispiel kopieren Sie mit dem Kommando **copy a:umsatz.dos d:** die DOS-Datei *umsatz.dos* von Diskette in unser Login-Verzeichnis. Die Datei *umsatz.dos* steht dann als DOS-Datei im UNIX-Dateisystem.

```
C> copy a:umsatz.dos d:
C>
```

Bild 3.28: Kopieren einer DOS-Datei ins UNIX-Dateisystem

Das DOS Kommando **copy** kann im Gegensatz zum UNIX **cp** Unterschiede auch dann nur **einen** Quell-Dateinamen verarbeiten, wenn als Ziel ein Verzeichnis angegeben wird. Mehrere zu kopierende Dateinamen können Sie nur so angeben, indem Sie diese Namen mittels Metazeichen (z.B. »*«) zu einem gemeinsamen Namen abkürzen. Mit dem Befehl **copy *.txt texte** kopieren wir alle Dateien mit der gemeinsamen Namenserweiterung *.txt* in einem Schritt ins Verzeichnis *texte*.

```
C> copy *.txt texte
C>
```

Bild 3.29: Mehrere Dateien in ein Verzeichnis kopieren

Um diese Textdatei später ins UNIX-Format zu bringen, würde man das Kommando **dos2unix** nutzen.

Sie nutzen das **copy** Kommando außerdem, um Dateien auf einem Drucker auszugeben. Sie benutzen hierzu das Kommandoformat **copy** *dateiname prn*.

13. 3 .6 DOS-Verzeichnisse einrichten und entfernen

Mit den DOS-Befehlen **mkdir** (oder abgekürzt: **md**) und **rmdir** (abgekürzt: **rd**) richten Sie Unterverzeichnisse ein oder entfernen leere Verzeichnisse aus dem Dateisystem. Dateien löschen Sie mit dem DOS-Löschbefehl **del**.

13. 3 .7 Hilfe zu DOS-Befehlen

Der Befehl **help** zeigt Ihnen eine Kurzübersicht der wichtigsten DOS-Kommandos. Setzen Sie hinter **help** einen Kommandonamen, rufen Sie die Online-Hilfe zu diesem Kommando auf.

Eine umfassende und leicht nachvollziehbare Einführung in MS-DOS 5.0 finden Sie im Vieweg Software-Trainer MS-DOS 5.0

13. 3 .8 UNIX-Kommandos unter DOS

Sie vertragen sich

Während einer DOS-Sitzung können Sie neben den DOS-Kommandos auch bestimmte UNIX-Programme weiterbenutzen. Sie können zum Beispiel weiterhin das bekannte **ls** (mit verschiedenen Optionen) benutzen, um sich die Einträge von Verzeichnissen anzuzeigen.

In Tabelle 13.1 haben wir die wichtigsten UNIX-Kommandos aufgeführt, die Sie während einer DOS-Sitzung eingeben können.

UNIX-Befehl	Funktion
cat	Anzeigen des Dateiinhalts
chmod	Verändern der Zugriffs-Berechtigungen
cp	Dateien kopieren
df	Anzeigen der unbelegten Plattenkapazität
du	Anzeigen des belegten Speicherplatzes
grep	Auffinden von Textmustern in Dateien
ln	Erzeugen zusätzlicher Namenseinträge
lp	Drucken

Tabelle 3.1: unter Merge verfügbare UNIX Befehle (Teil 1)

UNIX-Befehl	Funktion
ls	Anzeigen des Verzeichnisinhalts
mv	Umbenennen und Verschieben von Dateien
pr	Ausgabeformatierung
tail	Anzeigen der letzten Zeilen (in einer Datei)
wc	Zählen von Zeichen, Wörtern und Zeilen

Tabelle 3.1:unter Merge verfügbare UNIX Befehle (Teil 2)

13. 3 .9 Starten von DOS-Anwendungen

So, wie Sie bisher Kommandos aus der DOS Betriebssystem-Software aufgerufen haben, starten Sie auch DOS-Anwendungen (wie MS Word, MS Multiplan, dBASE), die auf Ihrem System installiert sind.

Die zu startende Kommandodatei muß dabei im DOS-Suchpfad Suchpfad *PATH* liegen oder zusammen mit Ihrem Pfad angegeben werden. Unter DOS sind nur Dateien ausführbar, die folgende Dateinamen-Erweiterungen besitzen:

.bat
.exe
.com

Auf dieselbe Weise können Sie DOS-Anwendungen auf der UNIX- oder auf einer gesonderten DOS-Partition aufrufen. Im folgenden Fenster sehen Sie, wie der DOS-Texteditor, der auf der DOS-Partition E: abgelegt ist, mit dem Befehl **e:edit** gestartet wird:

```
C> e:edit
```

Bild 3.30: Starten eines DOS-Programms von der DOS Partition

Um ein DOS-Programm auszuführen, das auf der UNIX-Partition liegt, benötigen Sie außerdem das Lese-Recht auf die DOS-Programmdatei und Zugangs-Berechtigung auf das Verzeichnis, in dem die Programmdatei eingetragen ist. Mehr zum Thema DOS und Zugriffs-Berechtigungen finden Sie unten im Abschnitt 13.3.11.

13. 3 .10 DOS-Programme beenden

Möchten Sie eine DOS-Anwendung beenden, so verlassen Sie das Programm über entsprechende Befehle oder Menüoptionen, die Sie den Programmbeschreibungen entnehmen können.

Probleme unter DOS lösen
Unter Umständen kann eine DOS-Anwendung nicht mehr reagieren. In diesem Fall ist es nicht möglich, die Anwendung auf normalem Weg zu verlassen, so daß Sie die folgenden Methoden anwenden müssen:

- Versuchen Sie zunächst, über die Tastenkombinationen [STRG] + [C] oder [STRG] + [Unterbrechung] , das Programm zu verlassen. Die so eingegebenen Steuerzeichen unterbrechen auch vorzeitig die Ausgabe zahlreicher DOS-Kommandos wie **dir**, **type** oder **tree**. Reagiert Ihre Anwendung auf diese Signale, erscheint Ihr DOS-Prompt wieder.

- Hat das jedoch keinen Erfolg, betätigen Sie die Tastenkombination [STRG] + [ALT] + [Entfernen] . Mit dieser Tastenkombination booten Sie einen Stand-alone DOS-Rechner. Unter Merge erreichen Sie hiermit, daß die komplette DOS-Umgebung gestoppt wird. Die Daten, mit denen Sie gerade gearbeitet haben, können durch diese Aktion verloren gehen! Sie sind danach zurück auf der UNIX-Shell, von der Sie die DOS-Emulation gestartet haben.

- In seltenen Fällen hat sich die DOS-Maschine so aufgehängt, daß sie auch auf [STRG] + [ALT] + [Entfernen] nicht mehr reagiert. Unter diesen Umständen setzen Sie das KILL DOS-Steuerzeichen ab. Dieses Signal produzieren Sie, indem Sie zunächst die Tastenkombination [STRG] + [ESC] und unmittelbar anschließend [STRG] + [K] betätigen. Sie drücken also die [STRG] -Taste, und während Sie diese halten, betätigen Sie die [ESC] -Taste. Dann lassen Sie beide Tasten los. Drücken und halten Sie dann wieder die [STRG] -Taste und geben ein [K] ein. Die Prozesse, mit denen Ihre DOS-Emulation läuft, werden hierdurch mit Sicherheit beendet.

13. 3 .11 DOS und UNIX-Zugriffs-Berechtigungen

Im Kapitel 5 haben wir Ihnen das Konzept der Zugriffs-Berechtigungen auf Dateien und Verzeichnisse vorgestellt. Benutzer des UNIX-Systems können Ihre Dateien und Verzeichnisse durch das Setzen von Lese-, Schreib- und Ausführ- bzw. Zugangs-Rechten gezielt vor anderen Benutzern schützen oder ausgewählten Gruppen zugänglich machen. Jeder Benutzer besitzt unterhalb seines Login-Verzeichnisses einen eigenen Ast im Dateisystem, den er nach eigenen Bedürfnissen nutzen und strukturieren kann. Auch die Dateien, die zum SCO UNIX Betriebssystem-Paket gehören, besitzen Zugriffs-Beschränkungen, so daß nur ausgewählte System-Benutzern (wie der Systemverwalter) verändernd auf diese Dateien zugreifen können.

Dieser Situation muß sich eine DOS-Emulation anpassen. Während auf herkömmlichen DOS-Systemen (und auf getrennten DOS-Partitionen) Dateien kaum vor anderen (unberechtigten) Mit-Benutzern geschützt sind, steht mit Merge ein DOS zur Verfügung, das für die Arbeit in einer Mehrbenutzer-Umgebung konzipiert ist.

Das bedeutet, daß auch unter der DOS-Emulation ein Kommando nur dann ausgeführt wird, wenn die entsprechenden Lese-, Schreib- oder Ausführ-Rechte auf das Kommando und angegebene Dateien gesetzt sind.

DOS Kommandos und Zugriffs-Rechte

Die DOS-Emulation ist also kein Sicherheitsrisiko in Ihrem System.

Standardmäßig sind die Zugriffs-Berechtigungen so eingestellt, daß Sie die Dateien anderer Benutzer nicht ändern oder löschen können. Jeder Benutzer kann zudem sein Verzeichnis vor dem Zugang durch andere Benutzer sperren. Im folgenden Beispiel gehen wir davon aus, daß die Benutzerin Claudia niemand in ihr Verzeichnis und an ihre Dateien läßt. Sie sehen im Bild 13.31, wie Merge reagiert, wenn Fritz versucht, sich die Einträge in Claudias Verzeichnis mit **dir** anzuzeigen, in Claudias Verzeichnis zu wechseln, oder sogar Dateien in dieses Verzeichnis kopieren möchte:

Zugriff auf fremde Dateien

```
C> cd \usr\claudia
Invalid directory
C> dir \usr\claudia
  Volume in drive C is innocons
  Volume Serial Number is E2FC-FDEC
  Directory of C:\


  File not found
C> copy logprot \usr\claudia
Access denied - C:\usr\claudia\logprot
  0 files copied
C>
```

Bild 13.31: UNIX-Zugriffs-Berechtigungen und die DOS-Emulation

keine Zugriffs-Beschränkungen für die DOS-Partition

Für alle Dateien im UNIX-Dateisystem, also auch für dort gespeicherte DOS-Dateien, sind Zugriffs-Berechtigungen gesetzt. Dies gilt aber nicht für DOS-Dateien, die auf einer eigenen DOS-Partition oder auf einem DOS-Datenträger liegen!

Welche Zugriffs-Berechtigungen auf Dateien gesetzt sind, zeigen Ihnen der DOS-Befehl **udir** und der UNIX-Befehl **ls -l**. Der Befehl **udir** zeigt die Rechte zu jedem Eintrag in der vierten Spalte seiner Ausgabe im Format *drwxrwxrwx* an. Im Abschnitt 5.7 haben wir beschrieben, wie Sie dieses Format lesen.

Mit dem UNIX-Befehl **chmod** können Sie Zugriffs-Berechtigungen Ihrer Dateien verändern. Diesen Befehl können Sie sowohl auf einer UNIX-Shell wie auch unter der DOS-Emulation benutzen.

Vorsicht bei gemeinsamer Datennutzung

Einbenutzer-DOS-Programme können in einer Mehrbenutzer-Umgebung unter Merge Probleme aufwerfen. Sie sollten darauf achten, daß jedes DOS-Programm, das für den Einzelbenutzer-Betrieb geschrieben wurde, nicht von mehreren Benutzern gleichzeitig mit denselben Daten genutzt werden kann. Dies ist notwendig, da diese DOS-Anwendungen nicht merken, wenn zwei Benutzer gleichzeitig eine Datei verändern, und so die Änderungen eines Benutzers verloren gehen, wenn der zweite diese überschreibt. Um dies zu verhindern, sollten Sie, wenn möglich, anderen Benutzern das Zugangs-Recht für das Verzeichnis, in dem die von Ihnen zu verändernde Datei steht, oder das Schreib-Recht auf die Datei entziehen.

13. 3 .12 Konfigurieren der DOS-Umgebung

Sie konfigurieren die virtuelle DOS-Maschine genauso wie ein DOS-System. Insbesondere zwei Dateien sind wichtig, um die Eigenschaften der DOS-Maschine zu beeinflussen:

DOS-System-
Umgebung

- *AUTOEXEC.BAT* und
- *CONFIG.SYS*

Merge kann mehrere virtuelle DOS-Maschinen gleichzeitig versorgen. Jede dieser DOS-Maschinen kann ihre individuelle DOS-Umgebung besitzen, die Sie an die Bedürfnisse der zu startenden Programme anpassen. Haben Sie beispielsweise ein Programm, das mehr als die unter DOS ohne Erweiterungs- und Expansionsspeicher verfügbaren 640 KB Hauptspeicher benötigt, können Sie die DOS-Umgebung so verändern, daß diesem Programm Erweiterungsspeicher zugeteilt wird. Für ein Programm, das bestimmte Hardwareschnittstellen (z.B. serielle Ports) benötigt, konfigurieren Sie die Terminal-Emulation so, daß die entsprechende Schnittstelle unter DOS bekannt ist.

Diese Einstellungen können, wenn sie in der CONFIG.SYS oder in der AUTOEXEC.BAT eingetragen sind, beim Start der DOS-Maschine gesetzt werden oder über die sogenannten DOS-Optionen auf der DOS-Oberfläche während der DOS-Sitzung verändert werden.

CONFIG.SYS und AUTOEXEC.BAT

In diesen Dateien wird die DOS-Umgebung konfiguriert

- Die CONFIG.SYS enthält die Informationen über die Konfiguration Ihrer Maschine. Hier sind die Gerätetreiber eingetragen, die Sie später in Programmen benötigen.
- In der AUTOEXEC.BAT sind die Programme eingetragen, die bei jedem Start der DOS-Maschine ausgeführt werden sollen. Hierzu gehören z.B. Programme, die Ihren nationalen Tastaturzeichensatz einstellen.

Die CONFIG.SYS und AUTOEXEC.BAT haben globale Auswirkung auf alle startenden DOS-Maschinen, wenn sie im Wurzelverzeichnis des UNIX-Dateisystems stehen. Jeder Benutzer kann aber auch seine eigene DOS-Umgebung aufbauen, indem er die von ihm erstellten Konfigurationsdateien in seinem Login-Verzeichnis speichert.

13. 3 .13 DOS-Befehle auf der UNIX-Shell

/usr/dbin im
Suchpfad?

Zahlreiche DOS-Kommandos können Sie direkt von einer UNIX-Shell starten, ohne für ein einzelnes DOS-Kommando eine DOS-Maschine zu starten. Hierzu muß das Verzeichnis *usr/dbin*, in dem die DOS-Kommandos abgelegt sind, in Ihrem UNIX-Suchpfad eingetragen sein. Oben im Abschnitt 7.3 haben wir beschrieben, wie Sie Ihren Suchpfad abfragen und verändern. Ist dieses Verzeichnis nicht im Suchbereich, müssen Sie jeden DOS-Kommandonamen mit Pfad zum Verzeichnis *usr/dbin* eingeben.

Vorsicht bei
gleichen Be-
fehlsnamen

Wenn Sie einen DOS-Befehl benutzen möchten, dessen Namen mit einem UNIX-Befehl übereinstimmt, dann setzen Sie vor diesen Namen das Kommando **dos**. Somit stellen Sie klar, daß der DOS-Befehl anstelle des gleichnamigen UNIX-Befehls gestartet wird. Drei Kommandos, deren Namen sowohl unter UNIX als auch unter DOS genutzt werden, sind:

- **copy**
- **sort**
- **find**

Diese DOS-Befehle unterscheiden sich deutlich von den entsprechenden UNIX-Befehlen.

Auf der folgenden Datenreise lassen wir uns auf einer UNIX-Shell mit dem DOS-Befehl **tree** die Struktur unseres Verzeichnisastes zeichnen. Zum Abschluß dieser Datenreise erstellen wir ein Duplikat der Datei *logprot* names *logprot.bak* und löschen diese Kopie anschließend mit dem **del** Befehl von DOS:

```
% tree
Directory PATH listing for Volume innocons
Volume Serial Number is E2FC-FDEC
C:.
+---TEXTE
+---CLIPDIR
+---PROBE
+---WAST'CS7
% dos copy logprot logprot.bak
    1 file(s) copied
% del logprot.bak
```

Bild 13.33: DOS-Befehle auf der UNIX-Shell

Sie sehen, daß vor den DOS-Befehle **copy** das Wort **dos** geschrieben ist, damit nicht der gleichnamige UNIX-Befehl gestartet wird. Dies ist wichtig, weil gleichnamige DOS und UNIX-Kommandos unterschiedliches bewirken.

Da Sie wieder auf einer UNIX-Shell arbeiten, müssen Sie jetzt auch wieder die UNIX-Schreibweise nutzen:

- Pfadnamen werden wieder mit dem Schrägstrich und nicht mit dem DOS-Gegen-Schrägstrich aufgebaut. Tasten Sie also **dir /usr/dbin** und nicht **dir \usr\dbin** auf der UNIX-Shell ein, um die Einträge in diesem Verzeichnis zu sehen.

- Optionen leiten Sie mit dem »-«-Zeichen und nicht mit dem DOS-Schrägstrich ein. Möchten Sie, daß der **dir** Befehl mehrspaltig ausgibt, geben Sie das Kommando **dir -w** und nicht wie unter DOS **dir /w**.

- Schreiben Sie DOS-Kommandonamen in Kleinschrift, also **dir** anstelle von **DIR**. UNIX unterscheidet im Gegensatz zu DOS Groß- und Kleinschreibung, so daß das Kommando **DIR** nicht gefunden werden kann.

- Wenn Sie auf der UNIX-Shell Metazeichen in DOS-Kommandos nutzen, dann werden diese Sonderzeichen nach den Regeln Ihrer UNIX-Shell interpretiert. Unter DOS interpretiert jedes Kommando selbständig die Metazeichen, die es erhält. Unter UNIX übernimmt diese Aufgabe die Shell und liefert dem DOS-Kommando nur vollständig ausgewertete Aus- Metazeichen in DOS-Kommandos drücke. Aufgrund dieses Unterschieds können Metazeichen unter UNIX und DOS unterschiedliche Ergebnisse oder sogar Fehler liefern. Ein Beispiel ist der DOS **copy** Befehl, der nur ein einzelnes Argument als Quell-Datei liest. Benutzen Sie den DOS **copy** Befehl zusammen mit Metazeichen auf einer UNIX-Shell, können Fehler auftreten, denn die Shell ersetzt den Ausdruck mit Metazeichen durch alle passenden Dateinamen. Entstehen so mehrere Quell-Dateinamen, werden diese an DOS **copy** übergeben. DOS **copy** kann diese Vielzahl an Argumenten aber nicht verarbeiten. Diese Problematik sehen Sie im folgenden Bild:

```
% dos copy *.TXT texte
Parse error 1
%
```

Bild 13.34: Shell-Metazeichen und UNIX-Kommandos, Teil1

Metazeichen maskieren

Sie vermeiden dieses Problem, wenn Sie alle Metazeichen, die Sie mit DOS-Kommandos benutzen, durch einen Gegenschrägstrich entwerten (maskieren). Der Gegenschrägstrich bewirkt, daß erst das entsprechende Kommando das folgende Metazeichen auswerten darf (siehe Kapitel 7). Der Kommandoaufruf **dos copy *.txt texte** wird dann auch unbeanstandet durchgeführt:

```
% dos copy \*.TXT texte
%
```

Bild 13.35: Shell-Metazeichen und UNIX-Kommandos, Teil2

DOS-Kommandos in Pipelines

Sie können weiterhin nicht nur DOS-Kommandos von Ihrer UNIX-Shell aufrufen, sondern auch DOS und UNIX-Kommandos miteinander kombinieren. Hierzu gehört auch, daß Sie zahlreiche DOS-Kommandos durch Pipelines mit UNIX-Kommandos verbinden können. Im Bild 13.35 suchen wir mit **dir a: | grep UMSATZ** die Einträge aus dem Listing für das erste Diskettenlaufwerk heraus, deren Namen das Wort *UMSATZ* enthalten:

```
% dir a:  | grep UMSATZ
UMSATZ1.TXT          1426 20.10.92   6:24
UMSATZ1.WK1          4096 07.03.93   0:39
%
```

Bild 13.36: DOS Kommando in einer Pipeline

Selbstverständlich können Sie nur benutzerunabhängige DOS-Kommandos in Pipelines einsetzen, die ohne Anfragen an den Benutzer während des Programmlaufs arbeiten. Interaktive Kommandos und DOS-Anwendungsprogramme eignen sich nicht.

DOS-Kommandos, die eine Ausgabe liefern, können Sie wie unter UNIX mit der Ausgabe-Umlenkung nutzen. Der Kommandoaufruf **dir a: > disk_listing** schreibt ein Inhaltsverzeichnis einer Diskette in die Datei *disk_listing*.

DOS-Kommandos umlenken

```
% dir a: > disk_listing
% cat disk_listing
Volume in drive C is innocons
Volume Serial Number is E2EC-FDEC
Directory of C:\USR\FRITZ

.                     <DIR>        20.10.92   06:20
..                    <DIR>        04.01.92   00:10
ALPHA.TXT               120        21.10.92   08:26
BETA.TXT                596        21.10.92   08:26
UMSATZ1.TXT            1426        20.10.92   06:24
UMSATZ1.WK1            4096        07.03.93   00:39
%
```

Bild 13.37: DOS Kommando und Ausgabe-Umlenkung

13. 4 DOS-Dateibäume einbinden

In diesem Abschnitt beschreiben wir Ihnen, wie Sie mit kompletten DOS-Dateisystemen arbeiten, die an die UNIX-Partition angehängt sind. Der Vorteil eines eingehängten DOS-Dateisystems liegt darin, daß Sie mit den Dateien auf diesem DOS-Dateisystem so arbeiten können, als seien diese direkt auf der UNIX-Partition. Sie können DOS-Dateien auf der eingehängten DOS-Partition also ohne Vorarbeiten einsehen oder bearbeiten. Ein Kopieren einer DOS-Datei ins UNIX-Dateisystem mit **doscp** wird hierdurch unnötig. Sie können die Programme des DOS-Werkzeugkastens (Abschnitt 13.1) nicht in einem eingehängten DOS-Dateisystem benutzen.

Das Einhängen des DOS-Dateisystems ermöglicht aber nicht, daß Sie DOS-Programme unter UNIX ausführen können. Hierzu benötigen Sie eine DOS-Emulation, wie wir sie im Abschnitt 13.3 beschreiben.

Bevor DOS-Dateisysteme in das UNIX-Dateisystem eingehängt werden können, muß der Systemverwalter einmal das Kommando **mkdev dos** aufgerufen haben. Durch diesen Befehl wird der Betriebssystem-Kern so erweitert, daß auf DOS-Dateisysteme zugegriffen werden kann.

13. 4 .1 Einhängen eines DOS-Dateisystems

Zunächst beschreiben wir Ihnen, wie DOS-Dateisysteme in das UNIX-Dateisystem eingehängt werden. Diese Arbeit kann im Regelfall nur der Systemverwalter durchführen. In einer ersten Phase werden wir zunächst das Dateisystem auf einer Diskette einhängen und mit den Dateien auf der Diskette arbeiten. Im nächsten Schritt nehmen wir hierzu die DOS-Partition, die auf unserem System neben SCO UNIX eingerichtet ist.

Und so hängen Sie eine DOS-Diskette ins UNIX-System ein

In unserem Beispiel nehmen wir an, daß der Systemverwalter eine Diskette einhängen will, die im Standard-Laufwerk liegt. Das Standard-Laufwerk ist im Regelfall das Laufwerk, von dem Ihr System installiert wurde. Bei uns ist dies ein 5.25" Laufwerk mit 1.2 MB Kapazität. Dieses Laufwerk mounten Sie über die Gerätedatei */dev/fd096*.

Standard-Laufwerk mounten
Um das Standard-Laufwerk in das Verzeichnis */mnt* im UNIX-Dateisystem einzuhängen, geben wir den Befehl **mount -f DOS /dev/fd096 /mnt** ein:

```
# mount -f DOS /dev/fd096ds15 /mnt
```

Bild 13.38: Einhängen einer DOS-Diskette ins UNIX-Dateisystem

Mit dem Kommando **mount -f DOS /dev/dsk/hd0d /mnt** können **DOS-** Sie die primäre DOS-Partition im Verzeichnis */mnt* einhängen, **Partition** wenn diese neben der SCO UNIX-Partition auf der Platte einge- **einhängen** richtet ist.

Wenn Sie sicherstellen möchten, daß Dateien im DOS-Dateisystem nur gelesen, aber nicht beschrieben werden, dann ergänzen Sie diesen Kommandoaufruf um die Option **r**.

Damit sich das DOS-Dateisystem in die UNIX-Welt einpaßt, wer- **Zugriffs-Be-** den den DOS-Dateien automatisch **rechtigungen**

* Zugriffs-Berechtigungen und

* ein Eigentümer

zugeordnet.

Das Betriebssystem DOS kann die Angaben Zugriffs-Berechtigungen und Eigentümer nicht weiter nutzen.

Wie die Zugriffs-Berechtigungen auf die DOS-Dateien gesetzt werden, und wer der Eigentümer dieser Dateien wird, ist abhängig von dem UNIX-Verzeichnis, in dem das DOS-Dateisystem eingehängt wird. Grundsätzlich gilt:

* Die Dateien im DOS-Dateisystem erhalten die Zugriffs-Berechtigungen, die für das UNIX-Verzeichnis gesetzt sind, in das das Dateisystem eingehängt ist. Wurde das Dateisystem mit der Option r gemountet (nur Lesen), besitzt niemand Schreib-Rechte auf die Dateien.

* Der Eigentümer der eingehängten Dateien ist derjenige, der Eigentümer des Verzeichnisses ist, in das das Dateisystem eingehängt ist.

13. 4 .2 Arbeiten auf dem eingehängten Dateisystem

Nachdem das Dateisystem eingehängt ist, können Sie in das Verzeichnis */mnt* wechseln. Listen Sie in die Einträge in diesem

Verzeichnis auf, so erhalten Sie sämtliche Einträge auf der Diskette angezeigt, so als seien diese tatsächlich im UNIX-Dateisystem eingetragen:

```
% cd /mnt
% ls
DATENF1.TXT
DATENF2.TXT
%
```

Bild 13.39: Arbeiten mit dem eingehängten Dateisystem

Dateien ins Dateisystem kopieren

Sie können Dateien auf die Diskette kopieren, indem Sie als Ziel-Verzeichnis */mnt* angeben. Das Kommando **cp logprot /mnt** schreibt im folgenden Bildschirmfoto die *logprot* Datei auf Diskette:

```
% cp logprot /mnt
% ls /mnt
DATENF1.TXT
DATENF2.TXT
LOGPROT
%
```

Bild 13.40: Dateien ins eingehängte Dateisystem kopieren

Arbeiten Sie mit DOS-Dateien auf einem UNIX-System, macht sich der Unterschied im Textdateiformat bemerkbar, den wir Ihnen im Abschnitt 13.1.4 beschrieben haben. Sehen Sie mit einem UNIX-Editor wie dem **vi** eine DOS-Datei an, erkennen Sie an jedem Zeilenende das Steuerzeichen ^M, den Zeilenumbruch. Dies liegt daran, daß DOS das Zeilenende durch die Steuerzeichen Zeilenumbruch und Zeilenvorschub kennzeichnet, während UNIX hierzu nur den Zeilenvorschub verwendet.

Um eine DOS-Datei mit UNIX-Programmen bearbeiten zu können, sollten Sie daher die entsprechende Datei mit dem Befehl **dos2unix** ins UNIX-Dateiformat umwandeln (siehe Abschnitt 13.3.4 - Arbeiten mit DOS-Dateien).

Wenn Sie eine UNIX-Textdatei auf ein DOS-Dateisystem kopieren und diese Datei auch unter DOS nutzen möchten, müssen Sie diese entsprechend mit dem Kommando **unix2dos** bearbeiten.

Oben im Abschnitt 13.1.4 lesen Sie, was Sie außerdem im Vergleich zu UNIX beachten müssen, wenn Sie Namen für DOS-Dateien vergeben.

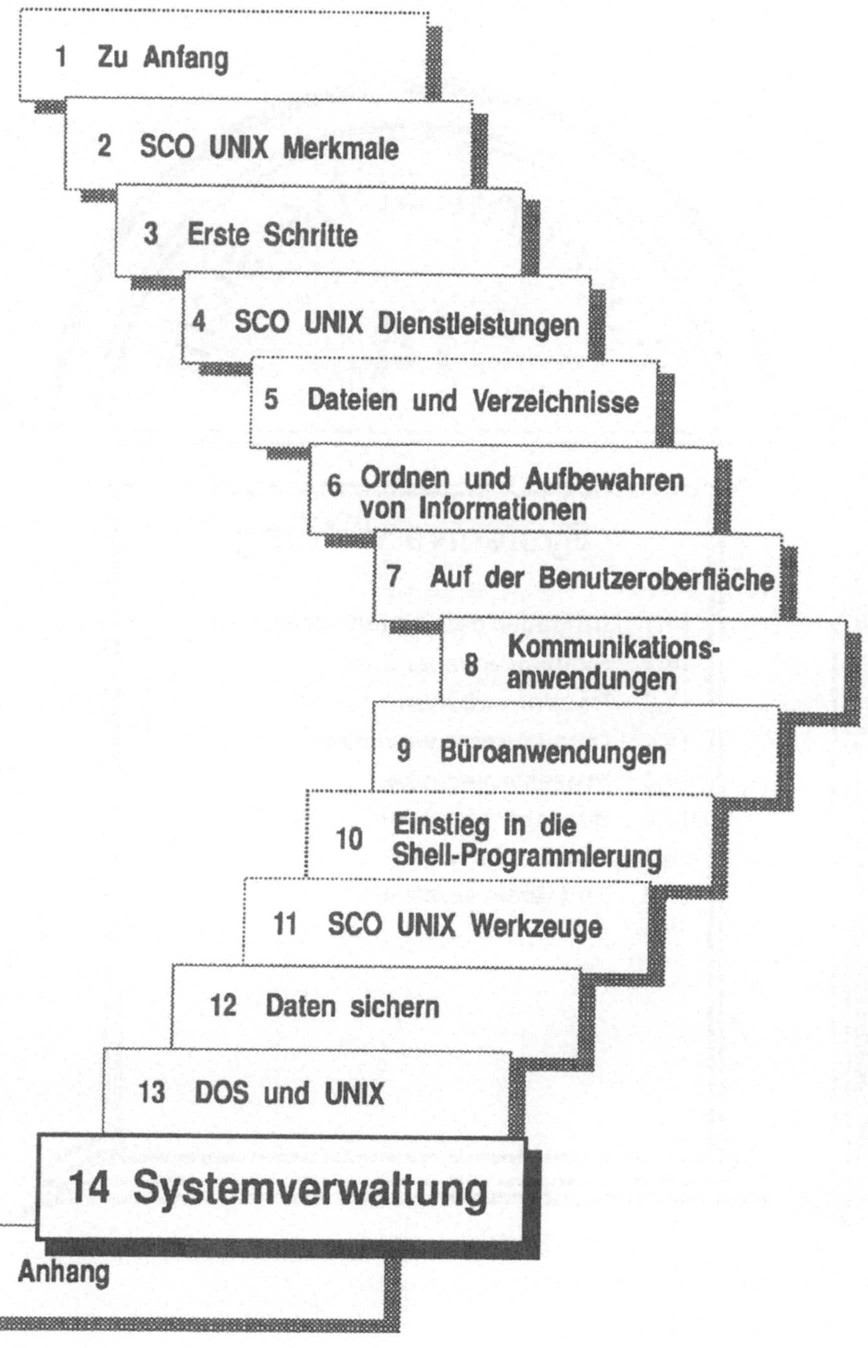

1 Zu Anfang
2 SCO UNIX Merkmale
3 Erste Schritte
4 SCO UNIX Dienstleistungen
5 Dateien und Verzeichnisse
6 Ordnen und Aufbewahren von Informationen
7 Auf der Benutzeroberfläche
8 Kommunikations-anwendungen
9 Büroanwendungen
10 Einstieg in die Shell-Programmierung
11 SCO UNIX Werkzeuge
12 Daten sichern
13 DOS und UNIX
14 Systemverwaltung
Anhang

Systemverwaltung

14. Systemverwaltung

14. 1 Aufgaben des Systemverwalters

Ziel der Systemverwaltung ist es, den Betriebszustand des UNIX- Ziele
Systems herzustellen, aufrecht zu erhalten und zu optimieren.
Hierfür stehen auf UNIX-Systemen System-Programme zur Verfügung. Wir zeigen Ihnen in diesem Kapitel wichtige Arbeiten,
mit denen Sie Ihr Betriebssystem steuern und verwalten. Mit den
Kenntnissen aus diesem Kapitel können Sie den Systemverwalter
zumindest vertreten. Die folgende Zusammenstellung zeigt Ihnen die Zielsetzungen bei Systemverwaltungs-Aufgaben:

- Sicherstellen der Unverletztheit (Integrität) des Systems
  durch angepaßte Schutzmechanismen (Zugangskontrolle,
  Datei- und Verzeichnisschutz)

- Gewährleisten der Datensicherheit durch regelmäßige, gezielte Datensicherung

- Installation und Pflege der Betriebssystem-Software und der
  Anwendungsprogramme

- Aufrechterhalten der Kommunikationsverbindungen aus
  dem und in das System

- Pflege der begrenzten System-Ressourcen (Plattenplatz, Prozesse, Prozessorleistung)

- Einbinden der Hardware (Endgeräte, Drucker u.a. Peripheriegeräte) ins System

- Unterstützung der Benutzer des Systems

Auf jedem System gibt es mindestens einen Benutzer, der berech- Der root-
tigt ist, Systemverwaltungs-Aufgaben durchzuführen. Dieser Benutzer
wird **Systemverwalter** (auch Super user, System-Administrator)
genannt. Sie erkennen den Systemverwalter im Regelfall an seinem Benutzernamen root. Der Systemverwalter hat die Benutzer-
Identifikationsnummer (UID) 0, die ihm uneingeschränkte Rechte
im System gibt. Systemverwaltungs-Aufgaben können auch auf
mehrere Benutzer verteilt werden. Hierzu vergibt root Privilegien
an die Benutzer je nach Aufgaben.

**Arbeits-
aufwand**

Wieviel Zeit für Systemverwaltungs-Arbeiten aufgebracht werden muß, hängt ab von

- der Anzahl der Benutzer auf Ihrem System,
- den Daten auf dem System,
- der Rechenzeit- und Plattenauslastung und
- der gewünschten System-Effektivität.

Unabhängig von der Größe des Systems sind viele Systemverwaltungs-Aufgaben aber sowohl auf einem Einbenutzer-System aber auch auf großen Mehrbenutzer-Systemen durchzuführen. Die folgende Zusammenstellung nennt Ihnen wichtige Systemverwaltungs-Arbeiten:

je nach Bedarf durchzuführen:

- Installation und Pflege (Update) der Betriebssystem-Software
- Hoch- und Runterfahren des Systems
- Benutzer einrichten und entfernen
- Geräte ins System einbinden und konfigurieren
- System-Dateien konfigurieren
- Fehler suchen und Beheben von Problemem bei System-Abstürzen

innerhalb kurzer Intervalle (regelmäßig)

- gezielte Datensicherung durchführen (z.B. alle veränderten oder wichtige Dateien)
- Plattenplatz prüfen und ggf. durch Löschen nicht weiter benötigter Dateien freigeben
- unkontrollierte Prozesse finden und stoppen
- Status der Drucker-Spooler prüfen, Druckaufträge verwalten (löschen, verschieben)
- Auslastung des Systems überwachen
- Funktionsfähigkeit der End- und Peripheriegeräte überwachen und ggf. wiederherstellen
- Funktionsfähigkeit der ggf. aktiven Kommunikationsverbindungen prüfen

innerhalb größerer Intervalle (Woche, Monat):

- Dateisysteme prüfen und ggf. reparieren

- Plattenplatzbelegung je Benutzer ermitteln und prüfen
- Reorganisieren des Plattenplatzes
- Temporäre Dateien und Speicherauszüge auf Platte finden, prüfen und löschen
- Daten sichern (Dateisystem, Komplett-Backup)
- Einstellen der System-Parameter zur Verbesserung des Laufzeitverhaltens
- Zugriffs-Berechtigungen auf Dateien und Verzeichnisse prüfen und ggf. neu vergeben
- Zugangskontrolle überwachen, Benutzer-Paßworte prüfen

Alle Verwaltungsarbeiten sollten Sie in einem Logbuch protokollieren, so daß alle Änderungen nachvollziehbar und ggf. auch umkehrbar sind.

Für die meisten in diesem Kapitel genannten Aufgaben müssen Sie als root angemeldet sein. Um als Benutzer bestimmte Systemverwaltungs-Arbeiten durchzuführen, muß der Systemverwalter Ihnen die entsprechenden Privilegien geben.

14. 2 Systemverwalter Shell

Für viele Verwaltungsarbeiten kann der Systemverwalter die menüorientierte Systemverwalter Shell **sysadmsh** nutzen. Diese Schnittstelle vereinfacht die Systemverwaltung gegenüber den langen Kommandozeilen, die Sie sich bei zeilenorientierten Shells merken und eintasten müssen. Sie starten die Systemverwalter Shell von einer zeichenorientierten Oberfläche mit dem Befehl **sysadmsh**. Bild 14.1 zeigt Ihnen das Hauptmenü der Systemverwalter Shell:

Start mit sysadmsh

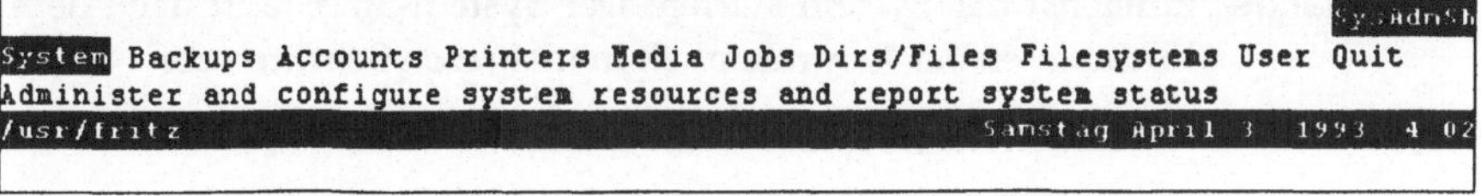

Bild 14.1: Das Hauptmenü der Systemverwalter Shell

Sie nutzen diese Menüoberfläche so wie die SCO Shell. Sie können Menüpunkte von der Systemverwalter Shell anwählen, indem Sie

- die Markierung mit der ⌈Leer⌋ -Taste oder den Richtungs-Tasten auf den gewünschten Menüpunkt verschieben und dann die ⌈Eingabe⌋ -Taste betätigen,

- den Anfangsbuchstaben des gewünschten Menüpunktes eintasten oder

- bei Mausunterstützung die gewünschte Option anklicken.

Je nach ausgewähltem Menüpunkt kommen Sie in ein Untermenü, das Ihnen weitere Menüpunkte zeigt, oder ein Systemverwaltungs-Kommando wird ausgeführt.

Wir zeigen Ihnen Arbeitsschritte, die mit zeichenorientierten Shells und mit der Systemverwalter Shell durchführbar sind, zunächst von der zeichenorientierten und dann von der Systemverwalter Shell. Bestimmte Verwaltungsaufgaben sind nur von der Systemverwalter Shell durchführbar. In diesen Fällen finden Sie den Arbeitsvorgang nur für die Systemverwalter Shell.

14. 3 Routine-Systemverwaltung

14. 3 .1 Hoch- und Runterfahren des Systems

In diesem Abschnitt lesen Sie, wie das SCO UNIX-System ordnungsgemäß gestartet und gestoppt wird. Wird das System nicht ordnungsgemäß heruntergefahren, kommt es oft zu Inkonsistenzen in Dateisystemen, die beim nächsten Start oder später manuell repariert werden müssen.

Starten des Systems

Phasen des
Startvorgangs

Um das SCO UNIX-System in Betrieb zu nehmen, müssen Sie zunächst das System starten. Der System-Start läuft nach dem Einschalten der Zentraleinheit in mehreren Schritten ab:

- Laden des Betriebssystem-Kerns

- Prüfen und ggf. Reparieren der Dateisysteme

- Wahl des Arbeitsmodus (Systemverwaltungs-Modus / Mehrbenutzer-Modus)

- Setzen des aktuellen Datums und der Uhrzeit

- Prüfen der Sicherheitsdatenbank:

  > Sind alle wichtigen System-Dateien vorhanden und unbeschädigt?

  > Ist für jeden eingetragenen Benutzer ein geschütztes Paßwort in der Datenbank?

  > Stimmen die tatsächlichen Privilegien für Benutzer mit den Angaben in der Datenbank überein?

  > Sind alle verfügbaren Endgeräte in der Terminal-Kontroll-Datenbank eingetragen?

Nach dem Einschalten der Zentraleinheit wird zunächst das Ladeprogramm **boot** gelesen. Auf der System-Konsole erscheint der Boot-Prompt:

Der Boot-Prompt

```
SCO UNIX System V/386 on i80486


Boot
:
```

Bild 14.2: Der Boot-Prompt

An dieser Stelle entscheiden Sie, welche Betriebssystem-Umgebung Sie laden. Haben Sie beispielsweise eine boot-fähige DOS-Partition, so können Sie durch die Eingabe des Befehls **dos** ein DOS-Betriebssystem starten.

Möchten Sie aber UNIX booten, haben Sie folgende Möglichkeiten:

- Sie warten einige Augenblicke, bis UNIX automatisch geladen wird. In diesem Fall werden Dateisysteme, wenn nötig, ohne Rückfragen repariert und das System bis in den Mehrbenutzer-Modus hochgefahren.

  Automatik-Start

- Sie betätigen die (Eingabe)-Taste, um das UNIX-System benutzergesteuert hochzufahren. Das System fragt Sie im Anschluß, ob und wie defekte Dateisysteme repariert werden sollen, und ob Sie im Systemverwaltungs-Modus arbeiten möchten.

  benutzergesteuerter Start

- Sie geben das Laufwerk und das Programm an, das benutzergesteuert geladen werden soll. Um beispielsweise vom root

Dateisystem einen Betriebssystem-Kern namens *unix2* zu lesen, geben Sie am Boot-Prompt **hd(40)unix2** ein. Ebenso können Sie auch ein Programm vom ersten Diskettenlaufwerk (z.B. *fd(96)* lesen). Die Bezeichnung *hd* (aus engl.: hard disk) steht für die Festplatte und *fd* (aus engl.: floppy disk) für Diskettenlaufwerk. In Klammern folgt die Gerätenummer des Laufwerks (*40* für das root-Dateisystem, *96* für ein 5.25" Diskettenlaufwerk). Tasten Sie ein (?) -Zeichen ein, um sich die möglichen Boot-Laufwerke anzuzeigen.

- Sie schreiben hinter Laufwerk und Programmname den Zusatz **auto**, um den Startvorgang automatisiert ablaufen zu lassen.

Haben Sie eine Startdiskette im ersten Diskettenlaufwerk, so wird das UNIX-System von der Diskette gestartet. Um nach dem Diskettenstart das root-Dateisystem auf Ihrer Festplatte zu nutzen, müssen Sie dieses mit dem **mount** Befehl einhängen (siehe Abschnitt 13.4).

Auf der System-Konsole erscheinen nun die Startmitteilungen. Zunächst wird der Betriebssystem-Kern geladen. Dann erscheint eine Liste, in der das System sämtliche erkannte Hardware anzeigt. Im nächsten Schritt wird das root-Dateisystem geprüft. Läuft ein Automatik-Start, werden notwendige Reparaturen selbständig durchgeführt. Ansonsten entscheiden Sie, ob Sie Reparaturen durchführen möchten. Wenn Sie das System benutzergesteuert starten, entscheiden Sie, ob Sie zunächst in den Systemverwaltungs-Modus gehen oder das System (mit der Tastenkombination (STRG) + (d)) in den Mehrbenutzer-Modus hochfahren.

Beim Start in den Mehrbenutzer-Modus werden das System-Datum gesetzt, die Copyright-Informationen angezeigt, die Sicherheitsdatenbank geprüft und die Druckdienste gestartet.

SCO UNIX ist gestartet

Der Startvorgang (in den Mehrbenutzer-Modus) wird mit der Fertig-Mitteilung *The system is ready* abgeschlossen. Im Anschluß erscheint auf allen eingebundenen und richtig eingestellten Endgeräten die Login-Aufforderung.

Stoppen des Systems

Wird Ihr System für einen längeren Zeitraum nicht genutzt (z.B. über das Wochenende), können Sie es herunterfahren. Sie sollten nicht einfach den Netzschalter betätigen, da sonst aktuell bearbeitete Daten verloren gehen und Inkonsistenzen im Dateisystem auftreten können. Die Vorgehensweise beim Stoppen des Systems hängt davon ab, ob Sie alleine oder zusammen mit anderen Benutzern am System arbeiten.

Arbeiten außer Ihnen noch weitere Benutzer am System, sollten Sie diese zunächst über das bevorstehende System-Ende informieren. Hierzu nutzen Sie das Kommando **wall**, das auf die Bildschirme aller aktiven Benutzer schreibt. **wall** arbeitet wie das Kommando **write**, das wir im Abschnitt 4.2 beschrieben haben, nur daß Sie keinen Benutzernamen angeben müssen.

UNIX herunterfahren mit shutdown

Im Anschluß tasten Sie das **shutdown** Kommando ein. **shutdown** ist das übliche Kommando, um das System herunterzufahren. Möchten Sie den Mitbenutzern etwas Zeit lassen, um ihre Arbeit geordnet zu beenden, setzen Sie hinter **shutdown** die Option **g** und dahinter eine Zahl. Diese Zahl gibt die Minuten an, bis das System gestoppt wird.

Die noch laufenden Benutzer-Prozesse und System-Dienste werden gestoppt. Sie können die Zentraleinheit abschalten, wenn auf der Konsole die Mitteilung ** *Safe to Power Off* ** -or- ** *Press Any Key to Reboot* ** erscheint.

Arbeiten Sie alleine im System oder im Systemverwaltungs-Modus, können Sie das System schnell mit der Kommandofolge **sync; haltsys** stoppen. Geben Sie dieses Kommando ein, während Benutzer- oder Netzwerk-Prozesse laufen, gehen Daten verloren und es kann zu Problemen beim Neu-Start der so abgebrochenen Dienste kommen.

UNIX anhalten mit haltsys

Verändern des Startvorgangs

Sie können den Startvorgang beeinflussen, indem Sie die Datei */etc/default/boot* verändern. Bild 14.3 zeigt Ihnen, wie diese Datei aussehen kann.

```
# more /etc/default/boot
#    (#) boot.dfl 22.1 90/05/04
#
#           UNIX is a registered trademark of AT&T
#               Portions Copyright 1976-1989 AT&T
#       Portions Copyright 1980-1989 Microsoft Corporation
#Portions Copyright 1983-1989 The Santa Cruz Operation, Inc
#                    All Rights Reserved


#    $(#) init:boot.dfl   1.2
#
DEFBOOTSTR=hd(40)unix
TIMEOUT=10
AUTOBOOT=YES
FSCKFIX=YES
MULTIUSER=YES
PANICBOOT=NO
MAPKEY=YES
SERIAL8=YES
#
```

Bild 14.3: Datei */etc/default/boot*

In der Zeile *DEFBOOTSTR* stellen Sie ein, welche Betriebssystem-Umgebung standardmäßig geladen werden soll. Setzen Sie ans Ende des Wertes das Wort **auto**, wird das System automatisch bis in den Mehrbenutzer-Modus hochgefahren. Alle Anfragen an den Systemverwalter, die sonst beim benutzergesteuerten Start gestellt werden, entfallen.

Automatik-Start ? Möchten Sie nicht, daß das System nach einer bestimmten Zeit selbständig startet, setzen Sie den Wert hinter *AUTOBOOT* auf *NO*. In der Zeile *TIMEOUT* ist die Wartezeit in Sekunden eingetragen, nach der ein Autostart (bei *AUTOBOOT=YES*) durchgeführt wird.

Hinter *PANICBOOT* tragen Sie ein, ob das System nach einem schweren System-Fehler mit folgendem System-Halt automatisch neu starten soll.

14. 4   Dateisysteme verwalten

Eine wichtige Aufgabe des Systemverwalters ist die Wartung der Dateisysteme auf Festplatte. Hierzu muß er/sie sicherstellen, daß

- Dateisysteme unbeschädigt sind und
- ausreichend Plattenplatz für alle Benutzer zur Verfügung steht.

Achten Sie darauf, in jedem Dateisystem höchstens 80 bis 85% zu belegen. Füllen Sie die Kapazität weiter, verschlechtert sich das Laufzeitverhalten des Systems. Wenn kein Plattenplatz mehr frei ist, verweigert das System jeden Schreibzugriff auf das entsprechende Dateisystem.

14. 4 .1   Plattenplatz prüfen

In regelmäßigen Abständen sollten Sie prüfen, ob noch ausreichend freier Plattenplatz zu Verfügung steht.

Und so geht's von zeichenorientierten Shells

Mit dem Kommando **df -v** (aus engl.: disk free, Plattenplatz frei) lassen Sie sich anzeigen, wieviel Prozent der gesamten Plattenkapazität belegt sind:

```
# df -v
Mount Dir Filesystem    blocks     used    free   %used
/         /dev/root     230170   184856   45314    80%
#
```

Bild 14.4: Plattenplatz prüfen mit df -v

Möchten Sie wissen, wieviel freier Speicher für ein bestimmtes Dateisystem verfügbar ist, setzen Sie die entsprechende Gerätedatei hinter **df**. Das Kommando **df /dev/root** zeigt die Anzahl der freien Speicherblöcke (à 512 Bytes) im root Dateisystem:

```
# df /dev/root
/dev/root  (/dev/root    ):     45314 blocks   20738 i-nodes
```

Bild 14.5: Plattenplatz auf einem Dateisystem prüfen

Und so geht's von der Systemverwalter-Shell

Benutzer der **sysadmsh** wählen »**System**« ⇒ »**Report**« ⇒ »**Disk**«, um sich die freie Kapazität der Platte anzuzeigen:

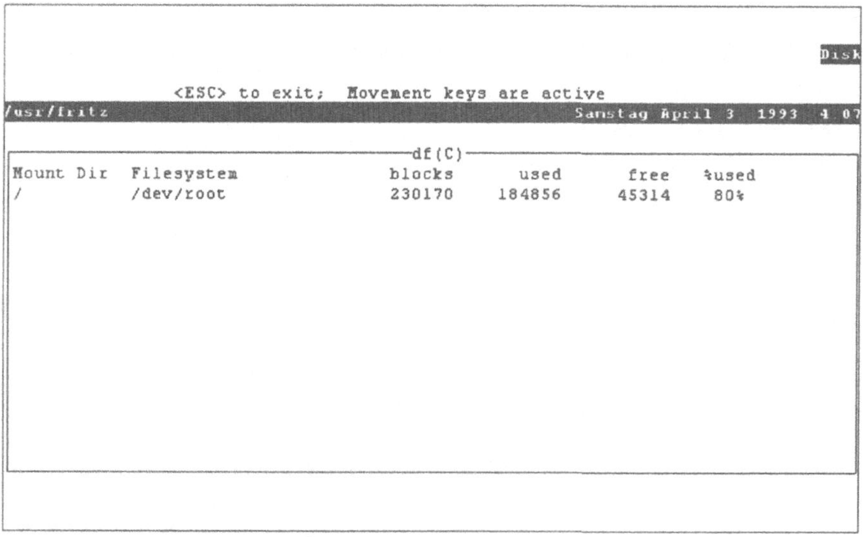

Disk
<ESC> to exit; Movement keys are active
/usr/fritz
Samstag April 3 1993 4 07
df(C)
Mount Dir Filesystem blocks used free %used
/ /dev/root 230170 184856 45314 80%

Bild 14.6: Systemverwalter Shell: Plattenplatz prüfen

Ebenso können Sie prüfen, wieviel Speicherkapazität durch bestimmte Verzeichnisse oder Benutzer beansprucht wird.

Platzbedarf eines Verzeichnisses ermitteln

Auf einer zeichenorientierten Benutzeroberfläche nutzen Sie das Kommando **du**, um die Anzahl der vom Verzeichnis beanspruchten Speicherblöcke (à 512 Bytes) anzuzeigen. Hinter **du** können Sie den gewünschten Verzeichnisnamen setzen, ansonsten arbeitet **du** mit Ihrem aktuellen Arbeitsverzeichnis. In Bild 14.7 prüft der Systemverwalter das Verzeichnis */usr/ida/daten*. Als Anwort erhält er den Namen und den Platzbedarf jedes Verzeichnisses unterhalb */usr/ida/daten*.

```
# du /usr/ida/daten
44  /usr/ida/daten/texte
26  /usr/ida/daten/post
254 /usr/ida/daten/bericht
434 /usr/ida/daten
#
```

Bild 14.7: Platzbedarf eines Verzeichnisastes ermitteln

Möchten Sie nur das Gesamtergebnis sehen, benutzen Sie das Kommandoformat **du -s** *verzeichnis*.

Sie können auch prüfen, welchen Plattenplatz jeder Benutzer insgesamt in einem Dateisystem beansprucht. Tasten Sie hierzu das Kommando **quot** und die Gerätedatei des Dateisystems ein. Als Antwort auf die Kommandozeile **quot /dev/root** erhalten Sie zeilenweise alle Benutzer, die Dateien in diesem Dateisystem speichern, und die Anzahl der Speicherblöcke, die durch ihre Dateien belegt werden, angezeigt:

Speicherplatz pro Benutzer

```
# quot /dev/root
/dev/root:
81374    bin
78042    root
 4080    mmdf
 1980    uucp
 1228    adm
  914    sys
  830    odt
  720    fritz
  386    dos
  232    audit
  190    auth
  120    lp
   52    sysinfo
   50    bernd
   40    network
    2    cron
    2    nuucp
```

Bild 14.8: Speicherplatz je Benutzer anzeigen

Unbenutzte und übergroße Dateien finden

Prüfen Sie außerdem, ob auf Ihrem System unbenutzte und übergroße Dateien gespeichert sind, die evtl. gelöscht werden können.

Hierzu nutzen Sie das **find** Kommando, das wir im Kapitel 11 vorgestellt haben. Als Suchkriterium für zu große Dateien verwenden Sie **size** Option. Die Kommandozeile **find /usr -size +500 -print** findet alle Dateien unterhalb des */usr* Verzeichnisses, die mehr als 500 Speicherblöcke (à 512 Bytes) belegen:

```
# find /usr -size +500 -print
/usr/bin/X11/mfyi
/usr/bin/X11/mgti
/usr/bin/X11/mxdw
/usr/bin/X11/myni
/usr/bin/word.pr
/usr/bin/blast
/usr/lib/X11/xsample/xmdemos/widgetView/widgetView
/usr/lib/X11/xsample/xmdemos/hellomotif/hellomotif
/usr/lib/X11/xsample/xmdemos/mre/mre
/usr/lib/X11/xsample/xmdemos/periodic/periodic
/usr/lib/X11/xsample/xmdemos/motifburger/mburger
/usr/lib/X11/xsample/xmdemos/motifgif/motifgif
/usr/lib/X11/xsample/xmdemos/motifshell/motifshell
/usr/lib/X11/xsample/xmdemos/xmsamplers/xmdialogs
/usr/lib/X11/xsample/xmdemos/xmsamplers/xmeditor
/usr/lib/X11/xsample/xmdemos/xmsamplers/xmfonts
```

Bild 14.9: Übergroße Dateien finden

Unbenutzte Dateien finden Sie mit der **atime** Option. Hinter **atime** setzen Sie die Mindest-Tageszahl, seit der nicht mehr auf die Datei zugegriffen wurde. Außerdem grenzen wir die zu findenden Dateien mit der **group** Option auf eine bestimmte Benutzer-Gruppe ein, da ansonsten viele System-Dateien gefunden würden. Mit **find /usr -atime +30 -group innocons -print** sehen Sie die Namen der Dateien, die Benutzern der Gruppe *innocons* gehören, und mit denen seit mehr als einem Monat nicht gearbeitet wurde.

```
# find /usr -atime +30 -group inncons -print
/usr/fritz/datenfile1
/usr/fritz/.lastlogin
/usr/fritz/datenfile2
/usr/fritz/datenfile3
/usr/fritz/sehrlangerDateiname
/usr/fritz/bericht_jan
/usr/fritz/bericht_feb
#
```

Bild 14.10: Unbenutzte Dateien finden

find können Sie auch einfach nach bestimmten Dateinamen su- Speicheraus-
chen lassen. Um alle temporären Dateien, die mit der Endung *tmp* zug-Dateien
angelegt wurden, zu finden, tasten Sie **find /usr -name *tmp** suchen
-print ein. Das Kommando **find / -atime +10 -name core -print**
sucht für Sie alle Speicherauszüge namens *core*, die seit mehr als
10 Tagen nicht ausgewertet wurden.

14. 4 .2 Plattenplatz schaffen

In regelmäßigem Abstand sollten Sie prüfen, ob veraltete oder
unbenutzte Dateien Plattenplatz belegen. So verhindern Sie, daß
der Plattenplatz ausgeht:

* Erinnern Sie die Benutzer daran, Ihre nicht mehr benötigten
  Dateien zu löschen.

* Reinigen Sie die *tmp*-Verzeichnisse mit dem Kommando **cle-
  antmp**, das zurückgebliebene temporäre Dateien löscht.

* Finden und löschen Sie *core* Dateien. *core* Dateien sind Speicherauszüge, die z.B. von nicht-normal beendeten Programmen geschrieben werden.

* Finden Sie besonders große Dateien und Verzeichnisse. Lassen Sie die Eigentümer dieser Dateien prüfen, ob Sie diese
  Dateien noch benötigen. Unbenötigte Dateien sollten gelöscht
  oder mit dem Kommando **compress** komprimiert werden.

Protokoll-
dateien
verwalten

- Prüfen Sie die Protokolldateien des Systems. Lagern Sie sie in regelmäßigen Abständen auf Datenträger aus und leeren Sie sie anschließend. Protokolldateien sind:

  > */etc/wtmp* - protokolliert den System-Zugang
  > */usr/adm/pacct* - protokolliert die Prozesse
  > */usr/adm/messages* - enthält System-Mitteilungen
  > */usr/spool/lp/logs/request* - sammelt Druckaufträge

- Komprimieren Sie große, aber selten benutzte Dateien mit dem Programm **compress**.

- Verringern Sie die Zerstückelung der Dateien auf Ihrer Festplatte, indem Sie die komplette Platte sichern und dann die Sicherung wieder einspielen oder sogenannte Defragmentier-Werkzeuge einsetzen.

14. 4 .3 Dateisysteme prüfen und reparieren

Für die Datensicherheit sollten Sie unbedingt darauf achten, daß die Dateisysteme Ihres Systems unbeschädigt sind. Reparieren Sie beschädigte Dateisysteme umgehend. Dateisysteme werden in erster Linie beschädigt, wenn das System nicht ordnungsgemäß heruntergefahren wird. Dies kann durch

- Stromausfall (bei Systemen ohne Notstromversorgung),
- System-Abstürze,
- Hardwaredefekte

passieren. Der dadurch bedingte Datenverlust hält sich im Regelfall aber in Grenzen, weil das UNIX System die meisten Daten wieder rekonstruieren kann. Nur in sehr seltenen Fällen werden durch Beschädigungen im Dateisystem ganze Dateien oder sogar das ganze Dateisystem unbrauchbar. In diesen Fällen müssen Sie die verlorenen Dateien aus einer Datensicherung einlesen.

Was macht
fsck?

Zum Prüfen und Reparieren von Dateisystemen nutzen Sie das Programm **fsck** (aus engl.: filesystem check - Dateisystem prüfen). **fsck** prüft die Konsistenz von Dateisystemen und repariert automatisch oder benutzergesteuert das Dateisystem. Bei jedem System-Start nach einem nicht-ordnungsgemäßen System-Halt wird **fsck** automatisch ausgeführt. Es prüft die Indexeinträge (engl.: inodes) und die Speicherblöcke, auf die sie zeigen, und reinigt das Dateisystem, indem Verbindungen und Verweise zwischen Indexeinträgen und Speicherblöcken im Dateisystem verfolgt und wiederhergestellt werden.

Möchten Sie **fsck** manuell starten, gehen Sie so vor:

1. Informieren Sie die System-Benutzer darüber, daß das System heruntergefahren wird, und lassen Sie diesen ausreichend Zeit, ihre Arbeit geordnet zu beenden. Fahren Sie das System in den Systemverwaltungs-Modus mit dem Kommando **shutdown su**.

2. Soll ein Dateisystem geprüft werden, das in das root Dateisystem eingehängt ist, hängen Sie dieses zunächst mit **umount** *dateisystem* aus. Auf der Systemverwalter Shell wählen Sie »**Filesystems**« ⇒ »**Unmount**«.

> **Und so geht's auf einer zeichenorientierten Shell**

3a. Auf einer zeichenorientierten Shell tasten Sie den Befehl **fsck -b /dev/root** ein, um das root-Dateisystem zu prüfen. Durch die Option **b** wird das root-Dateisystem automatisch ausgehängt. Möchten Sie ein anderes Dateisystem prüfen, nutzen Sie **fsck** ohne Option und übergeben als Argument den Namen der Gerätedatei des zu prüfenden Dateisystems. Möchten Sie beispielweise das /*u* Dateisystem prüfen, tasten Sie **fsck /dev/u** ein.

> **Und so geht's von der Systemverwalter Shell**

3b. Auf der Systemverwalter Shell wählen Sie »**Filesystem**« ⇒ »**Check**«. Tragen Sie den Namen des zu prüfenden Dateisystems ein oder öffnen Sie mit der Funktionstaste (F3) ein Auswahlfenster, aus dem Sie das gewünschte Dateisystem aussuchen können:

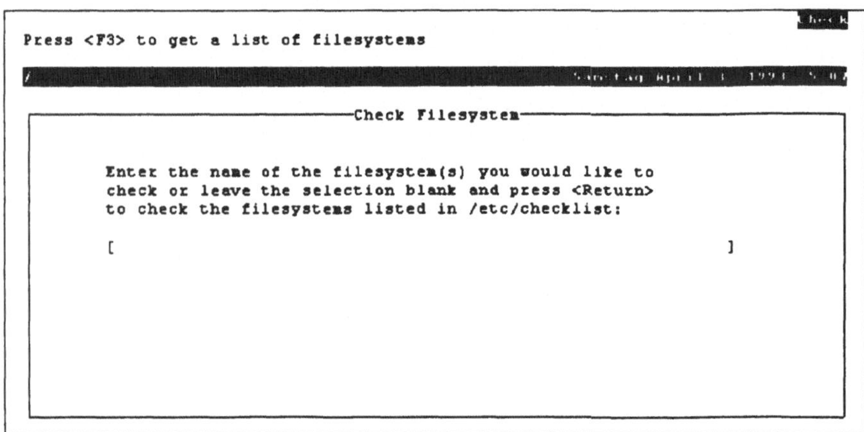

Bild 14.11: Systemverwalter Shell: Dateisystem prüfen

4. Das Programm durchläuft fünf Phasen wie in Bild 14.12:

```
** Phase 1 - Check Blocks and Sizes
** Phase 2 - Pathnames
** Phase 3 - Connectivity
** Phase 4 - Reference Counts
** Phase 5 - Check Free List
```

Bild 14.12: Die fünf Phasen der Dateisystem-Prüfung

5. Findet **fsck** während einer dieser Phasen Inkonsistenzen, werden Sie gefragt, ob der gefundene Fehler behoben werden soll. Antworten Sie mit **y**, damit **fsck** die Reparatur durchführt. Ist eine Datei so sehr beschädigt, daß **fsck** diese nicht reparieren kann, fragt das Programm, ob die Datei gelöscht werden darf.

14. 5   Prozesse verwalten

Überblick

In Abschnitt 7.5 haben wir gezeigt, wie jeder Benutzer seine eigenen (und der Systemverwalter alle) unkontrollierten Prozesse beenden kann. In diesem Abschnitt beschreiben wir, wie Sie schwierigere Prozeßprobleme handhaben, wenn

- das System für einen Benutzer oder für das Gesamt-System keine weiteren Prozesse annimmt oder
- ein Prozeß nicht abgebrochen werden kann.

14. 5 .1 Zu viele Prozesse

Jeder startende Prozeß wird in die Prozeßtabelle eingetragen. Die Anzahl der gleichzeitig bearbeiteten Prozesse, die in die Prozeßtabelle aufgenommen werden können, ist begrenzt. Zudem ist die Zahl der Prozesse pro Benutzer eingeschränkt. Wenn die maximale Anzahl der Prozesse pro Benutzer überschritten wird, meldet das System dem Benutzer *No more processes*. Bitten Sie den Benutzer, seine Prozesse zu beenden ((ENTFERNEN) -Taste) oder suchen Sie selbst nach einem sich unkontrolliert vervielfachenden Prozeß. Erzeugt der Systemverwalter oder ein System-Prozeß in einer Endlosschleife neue Prozesse, läuft die komplette Prozeßtabelle über und verhindert u.U. ein weiteres Arbeiten mit dem System. In diesem Fall hilft häufig nur noch der Reset-Schalter.

Die Prozeßtabelle

Kämpft ein Benutzer mit dem unkontrollierten Prozeß, zeigen Sie mit dem Befehl **ps -u benutzername** alle laufenden Prozesse dieses Benutzers an. Auf der Systemverwalter-Shell wählen Sie »**Jobs**« ⇒ »**Report**«. Sie erhalten alle Prozesse auf dem System und können die Prozesse des betreffenden Benutzers ausfiltern.

Suchen Sie aus der Aufstellung den unkontrollierten Prozeß anhand des entsprechenden Kommandonamens heraus und merken sich dessen Prozeßnummer (PID).

Und so beenden Sie einen unkontrollierten Prozeß

Haben Sie einen unkontrollierten Prozeß entdeckt, beenden Sie diesen auf einer zeichenorientierten Shell mit **kill -9 *prozeßnummer***.

Auf der Systemverwalter-Shell wählen Sie hierzu »**Jobs**« ⇒ »**Terminate**«. Nun tragen Sie den Namen des Benutzers, der Eigentümer dieses Prozesses ist, und die Prozeßnummer ein.

14. 5 .2 Nicht-abbrechbare Prozesse

Problem-
kinder

Ein Prozeß, der sich nicht mittels **kill -9** beenden läßt, ist nicht-ab-
brechbar. Wenn dieser Prozeß abgebrochen werden muß, damit
auf dem System weitergearbeitet werden kann, müssen Sie das
System komplett neu starten:

1. Teilen Sie dies den System-Benutzern mittels **wall** mit.

2. Stoppen und Starten Sie das System neu mit dem Kommando
    init 6.

14. 6   Benutzer verwalten

SCO UNIX verhindert unkontrollierte System-Nutzung durch
eine Zugangskontrolle, bei der Benutzername und Paßwort eingegeben werden müssen. Damit Benutzer mit Ihrem System arbeiten können, lesen Sie in diesem Kapitel zunächst, wie Sie einen
Benutzer-Eintrag einrichten. Für jeden Benutzer-Eintrag werden
zahlreiche Einstellungen wie eindeutiger Benutzername, Start-
Shell, Login-Verzeichnis, Anmelde- und Paßwort-Regeln gesetzt.
Wenn ein Benutzer nicht mehr am System arbeitet, kann sein
Benutzer-Eintrag geschlossen werden.

14. 6 .1 Benutzer-Eintrag einrichten

In diesem Abschnitt beschreiben wir, wie Sie einem Benutzer
Zugang zum System schaffen. Jeder Benutzer sollte eine individuelle Benutzer-Kennung (Login-Name) erhalten, unter der er im
System arbeitet. So ist immer nachvollziehbar, wer im System
arbeitet. Jeder Benutzer kann so in seinem Verzeichnisast seine
Daten geschützt speichern. Durch die Zuordnung von Benutzern
zu Gruppen ist gleichzeitig Teamarbeit mit gemeinsamer Nutzung von Daten möglich.

Neue
Benutzer-
Kennung
eintragen

Einen neuen Benutzer-Eintrag richten Sie von der Systemverwalter Shell ein. Wählen Sie hierzu »**Accounts**« ⇒ »**User**« ⇒ »**Create**«. Sie sehen ein Auswahlfenster wie in Bild 14.13, in das Sie die
neue Benutzer-Kennung (engl.: Username) und einen Kommentar, z.B. die Anschrift oder die Telefonnummer des Benutzers,

schreiben können. Dann entscheiden Sie, ob Sie die voreingestellten Werte für den Benutzer-Eintrag übernehmen möchten. Im Abschnitt 14.6.3 lesen Sie, wie Sie diese Einstellungen verändern.

```
Use the suggested parameters                                            Create

/                                              Samstag April 3  1993  5 08

                        ┌──────Make a new user account──────┐
    Username       : [hans            ]

    Comment        : [Hans Mustermann                              ]

    Modify defaults?   Yes      No
```

Bild 14.13: Einen neuen Benutzer-Eintrag einrichten

Wenn Sie den Benutzer-Eintrag nicht individuell verändern möchten, wählen Sie in der »*Modify defaults*«-Zeile den Wert »**No**«.

Bestätigen Sie Ihre Auswahl, und betrachten Sie, wie der Benutzer-Eintrag aufgebaut wird. Hierzu wird:

• das Login-Verzeichnis des Benutzers eingerichtet,

• eine Shell ausgewählt und die Startdateien in das Login-Verzeichnis kopiert und

• eine Begrüßungs-Post an den Benutzer gesandt.

Nachdem der Benutzer-Eintrag erfolgreich eingerichtet ist, können Sie ein Anfangs-Paßwort für den neuen Benutzer auswählen. Um ein Anfangs-Paßwort vorzugeben, wählen Sie in der »*Assign Password*«-Zeile den Punkt »**Now**« (dt.: jetzt). Wählen Sie, wie in Kapitel 3 beschrieben, ein selbstgewähltes oder ein automatisch erzeugtes Anfangs-Paßwort für den Benutzer. In der Zeile »*Force change at first login*« legen Sie fest, ob der Benutzer beim ersten Anmelden ein neues, eigenes Paßwort vergeben muß (Auswahl:

Start-Paßwort
vorgeben

»**Yes**«) oder mit dem Anfangs-Paßwort weiterarbeiten kann (Auswahl: »**No**«).

Und das bedeuten die anderen Auswahlpunkte:

- Wählen Sie in diesem Fenster die »*Later*«-Option, verschieben Sie die Paßwort-Vergabe in die Zukunft. Unter der neuen Benutzer-Kennung kann sich niemand einloggen, solange Sie das Anfangs-Paßwort noch nicht gesetzt haben.

- Bei »**Blank**« kann sich der neue Benutzer zunächst ohne Paßwort einloggen, muß aber dann sofort sein Paßwort setzen.

- »**Remove**« ermöglicht das Arbeiten unter der Benutzer-Kennung, ohne daß ein Paßwort vergeben werden muß.

Einstellungen individuell anpassen

Wählen Sie »**Yes**« in der Zeile »*Modify defaults*«, können Sie die Benutzer-Umgebung individuell anpassen. Folgende Einstellungen können Sie beeinflussen:

- Login-Gruppe,
- Zugehörigkeit zu weiteren Gruppen,
- Login-Shell,
- Login-Verzeichnis und
- Benutzer-Identifikationsnummer (UID).

Auf Ihrem Bildschirm erscheint das Fenster »*New user account parameters*« (wie im Bild 14.14).

Gruppe auswählen

Die Markierung steht in der »**Login group**«-Zeile. Als Standard-Gruppe wird die Gruppe *group* vorgeschlagen. Wenn der Benutzer nach dem Einloggen in einer anderen Benutzer-Gruppe arbeiten soll, wählen Sie die »**Specify**«-Option in dieser Zeile. Betätigen Sie die Funktionstaste (F3), um aus einer Liste der vorhandenen Gruppen auszuwählen, oder tragen Sie den Namen einer Gruppe direkt ein. Geben Sie einen Gruppennamen an, der (noch) nicht existiert, wird diese Gruppe eingerichtet. Näheres lesen Sie im Abschnitt 14.6.2.

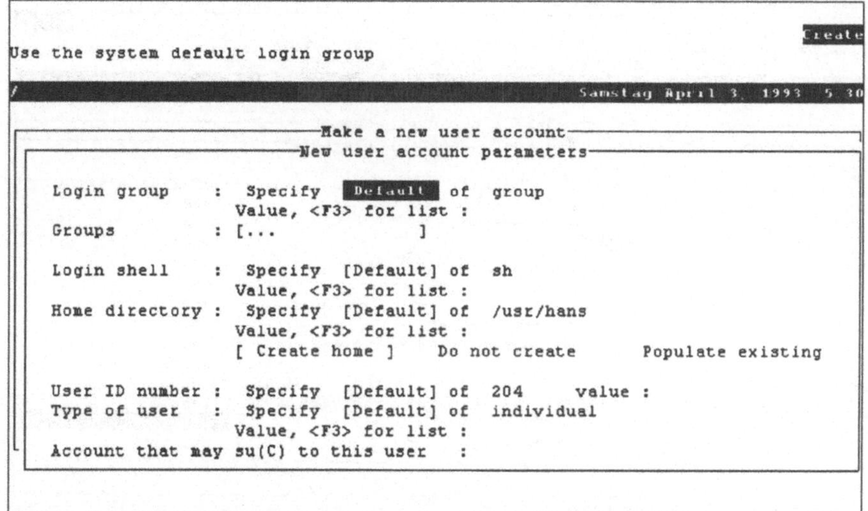

Bild 14.14: Den Benutzer-Eintrag individuell einstellen

Verschieben Sie die Markierung in die »*Groups*«-Zeile, können Sie den Benutzer zum Mitglied weiterer Gruppen machen. Es erscheint ein Fenster, in dem die Gruppen angezeigt werden, denen der Benutzer bisher angehört (im Regelfall nur die Login-Gruppe). Rufen Sie mit der Funktionstaste F3 wieder das Auswahlfenster auf, in dem die vorhandenen Gruppen angezeigt werden. Bewegen Sie die Markierung auf jede Gruppe, die Sie auswählen wollen, und betätigen Sie dann die Leer -Taste. Die so ausgewählten Gruppen sind dann durch einen vorangestellten Stern markiert (Bild 14.15).

Haben Sie die Auswahl abgeschlossen, dann betätigen Sie die Eingabe -Taste. Die ausgewählten Gruppen erscheinen nun auch im Fenster, das die Gruppen des Mitglieds anzeigt.

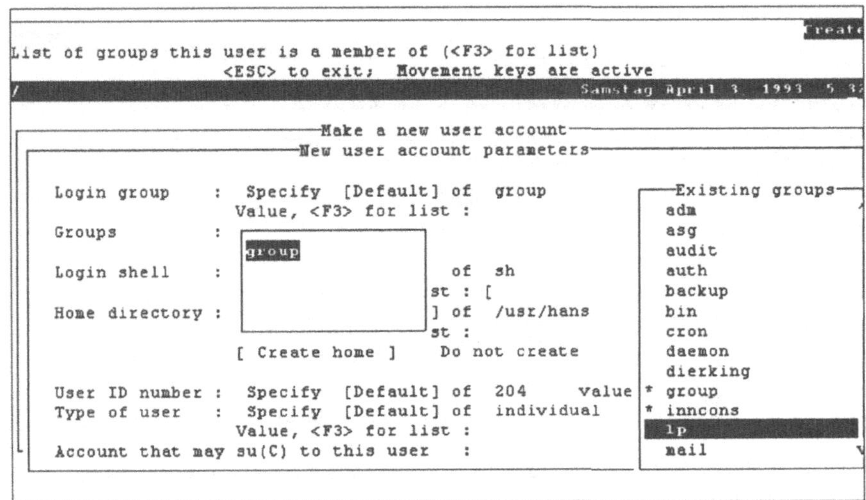

Bild 14.15: Gruppen auswählen

Shell
auswählen

Im Feld Login-Shell können Sie die voreingestellte Bourne Shell **sh** übernehmen oder eine andere Start-Shell eintragen. Hierzu wählen Sie »**Specify**« und lassen sich dann mit (F3) eine Liste möglicher Shells anzeigen, aus der Sie auswählen.

Login-
Verzeichnis
einrichten

In der »*Home Directory*«-Zeile legen Sie fest, in welchem Verzeichnis der Benutzer startet und Dateien und Verzeichnisse anlegen kann. Markiert ist der voreingestellte Pfad zum Login-Verzeichnis. Möchten Sie ein anderes Verzeichnis eintragen, wählen Sie »**Specify**« und schreiben dann den Pfad zum gewünschten Login-Verzeichnis. Jetzt legen Sie fest, ob das angegebene Verzeichnis erstellt (»**Create home**«) oder nicht erstellt werden soll (»**Do not create**«), oder bereits existiert (»**Populate existing**«).

Die erste freie UID (Benutzer-Identifikationsnummer, engl.: User ID number) für den Benutzer wird Ihnen in der nächsten Zeile vorgeschlagen. Wenn Sie Benutzer in bestimmte Zahlenbereiche einordnen möchten, können Sie diesen Wert ändern.

Pseudo-User

Die weiteren Einstellungen sind nur bei einem Benutzer-Eintrag für einen sogenannten Pseudo-Benutzer von Interesse. Standardmäßig ist ein Benutzer-Eintrag auf den Typ »**Individual**« eingestellt. Wenn der Benutzer-Eintrag aber von anderen Benutzern für bestimmte Aufgaben genutzt werden soll, dann tragen Sie in diesem Feld einen anderen Benutzer-Typ ein und geben in der untersten Bildschirmzeile an, welche Benutzer auf diesen Benutzer-Eintrag wechseln dürfen.

Ein Login-Verzeichnis für mehrere Benutzer

Möchten Sie, daß die Benutzer einer Login-Gruppe mit einem gemeinsamen Login-Verzeichnis arbeiten, gehen Sie so vor:

1. Richten Sie die Benutzer ein. Wählen Sie dabei »**Modify defaults**«, um die Benutzer-Umgebung neu einzustellen. Tragen Sie für die Benutzer, die sich ein Login-Verzeichnis teilen sollen, eine gemeinsame Login-Gruppe ein.

2. Tragen Sie beim Einrichten der entsprechenden Benutzer das gemeinsame Verzeichnis ein. Hierzu bewegen Sie die Markierung in die »*Home directory*«-Zeile. Wählen die »**Specify**«-Option und tragen jeweils den Pfad zum gemeinsamen Login-Verzeichnis ein. Besteht dieses Verzeichnis noch nicht, erstellen Sie beim ersten Benutzer dieser Gruppe das Verzeichnis mit der »**Create home**«-Option. Bei den weiteren Benutzern wählen Sie »**Do not create**«, wenn sie mit derselben Shell wie der erste Benutzer arbeiten, oder »**Populate existing**« bei einer anderen Shell.

3. Nachdem Sie die Benutzer-Einträge eingerichtet haben, verlassen Sie die Systemverwalter Shell und wechseln mittels **cd** in das gemeinsame Login-Verzeichnis. Mit diesen Kommandos machen Sie das Verzeichnis allen Benutzern derselben Login-Gruppe zugänglich:

```
% chmod 775 .
% chown auth .
```

Bild 14.16: Rechte für ein gemeinsames Login-Verzeichnis setzen

Zugriffs-
Rechte setzen

Der **chmod 775 .** Befehl setzt, in der Oktal-Schreibweise (siehe Kapitel 5), Lese-, Schreib- und Ausführ-Rechte für alle Benutzer der gemeinsamen Login-Gruppe. Mit **chown auth** wird **auth** als Eigentümer des gemeinsamen Verzeichnisses eingetragen, so daß niemand aus der Login-Gruppe die Zugriffs-Berechtigungen auf das Verzeichnis ändern kann.

4. Je nach Start-Shell passen Sie nun auch die Zugriffs-Berechtigungen der Startup-Dateien an.
C Shell:

```
chmod 660 .login .cshrc
```

Bild 14.17: C Shell: Zugriffs-Berechtigungen der Startup Dateien setzen

Bourne Shell:

```
chmod 660 .profile
```

Bild 14.18: Bourne Shell: Zugriffsrechte der Startup Dateien setzen

Korn Shell:

```
chmod 660 .profile .kshrc
```

Bild 14.19: Korn Shell: Zugriffsrechte der Startup Dateien setzen

14. 6 .2 Gruppen einrichten

Sie können eine neue Benutzer-Gruppe aus der Systemverwalter Shell einrichten, wenn Sie einen neuen Gruppen-Namen beim Einrichten oder Bearbeiten eines Benutzer-Eintrags in den Zeilen »*Login groups*« oder »**Groups**« eintragen. Es erscheint das »*Create group*«-Fenster:

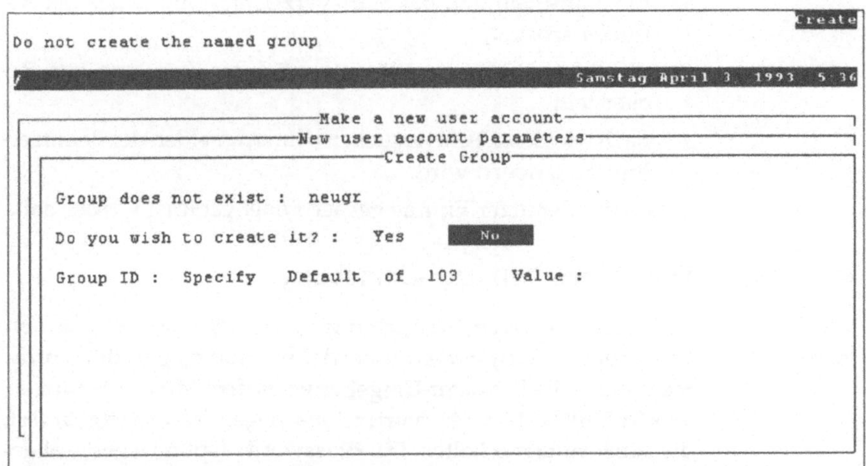

Bild 14.20: Eine neue Gruppe einrichten

Setzen Sie die Markierung in der Zeile *»Do you wish to create it«*
auf »**Yes**«. Nun können Sie die vorgeschlagene Gruppen-Identifikationsnummer (GID) übernehmen oder eine andere eintragen.

14. 6 .3 Benutzer-Einträge verändern

Sie können die Umgebung aller Benutzer (global) oder einzelner
Benutzer (individuell) verändern.

Für alle Benutzer können Sie u.a.

* die Paßwort-Regeln festlegen, die auf Ihrem System eingehal-
  ten werden müssen,
* die Anzahl der Fehlversuche beim Anmelden festlegen, bevor
  der Benutzer-Eintrag oder das Endgerät gesperrt werden und
* die Privilegien auswählen, die alle Benutzer erhalten sollen.

Für einzelne Benutzer steuern Sie u.a.

* die Paßwort-Regeln für den Benutzer,
* die Benutzer-Gruppe, in der der Benutzer startet und die
  weiteren Gruppen, in denen der Benutzer Mitglied ist,

- die Start-Shell und das Start-Verzeichnis, mit denen der Benutzer arbeitet,

- die Prioritätsstufe des Benutzer bei der Zuteilung von Rechenzeit,

- nach wievielen Fehlversuchen beim Anmelden der Benutzer-Eintrag gesperrt wird,

- ob der Benutzer-Eintrag gesperrt oder geöffnet werden soll.

Die globale Benutzer-Umgebung

Paßwort-
Regeln

Die globale Benutzer-Umgebung ist abhängig von der Sicherheitsebene Ihres Systems, die bei der Installation gewählt wurde. Sie steuern die Benutzer-Umgebung aus dem Menü »**Accounts**« ⇒ »**Defaults**«. Mit »**Authorizations**« legen Sie Privilegien fest, die alle Benutzer erhalten. Die »**Password**«-Option legt die allgemein gültigen Paßwort-Regeln wie in Bild 14.21 fest.

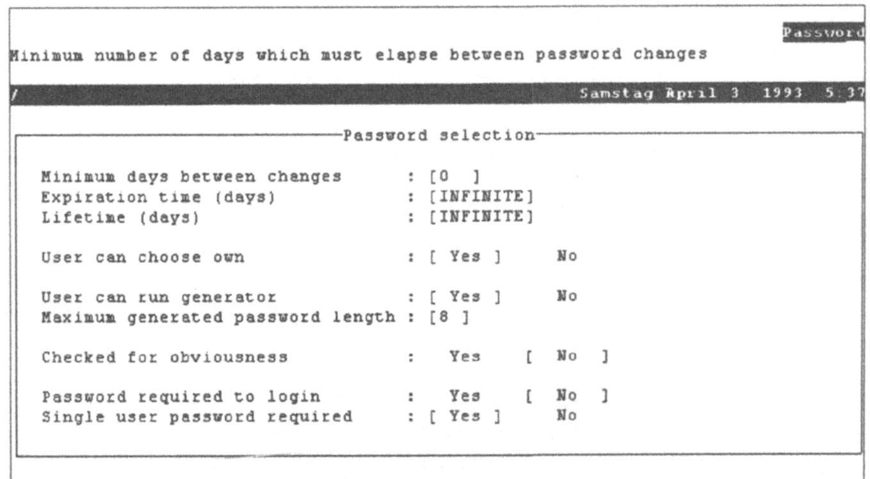

Bild 14.21: Paßwort-Regeln einsehen und verändern

Zugangs-
Regeln

Die Paßwort-Regeln helfen dem Systemverwalter, die Zugangskontrolle zum System auch über längere Zeit sicherzustellen. Hierzu kann der Systemverwalter die Benutzer u.a. dazu veranlassen, ihr Paßwort in regelmäßigen Abständen zu ändern. Folgende Paßwort-Regeln können Sie einstellen:

- Mindest-Abstand zwischen zwei Paßwort-Änderungen (engl.: minimum days between changes) in Tagen

- Haltbarkeitsdatum eines Paßworts (engl.: expiration time): nach Ablauf dieser Zeit wird der Benutzer aufgefordert, ein neues Paßwort zu wählen

- Lebensdauer (engl.: lifetime) des Paßwortes: wenn innerhalb dieser Zeit das Paßwort nicht geändert wird, sperrt das System den Benutzer-Eintrag

- der Benutzer darf sein Paßwort selbst wählen (engl.: user can choose own),

- der Benutzer darf sein Paßwort automatisch erzeugen lassen (engl.: user can run generator)

- maximale Zeichenlänge des automatisch erzeugten Paßwortes (engl.: maximum generated length),

- minimale Zeichenlänge des Paßwortes (engl.: minimum length),

- Paßwort inhaltlich prüfen (engl.: check for obviousness): das System prüft, ob als Paßwort ein englisches Wort gewählt wurde, das im Wörterbuch des Systems eingetragen ist, und lehnt solche Paßwörter ab.

- Paßwort muß vorhanden sein, damit der Benutzer sich einloggen kann (engl.: password required to login),

- Paßwort-Abfrage beim Wechseln in den Systemverwaltungs-Modus (engl.: single user password required).

Die auf Ihrem System voreingestellten Werte sind abhängig von der Sicherheitsebene Ihres Systems.

Wählen Sie »**Accounts**« $\Rightarrow$ »**Defaults**« $\Rightarrow$ »**Login**«, um festzulegen, wie das System auf (beabsichtigte und unbeabsichtigte) Angriffe auf die Zugangskontrolle reagieren soll. In Auswahlfenster 14.22 stellen Sie folgende Parameter ein:

- Anzahl der fehlgeschlagenen Anmelde-Versuche, bevor das System das Endgerät bzw. den Benutzer-Eintrag sperrt und

- Verzögerung zwischen den Login-Aufforderungen (in Sekunden) und

- Zeitspanne, in der ein Anmelde-Versuch erfolgreich durchgeführt werden kann.

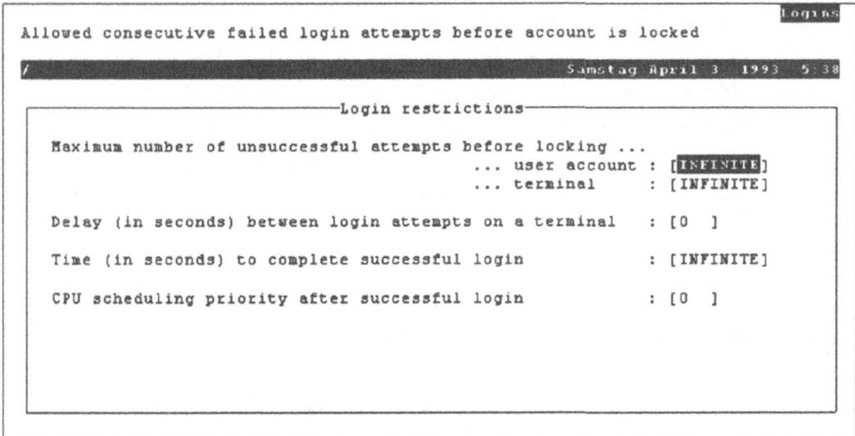

Bild 14.22: Einstellung der Zugangskontrolle

Die individuelle Benutzer-Umgebung

Die individuelle Benutzer-Umgebung sehen und ändern Sie in
»**Accounts**« ⇒ »**User**« ⇒ »**Examine**«. Tragen Sie den Namen des
Benutzers ein, dessen Umgebung Sie einsehen möchten.

Sie wählen nun im Fenster aus:

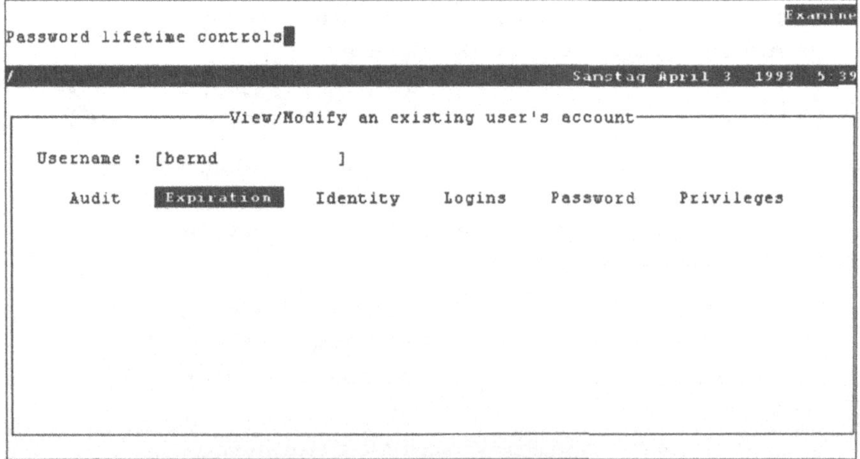

Bild 14.23: Einstellen der individuellen Benutzer-Umgebung

- »**Audit**« steuert, welche Handlungen des Benutzers bei eingeschalteter System-Überwachung (engl.: Audit) aufgezeichnet werden. Haben Sie die Überwachung nicht eingeschaltet, haben die Einstellungen in diesem Auswahlfenster keine Funktion.

- »**Expiration**« legt die benutzerspezifische Haltbarkeit des Paßwortes fest,

- »**Identity**« wählen Sie, um Gruppenzugehörigkeit, Start-Shell, Login-Verzeichnis, Kommentar zum Benutzer-Eintrag und Rechenzeit-Priorität zu sehen und zu ändern,

- »**Login**« steuert die Zugangskontrolle über einen Benutzernamen. Eingesehen werden können die Zeitpunkte des letzten erfolgreichen und erfolglosen Anmeldens und die dazugehörigen Endgeräte. Sie können festlegen, wie oft zu einer Benutzer-Kennung falsche Paßworte hintereinander eingegeben werden dürfen, bevor der Eintrag gesperrt wird. Von hier aus können Sie den Benutzer-Eintrag auch sperren und öffnen.

- »**Password**« enthält diese Paßwort-Regeln

  > Wird ein Paßwort zum Anmelden benötigt?

  > Kann der Benutzer sein Paßwort selbst wählen?

  > Kann der Benutzer sein Paßwort automatisch erzeugen lassen?

  > Wie lang ist ein für den Benutzer automatisch erzeugtes Paßwort?

  > Soll das Paßwort inhaltlich geprüft werden?

  > Muß das Paßwort beim nächsten Login geändert werden?

- »**Privileges**« stellt die Sonder-Berechtigungen des Benutzers im System ein.

14. 6 .4 Gesperrten Benutzer-Eintrag öffnen

Arbeitet Ihr System auf erhöhter oder hoher Sicherheitsebene, sperrt das System einen Benutzer-Eintrag automatisch, wenn eine dieser Bedingungen erfüllt wird

- jemand versuchte zu häufig, mit der Benutzer-Kennung und einem falschen Paßwort ins System zu gelangen,

- das Paßwort wurde nicht in der festgelegten Zeitspanne erneuert.

Außerdem kann der Systemverwalter einen angegebenen Benutzer-Eintrag mit »**Accounts**« ⇒ »**User**« ⇒ »**Examine**« ⇒ »**Logins**« und der Option »**Apply administrative lock**« sperren, um das Arbeiten unter dieser Kennung zu verhindern.

Um einen gesperrten Benutzer-Eintrag wieder zu öffnen, wählen Sie »**Accounts**« ⇒ »**User**« ⇒ »**Examine**« ⇒ »**Logins**«, bewegen die Markierung in die Zeile »*Lock status*« und wählen dort die Option »**Clear all locks**« (dt.: entferne alle Sperren).

14. 6 .5 Benutzer-Einträge schließen

Wird ein Benutzer-Eintrag nicht mehr genutzt, sollten Sie diesen schließen. Je nach Sicherheitsstufe Ihres Systems kann ein Benutzer-Eintrag

- komplett gelöscht (nicht bei hoher Sicherheitsstufe) oder
- aufgehoben werden (alle Sicherheitsstufen).

Ein deaktivierter Benutzer-Eintrag kann (bei niedriger Sicherheitsstufe) wieder aktiviert werden.

Benutzer-Eintrag aufheben

Von der Systemverwalter Shell können Sie einen Benutzer-Eintrag aufheben, wenn dieser nicht mehr zum System-Zugang genutzt wird. Hierzu wählen Sie »**Accounts**« ⇒ »**User**« ⇒ »**Retire**« und tragen die entsprechende Benutzer-Kennung ein. Im folgenden Fenster müssen Sie den Auswahlpunkt »**Yes**« bestätigen, damit der Benutzer tatsächlich aufgehoben wird.

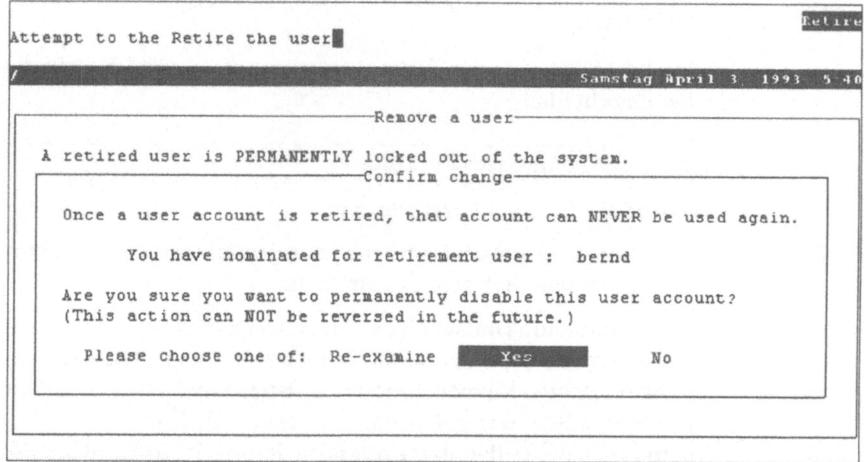

Bild 14.24: Benutzer-Eintrag aufheben

Versucht jemand, sich unter dem aufgehobenen Namen einzulog-
gen, meldet das System, daß der Eintrag aufgehoben wurde:
Account has been retired -- logins are no longer allowed (dt.: Eintrag
wurde aufgehoben -- Einloggen nicht mehr erlaubt).

Login-Ver-
such mit auf-
gehobener
Kennung

Hierdurch werden die Einträge des Benutzers in den Dateien
/etc/passwd und */etc/groups* nicht gelöscht. Das bedeutet, daß Sie
zukünftig keinen Benutzer mit dieser Benutzer-Kennung einrichten können.

Wenn Ihr System nicht auf einer hohen Sicherheitsstufe arbeitet,
können Sie einen aufgehobenen Benutzer-Eintrag wieder einschalten. Sie benutzen hierzu den Befehl **/tcb/bin/unretire**. Als
Argument übergeben Sie **unretire** die entsprechende Benutzer-
Kennung.

Benutzer-Eintrag löschen

Arbeitet Ihr System nicht auf hoher Sicherheitsstufe, können Sie
einen Benutzer-Eintrag vollständig löschen. Der Befehl hierzu ist
nur auf zeichenorientierten Shells verfügbar, steht im Verzeichnis
/tcb/bin und heißt **rmuser**. **rmuser** entfernt den Benutzer-Eintrag,
dessen Benutzer-Kennung Sie als Argument übergeben, aus den

Dateien */etc/passwd*, */etc/group* und aus der geschützten Paßwort-Datenbank.

In Bild 14.25 löscht der Systemverwalter auf unserem System die Benutzerin ida:

```
# /tcb/bin/rmuser ida
```

Bild 14.25: Benutzer-Eintrag löschen

Das **rmuser** Kommando arbeitet nur, wenn kein Prozeß dieses Benutzers mehr auf dem System läuft.

Kennung ist wiederverwendbar

Das Kommando **rmuser** löscht einen Benutzer so gründlich, daß Sie später erneut einen Benutzer-Eintrag mit der gleichen Kennung einrichten können. Sind noch Dateien im System, die dem gelöschten Benutzer gehörten, so erscheint als Eigentümer nach dem Löschen des Benutzers nur noch dessen alte Identifikationsnummer.

14. 7 Drucker verwalten

In diesem Abschnitt lesen Sie, wie Sie Drucker in das SCO UNIX System einbinden und Druckaufträge verwalten.

14. 7 .1 Drucker einrichten

Ein oder mehrere Drucker sind Bestandteil der meisten UNIX Systeme. Damit Sie etwas auf einem Drucker ausgeben können, müssen folgende Arbeiten durchgeführt werden:

- Herstellen der Kabelverbindung zwischen Drucker und UNIX-Zentraleinheit

- Einrichten des Druckers unter SCO UNIX

- Starten des Drucker-Spoolers und Einschalten der Druckauftrags-Bearbeitung

Sie können Drucker an die seriellen oder die parallelen Schnittstellen Ihres Systems anschließen. Näheres über die Kabelverbindung des Druckers entnehmen Sie der Dokumentation zu Ihrem Drucker. In diesem Abschnitt beschränken wir uns darauf, die Verbindung zwischen Drucker und Zentraleinheit zu testen und anschließend den Drucker-Spooler einzurichten und einzuschalten.

Und so richten Sie einen Drucker ein

1. Nur bei seriellem Anschluß: Nachdem Sie die Kabelverbindung hergestellt haben, sperren Sie die entsprechende serielle Schnittstelle für Login-Versuche mit dem Kommando **disable** *schnittstelle*. An die Position *»schnittstelle«* setzen Sie den Namen der Gerätedatei (z.B. */dev/tty1a*), die dem seriellen Anschluß entspricht.

2. Prüfen Sie die Verbindung zum Drucker, indem Sie die Ausgabe eines Kommandos auf die Gerätedatei des Druckers umleiten.
Bei seriellem Anschluß hat z.B. die Ausgabeumlenkung des **who** Befehls das Format

   who > /dev/tty*XX*

   wobei für »*XX*« die Bezeichnung der seriellen Schnittstelle (z.B. *1a* oder *006*) einzutragen ist.
   Bei parallelem Anschluß geben Sie

   who > /dev/lp*X*

   ein. Das »X« ersetzen Sie durch die Nummer des benutzten parallelen Ports.

Ausgabe-Umlenkung auf Drucker

Spricht ein funktionsfähiger Drucker nicht auf diese Ausgabeumlenkung an, prüfen Sie, ob

Verbindung prüfen

- die Kabelverbindung zwischen Drucker und Zentraleinheit funktioniert,

- der Drucker hardware-seitig richtig konfiguriert ist,

- Sie irrtümlich die Modemsteuerung der seriellen Schnittstelle (also z.B. */dev/tty1A* anstelle von */dev/tty1a*) ansprechen,

- die serielle oder parallele Schnittstelle vom System beim System-Start erkannt wird. Sie prüfen dies mit dem Kommando **hwconfig name=serial** bzw. **hwconfig name=parallel**. Wenn notwendig, müssen Sie die Schnittstellen mit den Kommandos **mkdev serial** bzw. **mkdev parallel** dem System bekannt machen. Nutzen Sie eine intelligente Schnittstellenkarte (smart card), müssen Sie die Gerätetreiber-Software installieren, bevor Sie die Schnittstellen zum Drucker-Anschluß nut-

Schnittstelle prüfen

zen können. Weitere Informationen finden Sie in den Manualseiten zu **hwconfig** und **mkdev**.

- Benutzen Sie andere Schnittstellen des Systems, um den Drucker zu testen.

3. Erscheint die Ausgabe des umgelenkten Kommandos auf dem Drucker, starten Sie die Systemverwalter Shell. Wählen Sie »**Printers**« ⇒ »**Configure**« ⇒ »**Add**«. Sie tragen die Drucker-Parameter in das Auswahlfenster 14.26 ein:

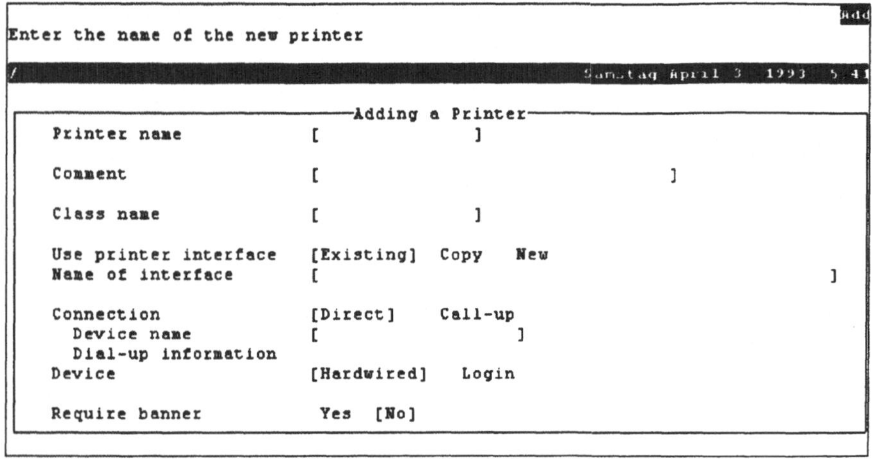

Bild 14.26: Drucker-Parameter eintragen

Drucker-
parameter

Folgende Parameter müssen Sie einstellen, um den Drucker in das UNIX System einzubinden:

- Drucker-Name (engl.: printer name)

- Drucker-Klasse: Tragen Sie ein, zu welcher Drucker-Klasse Ihr Drucker gehört, oder wählen Sie aus dem Auswahlfenster, das Sie mit der Funktionstaste (F3) aktivieren.

- Drucker-Schnittstelle (interface): Geben Sie an, ob Sie eine auf dem System verfügbare Drucker-Schnittstelle nutzen oder eine neue installieren möchten.

- Name der Drucker-Schnittstelle (engl.: name of interface): Tragen Sie den Namen der zu nutzenden Schnittstelle (z.B. postscript für Postscript-Drucker oder HPLaserjet für Hewlett Packard Laserjet-Drucker) ein. Mit der Funktions-taste [F3] lassen sich die bereits verfügbaren Drucker-Schnittstellen anzeigen und auswählen.

> Verbindungsart (engl.: connection): Ist der Drucker direkt oder über Wählverbindung (engl.: call up connection) ans System angeschlossen?

> Geräteschnittstelle: Name der Gerätedatei, über die der Drucker angesteuert wird (z.B. */dev/tty1a* für seriellen Drucker an COM1 oder */dev/lp0* für den ersten parallelen Drucker).

> Anwahlinformation (engl.: dial up information): Telefonnummer bei Anwahl über Modem oder System-Name im Netzwerk.

> Schnittstellennutzung (»*Device*«-Zeile): Die Schnittstelle steht exklusiv für den Drucker zur Verfügung (»**Hardwire**«), oder die Schnittstelle wird auch zum Anmelden über Endgeräte genutzt (»**Login**«).

> immer Identifikationsseite drucken (require banner). Die Informationsseite kann als erste Seite jedes Druckauftrags ausgegeben werden. Anhand der Informationsseite können Sie schnell erkennen, welchem Benutzer dieser Ausdruck gehört und welche Datei gedruckt wurde.

4. Bestätigen Sie Ihre Auswahl mit der [Eingabe] -Taste

5. Starten Sie den Drucker-Spooler und die Auftragsannahme mit folgenden Kommandos auf der Systemverwalter Shell:

   Auftragsannahme starten

   »**Printers**« ⇒ »**Schedule**« ⇒ »**Begin**«
   »**Printers**« ⇒ »**Schedule**« ⇒ »**Enable**«
   »**Printers**« ⇒ »**Schedule**« ⇒ »**Accept**«

14. 7 .2 Standard-Drucker festlegen

Haben Sie mehrere Drucker im System, können Sie einen Drucker systemweit als Standard-Drucker festlegen. Auf diesem werden alle Druckaufträge ausgegeben, wenn der Benutzer keinen Zieldrucker angibt.

Und so geht's von zeichenorientierten Shells

Von einer zeichenorientierten Shell starten Sie das Kommando
/usr/lib/lpadmin -d *druckername*. Der angegebene Drucker wird
so zum Standard-Drucker des Systems.

Und so geht's von der Systemverwalter Shell

Auf der Systemverwalter Shell wählen Sie »**Printers**« ⇒ »**Configure**« ⇒ »**Default**«. Tragen Sie nun den Drucker-Namen ein oder
wählen mit der Funktionstaste (F3) aus der Liste verfügbarer
Drucker.

individueller
Standard-
drucker

Setzt der Systemverwalter keinen systemweiten Standard-Druk-
ker oder möchte ein Benutzer einen anderen Standard-Drucker,
kann jeder Benutzer seinen eigenen Standard-Drucker festlegen.
Hierzu müssen Sie die *LPDEST* Variable in Ihrer Arbeitsumgebung (engl.: environment) belegen.

Auf der C Shell benutzen Sie folgendes Kommandoformat:

setenv LPDEST *druckername*

Bourne Shell-Benutzer rufen dieses Kommando auf:

LPDEST=*druckername*
export LPDEST

Diese Kommandos können Sie in Ihre Startup-Dateien schreiben,
um mit jedem Einloggen Ihren individuellen Standard-Drucker
festzulegen (siehe Kapitel 7).

14. 7 .3 Druckaufträge verwalten

Der Drucker-
Spooler

Der Drucker-Spooler kontrolliert in der UNIX-Mehrbenutzer-
Umgebung, daß alle ankommenden Druckaufträge in eine Warteschlange eingereiht und nacheinander ausgeführt werden.
Würden mehrere Benutzer gleichzeitig den Drucker direkt ansprechen, käme nur Zeichenchaos auf das Papier. Aus diesem
Grund setzen die Benutzer mit dem Kommando **lp** (siehe Kapitel
3) ihre Druckaufträge an der Drucker-Spooler ab. Der Drucker-
Spooler liefert dem Benutzer für jeden Druckauftrag eine Auf-
tragsbestätigung zurück. Diese besteht aus dem Namen des

Druckers (engl.: printer destination), auf dem gedruckt wird, und der Auftragsnummer. Über die Auftragsnummer können Sie einen Druckauftrag steuern, nachdem Sie ihn abgeschickt haben.

Übersicht über Druckaufträge

Mit dem Kommando **lpstat** können Sie sich über Ihre druckenden oder wartenden Druckausgaben informieren (Bild 14.27):

```
# lpstat
lp-190            root         1050     Apr  3  05:42  on lp
#
```

Bild 14.27: Druckaufträge anzeigen

Das **lpstat -t** Kommando zeigt Ihnen ausführliche Informationen über den Betriebszustand von Drucker und Spooler:

Drucker-Status

```
# lpstat -t
scheduler is running
system default destination: lp
device for lp0: /dev/lp
device for doslp: /dev/lp
device for lp: /dev/lp0
lp0 accepting requests since Thu Oct 10 14:28:53 1991
doslp accepting requests since Fri Sep  04 15:21:10 1992
lp accepting requests since Fri Sep  4 15:21:10 1992
printer lp0 is idle. enabled since Wed Oct 16 03:59:34 1991. available
printer doslp is idle. enabled since Fri Sep 4 15:20:54 1992. available
printer lp now printing. enabled since Fri Sep 4 15:20:54 1992. availab
lp-190            root         1050     Apr  3  05:42  on lp
#
```

Bild 14.28: Betriebszustand des Druckers abfragen

Druckauftrag löschen

Drucken Sie mit dem **lp** Kommando oder zeigen Sie sich die Druckauftrags-Übersicht mit **lpstat** an, sehen Sie zu den Druckaufträgen die Auftragsnummern. Möchten Sie einen Druckauftrag löschen, nutzen Sie das zeilenorientierte Kommando **cancel** mit der Auftragsnummer des Druckauftrags.

Auf der Systemverwalter Shell wählen Sie »**Printers**« ⇒ »**Request**« ⇒ »**Cancel**«.

Druckaufträge verschieben

Wenn ein Drucker ausfällt oder Druckaufträge für einen bestimmten Drucker ungeeignet sind, können Sie Ihre Druckaufträge verschieben.

Auf einer zeichenorientierten Benutzeroberfläche nutzen Sie das **lpmove** Kommando. Im folgenden Kommandoformat verschieben Sie alle Druckaufträge eines Druckers auf einen anderen Drucker:

/usr/lib/lpmove *drucker_1 drucker_2*

Mit dem nächsten Kommandoformat bewegen Sie ausgewählte, wartende Druckaufträge auf einen anderen Drucker:

/usr/lib/lpmove *auftragsnummer(n) drucker*

Auf der Systemverwalter Shell wählen Sie hierzu »**Printers**« ⇒ »**Request**« ⇒ »**Move**«

Drucker für weitere Aufträge sperren

Ist ein Drucker überlastet, können Sie diesen für weitere Aufträge sperren.

Tasten Sie hierzu das Kommando */usr/lib/reject druckername* ein oder wählen Sie den Drucker auf der Systemverwalter Shell mit »**Printers**« ⇒ »**Schedule**« ⇒ »**Reject**«.

Die an diesem Drucker wartenden Druckaufträge werden weiter bearbeitet.

Mit dem Kommando **/usr/lib/accept** *druckername* heben Sie die Sperrung wieder auf. Von der Systemverwalter Shell starten Sie »**Printers**« ⇒ »**Schedule**« ⇒ »**Accept**«.

14. 8   Endgeräte verwalten

14. 8 .1   Endgeräte ins System einbinden

Ein wichtige Arbeit des Systemverwalters ist das Einbinden der Endgeräte, mit denen die Benutzer im System arbeiten können.

In diesem Kapitel lesen Sie, welche Arbeiten am UNIX-System durchgeführt werden müssen, damit auf den Endgeräten eine Login-Aufforderung erscheint. Voraussetzung hierfür ist, daß

- das anzuschliessende Endgerät mit einer seriellen Schnittstelle über eine Direkt- oder Wählleitung richtig verbunden ist und
- die Übertragungsparameter auf der Endgeräte-Seite richtig eingestellt sind.

Möchten Sie einen DOS PC als Endgerät anschließen, lesen Sie in Kapitel 13 - DOS und UNIX, wie Sie eine Terminal-Emulation unter DOS nutzen. Schließen Sie ein Terminal als Endgerät an, finden Sie in dessen Dokumentation beschrieben, wie Sie die Übertragungsparameter auf der Terminal-Seite einstellen. Standardmäßig sollten Sie die Übertragungsparameter auf der Endgeräte-Seite auf folgende Werte einstellen:

Übertragungs-parameter einstellen

- Übertragungsgeschwindigkeit: 9600 Baud
- Datenbits: 8
- Stoppbits: 1
- Parität: keine
- Protokoll: XON/XOFF

Eine Beschreibung der Übertragungsparameter finden Sie im Anhang C.

Und so binden Sie das Endgerät unter SCO UNIX ein

1. Nachdem das Endgerät angeschlossen und eingestellt ist, melden Sie sich auf der Zentraleinheit als root an und fahren das System, falls erforderlich, in den Mehrbenutzer-Modus.

2. Aktivieren Sie die Verbindung mit dem Kommando **enable** *schnittstelle*. Als Variable »*schnittstelle*« verwenden Sie den Namen der Gerätedatei, die dem seriellen Port entspricht, an den das Endgerät angeschlossen ist. Ist das Endgerät beispielsweise an COM1 angeschlossen, benutzen Sie */dev/tty1a*. Arbeiten Sie mit Multiport-Karten, können Sie deren Beschreibung entnehmen, welche Gerätedatei welchen Port ansteuert.

Port öffnen

3. Wenn alle Voraussetzungen für eine Kommunikation zwischen Zentraleinheit und Endgerät erfüllt worden sind, erscheint auf dem neu-eingebundenen Endgerät bereits die Login-Aufforderung.

Bleibt der Endgeräte-Bildschirm aber leer, oder erscheint nur Zeichenchaos, können Ihnen folgende Tips weiterhelfen:

Schnittstellenkarte einbinden
Je nach Schnittstellenkarte muß die Karte, über die Sie das Terminal anschließen möchten, dem System zunächst bekannt gemacht werden. Ist die Schnittstellenkarte eine intelligente Schnittstellenkarte (**smart card**), dann sind Gerätetreiber beigefügt, die Sie installieren müssen, bevor die serielle(n) Schnittstelle(n) genutzt werden können. Bei Standard-Schnittstellenkarten müssen Sie unter Umständen im System Maintenance Modus (Einzelbenutzer-Modus) **mkdev serial** starten, bevor die seriellen Ports vom System erkannt werden. Nähere Informationen geben Ihnen die Manualseiten zu **serial** und **mkdev**.

Nachdem Sie sicher sind, daß die serielle Schnittstelle vom System erkannt wird, geben Sie erneut **enable** mit der entsprechenden Gerätedatei ein. Achten Sie darauf, daß der letzte Buchstabe dieser Gerätedatei kleingeschrieben ist (*/dev/tty1A* ist für den Modem-Zugang)!

Erscheint weiterhin keine Login-Aufforderung, prüfen Sie folgende Voraussetzungen:

- das UNIX-System läuft im Mehrbenutzer-Modus
- die Kommunikationsparameter der Terminal-Emulation sind, wie vorgeschlagen, auf die Standard-Werte eingestellt
- Bei Direktverbindung: das Null-Modem Kabel ist auf beiden Seiten korrekt angeschlossen und funktionsfähig. Wenn nötig, prüfen Sie die Leitungen durch.

Im Anschluß sehen Sie sich mit **more /etc/inittab** die Datei *inittab* an und suchen in dieser Datei die Zeile, die mit dem Namen der Gerätedatei beginnt, über die die serielle Schnittstelle angesprochen wird. Diese Zeile sollte z.B. für die */dev/tty1a* Schnittstelle so aussehen:

tty1a:2:respawn:/etc/getty tty1a m

Merken Sie sich insbesondere das letzte Zeichen dieser Zeile. Dieses Zeichen verweist auf die entsprechende Zeile in der Datei */etc/gettydefs*. In dieser Datei sind die allgemeinen Kommunikationsparameter für Schnittstellen eingetragen. Suchen Sie in dieser Datei die Zeile mit dem entsprechenden Wert aus */etc/inittab* und prüfen Sie, ob die angegebenen Parameter mit den eingestellten Terminal-Werten übereinstimmen. Stellen Sie Unterschiede fest, verändern Sie den entsprechenden Übertragungsparameter am Endgerät oder tragen in */etc/inittab* den Wert aus */etc/gettydefs* ein, der den tatsächlichen Terminal-Einstellungen entspricht.

Hat Ihnen auch dieser Hinweis nicht weitergeholfen, sollten Sie prüfen, ob überhaupt Daten über die Verbindung transportiert werden. Hierzu sperren Sie zunächst das Terminal für ein Login, indem Sie **disable** *schnittstelle* eintasten. An die Position »*schnittstelle*« setzen Sie die Gerätedatei der Schnittstelle, an die das Endgerät angeschlossen ist. *(Verbindung prüfen)*

Anschließend leiten Sie die Ausgabe eines Befehls (z.B. **who**) über Ausgabe-Umlenkung auf die entsprechende Schnittstelle. Im folgenden Beispiel machen wir dies mit dem Befehl **who > /dev/tty1a** auf die Schnittstelle COM1 (*/dev/tty1a*):

```
# disable tty1a
# who > /dev/tty1a
#
```

Bild 14.29: Ausgabe-Umlenkung auf das neue Endgerät

Erscheint die Ausgabe des **who** Befehls nicht auf dem Bildschirm des Endgeräts, können Sie einen Defekt in der Verbindungs-Hardware nicht ausschließen. Versuchen Sie außerdem, die Ausgabe auf das Terminal umzulenken und probieren Sie andere serielle Schnittstellen. Wenn Sie bereits funktionsfähige Terminals besitzen, sollten Sie diese mit der nicht-reagierenden Leitung testen, um festzustellen, ob ein Hardware-Problem vorliegt.

Wenn die umgelenkte Ausgabe auf dem Endgerät erscheint, sollten Sie prüfen, ob ein Prozeß für das Endgerät läuft, der den Anmelde-Vorgang durchführt. Dieser Prozeß hat den Kommandonamen **getty**. Hierzu aktivieren Sie die Verbindung zunächst wieder mit **enable** *schnittstelle*. Mit dem Kommando **ps -t** *schnittstelle* erhalten Sie alle Prozesse, die mit dem angegebenen Endgerät verbunden sind. Läuft ein getty-Prozeß, erhalten Sie in etwa folgende Ausgabe:

```
% ps -t /dev/ttyla
PID      TTY    TIME COMMAND
309      1a     0:18 getty
%
```

Bild 14.30: Läuft der getty Prozeß für das Endgerät?

Wenn Sie diese Information nicht erhalten, sollten Sie das System herunterfahren und neu starten, damit ein getty Prozeß für das Endgerät gestartet werden kann.

14. 8 .2 Einstellen des Endgeräte-Typs automatisieren

Wenn sich ein Benutzer am System anmeldet, fragt die Shell standardmäßig den Endgeräte-Typ, an dem der Benutzer arbeitet, ab. Das Setzen des Endgeräte-Typs kann vom Systemverwalter automatisiert werden. Bedingung hierfür ist, daß sich an einer Schnittstelle immer dasselbe Endgerät befinden wird.

Und so gehen Sie vor:

1. Melden Sie sich als root auf dem entsprechenden Endgerät an.

2. Fragen Sie die Endgeräte-Bezeichnung mit dem Kommando **tty** ab.

/etc/ttytype

3. Laden Sie die Datei */etc/ttytype* in einen Text-Editor (z.B. **vi**). Suchen Sie die Zeile, in der bereits die Endgeräte-Bezeichnung eingetragen ist. In der folgenden Zeile ist beispielweise für das Endgerät *tty008* der Endgeräte-Typ **wy60** gesetzt.

wy60   tty008

Wenn kein Eintrag für das entsprechende Endgerät besteht, fügen Sie eine Zeile ein, in der als erstes der Endgeräte-Typ und dann die dazugehörende Endgeräte-Bezeichnung steht. Speichern Sie die Datei */etc/ttytype* und verlassen Sie den Editor.

4. Nun müssen Sie die Startup-Dateien jedes Benutzers ändern. Startup-Datei-
   Je nach Benutzeroberfläche müssen Sie folgende Änderungen   en anpassen
   durchführen:

   C Shell:
   In der Datei *.login* ersetzen Sie die Zeilen **setenv TERM** und
   setenv TERMCAP durch

   tset -s -Q ~/tset$$
   source ~/tset$$
   rm ~/tset$$

   Bourne Shell:
   In der Datei *.profile* ersetzen Sie die vorhandene **tset** Komman-
   dozeile durch

   eval 'tset -s'

   Das **tset** Kommando setzt die Eigenschaften Ihres Endgeräts.
   Hierzu werden mit **tset -s** die Variablen Ihrer Benutzer-Um-
   gebung herausgeschrieben und dann mit **source** (auf der C
   Shell) eingelesen bzw. mit **eval** (auf der Bourne Shell) ausge-
   wertet.

5. Bitten Sie die Benutzer an Endgeräten, die Sie eingestellt ha-
   ben, sich ab- und wieder anzumelden und mit dem Komman-
   do **env** zu prüfen, ob der Endgeräte-Typ automatisch richtig
   eingestellt ist.

14. 8 .3 Endgerät entsperren

Endgeräte können nicht zum Arbeiten mit dem System genutzt
werden,

- wenn zuviele fehlgeschlagene Anmelde-Versuche über das   Ursachen
  Endgerät durchgeführt wurden. Arbeitet Ihr System auf er-   einer
  höhter oder hoher Sicherheitsstufe, wird dies als versuchte   Sperrung
  Manipulation der Zugangskontrolle gewertet.

- oder wenn der Systemverwalter das Endgerät gesperrt hat.

Solange ein Endgerät gesperrt ist, kann sich niemand an diesem
Endgerät anmelden. Versucht ein Benutzer, sich an einem ge-
sperrten Endgerät anzumelden, erhält er die Mitteilung *Terminal
is disabled -- see Account Administrator*. Eine Ausnahme bildet die

System-Konsole: Selbst wenn diese komplett gesperrt ist, kann der Systemverwalter sich weiterhin anmelden, um das System wieder arbeitsfähig zu machen.

Bevor Sie ein gesperrtes Endgerät wieder öffnen, sollten Sie die Ursache für die Sperrung klären. Eventuell versuchte ein Unberechtigter, ins System einzudringen, ein Benutzer hat ein wenig „herumgespielt" oder sich zumindest sehr ungeschickt angestellt.

Im Anschluß loggen Sie sich als root ein, starten die Systemverwalter Shell und wählen »**Accounts**« ⇒ »**Terminal**« ⇒ »**Unlock**«. Tragen Sie in das »*Unlock Terminal Database Entry*«-Fenster die Bezeichnung des gesperrten Endgeräts ein, oder zeigen Sie mit der Funktionstaste (F3) alle gesperrten Endgeräte an und wählen Sie aus dieser Liste wie in Bild 14.31:

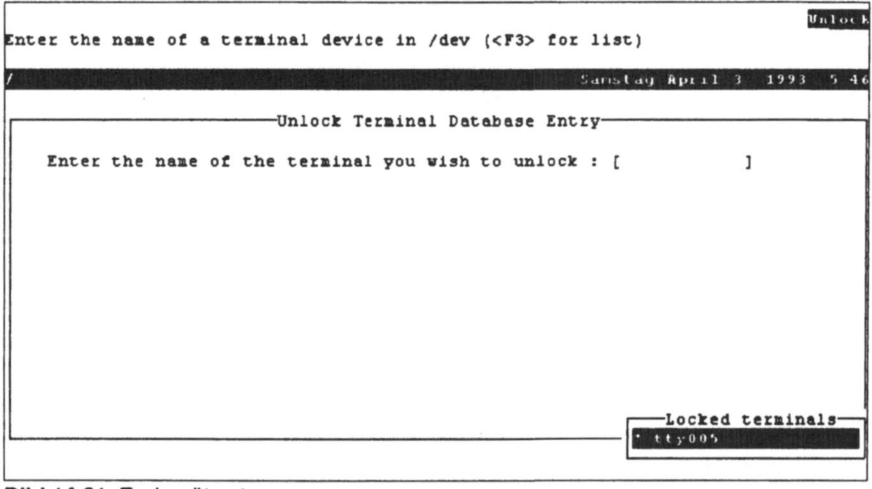

Bild 14.31: Endgerät entsperren

Bestätigen Sie Ihre Auswahl, um die gesperrten Endgeräte freizugeben.

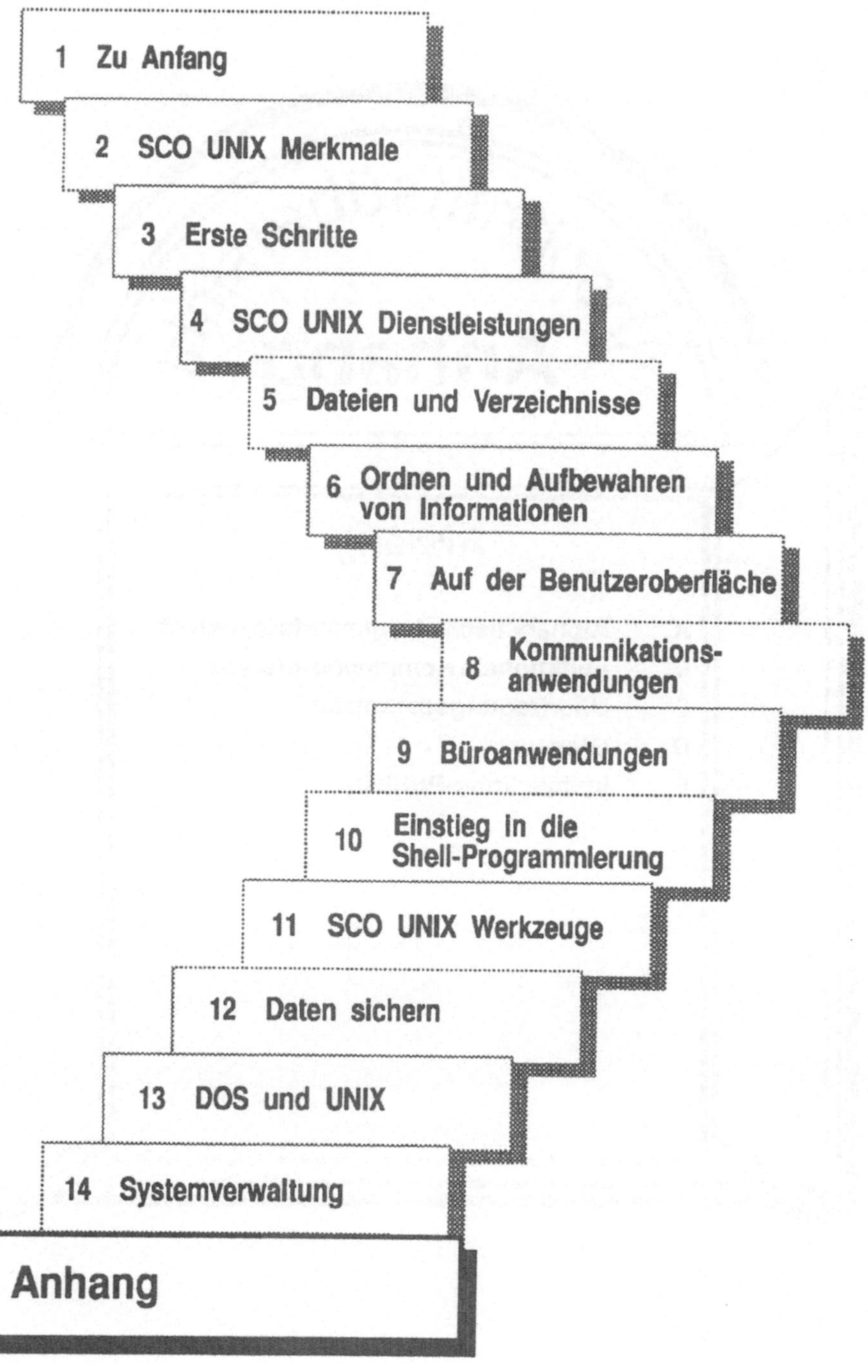

1 Zu Anfang
2 SCO UNIX Merkmale
3 Erste Schritte
4 SCO UNIX Dienstleistungen
5 Dateien und Verzeichnisse
6 Ordnen und Aufbewahren von Informationen
7 Auf der Benutzeroberfläche
8 Kommunikations-anwendungen
9 Büroanwendungen
10 Einstieg in die Shell-Programmierung
11 SCO UNIX Werkzeuge
12 Daten sichern
13 DOS und UNIX
14 Systemverwaltung
Anhang

Anhang

A	Alphabetische Kommandoübersicht
B	Funktionale Kommandoreferenz
C	Übertragungsparameter
D	Glossar
E	Installations-Prüfliste

Anhang A
alphabetische Kommandoübersicht

Die folgende Übersicht nennt Ihnen die wichtigsten SCO UNIX-Kommandos für Benutzer und Systemverwalter. Die Übersicht ist folgendermaßen aufgebaut:

Kommando

- Nennt den SCO UNIX Befehl in **Fettdruck**.

- Arbeitet der Befehl mit einem eindeutigen und einfachen Befehlsformat, ist dies ergänzend angegeben. Die in die Kommandozeile einzusetzenden Argumente sind *kursiv* geschrieben.

- Wahlweise (optional) anzugebende Argumente sind in eckige Klammern [ ] gesetzt.

- Ausführliche Beschreibungen zu den im Buch vorgestellten Befehlen erhalten Sie im Anhang B - funktionale Kommandobeschreibung.

Benutzer

- Aus dieser Spalte entnehmen Sie die Benutzergruppe, die den angeführten Befehl vorwiegend anwendet. Folgende Kennungen finden Sie

  A- für alle Systembenutzer, auch für SCO UNIX-Einsteiger,
  F- für fortgeschrittene SCO UNIX-Nutzer,
  P- für Shell Programmierer und
  S- für den Systemverwalter

- Kennungen in Klammern weisen Sie darauf hin, daß zur Benutzung des Befehls bestimmte Vorbedingungen erfüllt sein müssen.

Erklärung

- Nennt Ihnen die Funktion jedes Kommandos.

- Wenn vorhanden, werden sprachliche Abstammung und dt. Übersetzung angegeben.

- Kommandos werden nach Anwendungsgebieten oder besonderen Merkmalen klassifiziert, z.B. Datensicherungsprogramm, Kommunikationsprogramm, Shell Programmierung, shelleingebaute Kommandos (Shell Built-in)

Kommando	Benutzer	Erklärung
allas *neuerName vorhKommandos*	A	shelleingebaute: Befehlsnamen-Ersetzung von SCO UNIX Kommandozeilen
ar	F	Archivprogramm: zum Anlegen und Pflege von Archiven sowie zur Extraktion von Dateien.

Kommando	Benutzer	Erklärung
at *datum* *kommandos*	(F)	Zeitdienst: startet angegebene Kommandozeilen zeitversetzt zu einem angegebenen Zeitpunkt
audit	S	Systemverwaltung
awk *muster aktion*	F	Programmierwerkzeug: zum Mustervergleich in Dateien mit der Möglichkeit, Aktionen auf den gefundenen Zeilen auszuführen
banner [*zeichenfolge*]	A	Dienstleistung: gibt Zeichenfolgen in sehr großem Format aus
basename [pfadname]	A	dt.: Stamm des Wortes trennt den abschließenden Dateinamen (nach dem letzten «/») vom Pfadnamen ab und gibt diesen aus
batch [kommandos]	(F)	Zeitdienst: auslastungsabhängiges Starten der angegebenen Kommandozeilen
bc	F	Dienstleistung: dialogorientierte Arithmetik-Sprache („Taschenrechner") mit C-ähnlicher Syntax
break	P	Shell Programmierung: unterbricht vorzeitig Schleifen (for, while, until)
cal *[monatsnummer] [jahr]*	A	dt.: Kalender Dienstleistung: gibt Kalender zum angegebenen Datum aus
calendar	A	Terminkalender Dienstleistung: Erinnerungsdienst, der Zeilen aus der Datei *calendar* zurückliefert, die dem aktuellen Datum entsprechen
cancel *auftragsnummer*	F	dt.: nehme zurück Systemverwaltung: löscht in Warteschlange stehende Druckaufträge, die mit **lp** abgesetzt wurden
case ... esac	P	Shell Programmierung:
cat [*dateien*]	A	engl.: concatenate - zusammenfügen zeigt den Inhalt von Dateien an. Kann genutzt werden, um mittels Ausgabe-Umlenkung Dateien zusammenzufügen.
cd [*verzeichnis*]	A	engl.: change directory - wechsle Arbeitsverzeichnis zum Wechseln in ein anderes Verzeichnis. Das angegebene Verzeichnis wird das neue Arbeitsverzeichnis. Ohne Parameter benutzt, gelangt man in sein Heimatverzeichnis.

Kommando	Benutzer	Erklärung
chgrp *gruppe dateien*	A	engl.: change group - wechsle Gruppenzugehörigkeit überträgt die angegebenen Dateien der angeführten Benutzergruppe
chmod *rechte_änderungen dateien*	A	engl.: change mode - ändere (Zugriffs-) Modus ändert die Zugriffsberechtigungen auf die angegebenen Dateien gemäß den aufgeführten Einstellungen
chown *neuerBenutzer dateien*	A	engl.: change owner - wechsle Besitzer der Datei überträgt die angegebenen Dateien auf einen neuen Besitzer
clear	A	Shell Programmierung: leert den Bildschirm
comm *datei1 datei2*	A	engl.: common - gemeinsam vergleicht die Inhalte zweier Dateien miteinander und gibt Unterschiede und Gemeinsamkeiten aus
continue	P	Shell Programmierung: Sprung zum Ende einer Schleife
copy *quelle ziel*	F	kopiert Gruppen von Dateien (Verzeichnisse) in neue Zielverzeichnisse
cp *quelldatei duplikat/pfad*	A	engl.: copy - kopiere Dateibefehl: erstellt das Duplikat einer vorhandenen Datei, ggf. unter gleichem Namen in anderem Verzeichnis
cpio	F	engl.: copy in out - kopiere rein raus Datensicherung: kopiert Verzeichnisbäume auf Speichermedien oder unter andere Verzeichnisse oder liest Dateibäume wieder ein.
cron	S	Zeitdienst: führt Kommandofolgen zeitversetzt aus.
crontab	S	verwaltet Kommandoaufrufe, die in bestimmten Intervallen ausgeführt werden sollen
csh	A	Kommandointerpreter und Benutzerschnittstelle C Shell
cu	F	engl.: call up - wähle an Kommunikationsprogramm: zum Anwählen eines anderen Systems und zum Dateitransfer
custom	S	menüorientiertes Dienstprogramm zur Installation von Software

Kommando	Benutzer	Erklärung
date	A/S	dt.: Datum liefert die aktuelle Zeitangabe (Datum + Uhrzeit). Der Systemverwalter kann über **date** Datum und Uhrzeit neu setzen.
dc	F	engl.: desk calculator - Tischrechner Dienstleistung: programmierbarer Rechner mit sogenannter „Umgekehrt-Polnischer-Notation"
dd	F	Datensicherung: Kopier- und Konvertierungsprogramm für Dateien. Kann Texte von ASCII- zu EBCDIC-Code und umgekehrt umwandeln.
df	S	engl.: disk free - freier Speicherplatz Systemverwaltung: gibt die noch verfügbaren Speicherblöcke auf dem Dateisystem an und zeigt an, wieviel Prozent bereits genutzt sind
diff *datei1 datei2*	F	engl.: differ - Unterschiedlichkeit vergleicht die Inhalte zweier Dateien und gibt die Unterschiede zusammen mit Änderungsanweisungen zur Herstellung der Identität für den **ed** Editor aus
diff3 *datei1 datei2 datei3*	F	vergleicht drei Textdateien
dircomp *verz1 verz2*	F	aus engl.: directory comparison vergleicht die Einträge zweier Verzeichnisse
dirname *pfad*	F	trennt den Verzeichnispfad zu einer Datei (alles vor dem letzten «/») vom abschließenden Dateinamen und liefert den Verzeichnispfad zurück
disable *schnittstelle*	S	Systemverwaltung: schließt die Schnittstelle zu einem Gerät, z.B. Drucker
diskcp	A	Disketten kopieren
doscat *datei(en)*	A	zeigt DOS Dateien auf der Standard-Ausgabe an
doscp *quelldatei duplikat* **doscp** *datei(en) verzeichnis*	A	kopiert Dateien zwischen DOS- und UNIX-Dateisystemen
dosdir *[verzeichnis]*	A	listet DOS-Verzeichnisse im DOS-Format auf
dosformat	A	formatiert Disketten für DOS
dosls *[verzeichnis]*	A	listet DOS-Verzeichnisse in UNIX-Format auf
dosmkdir *verzeichnis*	A	richtet DOS-Verzeichnisse ein
dosrm *datei(en)*	A	löscht DOS-Dateien

Kommando	Benutzer	Erklärung
dosrmdir *verzeichnis*	A	entfernt DOS-Verzeichnisse
du	F/S	engl.: disk usage - Plattenbelegung Systemverwaltung: ermittelt die Größe des belegten Speicherplatzes (in Blöcken) beginnend mit dem angegebenen Verzeichnis
echo *text*	A	schreibt die angegebenen Argumente auf dem Bildschirm (Standard-Ausgabe)
ed datei	A	Editor: ermöglicht zeilenorientiertes Erstellen und Bearbeiten von Textdateien
edit	A	Dienstleistung: ex Editor, mit besonderer Arbeitsumgebung für UNIX-Einsteiger
egrep *muster dateien*	F	speicher- und rechenzeitaufwendiges Suchkommando: zum Auffinden und Anzeigen von gefundenen Suchmustern in Dateien. Siehe **grep**.
enable *schnittstelle*	S	Systemverwaltung: öffnet die Schnittstelle zu einem Gerät, z.B. Drucker
env	F	engl.: environment - Benutzerumgebung zeigt die gesetzten Variablen der Benutzerumgebung
ex	A	Editor: ermöglicht zeilenorientiertes Erstellen und Bearbeiten von Textdateien. Ist auch über den **vi** erreichbar.
exit	P	Shell Programmierung: Beenden des aufgerufen Kommandos und Rückgabe des Beendigungsstatus
export	F	Bourne Shell-eingebaut: zum „Exportieren" von Shell Variablen in die Benutzerumgebung
expr	F	engl.: expression - Ausdruck berechnet Werte und vergleicht Muster von/zu angegebenen Argumenten
false	P	dt.: falsch Shell Programmierung: wird benutzt, um einen Wahrheitswert (ungleich 0) zurückzugeben
fgrep *muster datei*	F	Suchkommando: zum Auffinden und Ausgeben eines einfach aufgebauten Suchmusters in Dateien
file	A	dt.: Datei Dateibefehl: zum Klassifizieren des Dateiinhalts in Kategorien

Kommando	Benutzer	Erklärung
find	F	sucht ab dem angegebenen Verzeichnis nach Dateien, die dem Suchkriterium entsprechen und führt ggf. aufgeführte Aktionen mit den Dateien durch
for ..[in ..] do .. done	P	Shell Programmierung: Schleifenstruktur zur Mehrfachbearbeitung von Kommandofolgen
gets	F	aus engl.: get string - hole Zeichenkette C Shell-eingebaut: liest Zeichenkette von der Standard-Eingabe
goto	P	Shell Programmierung (C Shell): Sprunganweisung. Kommandoausführung wird an der hinter **goto** angegebenen Stelle (Markierung) fortgesetzt
grep *muster dateien*	A	Suchkommando: zum Auffinden und Anzeigen von Zeilen in Dateien, die dem angegebenen Suchmuster entsprechen. Das Suchmuster ist ein „regulärer Ausdruck", kann damit auch Metazeichen enthalten.
haltsys	S	Systemverwaltung: sofortiges Stoppen des Systems
hd *datei(en)*	F	aus engl.: hexadecimal zeigt Dateien (Standard-Eingabe, wenn Dateiname fehlt) in hexadezimalem Format an
head	A	Dateibefehl: zeigt die Anfangszeilen einer Datei an
hello *benutzername*	A	sendet Nachrichten an den angegebenen Benutzer (ähnlich **write**)
history	A/F	C Shell-eingebaut: zeigt Befehlsgeschichte. Wird über die Shell Variable *history* gesteuert. Ermöglicht über das «!»-Zeichen das Wiederholen vorangegangener (Teile von) Kommandozeilen, ggf. mit Änderungen.
id	A	engl.: identification liefert die Benutzer- und Gruppenkennung (jeweils Name + Nummer) des Benutzers
if .. then .. else fi	P	Shell Programmierung: Verzweigung zur Fallunterscheidung. Prüft den Wahrheitswert des angegebenen Ausdrucks und führt dementsprechend bestimmte Kommandofolgen durch.
init	S	zum Wechseln des Run-Levels

Kommando	Benutzer	Erklärung
installpkg	S	Systemverwaltung: Programm, mit dem Betriebsystemprogramme und Anwendungen installiert werden, die für AT&T UNIX geeignet sind
join *datei1 datei2*	F	dt.: verbinde bildet die Vereinigungsmenge zweier sortierter Dateien und schreibt diese auf die Standard-Ausgabe; über Ausgabe-Umlenkung kann diese in einer Datei gespeichert werden
kill *[signal] pid*	A/S	beendet vorzeitig den über die Prozeßnummer (PID) angegebenen Prozeß des Benutzers
killall	S	Systemverwaltung: beendet alle aktiven Benutzerprozesse
ksh	A	Kommandointerpreter und Benutzeroberfläche Korn Shell. Verbindet zahlreiche Vorteile von Bourne Shell und C Shell.
l	A	listet Verzeichniseinträge in ausführlichem Format (wie **ls -l**)
lc	A	listet Verzeichniseinträge in Spaltenform
line	P	Shell Programmierung: zum Einlesen einer Eingabe von Tastatur (Standard-Eingabe)
ln *datei weitererName/Pfad*	A	engl.: link - Verbindung Dateibefehl: erzeugt neue, weitere Namenseinträge (Links) zu einer bestehenden Datei
lock	F	dt.: sperren sperrt das Endgerät. Zuvor wird vom Benutzer ein Geheimwort abgefragt, über das die Sperrung wieder aufgehoben werden kann.
login	F	ermöglicht das Anmelden am System unter einer (weiteren) Benutzerkennung. Der Login-Vorgang setzt sich aus Eingabe der Benutzer-Kennung (Login-Name) und Paßwort zusammen.
logname	A	aus: login name liefert die Login-Kennung des Benutzers
lp *datei(en)*	A	aus engl.: line printer - Zeilendrucker startet Druckaufträge für die angegebenen Dateien und liefert die Auftragsnummer zurück

Kommando	Benutzer	Erklärung
lpstat	A	aus engl.: line printer status liefert Statusinformationen über den lp Dienst, z.B. noch anstehende Druckaufträge und deren Auftragsnummern
ls	A	aus engl.: list - anzeigen listet Verzeichniseinträge; ohne Parameter werden alle Dateien- und Verzeichniseinträge im aktuellen Arbeitsverzeichnis angezeigt. Andere Verzeichnisse oder spezielle Einträge können als Argumente angegeben werden.
mail	A	dt: Post Dienstleistung: Postsystem, über das Briefe an andere Benutzer gesendet und empfangene Briefe gelesen und bearbeitet werden.
man *kommando*	A	aus engl.: manual - Handbuch Dienstleistung: zeigt den Handbuch-Eintrag zum angegebenen Kommando seitenweise an
mesg [n/y]	A	aus engl.: message - Nachricht zeigt den aktuellen Status des Nachrichtenempfangs (y=erlaubt / n=verweigert) an und setzt diese Schalter
mkdir *verz_name*	A	aus engl.: make directory - erzeuge Verzeichnisse Verzeichnisbefehl: richtet Unterverzeichnisse ein
mknod *spezial_datei*	S	erzeugt Gerätedateien
more	A	zeigt Dateiinhalte seitenweise auf der Standard-Ausgabe; wird am Ende von Pipelines benutzt, um Ausgaben seitenweise zu proportionieren. Fehlen Eingabequellen, wird die Standard-Eingabe gelesen
mount	F/S	hänge ein Dateisystem auf einem (austauschbaren) Speichermedium an das vorhandene (root) Dateisystem an.
mv *datei verzeichnis* **mv** *alterName neuerName*	A	aus engl.: move - bewegen Dateibefehl: verschiebt Dateien in andere Verzeichnisse oder benennt Dateien um
mvdir	F	Verzeichnisbefehl:
newgrp *gruppenkennung*	F	aus engl.: new group - neue Gruppe ändert die Gruppenzugehörigkeit des Benutzers in die angeführte Gruppe

Kommando	Benutzer	Erklärung
news	A	dt.: Neuigkeiten, Nachrichten informiert den Benutzer über wichtige Ereignisse, die Benutzer im Verzeichnis */usr/news* als Dateien notiert haben
nice *[-zaehler] kommandos*	S/F	startet Programme mit verminderter Priorität als standardmäßig
nl *datei(en)*	A	ergänzt Zeilennummern in angegebenen Dateien
nohup *kommandos*	F	startet Kommandos, die auch nach dem Ausloggen des (insbesondere über Modem mit dem System verbundenen) Benutzers weiterlaufen, weil sie immun gegen *HANGUP*- und *QUIT*-Signale sind
od *datei(en)*	F	aus engl.: octal dump zeigt Dateiinhalte (Standard-Eingabe, wenn Dateiname fehlt) in oktalem oder anderem Format an
passwd	A	zur Vergabe und Änderung von Paßworten
pg *datei(en)*	A	zeigt Dateien seitenweise auf der Standard-Ausgabe; wird am Ausgang von Pipelines verwendet, um Ausgaben seitenweise zu proportionieren. Erlaubt auch Vor- und Zurückblättern und Suchen nach Textmustern.
pr *datei(en)*	A	gibt Dateiinhalte (Standard-Eingabe, wenn Dateiname fehlt) auf der Standard-Ausgabe aus. Wird genutzt, um die Ausgabe mit bestimmten Formatierungsmerkmalen (Seitenzahlen, Titel- und Fußzeilen, Spalten etc.) zu versehen
ps	A	aus engl.: process status zeigt Informationen zu allen Prozessen, die mit dem Endgerät verbunden sind. Kann zum Auflisten aller Prozesse eines Benutzers oder des Systems genutzt werden.
pstat	F/S	zeigt Systeminformationen
pwcheck	S	prüft die Datei */etc/passwd* auf mögliche Inkonsistenzen, z.B. Anzahl der Eintragsfelder und Existenz aller notwendigen Einträge
pwd	A	liefert den kompletten Pfadnamen zum aktuellen Arbeitsverzeichnis und zeigt Ihnen, an welcher Stelle des Dateisystems Sie aktuell stehen.

Kommando	Benutzer	Erklärung
quot	S	zeigt, wieviele Speicherblöcke von jedem Benutzer in Dateisystemen belegt werden
random [*bereich*]	P	erzeugt per Zufallsgenerator eine Zahl (standardmäßig: 0 oder 1) und gibt diese an die Standard-Ausgabe. Es kann zusätzlich ein Bereich zwischen 1 und 255 angegeben werden, um den Auswahlbereich zu vergrössern.
read *variable*	P	Shell Programmierung: liest eine Zeile von der Standard-Eingabe und legt diese in einer Variablen ab.
readonly	P	Shell-eingebaut: markiert die angegebenen Variablen als schreibgeschützt
reboot	S	Systemverwaltung: startet das System neu
reject	S	Systemverwaltung: stoppt die Annahme von Druckaufträgen
repeat *zähler kommandos*	P	C Shell-eingebaut: führt die angegebenen Kommandos dem Zähler entsprechend oft aus
rm *datei(en)*	A	aus engl.: remove - entfernen Dateibefehl: entfernt Einträge zu Dateien (und Verzeichnissen) aus einem Verzeichnis
rmdir *verzeichnis(se)*	A	aus engl.: remove directory - entferne Verzeichnis Verzeichnisbefehl: löscht den Eintrag zu einem leeren Unterverzeichnis
rsh	A/S	aus engl.: restricted shell Kommandointerpreter und Benutzeroberfläche **sh** mit stark eingeschränkten Funktionen für den Benutzer. Auf dieser Shell sind nicht erlaubt: Verzeichniswechsel über **cd**, komplette Pfadnamen, Ausgabe-Umlenkung etc.
sed	F	aus engl.: stream editor Werkzeug: schreibt die angegebenen Dateien auf die Standard-Ausgabe und verändert dabei die Ausgabedaten auf dem Bildschirm gemäß den angegebenen Editorfunktionen. Wird genutzt, um bestimmte Zeichenketten in Dateien (ohne interaktive Editorbenutzung) zu modifizieren oder zu ersetzen.
set	A	Shell-eingebaut : zeigt die gesetzten benutzerdefinierbaren Shell Variablen an. Wird auf der C Shell auch genutzt, um Variablen mit Werten zu belegen.

Kommando	Benutzer	Erklärung
sh	A	Kommandointerpreter und Benutzeroberfläche Bourne Shell
shift	P	Shell Programmierung: verschiebt die Postionsparameter
shutdown	S	Systemverwaltung: fährt das System bis zum Abschaltzustand herunter
sleep *sekunden*	P	dt.: schlafen Shell Programmierung: bewirkt eine Ablaufpause im Shell Script während der angegebenen Zeitspanne
sort *datei(en)*	A	dt.: sortieren Werkzeug: sortiert die Zeilen der angegebenen Dateien und schreibt diese auf die Standard-Ausgabe. Fehlt ein Dateiname, listet **sort** die Standard-Eingabe; auch in Pipelines. Sortierung erfolgt standardmäßig alphanumerisch. Andere Kriterien können über Optionen gesetzt werden.
stty	F	aus engl.: set teletype zeigt, ohne Parameter genutzt, die gesetzten Eigenschaften der Endgeräteschnittstelle. Wird auch benutzt, um Optionen zu setzten, die das Verhalten des Endgeräts verändern.
su *benutzerkennung*	S	aus engl.: super user ermöglicht, die Benutzerkennung ohne erneutes Anmelden (aber mit Abfrage des zugehörigen Paßwortes) zu wechseln. Als Standard-Benutzerkennung wird **root** angenommen. Benutzer, die dieses Kommando nutzen können, werden durch den Systemverwalter hierzu autorisiert.
sync	S	Systemverwaltung: vor dem System-Halt wird das sync Kommando aufgerufen, um die Konsistenz des Dateisystems herzustellen
sysadmsh	S	Systemverwaltung: startet die menueorientierte Schnittstelle für Systemverwaltungsaufgaben
tail *datei(en)*	A	zeigt die letzten Zeilen einer (Text-)Datei auf der Standard-Ausgabe. Fehlt ein Dateiname, wird die Standard-Eingabe gelesen. Die Zahl der ab Dateiende auszugebenden Zeilen kann über eine Zähloption gesetzt werden.

Kommando	Benutzer	Erklärung
tar	A/F	aus engl.: tape archiever Datensicherung: sichert Dateien auf und lädt Dateien von Speichermedien (Diskette, Streamer)
tee	F/P	Filter in Pipelines: ermöglicht, den Datenstrom an zwei Ziele gleichzeitig zu leiten. So können innerhalb einer Pipeline Informationen auf den Bildschirm (oder in Dateien) gelenkt und außerdem über Pipeline an einen weiteren Filter übergeben werden.
test	P	Shell Programmierung: prüft angegebene Bedingungen und liefert entsprechend dem Prüfungsergebnis die Beendigungs-Codes 0 (wahr) oder 1 (falsch) zurück. Kann Ausdrükke mit Dateien, Zeichenketten und Zahlen bewerten. Wird zusammen mit Shell-Befehlen zur Ablaufsteuerung genutzt.
time *kommando*	F/P	Stoppuhr. Startet die angegebenen Kommandos und liefert nach deren Beendigung die seit dem Start vergangene Zeit, die Zeitdauer, die die Kommandos im System verbrachten und die tatsächlich in die Kommandos investierte Rechenzeit. Zeitangaben in Sekunden.
touch *datei(en)*	A	dt.: berühren Dateibefehl: erzeugt (leere) Dateien mit den angegebenen, noch nicht vorhandenen Namen oder aktualisiert die Zugriffs- und Veränderungszeiten bestehender Dateien.
tr *[zeichen1 [zeichen2]]*	A/F	aus engl.: translate - übersetzen Werkzeug: schreibt die Standard-Eingabe auf die Standard-Ausgabe und übersetzt (löscht) dabei die angegebenen *zeichen1* in die *zeichen2*
true	P	Shell Programmierung: liefert den Beendigungsstatus 0 (wahr) zurück. Wird zusammen mit Shell-Befehlen zur Ablaufkontrolle (z.B. while - Schleifen) eingesetzt.
tty	A	aus engl.: teletype liefert die Kennung (Pfadname) des Endgeräts des Benutzers zurück. Wird auch genutzt, um zu prüfen, ob die Standard-Eingabe mit dem Endgerät verknüpft ist.

Kommando	Benutzer	Erklärung
umask *verminderte_ Zugriffsrechte*	F	aus engl.: user file-creation mask legt fest, mit welchen Zugriffsrechten die in Zukunft zu erzeugenden Dateien erhalten. Die Werte, die in oktaler Schreibweise angegeben werden müssen, legen fest, welche Zugriffsrechte nicht mehr standardmäßig gesetzt werden. Standard: 022
umount	F/S	Aushängen eines entfernbaren Dateisystems
uname	F	liefert den Namen des UNIX Systems. Über Optionen können auch Knotennummer (im Netzwerk), Release und Versionsnummer der SCO UNIX Installation angezeigt werden.
uniq *eingabedatei [ausgabedatei]*	A	dt.: einzigartig Werkzeug: ermittelt identische Zeilen in einer sortierten Datei und eliminiert diese beim Schreiben auf die Standard-Ausgabe. Wird eine Ausgabedatei angegeben, wird der von (einander unmittelbar folgenden) doppelten Zeilen befreite Text in diese Datei geschrieben.
unset *variable*	A	Shell-eingebaut: entfernt angegebene Variable aus der Variablenliste
until *bedingung* **do** *kommandofolge* **done**	P	Shell Programmierung: bedingungsabhängige Schleife, die solange die angegebene Kommandofolge durchläuft, bis die Bedingung erfüllt wird
uptime	S	gibt an, wielange Ihr UNIX System seit dem Hochfahren läuft, wieviele Benutzer angemeldet sind und liefert weitere Angaben über Systemaktivität
usemouse	F	ermöglicht die Benutzung einer Maus bei der Arbeit mit an sich nicht-mausfähigen Programmen
uucp	F	aus engl.: unix to unix system copy Kommunikationsdienstleistung: ermöglicht Datentransfer und Postübermittlung zwischen UNIX Systemen
uuname	F	liefert alle Namen, die **uucp** bekannt sind und angesprochen werden können. Kann auch den eigenen Systemnamen anzeigen.
uupick	F	wird genutzt, um Dateien anzunehmen oder zurückzuweisen, die Ihnen von entfernten UNIX Systemen übermittelt wurden

Kommando	Benutzer	Erklärung
uustat	F	liefert Statusinformationen zu **uucp** und dient zur Verwaltung (Beendigung) von **uucp** Arbeitsaufträgen.
uuto *quelldatei system!benutzer*	F	sendet Dateien an Benutzer entfernter UNIX Systeme über **uucp** und legt diese in speziellen Verzeichnissen (Standard: */usr/spool/uucppublic*) ab. Der Empfänger der Datei wird über das Postsystem **mail** hierüber informiert.
uux *system!kommando*	F	führt Kommandos auf anderen UNIX Systemen aus
vi	A	aus engl.: visual editor Dienstleistung: bildschirmorientierter Texteditor zum Erstellen und Bearbeiten von Textdateien. Bietet mächtige Bearbeitungsbefehle in einem bildschirmorientierten und zeilenorientierten Befehlsmodus.
view	A	Aufruf des **vi** Editors. Die Option **readonly**, die alle geladenen Dateien schreibschützt, ist automatisch gesetzt. Über **view** können Dateien nicht modifiziert gespeichert werden.
w	A	zeigt Informationen über die am System angemeldeten Benutzer und deren Aktivitäten.
wait	P	Shell-eingebaut: läßt den Vordergrundprozeß warten, bis alle Hintergrundprozesse beendet sind.
wall	S	aus engl.: write all - schreibe an alle Systemverwaltung: Der **root** Benutzer schreibt mit **wall** eilige Mitteilungen (über **write**) an alle angemeldeten Benutzer
wc	A	zählt Zeichen, Zeilen und Wörter der Standard-Eingabe oder von Dateien, wenn angegeben.
while .. do .. done	P	Shell Programmierung: bedingungsabhängige Schleife, die solange die angegebene Kommandofolge durchläuft, wie die Bedingung erfüllt ist
who	A	dt.: wer gibt an, welche Benutzer gerade am System arbeiten (angemeldet sind), wann sie sich jeweils eingeloggt haben und an welchen Endgeräten sie sitzen
who am i	A	liefert Ihre aktuelle Benutzerkennung

Kommando	Benutzer	Erklärung
whodo	A	zeigt Ihnen eine Liste über alle Benutzeraktivitäten; verbindet Informationen, die **who** und **ps** liefern
write	A	dt.: schreiben Dienstleistung: Kommunikationsprogramm, mit dem Benutzer gegenseitig Nachrichten auf den Bildschirm eines anderen eingeloggten Benutzers schreiben können

Anhang B
funktionale Kommandoreferenz

Auf den folgenden Seiten erläutern wir zahlreiche hier vorgestellte Kommandos und Optionen.

Die Kommandos sind zum schnellen Auffinden in folgende Gruppen eingeordnet:

- Dateibefehle

- Verzeichnisbefehle

- Informationsdienste

- Auf der Benutzeroberfläche

- Dienstprogramme

- Online-Dokumentation

- Werkzeuge

- Eingabe / Ausgabe

- Shell Programmierung

- Systemverwaltung

Außerdem finden Sie Gesamt-Übersichten zu den

- Sonderzeichen auf Shell-Ebene

- Sonderzeichen im vi

Dateibefehle

Kommando	Erklärung
cat [-u] [-s] [-v] [*datei(en)*]	zeigt den Inhalt von Dateien an
-u	Ausgaben werden nicht zwischengespeichert
-s	keine Fehlermeldung, wenn die angegebene(n) Datei(en) nicht vorhanden sind
-v	auch nicht druckbare Zeichen (Steuerzeichen) werden angezeigt
	Geben Sie keinen Dateinamen an, liest das Programm zeilenweise von der Standard-Eingabe.

Kommando	Erklärung
more [-cdrsvw] [-*bildschirmgröße*] [+*startzeile*] [+/*suchmuster*] [*datei(en)*]	zeigt den Inhalt von Dateien seitenweise an
-c	löscht jede Zeile, bevor sie mit neuem Inhalt überschrieben wird, verhindert das „Bildschirm-Rollen"
-d	am Ende jeder Bildschirmseite meldet sich **more** mit der Mitteilung *Hit space to continue, Rubout to abort*, um Benutzern zu sagen, daß Sie mit der ⌨Leer⌨ -Taste weiterblättern und mit der ⌨DEL⌨ -Taste abbrechen
-r	Zeilenenden werden als «^M» angezeigt
-s	unterdrückt mehrfach direkt hintereinander auftretende Leerzeilen
-v	auch nicht druckbare und nicht interpretierbare Zeichen (Steuerzeichen) werden angezeigt
-w	**more** wartet nach Ausgabe aller Daten darauf, daß der Benutzer eine Taste betätigt, bevor das Programm endet
-*bildschirmgröße*	eine Zahl, die angibt, wieviel Zeilen **more** auf eine Bildschirmseite schreiben soll. Die zu beschreibende Zeilenzahl ist auf 22 voreingestellt.
+*startzeile*	gibt Dateiinhalte beginnend mit der angegebenen Zeilennummer aus
+/*suchmuster*	gibt die Dateiinhalte, kurz vor dem gefundenen Suchmuster beginnend, aus
	Geben Sie keine Dateinamen an, z.B. bei der Nutzung von **more** innerhalb von Pipelines, liest das Programm von der Standard-Eingabe.
head [-*zeilenzähler*] [*datei(en)*]	zeigt die Zeilen am Anfang einer Datei an
-*zeilenzähler*	legt fest, wieviele Zeilen vom Anfang der Datei angezeigt werden sollen. Geben Sie keinen Zeilenzähler an, werden standardmäßig die ersten zehn Zeilen ausgegeben.
	Fehlt ein Dateiname, liest das Programm von der Standard-Eingabe.

Kommando	Erklärung
tail [+*zähler* / -*zähler*][lbc] [-f] [*datei(en)*]	zeigt die Zeilen am Ende einer Datei an
+*zähler*	startet mit der Ausgabe des Dateiinhalts mit dem durch den Zähler angegebenen Abstand vom Dateianfang
-*zähler*	zeigt die durch den Zähler angegebenen Dateiinhalte vor dem Dateiende
l	der Zähler bezieht sich auf Zeilen in der Datei
b	der Zähler bezieht sich auf Blöcke (z.B. Wörter) in der Datei
c	der Zähler bezieht sich auf einzelne Zeichen in der Datei
-f	das Programm endet nicht, wenn das Dateiende erreicht ist, sondern versucht nach einigen Augenblicken erneut, Dateiinhalte am Dateiende zu lesen. Diese Option ist sehr nützlich, wenn Sie Dateien beobachten möchten, in die laufend Ausgaben geschrieben werden und Sie die aktuellen Dateiinhalte fortlaufend sehen möchten. Geben Sie keinen Zähler und keine Bezugseinheit an, werden standardmäßig die letzten zehn Zeilen der Datei angezeigt. Fehlt ein Dateiname, liest das Programm von der Standard-Eingabe.
rm [-fri] *datei(en)*	entfernt Einträge zu Dateien (und Verzeichnissen) aus einem Verzeichnis
-f	auch Dateien, auf die der Benutzer keine Schreib-Rechte besitzt, werden ohne Rückfrage entfernt
-i	interaktives Löschen: vor dem Entfernen eines Verzeichniseintrages müssen Sie explizit mit (y) bestätigen, daß die Datei gelöscht werden soll. Geben Sie ein anderes Zeichen als Antwort auf die Rückfrage ein, bleibt der Dateieintrag erhalten. Diese Option ist sehr nützlich, wenn Sie Sonderzeichen im Argument zum Löschbefehl verwenden und Sie sichergehen wollen, daß die so gewählte Gruppe von Dateien nur die gewünschten Dateinamen umfaßt.
-r	rekursives Löschen: angegebene Verzeichnisse und rekursiv auch deren Einträge (Dateien und Verzeichnisse) werden gelöscht. Vorsicht bei der Benutzung dieser Option!

Kommando	Erklärung
	Bitte beachten Sie: Um eine Datei löschen zu können, benötigen Sie lediglich Schreib-Rechte im Verzeichnis, nicht unbedingt Schreib-Rechte auf die Datei! Das bedeutet, daß auch Dateien, auf die niemand Schreib-Rechte besitzt, nicht vollständig vor Löschen geschützt sind. Möchten Sie Ihre Dateien wirksam schützen, dann entfernen Sie mit dem **chmod** Befehl zusätzlich die Schreib-Rechte für das/die entsprechende(n) Verzeichnis(se)!
cp *quelldatei zieldatei* **cp** *datei(en) verzeichnis*	kopiert Dateien
quelldatei zieldatei	erstellt ein Duplikat einer vorhandenen Datei im gleichen Verzeichnis unter neuem Namen.
datei(en) verzeichnis *datei verzeichnis/name*	erstellt das Duplikat einer vorhandenen Datei in einem anderem Verzeichnis. Wenn Sie ein Zielverzeichnis angeben, kann die Datei dort unter gleichen Namen oder bei Hinzufügen eines Dateinamens unter neuem Namen eingetragen werden. Ist der letzte Parameter zu **cp** ein Verzeichnisname, können Sie gleichzeitig mehrere zu kopierende Dateinamen angeben. Um Duplikate in einem Verzeichnis einzutragen, benötigen Sie Schreib-Rechte (**w**) im entsprechenden Verzeichnis.
mv [-f] *alterName neuerName* **mv** [-f] *datei(en) verzeichnis*	verschiebt Dateien in andere Verzeichnisse oder benennt Dateien um
alterDateiname neuerDateiname	ändert den alten Dateinamen in den neuen Dateinamen
datei(en) verzeichnis	trägt die Dateien im angegebenen Verzeichnis ein, die vorhandenen Einträge werden entfernt. Ist der letzte Parameter zu **mv** ein Verzeichnisname, können Sie gleichzeitig mehrere zu verschiebende Dateinamen angeben. Bitte beachten Sie: Ist eine Datei schon im angegebenen Verzeichnis eingetragen oder besteht der neue Dateiname bereits im gleichen Verzeichnis, so werden diese Dateien gelöscht. Haben Sie keine Schreib-Rechte auf die zu überschreibenden Dateien, aber Schreibrechte im Verzeichnis, so fragt **mv** zurück, ob Sie die Dateien wirklich überschreiben möchten. Antworten Sie mit «**y**», wird die Aktion, trotz fehlender Zugriffs-Berechtigungen auf die Datei, durchgeführt.
-f	**mv** fragt nicht nach, bevor Dateien ohne Schreib-Rechte für den Benutzer überschrieben werden

Kommando	Erklärung
ln [-f] *vorhEintrag neuerEintrag* **ln** [-f] *vorhEintrag verzeichnis*	erzeugt neue, weitere Namenseinträge zu einer bestehenden Datei Erklärungen: siehe **cp** und **mv**
chmod [**ugoa**][**+/-/=**][**rwx**] *datei(en)*	ändert die Zugriffs-Berechtigungen auf die angegebenen Dateien Änderungen der Zugriffs-Berechtigungen bestehen aus drei Komponenten: *Wer* (ist von der Änderungen betroffen)? *Was* (passiert mit den Zugriffs-Berechtigungen)? *Welche* (Rechte werden verändert)? *Wer?*
u	für den Eigentümer der Datei (engl.: **user**)
g	für die Gruppenmitglieder des Eigentümers (engl.: **group**)
o	für die anderen Systembenutzer (engl.: **others**)
a	für alle Systembenutzer (Eigentümer, Gruppe, Andere) (engl.: **all**)
	Was?
+	Erteilen der Berechtigung
-	Entfernen der Berechtigung
=	Setzen der Rechte, die hinter dem Gleichheitszeichen angegeben werden. Alle übrigen Zugriffs-Berechtigungen werden ggf. entfernt
	Welche?
r	Lese-Recht (engl.: **read**)
w	Schreib-Recht (engl.: **write**)
x	Ausführ-Recht bei Dateien / Zugangs-Recht bei Verzeichnissen (engl.: **execute**)
	Geben Sie keine Benutzer-Gruppe an, für die Zugriffs-Berechtigungen gesetzt werden sollen, wird standardmäßig **a** für alle Systembenutzer eingesetzt. Neben dieser Form der Änderung der Zugriffs-Berechtigungen über Symbole kann **chmod** auch in einer oktalen Schreibweise angesprochen werden. In diesem Modus werden die zu setzenden Rechte für jede Gruppe in Oktalwerten (Basis 8) zusammengefaßt.
chown *neuerEigentümer datei(en)*	überträgt die angegebenen Rechte an den Dateien auf einen neuen Eigentümer
neuerEigentümer	die Benutzer-Kennung oder die UID-Nummer (Benutzer-Nummer) desjenigen, der als neuer Eigentümer der Dateien eingetragen werden soll Der Systemverwalter muß die Benutzer autorisieren, denen die Nutzung dieses Kommandos erlaubt sein soll.

Verzeichnisbefehle

Kommando	Erklärung
ls [-lCFRabtdinrs] [*verzeichnis*] [*/datei(en)*]	listet Verzeichniseinträge und zugehörige Informationen auf
-l	ausführliches Ausgabeformat, zeigt zu jedem Eintrag: Zugriffs-Berechtigungen, Zahl der Namens- bzw. Verzeichniseinträge, Eigentümer und Gruppe, Zeitpunkt der jüngsten Änderung, Größe in Bytes und Dateiname
-C	Ausgabe in mehreren Spalten
-F	kennzeichnet Verzeichniseinträge mit Schrägstrich «/» und ausführbare Dateien mit Asterisk «*»
-R	rekursive Ausgabe aller Unterverzeichnisse und des angegebenen Verzeichnisses
-a	alle, auch die mit einem Punkt «.» beginnenden (versteckten) Einträge werden angezeigt
-b	nicht darstellbare Zeichen in Dateinamen werden als Oktalwert angezeigt. Nützlich, wenn sich Sonderzeichen in Namen eingeschlichen haben.
-t	Ausgabe ist nach dem Zeitpunkt der letzten Veränderung der Einträge sortiert (Standard: alphabetische Sortierung nach Dateinamen)
-d	von Verzeichnissen wird nur der Verzeichnisname, nicht deren Einträge, angezeigt. Nützlich, um in Verbindung mit der Option l lediglich die Zugriffs-Berechtigungen auf ein Verzeichnis abzufragen.
-i	zu jedem Eintrag wird die Inode-Nummer, über die Dateien eindeutig gekennzeichnet und systemintern angesprochen werden, am Zeilenbeginn angezeigt
-n	genau wie l mit dem Unterschied, daß anstelle der Benutzer- und Gruppennamen die UID- und GID-Nummern angezeigt werden
-r	kehrt die Sortierreihenfolge um
-s	Größenangabe zu jedem Eintrag in Speicherblöcken
	Geben Sie keine Verzeichnisse oder Dateien an, wirkt der **ls** Befehl auf das aktuelle Arbeitsverzeichnis. Um die Einträge für ein Verzeichnis anzeigen zu können, benötigen Sie das Lese-Recht (**r**) im Verzeichnis.

Kommando	Erklärung
cd [*verzeichnis*]	wechselt das aktuelle Arbeitsverzeichnis
	Geben Sie kein Verzeichnis an, wird der Wert der Variablen *$HOME* eingesetzt und Ihr Heimatverzeichnis wird zum aktuellen Arbeitsverzeichnis. **cd** ist ein in die Shell eingebautes Kommando (Fachsprache: Built-in). Um in ein Verzeichnis wechseln zu können, muß für Sie das Ausführ-/Zugangs-Recht (**x**) für das Verzeichnis gesetzt sein.
mkdir [**-p**] *verzeichnis(se)*	richtet Unterverzeichnisse ein
-p	nicht-existierende hierarchisch übergeordnete Verzeichnisse werden zusammen mit dem angegebenen Verzeichnis eingerichtet
	Zum Einrichten neuer Unterverzeichnisse müssen Sie Schreib-Rechte (**w**) im entsprechenden Vaterverzeichnis haben.
rmdir [**-p**] *verzeichnis(se)*	entfernt leere Unterverzeichnisse
-p	auch das hierarchisch übergeordnete Verzeichnis wird entfernt, wenn dieses durch das Löschen des angegebenen Verzeichnisses leer wird
	Bitte beachten Sie: **rmdir** löscht nur leere Unterverzeichnisse, also Verzeichnisse, in denen außer «.»" und «..» keine weiteren Einträge stehen. Der Befehl **rm -r** ist gefährlicher, da er Unterverzeichnisse samt Inhalt löscht.

Informationsdienste

Kommando	Erklärung
date	liefert die aktuelle Zeit- und Datumsangabe
cal [[*monat*] *jahr*]	gibt einen Kalender für das angegebene Datum aus
	Geben sie kein Datum an, wird ein Kalender über den vergangenen, den aktuellen und den folgenden Monat ausgegeben. Nennen Sie **cal** ein Jahr, erhalten Sie einen Kalenderauszug über das ganze Jahr; eine Monatsangabe begrenzt die Ausgabe auf den entsprechenden Monat im Jahr.
monat	die Monatsangabe kann eine Zahl zwischen 1 bis 12 sein oder eine eindeutige Abkürzung des englischen Monatsnamens
jahr	die Jahresangabe muß eine Zahl zwischen 1 und 9999 sein. Beachten Sie, daß **cal 94** keinen Kalender für das Jahr 1994, sondern für das Jahr 94 liefert.

Kommando	Erklärung
pwd	liefert den kompletten Pfadnamen zum aktuellen Arbeitsverzeichnis
file [-f *datei***]** *datei(en)*	klassifiziert den Inhalt der angegebenen Dateien
-f *datei*	bezieht die zu prüfenden Dateinamen aus der hinter der Option aufgeführten Datei
who [-q]	gibt an, welche Benutzer gerade am System arbeiten (eingeloggt sind) sowie deren Endgeräte-Nummern und Anmeldezeiten
-q	Kurzüberblick: liefert nur die Namen der eingeloggten Benutzer und die Gesamtzahl der aktiven SCO UNIX-Nutzer
who am I **who am I**	gibt die Kennung des Benutzers und seines Endgeräts aus
id	liefert die Benutzer- und Gruppen-Kennung (jeweils Name und Nummer) des Benutzers
tty	liefert die Kennung des Endgeräts des Benutzers
ps [-eafl]	zeigt Informationen zu Prozessen, die auf dem System laufen. Ohne Optionen werden nur die aktiven Prozesse angezeigt, die mit dem eigenen Endgerät verknüpft sind.
-e	Informationen zu allen Prozessen auf dem System
-a	Informationen zu allen Prozessen, die mit einem Endgerät verknüpft sind
-f	vollständige (engl.: full) Informationen: zusätzlich zu den standardmäßig angezeigten Prozeßnummern (PID's), Endgeräte-Kennungen, Rechenzeitverbrauch und Kommandoname werden die zugehörigen kompletten Kommandozeilen, die UID Nummer des Benutzers, die Prozeßnummer des Vaterprozesses und der Startzeitpunkt des Prozesses angezeigt
-l	ausführliches (engl.: long) Ausgabeformat: zusätzlich zu den Erweiterungen der Option **f** werden Prozeßstatus, Priorität, Speicherbedarf u.a. ausgegeben

Kommando	Erklärung
du [-sar] [*verzeichnis(se)*]	ermittelt die Größe des durch Dateien und Verzeichnisse belegten Speicherplatzes (in Blöcken), beginnend mit dem angegebenen Verzeichnis.
-s	nur die Summe der belegten Blöcke wird angezeigt
-a	für jeden Eintrag (auch Dateien) wird der benutzte Speicherplatz angezeigt. Standardmäßig werden nur Verzeichnisse gelistet.
-r	es werden Fehlermeldungen angezeigt, wenn **du** auf Verzeichnisse und Dateien trifft, für die die notwendigen Zugriffs-Berechtigungen nicht gesetzt sind

Auf der Benutzeroberfläche

Kommando	Erklärung
csh	Kommandointerpreter und Benutzeroberfläche C Shell
sh	Kommandointerpreter und Benutzeroberfläche Bourne Shell
ksh	Kommandointerpreter und Benutzeroberfläche Korn Shell
passwd [*loginname*]	zur Vergabe und Änderung von Paßworten
kill [-9] *PID*	beendet vorzeitig den Prozeß des Benutzers mit der angegebenen Prozeßnummer (PID)
-9	unbedingtes Abbrechen von widerspenstigen Prozessen, die ohne diese Option nicht zu stoppen sind Im Standardfall sendet **kill** das Signal 15 (*TERMINATE*) an einen Prozeß als Aufforderung, sich geordnet zu beenden. Dieses Signal kann an Vordergrundprozesse auch durch Betätigen der (DEL)-Taste weitergegeben werden. Jeder Benutzer, mit Ausnahme des Systemverwalters, darf nur seine eigenen Prozesse abbrechen.
cancel [*auftragsnummer*] [*drucker*]	löscht in Warteschlange stehende Druckaufträge, die mit **lp** abgesetzt wurden

Kommando	Erklärung
at *zeit* [*datum*] [*zähler*] *kommandofolgen*	startet Kommandofolgen zeitversetzt
zeit	geben Sie ein- oder zweistellige Zahlen ein, so wird dieses als Stundenangabe gewertet (z.B. 6 oder 23 Uhr). Nutzen Sie eine vierstellige Zeitangabe, dann wird aus den ersten beiden Ziffern die Startstunde und aus den abschliessenden zwei Ziffern die Startminute gelesen
datum	ein vom heutigen Tag abweichendes Datum kann im englischsprachigen Format [*Monat Tag*] oder [*Tag der Woche*] oder über die Kennworte **today** bzw. **tomorrow** angegeben werden
zähler	ergänzt die Zeit- und Datumsangaben. Erlaubte Einheiten sind **minutes, hours, days, weeks, months** und **years**
kommandofolgen	Kommandofolgen können wie von der Shell-Ebene eingetastet werden. Das Ende der Eingabe wird durch das Steuerzeichen [STRG] + [d] angegeben.
	Erwartete Ausgaben sollten Sie in Dateien umlenken, ansonsten erhalten Sie diese über das Postsystem zugesandt.
at -l	zeigt die in Warteposition stehenden **at** und **batch** Aufträge an
at -r [*auftragsnummer*]	löscht über die angegebende Auftragsnummer einen wartenden **at** oder **batch** Aufträge
batch *kommandofolgen*	startet Kommandofolgen bei geringer Auslastung des Systems
kommandofolgen	Kommandofolgen können wie von der Shell Ebene eingetastet werden. Das Ende der Eingabe wird durch das Steuerzeichen [STRG] + [d] angegeben.
	Erwartete Ausgaben sollten Sie in Dateien umlenken, ansonsten erhalten Sie diese über das Postsystem zugesendet.
env	zeigt die in der Benutzer-Umgebung gesetzten Variablen
mesg [y/n]	zeigt den aktuellen Status des Nachrichtenempfangs an (ohne Argumente) und setzt diese Schalter
y	Nachrichtenempfang wird erlaubt
n	Nachrichtenempfang wird verboten

Kommando	Erklärung
shelleingebaute Kommandos:	
set	zeigt die gesetzten benutzerdefinierbaren Shell Variablen an
set *variable = wert*	nur C Shell: belegt Variablen mit Werten
setenv *VARIABLE wert*	nur C Shell: setzt Variablen in der Benutzer-Umgebung (Environment)
export *VARIABLE*	nur Bourne Shell: „exportiert" Shell Variablen in die Benutzer-Umgebung
alias [*name*]	nur C Shell: zeigt Befehlsnamen-Ersetzungen von SCO UNIX-Kommandozeilen an
alias *name "kommandofolge"*	nur C Shell: setzt einen neuen Namen für eine vorhandene Kommandofolge
unalias *name*	nur C Shell: hebt Befehlsnamen-Ersetzung auf
history	nur C Shell: zeigt die in der Befehlsgeschichte **history** gespeicherten vorangegangenen Kommandozeilen an

Dienstprogramme

Kommando	Erklärung
mail	Postsystem, über das Briefe an andere Benutzer gesendet und empfangene Briefe gelesen und bearbeitet werden
Starten des Empfangsmodus	
mail [-eHN] [-f *postdatei*]	Aufruf des **mail** Programms zum Lesen und Bearbeiten der Eingangspost. Sind keine Mitteilungen im Postfach, erhalten Sie lediglich die Meldung «*no mail*» - keine Post.
-e	nur prüfen, ob Post eingegangen ist. Wenn ja, liefert der Aufruf den Beendigungs-Code 0 zurück
-H	nur die Postfachübersicht anzeigen
-N	nicht die Postfachübersicht anzeigen
-f [*postdatei*]	Post in der angegebenen Datei lesen. Geben Sie keinen Dateinamen an, versucht **mail**, die Datei *mbox* zu öffnen.

Kommando	Erklärung
Kommandos im Empfangsmodus:	
?	Online-Hilfe: zeigt die häufig verwendeten Kommandos und deren Funktion an
p [*mitteilungsnummer/benutzername*]	Anzeigen von Mitteilungen. Ohne Argumente benutzt, erhalten Sie erneut die aktuelle Mitteilung ausgegeben.
d [*mitteilungsnummer/benutzername*]	Löschen von Mitteilungen
u [*mitteilungsnummer*]	Löschung aufheben und Mitteilung wiederherstellen
.	Anzeigen der aktuellen Mitteilung
+ oder Eingabe -Taste	Anzeigen der nächsten Mitteilung
-	Anzeigen der vorangegangenen Mitteilung
^	Anzeigen der ersten Mitteilung in der Postfachübersicht
$	Anzeigen der letzten Mitteilung in der Postfachübersicht
mitteilungsnummer	Anzeigen der Meldung, die in der Übersicht unter dieser Nummer aufgelistet ist
=	Anzeigen der aktuellen Mitteilungsnummer
!*unix_kommando*	Startet SCO UNIX-Kommandos aus der **mail** Empfangsfunktion und kehrt anschließend in den Empfangsmodus zurück
q	**mail** verlassen, gelesene Nachrichten in der Datei *mbox* ablegen und gelöschte und gespeicherte Nachrichten entfernen
x oder **ex**	**mail** verlassen, durchgeführte Änderungen treten nicht in Kraft (z.B. Löschungen)
r [*mitteilungsnummer*]	Antworten auf eine Mitteilung im Sendemodus; der Adressat und das Thema der Mitteilung werden automatisch eingesetzt
F [*mitteilungsnummer*] *loginname(n)*	Weiterreichen der Mitteilung an den/die aufgeführten Benutzer
m *loginname*	Aufruf des Sendemodus zum Verschicken einer Mitteilung an den angegebenen Benutzer
s [*mitteilungsnummer*] *dateiname*	schreibt die komplette(n) Mitteilung(en) in die angegebene Datei
w [*mitteilungsnummer*] *dateiname*	schreibt die Mitteilung(en) ohne Briefkopf in die angegebene Datei

Kommando	Erklärung
Starten des Sendemodus:	
mall [*loginname(n)*]	Aufruf des **mall** Programms zum Senden von Mitteilungen an Systembenutzer
loginname(n)	Login-Kennungen eines oder mehrerer Benutzer, die in der Datei */etc/passwd* eingetragen sind
Kommandos im Sendemodus	
~!*unix_kommando*	Starten von SCO UNIX Kommandos aus der **mall** Sendefunktion und anschließender Rückkehr in den Sendemodus
~e oder **~v**	Starten eines Editors zum Bearbeiten der aktuellen Mitteilung
~m [*mitteilungsnummer*]	nur nach Aufruf des **m** Kommandos aus dem Empfangsmodus: Einfügen der angegebenen Mitteilung in die zu erstellende Mitteilung
~r *dateiname*	Einlesen der angegebenen Datei in die zu erstellende Mitteilung
~p	Anzeigen der aktuell eingegebenen Mitteilung
~q	Abbrechen der **mall** Sendefunktion. Der bisher eingetastete Text wird als *dead.letter* gesichert.
~x	Abbrechen der **mall** Sendefunktion, ohne Speichern des Textes
~w *dateiname*	Sichern des aktuellen Mitteilungstextes in der angegebenen Datei
Sonstige Kommunikationskommandos	
write *loginname* [*endgerät*]	Kommunikationsprogramm, mit dem ein Benutzer Nachrichten auf den Bildschirm eines anderen eingeloggten Benutzers schreiben kann. Arbeitet der Benutzer an mehreren Endgeräten, können Sie zusätzlich das Endgerät angeben, auf dem Ihre Nachrichten erscheinen sollen.
bc	Taschenrechner
uucp	Kommunikationsprogramm, das Datentransfer und Postübermittlung zwischen UNIX Systemen ermöglicht
calendar [-]	Terminkalender: liest die Datei *calendar* und sendet per Post die Einträge (Zeilen), die das Datum von heute oder morgen enthalten. **calendar** prüft alle Login-Verzeichnisse auf *calendar* Dateien mit entsprechenden Einträgen ab und übermittelt jedem Benutzer seinen Terminplan.

Online Dokumentation

Kommando	Erklärung
man [-aw] [*sektion*] *begriff*	Online Manual, das Handbuch-Einträge zu SCO UNIX Kommandos u.a seitenweise anzeigt
-a	alle Einträge, die auf den eingegebenen Begriff passen, werden nacheinander angezeigt. Standardmäßig zeigt **man** nur jeweils den ersten Eintrag zu einem Begriff an.
-w	nur der komplette Pfadname zu den gesuchten Einträgen (z.B. Kommandos) wird angezeigt
sektion	der Abschnitt des Handbuchs, in dem nach einem Begriff gesucht wird. Abschnitte sind z.B. **C** (alle Benutzerkommandos) und **ADM** (die Programme für den Systemverwalter). Vielfach ist ein Begriff in mehreren Abschnitten eingetragen. Geben Sie keinen Abschnitt an, wird das Handbuch komplett von Beginn an durchsucht.
begriff	der Eintrag, den Sie suchen.

Werkzeuge

Kommando	Erklärung
grep [-clnsvy] [*suchmuster*] [*datei(en)*]	zum Auffinden und Anzeigen von Zeilen in Dateien, die dem angegebenen Suchmuster entsprechen
-c	liefert nur die Gesamtzahl an passenden Zeilen zurück
-l	zeigt nur die Dateinamen an, in denen das Suchmuster gefunden wurde
-n	jede gefundene Zeile wird mit einer Zeilennummer, die ihre Position in der Datei angibt, ausgegeben
-s	keine Fehlermeldungen, wenn angegebene Dateien nicht existieren oder nicht lesbar sind
-v	nur die Zeilen werden angezeigt, die das Suchmuster nicht enthalten
-y	Unterscheidung zwischen Groß- und Kleinbuchstaben ist ausgeschaltet

Kommando	Erklärung
suchmuster	eine ggf. um Metazeichen ergänzte Zeichenkette, die die gesuchte Zeichenkette(n) darstellt. Um zu verhindern, daß die Shell Sonderzeichen vorzeitig interpretiert, müssen diese durch Klammerung oder Gegenschrägstrich auf der Shell-Ebene geschützt werden. Fehlt die Angabe von Dateinamens liest **grep** von der Standard-Eingabe. Geben Sie mehr als einen Dateinamen an, setzt **grep** den Namen der entsprechenden Datei vor die herausgesuchten Zeilen.
sort [**-cmu**] [**-o***ausgabedatei*] [**-dnfirb**] [+*startfeld*] [*-endefeld*] [*datei(en)*]	sortiert die Zeilen der angegebenen Dateien (oder der Standard-Eingabe) und schreibt diese auf die Standard-Ausgabe
-c	prüfen, ob die angegebene(n) Datei(en) bereits sortiert sind. Keine Ausgabe bei sortierten Dateien.
-m	aus engl.: **merge** - die angegebenen, bereits sortierten Dateien zu einer Datei zusammenfügen
-u	aus engl.: **unique** mehrfach auftretende, identische Zeilen nur einmal anzeigen
-o*ausgabedatei*	die Ausgabe der sortierten Zeilen in die angegebene Datei schreiben. An dieser Stelle darf auch der Name einer Eingabedatei stehen.
-d	nur Buchstaben, Ziffern und Leerstellen in der Sortierung berücksichtigen
-n	mit Zahlen beginnende Zeilen numerisch sortieren
-f	Groß- und Kleinbuchstaben nicht unterscheiden
-i	nicht darstellbare Zeichen beim Sortieren ignorieren
-r	Sortierreihenfolge umkehren (engl.: reverse)
-b	führende Leerzeichen nicht berücksichtigen
-t*feldtrenner*	das angegebene Zeichen als Feldtrenner akzeptieren, in Verbindung mit +*startfeld* und *-endefeld* Optionen
+*startfeld*	Sortierkriterium erst mit dem angegebenen Feld jeder Zeile beginnend anwenden. Als Feldtrenner dienen standardmäßig Leerzeichen oder Tabulatoren. Verändern ist über die **t** Option möglich. Die Felder vor dieser Marke werden beim Sortieren nicht berücksichtigt.

Kommando	Erklärung
-endefeld	Sortierkriterium nur bis zum angegebenen Feld anwenden. Fehlt diese Angabe, wird alles bis zum Zeilenende bei der Sortierung berücksichtigt.
comm [-123] *datei1 datei2*	vergleicht die Inhalte zweier sortierter Dateien und gibt Unterschiede und Gemeinsamkeiten aus. Die Ausgabe besteht aus drei Spalten: Spalte 1 - die Zeilen, die nur in der ersten Datei zu finden sind, Spalte 2 - die Zeilen, die nur in der zweiten Datei stehen und Spalte 3 - die Zeilen, die in beiden Dateien vorhanden sind.
-1	erste Spalte wird nicht angezeigt
-2	zweite Spalte wird nicht angezeigt
-3	dritte Spalte wird nicht angezeigt
uniq [-udc] [*-felder*] [*+zeichen*] [*datei*]	ermittelt identische Zeilen in einer sortierten Datei (oder in der Standard-Eingabe). Treten identische Wiederholungen von Zeilen auf, werden diese standardmäßig nicht mehr angezeigt.
-u	nur die Zeilen ausgeben, die nicht wiederholt werden
-d	Zeilen, die wiederholt werden, auslassen
-c	Anzahl der Wiederholungen zu jeder Zeile ausgeben
-felder	überspringe vor dem Vergleichen die angegebene Zahl an Feldern
+zeichen	überspringe vor dem Vergleichen die angegebene Zahl an Zeichen
tr [-d] *zeichenkette1* [*zeichenkette2*]	**tr** liest die Standard-Eingabe und ersetzt darin eine angegebene Zeichenfolge durch eine andere Zeichenfolge
-d	Zeichenkette1 aus der Eingabe entfernen (aus engl.: **delete**)

Kommando	Erklärung
find *startverzeichnis(se) argumente*	sucht ab dem angegebenen Verzeichnis nach Dateien, die angegebenen Suchkriterien entsprechen, und führt ggf. Arbeiten mit diesen Dateien durch
Mögliche Suchkriterien:	
-name *datei*	sucht Dateien mit passendem Namen
-perm *oktale_Zugriffsrechte*	sucht Dateien mit entsprechenden Zugriffsrechten
-links *anzahl*	sucht Dateien mit einer entsprechenden Anzahl an Namenseinträgen
-size *block_anzahl*	sucht Dateien, die eine entsprechende Anzahl Speicherblöcke belegen
-size *zeichen_anzahl* **c**	sucht Dateien, die eine entsprechende Anzahl Zeichen enthalten (Wichtig: Buchstabe **c** am Ende der Größenangabe)
-type *kennung*	sucht Dateien des entsprechenden Typs (**b** bzw. **c** für blockorientierte bzw. zeichenorientierte Gerätedateien, **d** für Verzeichnisse und **f** für „normale" Dateien)
-inum *inode_nummer*	sucht den Eintrag, dem die angegebene Inode-Nummer zugeordnet ist
-user *login_name/UID-Nummer*	sucht Dateien, die dem angegebenen System-Benutzer gehören. Die Angabe kann als Login-Name oder als UID Nummer erfolgen.
-group *gruppen_name /GID-Nummer*	sucht Dateien, die der angegebenen Gruppe zugeordnet sind. Die Angabe kann als Gruppenname oder als GID Nummer erfolgen.
-atime [+/-] *anzahl*	engl.: **access time** - sucht Dateien, auf die zuletzt vor *'anzahl'* Tagen zugegriffen wurde. Ein vorangestellter «+» Operator läßt nach Dateien suchen, auf die zuletzt vor mehr als *'anzahl'* Tagen zugegriffen wurde. Ein «-» Operator bedeutet innerhalb der letzten *'anzahl'* Tage.
-mtime [+/-] *anzahl*	engl.: **modification time** - sucht Dateien, die zuletzt vor *'anzahl'* Tagen verändert wurden. Ein vorangestellter + Operator läßt nach Dateien suchen, die zuletzt vor mehr als *'anzahl'* Tagen verändert wurden. Ein - Operator bedeutet innerhalb der letzten *'anzahl'* Tage.
Mögliche Aktionen:	
-print **-exec** *kommando* {} ;	Ausgeben der Pfadnamen zu den gefundenen Dateien Ausführen von SCO UNIX Kommandos. Geschweifte Mengenklammern werden durch die aktuellen Pfadnamen ersetzt. Das Ende der Kommandofolge muß durch ein Semikolon markiert werden.

Kommando	Erklärung
wc [-cwl] [*datei(en)*]	zählt Zeichen, Wörter und Zeilen der Standard-Eingabe oder in angegebenen Dateien
-c	aus engl.: **characters** - Anzahl der Zeichen zählen
-w	aus engl.: **words** - Anzahl der Wörter zählen
-l	aus engl.: **lines** - Anzahl der Zeilen zählen Geben Sie (mehrere) Dateinamen an, so erhalten vor dem jeweiligem Ergebnis den Namen angezeigt.
pr [+*seiten_zahl***] [-***spalten_anzahl***]** **[-mndprt] [-l***seitenlänge***]** **[-w***zeilenlänge***]** [*datei(en)*]	gibt Dateiinhalte (oder Standard-Eingabe, wenn Dateiname fehlt) mit bestimmten Formatierungsmerkmalen (Seitenzahlen, Titel- und Fußzeilen, Spalten etc.) aus
+*seiten_zahl*	Ausgabe erst mit angegebener Seite beginnen
-*spalten_anzahl*	Ausgabe mit angegebener Spaltenzahl beginnen
-m	gleichzeitiges, aber spaltenweise getrenntes Ausgeben aller aufgeführten Dateien
-n	Einschalten der Zeilennumerierung
-d	doppelter Abstand
-l*seitenlänge*	Anzahl der Zeilen pro Seite auf den angegebenen Wert setzen (Standard: 66)
-w *zeilenlänge*	Anzahl der Zeichen pro Zeile auf den angegebenen Wert setzen (Standard: 72)
-p	Nach Ausgabe einer Seite auf Betätigen der (Eingabe)-Taste durch den Benutzer warten
-r	keine Fehlermeldung anzeigen, wenn Dateien nicht existieren oder nicht gelesen werden können
-t	keine standardmäßig gesetzten Kopf- und Fußzeilen anzeigen

Eingabe / Ausgabe

Kommando	Erklärung
lp [**-d** *drucker*] [**-m**] [**-n** *anzahl*] [**-o** *argument(e)*] *datei(en)*	startet Druckaufträge für die angegebenen Dateien und liefert Auftragsnummern zurück
-d *drucker*	aus engl.: **destination** - der Druckauftrag wird auf dem angegebenen Drucker ausgeführt. Fehlt diese Angabe, wird auf dem Drucker gedruckt, der vom Systemverwalter als Standard-Drucker (engl.: default) bestimmt wurde. Jeder Benutzer kann über die Benutzer-Umgebungsvariable *LPDSET* einen Standard-Drucker festlegen.
-m	sendet dem Benutzer über das Postsystem **mail** eine Mitteilung, sobald der Druckauftrag ausgeführt wurde.
-n *anzahl*	druckt die Inhalte der Dateien so oft, wie angegeben
-o *argument(e)*	setzt spezielle Druckoptionen:
<u>Mögliche Argumente zur Option **o**:</u> **nobanner**	keine „banner"-Seite vorweg ausgeben, auf der Auftraggeber und weitere Informationen angezeigt werden
length=*zeilenzahl*	Anzahl der Zeilen pro Seite auf den angegebenen Wert setzen
width=*zeichenzahl*	Anzahl der Zeichen pro Zeile auf den angegebenen Wert setzen
-P *seitenzahl(en)*	nur die Seiten mit angegebenen Seitennummern ausdrucken. Angabe von Seitenbereichen und einzelnen Seiten (getrennt durch Leerstellen) möglich.
-w	sendet dem Benutzer über das Dialogprogramm **write** eine Nachricht auf den Bildschirm, sobald der Druckauftrag ausgeführt wurde
tar [*funktion*] [*optionen*] *datei(en)*	sichert Dateien auf und lädt Dateien von Speichermedien
<u>Mögliche Funktionen:</u>	Die Funktion bestimmt die generelle Arbeitsweise des **tar** Befehls:
tar c [*optionen*] *datei(en)*	sichert die angegebenen Dateien auf dem Speichermedium, evtl. dort gespeicherte Dateien werden überschrieben
tar r [*optionen*] *dateie(en)*	Dateien werden auf dem Speichermedium im Anschluß an bereits vorhandene Dateien gesichert
tar x [*optionen*] [*datei(en)*]	Laden der angegebenen Dateien vom Speichermedium. Bei Verzeichnisnamen werden (rekursiv) alle einträge aufgespielt. Fehlt die Angabe von Dateinamen, werden alle Dateien vom Speichermedium extrahiert.

Kommando	Erklärung
tar t [*optionen*] [*datei(en)*]	nur Inhaltsverzeichnis des Speichermediums anzeigen. Fehlt die Angabe von Dateinamen, wird ein Verzeichnis über alle Einträge auf dem Speichermedium erstellt.
<u>Mögliche Optionen:</u>	Folgende Optionen ergänzen und verändern die oben angegebenen Funktionen:
0 bis 9999	wählt das Laufwerk aus, in dem sich das Speichermedium befindet. Die Standard-Einstellung ist in der Datei */etc/default/tar* eingetragen.
v	aus engl.: **verbose** - alle Dateinamen und die darauf angewendete Funktion anzeigen. Beim Erstellen eines Inhaltsverzeichnisses (Funktion: **t**) werden ausführliche Informationen zu jedem Eintrag geliefert.
w	jede Aktion mit einer Datei muß der Benutzer ausdrücklich mit «**y**» bestätigen, ansonsten wird die Datei nicht bewegt.
f *speichermedium*	hinter dieser Option kann der Name der Speichermediums (Gerät oder Datei) genannt werden
cpio	kopiert Verzeichnisbäume auf Speichermedien oder unter andere Verzeichnisse und liest Verzeichnisbäume wieder ein
<u>**Sichern auf Speichermedien**</u> **cpio -o**	liest von der Standard-Eingabe die Pfadnamen der Dateien, die auf ein Speichermedium gesichert werden sollen
<u>**Einlesen von Speichermedien**</u> **cpio -i**	lädt mittels Eingabe-Umlenkung von einem Speichermedium Dateien ins Dateisystem
<u>**Kopieren im Dateisystem**</u> **cpio -p**	kopiert Dateien und Verzeichnisse in andere Verzeichnisse
dd	konvertiert und kopiert Dateien
diskcp	erstellt Sicherungskopien von Disketten

Shell Programmierung

Kommando	Erklärung
echo [*argumente*]	„echot" die angegebenen Argumente auf der Standard-Ausgabe
read [*variable*(n)]	liest eine Eingabezeile ein und speichert jedes eingelesene Wort in der/den aufgeführten Shell Variablen
test	wertet Bedingungen aus
true	liefert den Beendigungsstatus 0 (wahr) zurück
false	liefert einen Beendigungsstatus ungleich 0 (falsch) zurück
Ablaufsteuerung	
If *bedingung* **then** *kommando(s)* **fi**	Verzweigung: bedingte Kommandoausführung

If *bedingung*
    then *kommando(s)*
    else *kommando(s)*
fi
	Fallunterscheidung

If *bedingung*
    then *kommando(s)*
    elif *bedingung*
        then *kommando(s)*
[**else** *kommando(s)*]
fi
	verschachtelte Verzweigungen

case zeichen **In**
    muster1) kommandofolge1 ;;
    muster2) kommandofolge2 ;;
    muster3) kommandofolge3 ;;
    ...
esac
	Mehrfachverzweigungen. Die Kommandofolge wird ausgeführt, deren '*muster*' mit dem '*zeichen*' übereinstimmt.

while *bedingung* **do** *kommando(s)* **done**	bedingte Wiederhlung: läuft so lange, bis die Bedingung nicht mehr erfüllt wird.
until *bedingung* **do** *kommando(s)* **done**	bedingte Wiederholung: läuft so lange, bis die Bedingung erfüllt wird.
for *variable* **do** *kommandofolge* **done**	anzahlbegrenzte Wiederholung: läuft so oft, wie Argumente aus der Kommandozeile in '*variable*' eingesetzt werden können.
for *variable* **in** *wortliste* **do** *kommandofolge* **done**	anzahlbegrenzte Wiederholung: läuft so oft, wie Argumente in der '*wortliste*' stehen und in die Position '*variable*' eingesetzt werden können.

Kommando	Erklärung
break	Ablaufunterbrechung: beendet die Schleife und springt zum ersten Kommando hinter der Schleife
continue	Ablaufunterbrechung: beendet den aktuellen Schleifendurchlauf und springt zum nächsten Durchlauf
exit	Ablaufunterbrechung: beendet das Shell Script
sleep [*sekunden*]	Ablaufpause: wartet die angegebene Zeit ab, bevor das folgende Kommando ausgeführt wird

Systemverwaltung

Kommando	Erklärung
enable *endgerät* **enable** *drucker*	ermöglicht Login über das angegebene Endgerät aktiviert den Drucker und ermöglicht Druckauftäge über den angegebenen Drucker
disable *endgerät* **disable** *drucker*	sperrt das angegebene Endgerät für Login stoppt die Annahme von Druckaufträgen für diesen Drucker
lpstat [-dpst]	zeigt Informationen zum Druckerstatus sowie zu den druckenden und wartenden Druckaufträgen
-d	zeigt den Standard-Drucker des Systems
-p [*drucker*]	zeigt den Status für den/die angegebenen Drucker
-s	zeigt eine Zusammenfassung des Druckerstatus
-t	zeigt ausführliche Informationen zum Druckerstatus
df [-v]	gibt die Zahl der noch verfügbaren Speicherblöcke auf dem Dateisystem
-v	ermittelt, wieviel Prozent des Plattenpatzes belegt sind und zeigt die Zahl der belegten und freien Speicherblökke
pstat	zeigt Informationen über die Inode-Tabelle, die Prozeß-Tabelle und die Datei-Tabelle
w	zeigt Informationen über die am System angemeldeten Benutzer und deren Aktivitäten
fsck [-y]	kontrolliert und repariert Dateisysteme
-y	**fsck** führt alle Arbeiten ohne Rückfrage durch

Kommando	Erklärung
mount [-vrf *typ*] *gerätedatei verzeichnis*	hängt Dateisysteme in ein bestehendes Dateisystem ein
-v	zeigt ausführliche Informationen über das eingehängte Dateisystem
-r	das eingehängte Dateisystem ist schreibgeschützt, Dateien auf dem Dateisystem können nicht hinzugefügt oder verändert werden
-f *typ*	gibt den Typ des einzuhängenden Dateisystems an
umount *gerätedatei*	entfernt eingehängte Dateisysteme
sync	stellt vor dem Herunterfahren des Systems die Integrität des Dateisystems her, indem alle Dateiinformationen zurück auf die Platte geschrieben werden
killall	beendet alle aktiven Benutzerprozesse
haltsys	sofortiges Stoppen des Systems
shutdown [-y] [-g *zeit*] [-f *mitteilung*] [su]	fährt das Computersystem bis zum Abschaltzustand herunter
-y	keine Rückfrage vor dem System-Stop
-g *zeit*	gibt die Zeit (in der Form Stunden:Minuten) an, bis das System gestoppt wird
-f *mitteilung*	schreibt die Mitteilung auf alle aktiven Endgeräte und stoppt dann das System
su	fährt das System in den Einzelbenutzer-Modus
su	Wechseln der Benutzerkennung (normalerweise zu **root**) unter Abfrage des Paßwortes ohne vorheriges Ausloggen
sysadmsh	startet die Benutzerschnittstelle des Systemverwalters, über die zahlreiche Verwaltungsaktionen menügesteuert durchgeführt werden können

Sonderzeichen auf Shell Ebene

Metazeichen	Verarbeitung durch die Shell
* ? [ ] [!]	werden zu allen auf das jeweilige Muster passenden Zeichenketten (z.B. Dateinamen) erweitert

Metazeichen	Verarbeitung durch die Shell
*	ersetzt jede beliebige (auch keine!) Zeichenkette
?	ersetzt ein einzelnes Zeichen
[ ]	ersetzt eines der in Klammern aufgeführten Zeichen (Angabe eines Zeichenbereichs möglich)
[!]	ersetzt jedes der nicht in Klammern aufgeführten Zeichen
{ }	die in Mengenklammern angegebenen Zeichenketten werden der Reihe nach in das Argument eingesetzt
/	trennt Komponenten von Pfadnamen; Am Beginn eines Pfades repräsentiert es das Wurzelverzeichnis (root).
\	verhindert Ersetzung jedes (einzelnen!) folgenden Sonderzeichens Beispiel: *test\\datei* der erste Gegenschrägstrich schützt den zweiten, so daß die Shell als Argument *test\datei* weiterreicht
$*variable*	wird ersetzt durch den Wert, der der Shell Variablen zugewiesen ist Beispiel: *$home* wird durch den Verzeichnispfad zum Login-Verzeichnis des Benutzers ersetzt, z.B. */usr/fritz*
"*text*"	schützt die Sonderzeichen *, ? [ ] und [!], so daß diese unverändert als Argument weitergegeben werden. Innerhalb dieser Klammer ersetzt die Shell weiterhin Shell Variablen, den Gegenschrägstrich und Kommandos innerhalb umgekehrt einfacher Klammerung.
`*kommando*`	wird von der Shell ersetzt durch die Ausgabe der eingeschlossenen Kommandos oder Shell Variablen
'*text*'	die Zeichen innerhalb dieser Klammer sind vollständig vor Ersetzung durch die Shell geschützt. Der Ausdruck wird unverändert an das aufgerufene Kommando übergeben.
<, >, >>, >2	Umlenken der Standard-Eingabe aus einer Datei, der Standard-Ausgabe und der Standard-Fehlerausgabe in eine Datei oder auf ein Gerät
befehl1 | *befehl2*	Verknüpfung der Standard-Ausgabe des ersten Kommandos mit der Standard-Eingabe des zweiten Kommandos mittels Pipeline
befehl1 ; *befehl2*	Trennungszeichen zwischen Kommandos. Kommandos werden unabhängig voneinander durchgeführt.
kommando &	Durchführen des Programms im Hintergrund

Metazeichen	Verarbeitung durch die Shell
!*ausdruck*	C Shell: History-Ersetzung (siehe Kapitel 3)
^	umschließt Korrekturen in Verbindung mit history (siehe Kapitel 7)
~	repräsentiert das Heimat-Verzeichnis jedes Benutzers
.	steht für das aktuelle Arbeitsverzeichnis des Benutzers
..	steht für das im Verzeichnisbaum direkt übergeordnete Verzeichnis
-	leitet Optionen zu Kommandos ein (Achtung: gilt nicht bei einigen wenigen Befehlen!)

Sonderzeichen im vi

Metazeichen	Verarbeitung in Suchmustern
.	steht in Suchmustern für ein einzelnes beliebiges Zeichen
*	steht für beliebig viele (auch null) beliebige Zeichen Beispiel: *A** ersetzt kein oder mehr A
[ ]	steht für ein Zeichen aus den in Klammern festgelegten passenden Zeichen Beispiel: *[aA]* steht für ein a oder A Beispiel: *[abc]* steht für ein Zeichen aus der Gruppe a, b oder *c*
[-]	steht für ein Zeichen aus dem in Klammern festgelegten Bereich passender Zeichen Beispiel: *[A-Z]* ersetzt einen auftretenden Großbuchstaben Beispiel: *[0-9]** ersetzt Zeichenketten mit null oder mehr Ziffern
^	steht für den den Zeilenanfang Beispiel: *^[0-9]* lokalisiert alle Zeilen, die mit einer Ziffer beginnen
/<	steht für den Wortanfang Beispiel: */<[aA]* findet alle Zeichenketten, die mit einem a oder A beginnen
\>	steht für das Wortende

Metazeichen	Verarbeitung in Suchmustern
$	steht in Suchmustern für das Zeilenende Beispiel: *^...$* findet alle Zeilen, die aus genau drei beliebigen Zeichen bestehen
[^]	ersetzt jedes Zeichen außer den in den Klammern festgelegten Beispiel: *[^A-Z]* findet jedes Zeichen, das kein Großbuchstabe ist
&	Sonderbedeutung nur im Such- und Ersetzbefehl des zeilenorientierten Befehlsmodus innerhalb der „neuen Zeichenkette": steht für den gefundenen Suchbegriff

Anhang C
Übertragungsparameter

Der folgende Text erklärt kurz die Übertragungsparameter für serielle asynchrone Kommunikation. Die Übertragungsparameter geben u.a. die Zeichenbreite (Anzahl der Datenbits), Geschwindigkeit, Stoppbits und die Paritätsprüfung an. Sie müssen bei Sender und Empfänger aufeinander passend eingestellt sein. Wenn Ihnen dies nicht gelingt, dann können Daten entweder gar nicht oder nur bruchstückhaft übertragen werden.

Zeichenbreite

Um einen Zeichencode zu versenden, überträgt der Sendecomputer der Reihe nach alle Datenbits eines Zeichens. Nachdem das erste Bit übertragen wurde, wartet der Sender eine bestimmte Zeitspanne ab und sendet dann das nächste.

Für die Darstellung von Zeichen werden 7 oder 8 Bit verwendet (Zeichenbreite). Es ist wichtig, daß der Empfänger die Zeichenbreite des Senders kennt. Ohne die passende Einstellung des Parameters Zeichenbreite wird es zu Fehlern in der Übertragung kommen.

Anzahl der Datenbits

Übertragungsgeschwindigkeit

Die Zeitspanne, die vor der Übertragung des nächsten Bits gewartet wird, bestimmt, wieviele Bits pro Sekunde (= Baud) übertragen werden können. Die Übertragungsgeschwindigkeit muß bei Sender und Empfänger nicht übereinstimmen, damit Daten übertragen werden können.

Wie schnell?

Start- und Stoppbits

Während bei synchroner Übertragung Sender und Empfänger im gleichen Zeittakt arbeiten, geben hier bei asynchroner Übertragung Start- und Stoppbits an, ab wann ein Zeichen übertragen wird und wann die Übertragung eines Zeichens beendet wird. Die Anzahl der Stoppbits können Sie einstellen.

Stop and go!

Paritätsprüfung

Alles an-
gekommen?

Ein weiterer Übertragungs-Parameter ist das Paritätsbit (oder Prüfbit). Anhand des Paritätsbits kann der Empfänger mit einem einfachen Prüfverfahren feststellen, ob das angekommene Zeichen fehlerfrei übertragen wurde. Stellen Sie den Parameter »gerade Parität« ein, dann zählt der Sendecomputer die Bits mit dem Wert 1 im übermittelten Zeichencode. Das Paritätsbit wird nun so ergänzt, daß die Anzahl der 1-Bits gerade ist. Entsprechend wird die Anzahl der 1-Bits ungerade, wenn Sie den Übertragungs-Parameter Parität auf den Wert ungerade setzen.

Der Empfangscomputer vollzieht diese Rechnung des Senders nach und kontrolliert sein Ergebnis mit dem übermittelten Paritätsbit: Wenn beide übereinstimmen, erklärt der Empfänger das übertragene Zeichen für fehlerfrei.

Anhang D
Glossar

Ablaufsteuerung
Programmstrukturen der Shell Sprache, über die die Abfolge von *Kommandos* in einem *Shell Script* beeinflußt werden. Möglich sind Verzweigungen, Fallunterscheidungen, Wiederholungen und der Aufruf anderer Shell Scripts.

Abmelden
engl.: logout, log off
Beenden der Arbeit mit UNIX durch Stoppen der (Login-) Benutzerschnittstelle. Abmelden von zeichenorientierten *Shells* ist durch die Befehle **logout**, **exit** oder die *Tastenkombination* [STRG] + [d] möglich. Menüorientierte Benutzeroberflächen stellen eine entsprechende Menüauswahl zur Verfügung. Grafische Oberflächen können zudem durch Mausaktionen beendet werden. Im Anschluß wird erneutes *Anmelden* (Login) am Endgerät möglich.

Account
Eintrag eines Benutzers, der ihn als Benutzer des Systems ausweist. Der *Systemverwalter* muß für jeden Benutzer einen Account einrichten, dem der Zugang zum System gestattet werden soll. Der Eintrag wird u.a. in der Datei */etc/passwd* vorgenommen und umfaßt *Login-Name*, Benutzer- und Gruppennummer, *Login-Verzeichnis* und *Login-Shell*. Das *Paßwort* wird in einer System-Datenbank verschlüsselt.

aktuelles Verzeichnis
siehe *Arbeitsverzeichnis*

Anmelden
engl.: login
auch Einloggen
Sich Zugang zu einem UNIX System verschaffen. Der Anmeldevorgang umfaßt Eingabe der *Benutzer-Kennung* (engl.: login name) und des *Paßwortes*. Nach erfolgreichem Anmelden startet eine *Benutzerschnittstelle*. Über das Anmelden wird kontrolliert, daß nur autorisierte Benutzer Zugang zum System erhalten.

ANSI-Code
genormter 8-Bit Zeichensatz mit verschiedenen Varianten

Anwendungsprogramm
auch Applikation
Programm, das bestimmte Dienste für den Anwender durchführt. Anwendungsprogramme verarbeiten die Benutzer-Eingaben in

einer bestimmten auf das Anwendungsgebiet zugeschnittenen Art und Weise. Typische Anwendungen sind Textverarbeitung, Tabellenkalkulation, Buchhaltungsprogramme.

Arbeitsmodus siehe *Run Level*

Arbeits-
verzeichnis Das *Verzeichnis*, in dem der Benutzer aktuell arbeitet. Dient als Bezugspunkt der relativen *Pfadnamen*. Der **pwd** Befehl zeigt das Arbeitsverzeichnis an. In Kurzschreibweise wird das Arbeitsverzeichnis mit dem Zeichen «.» angesprochen.

Argument Ein Objekt in der *Kommandozeile*, häufig ein Dateiname oder ein Suchmuster. Kommandos erwarten eine bestimmte Folge von Argumenten.

ASCII-Code aus engl.: American Standard Code for Information Interchange 7-Bit Zeichensatz mit 128 Zeichen. Konvention, die bestimmt wie Zeichen computerintern als *Bit*folge dargestellt werden. Jede mögliche Zahl des siebenstelligen Binär-Codes steht für ein Zeichen ($2^7 = 128$). Häufig findet man den erweiterten IBM-ASCII Zeichensatz (über 8 Bit) mit 256 Zeichen oder den *ANSI-Code*.

Ausführen Das Starten eines *Befehls* oder (Anwendungs-) Programms.

Ausgabe engl.: output
Daten, die von Programmen an das *Endgerät* oder in eine *Datei* gesendet werden.

Ausgabe-
Umlenkung Das Umleiten von *Ausgabe*daten in eine *Datei* oder an ein *Gerät*. Ohne *Umlenkung* ist die *Standard-Ausgabe* mit dem *Endgerät* (Bildschirm) des Benutzers verbunden. Durch Ausgabe-Umlenkung werden Dateien oder Geräte als Ziel der Standard-Ausgabe geöffnet.

Ausloggen siehe *Abmelden*

Backup siehe *Datensicherung*

Batchbetrieb auch Stapelverarbeitung
Arbeitsweise der *Shell*. Dateien mit UNIX-Kommandofolgen, *Shell Scripts*, werden durch die Benutzeroberfläche abgearbeitet. Gegensatz: *Dialogbetrieb*

engl.: return code, exit status
Statuswert, den ein endender *Prozeß* zurückliefert. Erfolgreiche
Ausführung: 0. Nicht erfolgreiche Ausführung: ungleich 0.

Beendigungsstatus

wird von uns synonym für *Kommando* benutzt

Befehl

auch **history**
Fähigkeit der *C Shell*, sich vorangegangene *Kommandozeilen* zu
merken. Wird über die *Shell Variable history* gesetzt, in der auch
die Listengröße eingestellt wird. Der Benutzer kann zuvor eingetastete Kommandozeilen (oder *Argumente* daraus) bearbeiten und
wieder aufrufen.

Befehlsgeschichte

auch **alias**
Fähigkeit der *C Shell*, SCO UNIX *Kommando*folgen durch selbst-
gewählte Befehlsnamen zu ersetzen.

Befehlsnamen-Ersetzung

siehe *Login-Name*

Benutzer-Kennung

siehe *Shell*

Benutzeroberfläche

auch Environment
In der Benutzer-Umgebung sind Informationen über den Benut-
zer und seine *Prozesse* abgelegt. Im Environment sind für alle
Shells globale Variablen gesetzt.

Benutzer-Umgebung

Der Teil der *Software*, der zum Betrieb und Verwaltung des Computersystems notwendig ist. Umfaßt in der Mindestausstattung
Programme zum Erschließen, Verwalten der Betriebsmittel, zur
Datenhaltung und zur Ein-/Ausgabesteuerung. Im Lieferumfang
des SCO UNIX Betriebssystems sind zusätzlich Dienstprogramme wie *Shells, Editoren* und zahlreiche *Werkzeuge* enthalten.

Betriebssystem

siehe *Kernel*

Betriebssystem-Kern

Kleinste Speichereinheit in der Datenverarbeitung. Kann nur
zwei Werte, Null oder Eins, annehmen. Acht Bit ergeben ein *Byte*.

Bit

Speichereinheit auf einem *Speichermedium*.

Block

Starten, Hochfahren, des UNIX Rechners.
siehe auch Run Level

Booten

Bourne Shell	auch **sh** Die älteste und weit verbreitete *Shell* (Benutzeroberfläche). Die meisten *Shell Scripts* laufen auf der Bourne Shell. Sie wechseln auf die Bourne Shell mit dem **sh** Kommando.
Byte	Speichereinheit in der Datenverarbeitung. Ein Byte enthält Informationen aus der Kombination von acht *Bit*. Ein Zeichen des erweiterten *ASCII-Kode* oder *ANSI-Kode* belegt genau ein Byte. Ein KiloByte (KB) sind 1024 Byte, ein Megabyte (MB) 1024 KB.
C Shell	Eine *Shell*, die gegenüber der *Bourne Shell* benutzerfreundlicher ist. Die C Shell arbeitet mit der *Befehlsgeschichte* **history** und der *Befehlsnamen-Ersetzung* **alias**. Die Syntax der C Shell als Programmiersprache für Shell Scripts hat Ähnlichkeiten mit der Programmiersprache C. Sie wechseln auf die C Shell mit dem **csh** Kommando.
core Datei	Speicherauszug. Kann nach einem Programmabbruch als *Datei* herausgeschrieben werden.
Datei	engl.: file Speichereinheit für zusammengehörige Informationen. Als logische Einheit auf einem Speichermedium abgelegt. Wird vom Benutzer über Datei- bzw. *Pfadnamen* angesprochen. Unter UNIX sind auch Geräteschnittstellen Dateien (engl.: special files). Siehe auch: *Dateisystem, Gerätedatei, Pfad, Verzeichnis*
Dateinamen-Ersetzung	Fähigkeit der Shell, über den (Gruppen von) *Dateien* abgekürzt angesprochen werden können. Die Shell ersetzt *Metazeichen* in Zeichenfolgen zu allen auf das Muster passenden Dateinamen.
Dateinamen-Expansion	siehe *Dateinamen-Ersetzung*
Dateisystem	engl.: file system auch Verzeichnisbaum die logische Zusammenfassung von *Dateien, Verzeichnissen* und *Gerätedateien*. Besitzt inhaltlich eine hierarchische Struktur. Wurzel des Dateisystem ist das *root* Verzeichnis «/».
Daten-sicherung	Sichern von *Dateien*. Von der Festplatte werden die zu sichernden Dateien auf ein entfernbares Speichermedium (z.B. Diskette, Streamer) überspielt, um im Falle von Datenverlusten oder -zer-

störungen Dateien rekonstruieren zu können. Unter SCO UNIX sind mehrere Kommandos zur Datensicherung verfügbar. Daten sollten zum Sicherstellen des Rechenbetriebs regelmäßig gesichert werden.

siehe *Gerätedatei*   **device file**

Dialogorientierte Arbeitsweise der *Shell*. Der Benutzer kommuni-   **Dialogbetrieb**
ziert interaktiv mit seiner Benutzeroberfläche. Über die Tastatur erhält die Shell *Kommandozeilen*, setzt diese in System-Aufrufe um, liefert Ausgaben und meldet sich dann dem Benutzer mit dem Prompt zurück.

Speichermedium, auf dem Dateien und Verzeichnisse abgelegt   **Diskette**
werden können. Wird unter UNIX im wesentlichen nur als Transport- und Sicherungsmedium benutzt. Disketten, auf denen ein eigenes *Dateisystem* angelegt ist, können durch *Mounten* an den vorhandenen Verzeichnisbaum eingehängt werden. Besteht aus einer Scheibe mit magnetischer Oberfläche, die in eine Schutzhülle gelagert ist.

aus engl.: Disk Operating System   **DOS**
Weit verbreitetes *Betriebssystem* für PC's. Ist nur für Single-user (Ein-Benutzer) und Single-tasking (Einzelprozeß) Betrieb ausgelegt, enthält keine Zugangs-Kontrolle und keinen wirksamen Dateischutz.

Dienstprogramm zum Erfassen und Bearbeiten von Texten. Zum   **Editor**
Lieferumfang von SCO UNIX gehören zeilenorientierte Editoren (**ed, ex**) und ein bildschirmorientierter Editor (**vi**).

engl.: input   **Eingabe**
Daten, die über Tastatur oder aus einer Datei an ein Programm zur Verarbeitung übergeben werden.

siehe Prompt   **Eingabe-**
                                                              Aufforderung

Das Umleiten von Eingabedaten aus einer Datei. Ohne Eingabe-   **Eingabe-**
Umlenkung ist die *Standard-Eingabe* mit dem Endgerät (Tastatur)   **Umlenkung**
des Benutzers verbunden. Durch Eingabe-Umlenkung werden Dateien als Quelle der *Standard-Eingabe* geöffnet.

siehe *Anmelden*   **Einloggen**

Emulation	Programm, das bestimmte Eigenschaften von Geräten „nachahmt" (emuliert). Terminal-Emulationen auf PC's ermöglichen das Verbinden eines PC's als *Endgerät* mit einem UNIX Rechner.
Endgerät	auch Terminal, Datensichtgerät, Dialogstation Teil der Hardware, über den der Benutzer mit dem UNIX System verbunden ist. Umfaßt eine Tastatur, einen Monitor und ggf. eine Maus. Das Endgerät muß über Direkt- oder Wählleitung mit der Zentraleinheit verbunden werden, um das *Login* auf dem Endgerät zu starten.
Environment	siehe Benutzer-Umgebung
erweiterter ASCII-Code	siehe *ASCII-Code*
Fenster	Bildschirmausschnitt einer grafischen Benutzeroberfläche, in dem auf einem virtuellen *Terminal Shells* und Anwendungen laufen können.
Festplatte	Speichermedium zur dauerhaften Ablage von Informationen in Form von *Dateien* und *Verzeichnissen*. Von der Festplatte werden zu bearbeitende Programme und Daten in den Arbeitsspeicher geladen und nach Bearbeitung wieder auf die Festplatte herausgeschrieben. Ein Teil der Festplatte dient als Erweiterung des Hauptspeichers (*Swap Speicher*). Ein Plattenlaufwerk besteht aus einer oder mehreren Scheiben mit magnetischer Oberfläche.
File	siehe *Datei*
Filter	Programm, das seine *Eingabe* von der *Standard-Eingabe* (im Regelfall Tastatur) liest und seine *Ausgabe* nach *Standard*-Ausgabe (im Regelfall Bildschirm) schreibt. Filter werden zum Bearbeiten von Eingabedaten genutzt und liefern veränderte Informationen zurück. Häufig werden Filter innerhalb von *Pipelines* eingesetzt.
Fluchtsymbol	siehe Maskierungszeichen
Gerätedatei	engl.: device file, special file die Schnittstelle zu einem Gerät. Über die Gerätedateien sind alle Hardwarekomponenten vollständig in den Verzeichnisbaum integriert. Laufwerksbuchstaben (wie bei DOS) entfallen unter UNIX. Gerätedateien sind im Verzeichnis */dev* eingetragen.

Die physikalischen „anfaßbaren" Komponenten eines Computer-   **Hardware**
systems. Wird unterteilt in die Zentraleinheit und die externen
Geräte.

Ein *Prozeß*, der im Hintergrund abläuft. Die *Shell* meldet sich   **Hintergrund-**
sofort nach Starten des Hintergrundprogramms zurück und ist   **prozeß**
bereit für neue Befehle. Tastatureingaben können einen Hintergrundprozeß nicht erreichen, er schreibt seine Ausgaben aber
weiterhin auf die *Standard-Ausgabe* (Bildschirm). Unkontrolliert
laufende Hintergrundprozesse können nur mit dem **kill** Kommando vorzeitig beendet werden. Die Prozeßliste **ps** informiert
über laufende (Hintergrund-) Prozesse.

auch I-node, Dateikopf, Indexknoten   **Inode**
Element der Verzeichnisstruktur, das die individuelle Kennung
sowie Informationen zu jeder *Datei* enthält. Über die Inode wird
auf die Datei zugegriffen. Jede Inode enthält die wichtigen Informationen zu einer Datei: z.B. Typ der Datei, *Zugriffs-Berechtigun-*
gen, Größe, Zeitpunkte der Erstellung und letzten Veränderung,
Verweise auf zugehörige Speicheradressen auf einem Speichermedium.

auch Betriebssytem-Kern   **Kernel**
Der Kern des *Betriebssystems*, der die unbedingt notwendigen
Grundfunktionen wie Prozeßverwaltung, Datenhaltung und Be-
triebsmittel-Bereitstellung durchführt. Ausführbares Programm,
das beim System-Start geladen wird und resident im Speicher
bleibt. Unter UNIX sind Kernel und Rest-Betriebssystem vollständig getrennt.

auch Anklicken   **Klicken**
Kurzzeitiges Drücken einer Maustaste für eine Handlung mit
dem Zeigeinstrument.

Eine Anweisung, die über Tastatur, Menüauswahl, Maus oder   **Kommando**
aus einer Datei an die *Shell* weitergegeben wird, um von bestimmten Programmen Aufgaben bearbeiten zu lassen. Die Shell zer-
gliedert und erweitert die Kommandozeile und ersetzt
Metazeichen.

Das Regelsystem, das festlegt wie die Kommandozeile eines Be-   **Kommando-**
fehls aufgebaut sein darf. Beschreibt, welche Parameter wahlwei-   **format**

se (optional) anzugeben sind und welche unbedingt vorhanden sein müssen.

Kompletter Pfadname Gibt den Weg durch das *Dateisystem* zu einer *Datei* ausgehend vom *Wurzelverzeichnis* an. Beginnt immer mit dem *root* Verzeichnis «/».

Konsole Bildschirm und Tastatur, die „direkt" mit dem Rechner verbunden sind. Die Konsole wird vom *Systemverwalter* für System-Arbeiten benutzt. Über die Konsole kann das Sytem gestartet (hochgefahren) und beendet (heruntergefahren) werden. Im Einzelbenutzer- oder System Maintenance Modus ist der System-Zugang nur über die Konsole möglich.

Korn Shell Eine *Shell*, die Vorteile von *Bourne Shell* und *C Shell* miteinander verbindet. Sie wechseln auf die Korn Shell mit dem **ksh** Kommando.

LAN aus engl.: Local Area Network
Verknüpfung der Computersysteme an einem Standort (lokal) zu einem *Netz*.

Link Verweis eines Dateinamens auf den eigentlichen Eintrag (*Inode*), über den die Speicheradressen einer *Datei* erreicht werden. Zu einer Datei kann der Benutzer über den **ln** Befehl mehrere Dateinamen einrichten, die alle auf dieselbe Datei zeigen.

Login siehe *Anmelden*

Login-Name auch Benutzer-Kennung
Wird beim *Anmelde*vorgang nach der *Login*-Aufforderung eingetastet. Einträge zu jeder gültigen Benutzer-Kennung stehen in der Datei */etc/passwd*. Der Login-Name wird auch zum Adressieren von Mitteilungen über das Postsystem genutzt.

Login-Shell Die Benutzeroberfläche, die unmittelbar nach erfolgreichem Einloggen startet. Von dieser *Shell* können Kommandos, Anwendungsprogramme und weitere Benutzeroberflächen aufgerufen werden.

Login-Verzeichnis engl.: login / home directory
auch Heimat-Verzeichnis
Das *Verzeichnis*, in das jeder Benutzer nach erfolgreichem Einloggen gesetzt wird. Es ist für jeden Benutzer in der Datei */etc/passwd*

eingetragen und wird vom *Systemverwalter* mit Einrichten jeder
Benutzer-Kennung erzeugt. Der Verzeichnisname ist im Regelfall
der *Login-Name* des Benutzers. Der Eigentümer (im Regelfall der
Benutzer) des Login-Verzeichnisses kann den Verzeichnisbaum
von hier aus verzweigen. Der Pfad zu diesem Verzeichnis ist in
den Environment und *Shell Variablen* $HOME bzw. $home abgelegt.

Handbuch. Das Handbuch-Programm **man** zeigt den Text der   **Manual**
„Reference"-Handbücher am Bildschirm an. In gedruckter Form
liegt das Handbuch in den *Reference Manuals* vor.

Verhindert, daß die *Shell* Sonderzeichen auswertet. Ein einzelnes   **Maskierungs-**
Sonderzeichen schützen Sie mit dem Gegenschrägstrich «\».   **zeichen**
Wenn Sie eine Zeichenkette mit mehreren Sonderzeichen haben,
klammern Sie die Zeichenkette mit einfachen Anführungszeichen. Die so geschützten *Metazeichen* werden uninterpretiert an
das Befehlsprogramm weitergereicht und von diesem ausgewertet.

auch Sonderzeichen, Wildcards, Joker   **Metazeichen**
Zeichen mit erweiterter Sonderbedeutung auf der Ebene von
Shell- oder Dienstprogrammen. Metazeichen stehen für eine
Menge von Zeichenfolgen. Die Zeichen *,? und [] werden (häufig
in Verbindung mit anderen Buchstaben und Ziffern) auf *Shell*
Ebene benutzt, um Gruppen von Dateinamen anzusprechen, ohne jeden einzelnen Dateinamen einzutasten. Sonderzeichen finden auch Verwendung in Suchmustern zu Suchbefehlen (**grep**,
im **vi**). Metazeichen werden durch die Shell oder bei Maskierung
durch Anwendungsprogramme interpretiert. Sonderbedeutun-
gen können durch *Maskierungszeichen* ausgeschaltet werden.

Einrichtung zur Datenübertragung. Mittels Modem können In-   **Modem**
formationen zwischen Computersystemen ausgetauscht werden.
Ein Modem übersetzt digitale Impulse in analoge Signale, die
über Telefonleitungen übertragen werden können, und wieder
zurück.

Einhängen von Verzeichnisstrukturen eines Speichermedium an   **Mounten**
ein bestehendes *Dateisystem.* Durch den Vorgang des Mountens
werden *Dateien* auf (auswechselbaren) Speichermedien (z.B. Disketten) den Benutzern zum Lesen und Schreiben zugänglich ge-

macht. Vor Entfernen des eingehängten Speichermediums muß ein **unmount** Kommando eingetastet werden.

Multiscreen

Endgeräte können zwischen virtuellen Terminals umgeschaltet werden, über die mehrfaches *Anmelden* am System mit einem Endgerät möglich wird. Ist an der *Konsole*, besonderen Endgeräten oder durch Zusatzprogramme verfügbar.

Multitasking

Merkmal von UNIX-*Betriebssystemen*. Fähigkeit zur gleichzeitigen Bearbeitung mehrerer Aufgaben (*Prozesse*) durch Timesharing. Der Benutzer kann einen *Vordergrundprozeß* und mehrere *Hintergrundprozesse* starten und bearbeiten oder in mehreren Fenstern verschiedene Programme laufen lassen. Über den **ps** Befehl werden die laufenden Prozesse aufgelistet.

Multiuser

Merkmal von UNIX-*Betriebssystemen*. Fähigkeit zur gleichzeitigen Bedienung mehrerer Benutzer mit Rechenleistung. Um ein geordnetes Miteinander sicherzustellen, besitzt UNIX eine Zugangskontrolle und differenzierte *Zugriffs-Berechtigungen* für Dateien und Verzeichnisse.

Netz

Zusammenschluß mehrerer Computersysteme zu einem Verbund, in dem Datenaustausch, gemeinsame Datenhaltung und Betriebsmittel-Benutzung stattfinden kann. Die Verständigung verschiedener Rechner wird durch Kommunikationsprotokolle ermöglicht.

oktale Zugriffs-Berechtigungen

Als Oktalzahl verschlüsselte *Zugriffs-Berechtigungen* auf eine *Datei*. Die Oktalzahl ist eine Alternative zu den symbolischen Zugriffs-Berechtigungen (Lesen «r», Schreiben «w» und Ausführen/Zugang «x»). Der Eigentümer einer Datei kann mit dem **chmod** Befehl und den oktalen Zugriffs-Berechtigungen Zugangs-Beschränkungen setzen oder entfernen.

Option

auch Schalter
Wahlmöglichkeiten zu einem *Kommando*, die die Arbeitweise des Kommandos verändern. Sind meistens einzelne Buchstaben, die im Format *-option* hinter den Befehlsnamen angefügt werden.

Parameter

Zusätze zu einem Befehl auf der *Kommandozeile*. Häufig werden Dateinamen oder andere Zeichenfolgen an einen Kommandoaufruf übergeben.

Bereich auf der Festplatte, die Daten und Programme eines *Be-* **Partition**
triebssystems aufnimmt. Wenn Sie auf einem Rechner mit verschiedenen Betriebssystemen arbeiten möchten, müssen Sie vor der
Installation der Betriebssysteme die Festplatte partitionieren. Arbeiten Sie ausschließlich mit SCO UNIX, können Sie eine einzige
SCO UNIX Partition einrichten, die die vollständige Festplatte
umfaßt.

Geheimwort, das in Verbindung mit der *Benutzer-Kennung* beim **Paßwort**
Anmelden abgefragt wird. Wird beim Eintasten nicht angezeigt.
Jeder Benutzer kann sein Paßwort über das **passwd** Programm
ändern.

Der Weg durch das *Dateisystem* zu einer *Datei* oder einem *Verzeich-* **Pfad**
nis.

Abfolge von Verzeichnissen, die durchlaufen werden müssen, **Pfadname**
um eine *Datei* aufzufinden. Die einzelnen Komponenten werden
durch Schrägstriche voneinander getrennt. Man unterscheidet
komplette und *relative Pfadnamen.*

engl.: process identification number **PID**
Eindeutige Identifikationsnummer jedes *Prozesses.* Wird benötigt,
um einen Prozeß vorzeitig zu beenden.

Eine Verknüpfung mehrerer Programme. Die *Standard-Ausgabe* **Pipelines**
des ersten Programms wird zur *Standard-Eingabe* des zweiten
Programms. Die Verbindung wird durch eine Pipe hergestellt.
Als Pipe-Operator verwenden Sie das Verkettungszeichen « | ».

Shelldefinierte *Variablen,* die jedem Argument einer Kommando- **Positions-**
zeile je nach Position zugewiesen werden. „Numerieren" die **parameter**
Parameter zu einem Kommando von $1 bis $9. Der Kommandoname (Shell Script Name) kann über $0 angesprochen werden.

siehe *Shell Variable* **Programmier-**
speicher

auch Eingabe-Aufforderungszeichen **Prompt**
Wird von der *Shell* vor jeder Kommandozeile angezeigt, um die
Bereitschaft für Kommandoeingaben zu melden. Die Zeichenfolge, die als Shell Prompt erscheint, wird in der Variablen *prompt*
eingetragen.

Prozeß	Ein Programm während der Ausführung. Umfaßt zusätzlich zu den Programmdaten weitere Verwaltungsinformationen. Jeder Prozeß erhält eine individuelle Prozeßnummer (*PID*).
Regular expression	Eine Zeichenfolge aus Buchstaben, Ziffern und Zeichen mit Sonderbedeutung, die als Muster eine Menge von Zeichenfolgen repräsentieren kann.
Relativer Pfadname	Ein *Pfadname*, der als Bezugspunkt das aktuelle *Arbeitsverzeichnis* hat. Relative Pfadnamen beginnen mit einem Unterverzeichnisnamen oder mit den Zeichen «..», die das hierarchisch übergeordnete *Verzeichnis* darstellen. siehe auch *Kompletter Pfadname*
root	dt.: Wurzel, Zeichen: / 1. Kennzeichnet das hierarchisch höchste Verzeichnis, ohne Vorgänger im *Dateisystem*. Von hier aus verzweigt der Verzeichnisbaum. Das Wurzelverzeichnis ist der Bezugspunkt für die *kompletten Pfadnamen*. 2. Andere Bezeichnung für den Super-user des Systems, der ungeachtet der *Zugriffs-Berechtigungen* auf alle Dateien Zugriff hat. Die root-Kennung wird genutzt, um *Systemverwaltungs*-Aufgaben durchzuführen. Root-Rechte werden durch die Benutzer-Identifikationsnummer 0 in der Datei */etc/passwd* festgelegt.
Run level	Kennzeichnet den Systemstatus. Run Level 1, auch System Maintenance Mode, ist der Einzelbenutzer-Modus für *Systemverwaltungs*-Arbeiten. Run Level 2 ist der normale Mehrbenutzer-Betrieb.
Schreibmarke	auch Cursor, Positionsanzeige Meist in Form eines (blinkenden) Kästchens oder eines Unterstriches. Gibt an, an welcher Stelle auf dem Bildschirm *Eingaben* vorgenommen werden können.
SCO ODT	UNIX-*Betriebssystem*, das auf SCO UNIX aufbaut. Bietet zusätzlich grafische Fensteroberflächen (OSF Motif mit X.desktop), *Netzwerk*-Fähigkeiten und DOS-*Emulation* (Merge 386).
Shell	auch Benutzeroberfläche, Benutzerschnittstelle *Kommando*interpreter des UNIX Systems. Ein Anwendungsprogramm, über das der Benutzer mit dem *Betriebssystem*(kern) kommuniziert. Verarbeitet die Kommandozeilen im Dialogbetrieb

oder im *Batchbetrieb* vor. Unter SCO UNIX sind zeichenorientierte, menüorientierte und grafische Shells verfügbar.

siehe *Shell Script*	**Shell-Prozedur**

Shell Script

auch Shell Programm, Shell Prozedur
Eine *Datei*, die Abfolgen von UNIX Kommandos enthält, die von der *Shell* abgearbeitet werden.

Shell Variable

Platzhalter für Zeichenfolgen. Der Wert einer Variablen wird durch *$variable* angesprochen. Die *Shell* arbeitet mit zahlreichen vorbelegten benutzerdefinierbaren und shelldefinierten Variablen (z.B. *Positionsparameter*), die Sonderaufgaben erfüllen. Soll eine Variable auch außerhalb einer Shell Geltung haben, muß Sie in der *Benutzer-Umgebung* bekannt gemacht werden.

Shutdown

Herunterfahren des UNIX Systems, bis der Abschaltzustand erreicht ist.

Software

Alle Programm- und Daten-Komponenten eines Computersystems, die auf Speichermedien abgelegt sind. Ermöglichen die Nutzung der Hardware in Hinblick auf das Anwendungsgebiet der Software. Ein spezieller Teil der Software ist das *Betriebssystem*.

Sonderzeichen

siehe *Metazeichen*

special file

siehe *Gerätedatei*

Spooler

Verwaltungseinrichtung für Geräte. Benutzer-Anfragen an Geräte (z.B. Druckaufträge) werden in eine Schlange gereiht, die der Reihe nach (Prinzip FIFO: first in - first out) abgearbeitet wird.

Standard-Ausgabe

Der *Ausgabe*kanal, über den Programmausgaben (Ausgaben) geleitet werden. Ist standardmäßig mit dem *Endgerät* verbunden; kann in eine Datei oder auf ein Gerät umgelenkt werden.

Standard-Eingabe

Der *Eingabe*kanal, über den die Shell und zahlreiche Programme (*Filter*) Ihre Eingabe beziehen. Ist standardmäßig mit dem *Endgerät* verbunden; kann aus Dateien umgeleitet werden.

Standard-Fehlerausgabe	Der *Ausgabe*kanal, über den Fehler- und Systemmeldungen geleitet werden. Ist standardmäßig mit dem *Endgerät* (Bildschirm) verbunden; kann in eine Datei oder auf ein Gerät umgelenkt werden.
Stapelverarbeitung	siehe *Batchbetrieb*
Steuerkode	siehe *Steuersignal*
Steuersignal	Beeinflußt die Kommandozeile (*ERASE, KILL*) oder die Programmausführung (*TERM, KILL*). Wird häufig durch *Tastenkombination* ausgelöst.
Suchmuster	siehe *Regular Expression*
Super-user	siehe *root*
Swap Speicher	Bereich auf der Festplatte, der als Erweiterung des Hauptspeicher genutzt wird. *Prozesse*, die im Wartezustand sind, können in den Swap Speicher ausgelagert werden, um Hauptspeicher für aktuell bearbeitete Prozesse frei zu setzen.
Symbolische Zugriffs-Berechtigungen	Über die Kombination der Symbole «r» (read -lesen), «w» (write - schreiben) und «x» (execute -ausführen) werden die *Zugriffs-Berechtigungen* auf eine Datei für Eigentümer, Gruppe und Andere angegeben. Sie sehen die symbolischen Zugriffs-Berechtigungen mit dem **ls -l** Kommando und setzen sie mit dem **chmod** Kommando. Neben der symbolischen Kodierung können die Zugriffs-Berechtigungen auch als Oktalzahl (siehe *oktale Zugriffs-Berechtigungen*) gesetzt werden.
Systempflege	Die Arbeiten, mit denen der *Systemverwalter* den Rechenbetrieb sicherstellt: Benutzer-Verwaltung, Speicherverwaltung, *Prozeß*verwaltung, Geräteverwaltung, Softwarepflege, Datensicherung u.a.
Systemverwalter	auch root, super-user Führt alle Systemarbeiten zur Herstellung, Aufrechterhaltung und Sicherstellung des Rechenbetriebs durch. Besitzt hierfür mit der *root* Benutzer-Kennung uneingeschränkten Zugriff auf das System.

Das Drücken und Halten einer Taste und zusätzliches Betätigen einer weiteren Taste. Wird häufig zum Absetzen bestimmter *Steuercodes* benutzt, die nicht anders über die Tastatur ausgelöst werden können. — **Tastenkombination**

siehe *Endgerät* — **Terminal**

auch Zeitscheibenprinzip — **Timesharing**
Prinzip der Verteilung von Prozessorleistung der Zentraleinheit auf alle Benutzer und alle *Prozesse*. Die Rechenzeit wird in kleine Zeitscheiben zerlegt, die dann von den Prozessen (nach bestimmten Kriterien) im Wechsel in Anspruch genommen werden.

aus engl.: teletype - dt.: Fernschreiber — **TTY**
Schnittstelle und Kenn-Nummer jedes *Endgeräts*

Das Leiten von *Eingabe*daten in und von *Ausgabe*daten auf Dateien und Geräte, weg vom *Endgerät* des Benutzers. Hierzu werden Dateien bzw. Geräte mit der *Standard-Ausgabe, Standard-Fehlerausgabe* bzw. der *Standard-Eingabe* verknüpft. — **Umlenkung**

Eine *Datei*, die standardmäßig nicht mit ls Befehl anzeigbar ist. Der Dateiname beginnt mit einem Punkt «.». Versteckt sind zum Beispiel die Shell Startup-Dateien *.login, .cshrc, .profile*. Entsprechende Einträge werden über die Option **a** zum ls Befehl mitangezeigt. — **versteckte Datei**

auch Dateikatalog, Verzeichnisdatei. — **Verzeichnis**
Eine *Datei*, in der andere Dateien (auch Unterverzeichnisse) eingetragen sind. Ein Teil der inhaltlichen Organisationsstruktur eines *Dateisystems*. Die physikalische Struktur eines Speichermediums ist von der inhaltlichen unabhängig. Verzeichniseinträge können mit dem ls Befehl angezeigt werden.

engl.: foreground process — **Vordergrundprozeß**
Der *Prozeß*, der mit dem Endgerät verbunden ist. Nur er kann seine Eingaben über die Tastatur beziehen. Starten Sie einen *Vordergrundprozeß*, wartet die *Shell* bis zur Beendigung dieses Prozesses, bevor Sie sich mit dem Promptzeichen zur Eingabe neuer Befehle zurückmeldet.
siehe auch *Hintergrundprozeß*

WAN	aus engl.: Wide Area Network Verknüpfung mehrerer Computersystemen an entfernten Standorten zu einem *Netz*.
Werkzeug	Programm zur Bearbeitung und Veränderung von *Eingabe*daten.
Wurzelverzeichnis	siehe *root* (1)
XTerminal	*Endgerät*, auf dem das Arbeiten mit grafischen Oberflächen möglich ist.
Zugriffs-Berechtigungen	Legen fest, wer was mit welcher *Datei* anstellen darf. Jede Datei besitzt individuelle Lese-, Schreib- und Ausführ-Rechte für Eigentümer, Gruppe und andere System-Benutzer. Der Benutzer kann über den **chmod** Befehl die Zugriffs-Berechtigungen für seine Dateien verändern. Die Zugriffs-Berechtigungen können mit dem **ls -l** Befehl angezeigt werden. Die Zugriffs-Beschränkungen können in oktaler oder in symbolischer Form gesetzt werden. Siehe *Oktale Zugriffs-Berechtigungen, Symbolische Zugriffs-Berechtigungen*

Anhang E
Installations-Prüfliste

Auf den folgenden Seiten finden Sie eine Prüfliste, mit deren Unterstützung Sie SCO UNIX auf Ihrem Rechner einrichten können.

Wenn Sie planen, neben SCO UNIX mit anderen Betriebssystemen zu arbeiten, so müssen diese Betriebssysteme vor SCO UNIX installiert werden.

Sie können

- SCO UNIX neu einrichten oder

- eine vorhandene SCO UNIX Version mit dem «Update» zu SCO UNIX 3.2.4 aktualisieren.

SCO UNIX fragt Sie zu Beginn des Installationsvorgangs, ob Sie eine Erstinstallation («Fresh Installation») oder ein «Update» durchführen wollen.

In die Prüflisten für Erstinstallation und Update tragen Sie die für Ihr System gültigen Parameter ein, bevor Sie die Installation starten. Sie benötigen diese Angaben in der Reihenfolge, in der sie in der Prüfliste stehen.

Bei der Erstinstallation entscheiden Sie sich zu Beginn, ob Sie die Festplatten-Konfiguration automatisch («automatic initialization») oder benutzergesteuert («fully configurable initilization») wünschen. Wählen Sie die automatische Konfiguration, werden Standard-Werte für Ihr System eingestellt, während Sie bei der benutzergesteuerten Konfiguration die Parameter von Festplatte, Partition, Dateisystem(en), Auslagerungs- und Rettungsbereich selbst einstellen können.

Damit die Installation erfolgreich durchgeführt werden kann, benötigen Sie unbedingt

- die Serien-Nummer (serial number) und

- den Aktivierungs-Schlüssel (activation key),

die Sie in einem verschlossenen Umschlag zusammen mit den SCO UNIX-Lizenzbedingungen erhalten.

Erstinstallation SCO UNIX

	Unser Vorschlag	**Ihre Auswahl**

Installation mehrerer Betriebssysteme

Anlegen einer DOS-Partition
>   Größe DOS-Partition:...
Installation DOS-Betriebssystem ....

Anlegen einer OS/2 -Partition
>   Größe Boot Partition: ....
>   Größe OS/2-Partition: ....
Installation OS/2-Betriebssystem ....

Installation des SCO UNIX-Betriebssystems

Gerätetreiber zur Installation einbinden?..

Installationstyp
>   Erstinstallation / Update ?....................................... Erstinst....................

>   **Tastatur-Nationalität**....................................... deutsch....................

>   **Festplatten-Konfiguration**
>   Benutzergesteuert / Automatisch ? ....Automat....................

>   Bei benutzergesteuerter Festplatten-Konfiguration:
>   Einstellen der Festplattenparameter
>   Bei MFM/ST 506 und ESDI-Controllern:
>>   Zylinder (Cylinders) ....
>>   Köpfe (Heads) ....
>>   Schreibverzögerung (Write Reduce) ....
>>   Write Precomp ....
>>   Parkzylinder (Landing Zone) ....
>>   Sektoren pro Spur (Sectors/track) ....

>   Partitionsparameter
>>   Kompletter freier Plattenplatz für UNIX: .... Ja.....................
>>   Größe: ....
>>   erste Spur: ....
>>   letzte Spur: ....
>>   Status nach Installation (aktiv/inaktiv): ....

	Unser Vorschlag	Ihre Auswahl

Plattenprüfung (optional)
    Gesamtpartition /Spuren/Dateisystem? .Gesamtpartition...............

Auslagerungsbereich (Swap-Space) festlegen
    Größe in Blocks a 512 Byte: ....

Rettungsbereich (Recover-Area)
    Größe in Blocks a 512 Byte: ....

Ausgliedern von Dateisystemen
    Dateisystem: /u ....
    weitere Dateisysteme ? ....

Installations-Medium

Disketten / Band / CD-ROM ? ....

Bei Installation von Band:
    Band-Typ
        SCSI / Wangtek / Compaq / Everex ....
    Einbinden eines zusätzlichen Gerätetreibers ? ....
    Bei SCSI-Laufwerk: Prüfen der Jumper-Einstellungen auf
        Host Adapter...0.................
        Target ID..2.................
        Logical Unit Number ....0.................
    Sonst Voreinstellungen für Wangtek-Band:
        DMA Channel.. ....1.................
        Basisadresse (Base adress) ....0x338.................
        Unterbrechungs Ebene (Interrupt Level) ....5.................

Bei Installation von CD-ROM:
    Einbinden eines zusätzlichen Gerätetreibers ? ....
    Bei SCSI-Laufwerk: Prüfen der Jumper-Einstellungen auf
        (SCSI Target ID) ....5.................
        (SCSI Host Adapter) ....0.................
        (Logical Unit Number) ....0.................

	Unser Vorschlag	**Ihre Auswahl**

Installations-Datenträger vollständig ?

Bei Installation von 5.25" Disketten mit 1.2 MB Kapazität
Start-Disketten: N1 (Boot) und N2 (Dateisystem) ....
Haupt-Installations-Diskette: M1 ....
Basis-Installations-Disketten: B1 bis B3 ....
Disketten mit Erweiterungs-Paketen: X1 bis X8 ....

Bei Installation von 3.5" Disketten mit 1.44 MB Kapazität
Start-Disketten: N1 (Boot) und N2 (Dateisystem) ....
Haupt-Installations-Diskette: M1 ....
Basis-Installations-Disketten: B1 bis B3 ....
Disketten mit Erweiterungs-Paketen: X1 bis X7 ....

Bei Installation von Band:
Start-Disketten: N1 (Boot) und N2 (Dateisystem) ....
Haupt-Installations-Diskette: M1 ....
ein Band ....

Bei Installation von CD-ROM
Start-Disketten: N1 (Boot) und N2 (Dateisystem) ....
Haupt-Installations-Diskette: M1 ....
eine CD-ROM ....

Serien-Nummer der SCO UNIX-Installation ....
Aktivierungs-Schlüssel der SCO UNIX-Installation ....

Zeitzone einstellen

Kürzel der Zeitzone ....MEZ...........................
Abstand zu GMT (Greenwich Mean Time) ....-1...........................
Sommerzeit ? ....Ja...........................
Kürzel für Sommerzeit ....MESZ...........................
Umstellungmethode Winterzeit / Sommerzeit:
bestimmte Woche im Jahr / ....
bestimmte Woche im Monat / ....Ja...........................
bestimmter Tag im Jahr ....
Umstellungsdaten: Beginn / Ende ....März / September...........................
Uhrzeit der Umstellung ....02.00...........................
Verschiebung zw. Sommer- / Winterzeit (in Stunden). 1...........................

	Unser Vorschlag	Ihre Auswahl

Bei Installation von einem Terminal:
Endgeräte-Typ (z.B. vt100, ansi) ....

Installationsumfang SCO UNIX Betriebssystem
Komplett (Entire Product) / ....Ja.................
ausgewählte Dienste (Services) / ....
ausgewählte Komponenten (Components) ....

Bei Auswahl: ausgewählte Dienste:
  Minmal-Installation (Runtime System) / ....
  Erweiterungen (Extended Utilities) ....
  Bei Auswahl: Erweiterungen
    Alle Erweiterungen (Entire Product) / ....
    Pakete (Packages) / ....
    bestimmte Dateien (Files) ....
      Bei Auswahl: Pakete
      Installationsumfang
      u.a. ALL - alle Erweiterungen ....Ja....................
          BACKUP - Datensicherung / -herstellung ....
          BASE - Grundlegende Erweiterungen ....
          CSH - C-Shell ....
          DOS - DOS-Werkzeugkasten ....
          FILE - Datei-Bearbeitung ....
          KSH - Korn-Shell ....
          LAYERS - System V Layers ....
          LINK - Link Kit für Betriebssystem-Kern ....
          LPR - Druck-Spooler ....
          MAIL - Postsystem ....
          MAN - Online-Handbuch ....
          MOUSE - Mausunterstützung ....
          SCOSH - SCO Shell ....
          SYSADM - Systemverwaltungs-Werkzeuge ....
          UUCP - Kommunikationsprogramme ....
          VI - Bildschirmorientierter Texteditor ....

Anwendungen Installieren ? ....
Namen ? ....
      ....
      ....

	Unser Vorschlag	Ihre Auswahl
System-Name vergeben (Voreinstellung: scosysv)?		
Name ?		
<u>**Sicherheitsstufe des Systems**</u>		
Hohe Sicherheitsanforderungen (High security) /		
Erhöhte Sicherheitsanforderungen (Improved security) /		
herkömmliche UNIX Sicherheit (traditional security) / ......Ja..............................		
geringe Sicherheitsanforderungen (Low security)		
Systemverwalter (root) einrichten		
Start-Paßwort:		
Not-Start-Disketten erstellen ? ....Ja...........................		
komplette Datensicherung ? ....Ja...........................		

Benutzer einrichten

Login-Name	UID	Gruppe	GID	Vollständiger Name	Paßwort-Anforderungen	Shell	Privilegien

Gruppen einrichten

Gruppe	GID	Zweck

Endgeräte einrichten

Gebäude	Raum	Geräte-Schnittstelle	Endegräte-Bezeichnug	Terminaltyp	Übertragungs-Parameter

Update von Release 3.2 Version 2.x auf Version 4.x

Vorabeiten | Unser Vorschlag | Ihre Auswahl

	Unser Vorschlag	Ihre Auswahl
Ausreichend Plattenplatz frei (> 15 MB) ?..............................		
Veränderte Systemdateien gesichert ?..................................		
Alle Dateisysteme in *etc/default/filesys* eingetragen ?................		
Dateisysteme auf Konsistenz geprüft und ggf. repariert ?..............		
Sicherung des alten root-Dateisystems ?..............................		
System heruntergefahren ?..		
evtl. benötigte Gerätetreiber-Software auf Datenträger verfügbar ?.....		
Sind mit neuer Version inkompatible Gerätetreiber installiert ?........		
Wenn ja: Vor dem Update passende Treiber vom Hardware-Hersteller anfordern....		

Update

Installationstyp
Erstinstallation / Update ? ....Update.........................

Installations-Medium
Disketten / Band / CD-ROM ? ....

Bei Installation von Band:
  Band-Typ
    SCSI / Wangtek / Compaq / Everex ....
  Einbinden eines zusätzlichen Gerätetreibers ? ....
  Bei SCSI-Laufwerk: Prüfen der Jumper-Einstellungen auf
    Host Adapter ....0..................
    Target ID ....2..................
    Logical Unit Number ....0..................
  Sonst Voreinstellungen für Wangtek-Band:
    (DMA Channel) ....1..................
    Basisadresse (Base adress) ....0x338..............
    Interrupt Ebene (Interrupt Level) ....5..................
Bei Installation von CD-ROM:
  Einbinden eines zusätzlichen Gerätetreibers ? ....
Bei SCSI-Laufwerk: Prüfen der Jumper-Einstellungen auf
  SCSI Target ID ....5..................
  SCSI Host Adapter ....0..................
  Logical Unit Number ....0..................

Vorabeiten

	Unser Vorschlag	Ihre Auswahl

Installations-Datenträger vollständig ?
  Bei Installation von 5.25" Disketten mit 1.2 MB Kapazität
    Start-Disketten: N1 (Boot) und N2 (Dateisystem) ....
    Haupt-Installations-Diskette: M1 ....
    Basis-Installations-Disketten: B1 bis B3 ....
    Disketten mit Erweiterungs-Paketen: X1 bis X8 ....
  Bei Installation von 3.5" Disketten mit 1.44 MB Kapazität
    Start-Disketten: N1 (Boot) und N2 (Dateisystem) ....
    Haupt-Installations-Diskette: M1 ....
    Basis-Installations-Disketten: B1 bis B3 ....
    Disketten mit Erweiterungs-Paketen: X1 bis X7 ....
  Bei Installation von Band:
    Start-Disketten: N1 (Boot) und N2 (Dateisystem) ....
    Haupt-Installations-Diskette: M1 ....
    ein Band ....
  Bei Installation von CD-ROM
    Start-Disketten: N1 (Boot) und N2 (Dateisystem) ....
    Haupt-Installations-Diskette: M1 ....
    eine CD-ROM ....

Serien-Nummer der SCO UNIX-Installation ....
Aktivierungs-Schlüssel der SCO UNIX-Installation ....

Umfang des Updates
  nur die bereits installierten Software-Pakete updaten
  (Update Packages currently installed) /...
  die bereits installierten Pakte updaten und alle weiteren, neuen Pakete installieren
  (Update packages currently installed, install new packages)...........................
Sicherheitsstufe des Systems verändern ?
  Wenn ja: Herkömmliche (Traditional) / Erhöht (Improved)................................

Nacharbeiten

Gerätetreiber sind beim Update gelöscht worden ?...
  Wenn ja: Gerätetreiber neu-installieren ?...
Systemdateien der neuen Version anpassen ?...
  Wenn ja: Welche waren in der alten Version geändert ?...........................
Komplette Datensicherung ?...

Index

!

A

UNIX für Systemverwalter

Eine professionelle Anleitung am Beispiel von SCO UNIX

von Andreas Nieden und Werner Geigle

1993. XII, 306 Seiten. Gebunden.
ISBN 3-528-05234-1

Auf der Grundlage von SCO UNIX ist hier ein Buch entstanden, daß die Ins und Outs der Systemverwaltung praxisnah und umfassend darstellt. Ob es um den Anschluß eines Terminals, die Passwort- und Login-Kontrolle, Report-Templates, das Einrichten eines Printspoolers oder die erweiterte Shellprogrammierung geht – nahezu zu jedem Stichwort gibt das Buch kompetent Auskunft. Besondere Erwähnung verdienen die Hinweise, Tips und Tricks, z.B. zum System-Tuning oder die Hinzufügung neuer Gerätetreiber zum Betriebssystemkern.

Was der Leser benötigt ...
- HARDWARE: INTEL 386/486
- SOFTWARE: UNIX, insbesondere SCO-UNIX

Die Autoren ...
- Andreas Nieden und Dr. Werner Geigle arbeiten in einem bedeutenden Softwareunternehmen im Raum Bonn. Sie sind spezialisiert auf Kundenbetreuung und Seminare zu Themen im Bereich SCO-UNIX.

Verlag Vieweg · Postfach 58 29 · D-65048 Wiesbaden